河海大学出版社
HOHAI UNIVERSITY PRESS

内容提要

2016年超强厄尔尼诺事件结束继而进入拉尼娜状态。继2015年苏南地区暴雨洪水之后，2016年江苏再遇暴力雨季，历时长，绵延汛后。境内多水系多区域出现超级别洪水：太湖流域发生流域性特大洪水，秦淮河流域出现超历史记录洪水，水阳江流域出现超保证水位洪水。本书记录了江苏2016年暴雨洪水特征，回顾了防汛工作进程，客观评价水利工程发挥的作用，为今后各项事业发展积累资料、总结经验。

图书在版编目(CIP)数据

2016年江苏省暴雨洪水 / 江苏省水文水资源勘测局编. -- 南京 ：河海大学出版社，2018.6

ISBN 978-7-5630-5432-9

Ⅰ. ①2… Ⅱ. ①江… Ⅲ. ①暴雨洪水—研究—江苏—2016 Ⅳ. ①P333.2

中国版本图书馆CIP数据核字(2018)第077617号

书　　名	2016年江苏省暴雨洪水
书　　号	ISBN 978-7-5630-5432-9
责任编辑	成　微
封面设计	张世立
出　　版	河海大学出版社
地　　址	南京市西康路1号(邮编:210098)
网　　址	http://www.hhup.com
电　　话	(025)83737852(总编室) (025)83787769(编辑室) (025)83722833(营销部)
经　　销	江苏省新华发行集团有限公司
排　　版	南京布克文化发展有限公司
印　　刷	南京工大印务有限公司
开　　本	787毫米×1092毫米　1/16
印　　张	15.75
字　　数	379千字
版　　次	2018年6月第1版　2018年6月第1次印刷
定　　价	158.00元

《2016年江苏省暴雨洪水》编写委员会

主　编：唐运忆

副主编：陈　静　董家根　闻余华

各章编写人员：

第一章　冯胜男　杭庆丰　陈　静

第二章　何　健　李书健

第三章　冯胜男　闻余华　何　健

第四章　闻余华　崔彦萍　严　锋　陆　益

第五章　闻余华　吴金宁　胡尊乐　任小龙　周红兵

第六章　陈　静　刘　敏　展永兴　汪院生　秦　灏　唐　仁

第七章　冯胜男　罗俐雅　栾承梅

第八章　陈　静　冯胜男

主要参加人员：

常州分局　张　悦　邵飞燕

无锡分局　朱　玲　朱立国

镇江分局　朱晓敏

南通分局　黄智勇

苏州分局　顾林森

扬州分局　谈　立　钱睿智

泰州分局　张玉田

秦淮河管理处　马剑波

协助单位：

太湖流域水文局　江苏省太湖水利规划设计研究院有限公司

前 言

PREFACE

江苏省地处我国大陆东部沿海地区中部，江、淮两大流域下游，上有近 200 万 km^2 的来水过境入海，内部地势低平，80%以上的地区处于设计洪水位以下，是流域洪水“走廊”；下有江海潮顶托，本地暴雨与台风、天文大潮遭遇机率较大，易造成沿河沿湖洼地“关门淹”，因洪致涝矛盾突出。由此可见，江苏省防洪减灾工作是一项长期而艰巨的任务。

2016 年 6 月下旬至 7 月上旬梅雨期，江苏遭遇大范围长历时暴雨，境内多水系、多区域出现超级别洪水。其中，太湖流域发生流域性特大洪水，秦淮河流域出现超历史特大洪水，水阳江流域出现超保证水位洪水。苏南运河、太滆运河、锡澄运河、宜溧漕河、秦淮河天生桥河等 17 条河流，长荡湖、滆湖、固城湖、石臼湖等 5 个湖泊，横山水库、沙河水库、大溪水库等 5 座大中型水库共 36 个水文监测断面水位均超历史。

为了全面、客观、系统地分析 2016 年暴雨洪水特性及防洪工程发挥的作用，为水文预报、防汛抗旱、水利工程设计及调度等提供宝贵资料，根据江苏省水利厅工作安排，江苏省水文水资源勘测局于 2016 年汛后安排部署、开展 2016 年江苏暴雨洪水的调查分析工作，并与局属各分局历时一年完成此书的编写。

本书全面分析总结了江苏省 2016 年暴雨洪水特征，并从区域概况、气候特征与天气形势分析、暴雨分析、洪水分析、洪水运动分析、水利工程运用分析、监测预报预警等多方面进行了详细阐述，重点分析了 2016 年江苏省暴雨特点和洪水重现期，首次深入分析了苏南地区主要河道洪水运动，首次采用新方法对秦淮河、望虞河的行洪能力进行了分析，为秦淮河、望虞河工程调度提供重要参考依据。

本书在编写过程中得到水利部太湖流域管理局水文局、江苏省太湖水利规划设计院的大力支持，在此表示衷心感谢。由于编者水平有限，书中缺点和错误在所难免，殷切希望得到广大读者的批评指正。

编者

2017年12月

《2016年江苏省暴雨洪水》

简本

目　录(简本)

CONTENTS

第一篇

拉尼娜接棒强厄尔尼诺

梅雨天气是大气环流季节性调整的结果。超强厄尔尼诺事件，热带印度洋海温持续一致偏暖，导致西太副高偏强、偏西，加之中高纬阻塞高压异常活跃，冷空气活动频繁，是造成2016年江苏梅雨异常的主要因素。

中高纬阻塞高压异常活跃。 2016年梅雨期，500 hPa欧亚中高纬是较为典型的“两脊一槽”环流型（图1-1），贝加尔湖以西地区和鄂霍茨克海、白令海一带受阻塞高压控制，强度均较常年同期偏强。中纬度西风带相对平直，多短波槽活动，东亚东岸朝鲜半岛至长江中下游地区有东北—西南向浅槽存在。低纬地区，西太平洋副热带高压主体（5 880位势米等值线包围区域，以下简称“西太副高”）呈东西带状分布，西端伸入华南中部，北界影响到江南南部。梅雨期阻塞高压的异常活跃促使北方冷空气活动频繁，西风带不断有小槽携带冷空气东移南下，与西太副高西北侧西南暖湿气流在江苏上空交绥，导致强降雨频发。

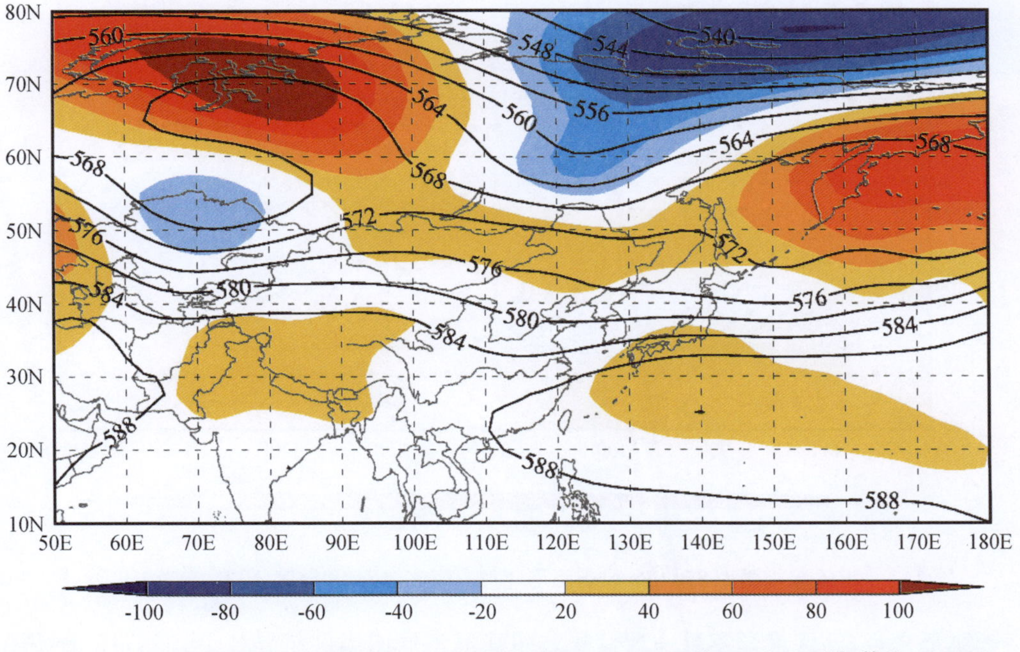

图1-1　2016年梅雨期500 hPa高度场（等值线，单位：dagpm）及其距平场（阴影，单位：dagpm）

西太副高持续偏强、偏西。 西太副高与江淮梅雨关系密切，其形态、位置和强度变化是梅雨带走向、梅雨带进退和梅雨量多寡的重要影响因素。环流指数监测结果表明（图1-2），

2016年6、7月西太副高与常年同期相比面积偏大，强度偏强，西伸脊点偏西，脊线位置略偏南，其中6—7月平均面积和强度均列1951年以来第二位，仅次于2010年同期。西太副高的异常强大使其北侧东亚副热带辐合带（梅雨锋）稳定维持，外围水汽条件充沛，为强降雨天气创造了有利条件。2016年梅雨期，850 hPa风场西太副高控制区出现大范围反气旋式异常（图1-3），流经菲律宾北部上空的异常东风气流沿西太副高西部边缘逐渐顺转，进入我国大陆后变为一致的异常西南气流，将来自热带海洋的水汽源源不断输送至长江中下游地区。江苏正处在这条异常水汽输送带北端的辐合区内，梅雨期遭遇多次强降雨过程。

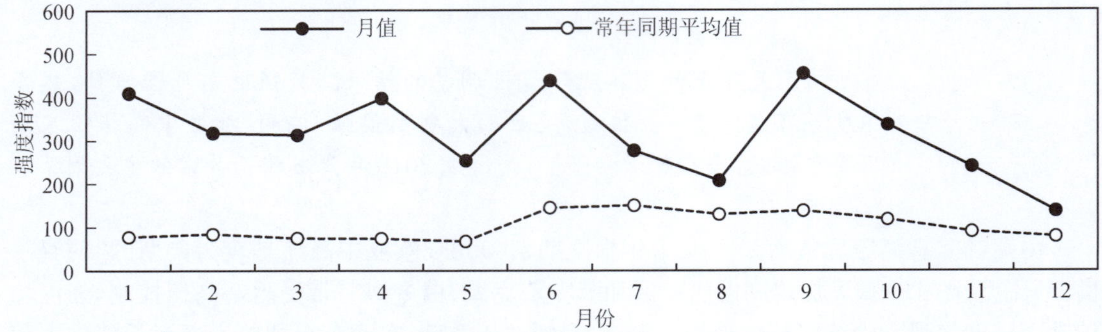

图1-2　2016年逐月西太副高强度指数

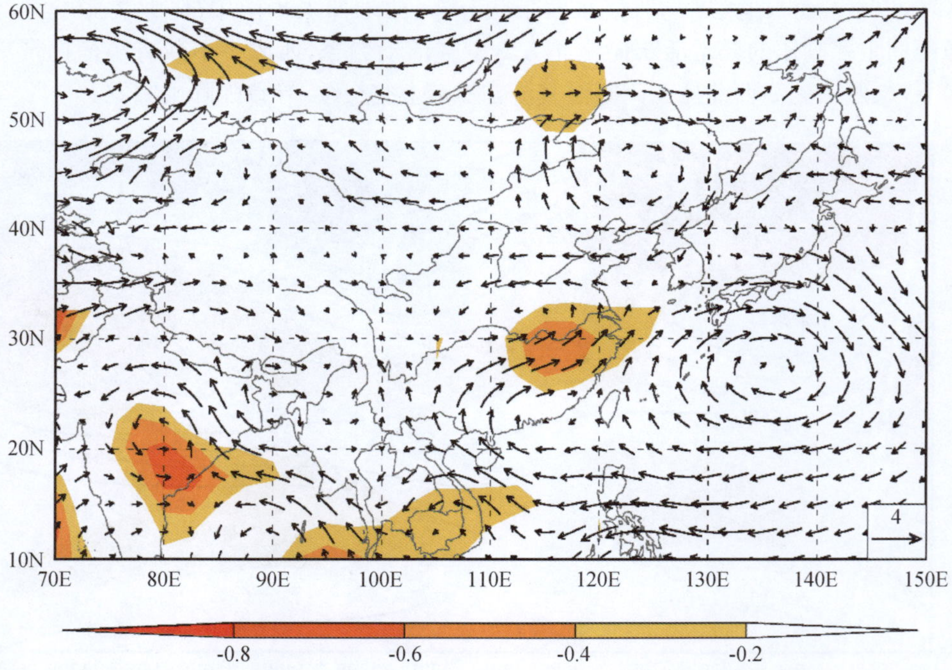

图1-3　2016年梅雨期850 hPa风场距平（箭头，单位：m/s）和散度（阴影，单位：10^{-5}/s）

超强厄尔尼诺，印度洋海温一致偏暖。超强厄尔尼诺事件是导致上述热带和副热带地区环流异常的主要气候因素。通常，冬季厄尔尼诺的异常暖海温信号会通过赤道以北副热带中西太平洋的海气相互作用向西传播，在次年春夏季引发西北太平洋冷海温异常，并在菲律宾附近激发出一个异常反气旋，从而跨季节影响东亚地区气候异常。近年来研究发现，厄尔尼诺在冬季达到峰值后，沃克环流的异常变化会导致热带印度洋"全区一致型"海温模态持续发展，并通过开尔文波东传，使得菲律宾异常反气旋在厄尔尼诺减弱年的春夏季继续维持。在菲律宾异常反气旋的作用下，西太副高将表现出强度偏强，西伸脊点偏西的特征。

此次厄尔尼诺事件始于 2014 年秋季，2015 年秋冬季发展至最强，2016 年春季结束(图 1-4)。在峰值强度和持续时间上，2014—2016 年事件(峰值 2.95 ℃，持续 20 个月)均明显超过 1982—1983 年事件(峰值 2.79 ℃，持续 14 个月)和 1997—1998 年事件(峰值 2.69 ℃，持续 13 个月)，成为 1951 年以来最强厄尔尼诺事件(图 1-5)。尽管自 2015 年 12 月起厄尔尼诺事件进入衰减期，特别是 2016 年春季赤道中东太平洋暖海温异常大幅减弱，但热带印度洋仍呈全区一致偏暖态势(图 1-6)。热带印度洋海温异常"接力"超强厄尔尼诺，以菲律宾异常反气旋为纽带，迫使 2016 年夏季西太副高持续偏强、偏西，进而导致梅雨期强降雨天气增多。

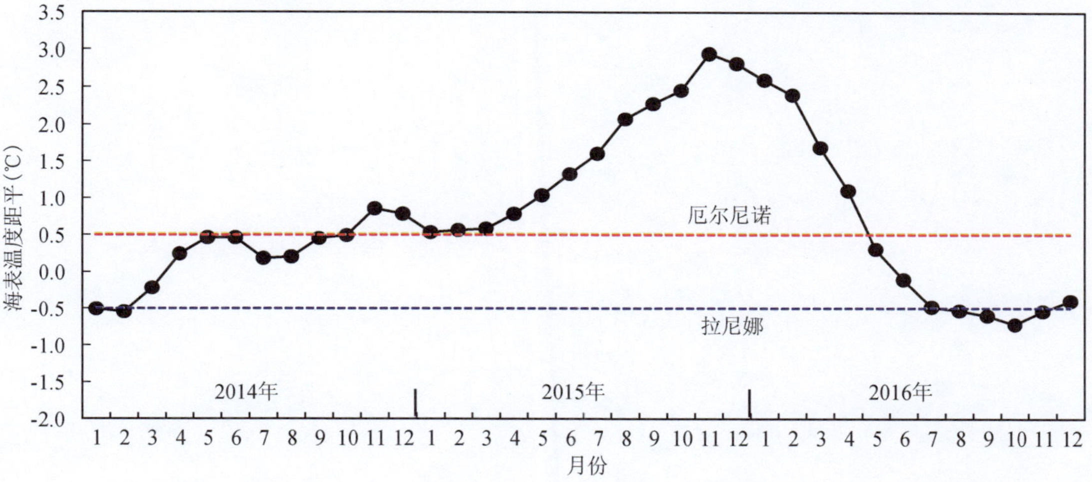

图 1-4　2014—2016 年 Nino3.4 区海表温度距平

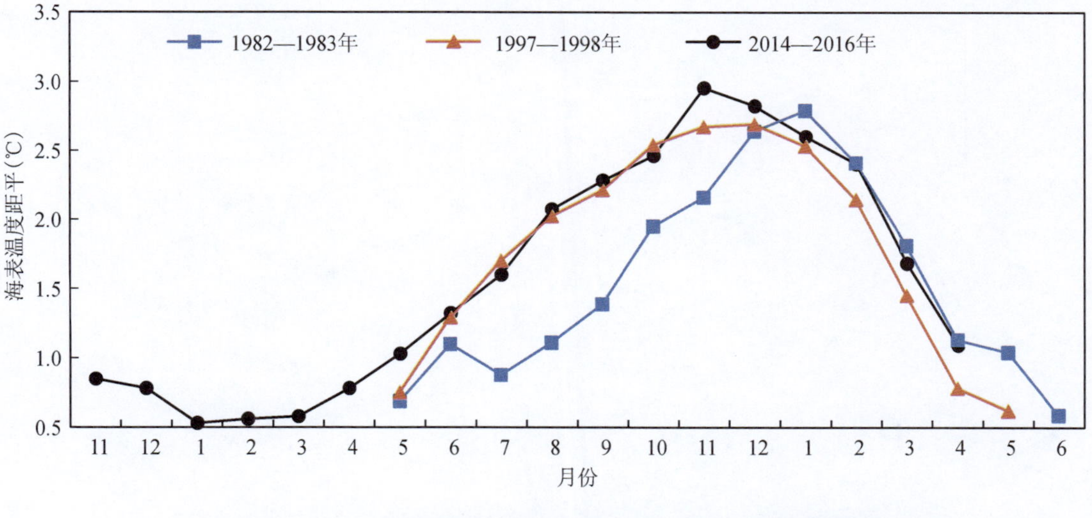

图 1-5　历史上三次超强厄尔尼诺事件 Niño3.4 区逐月海表温度距平

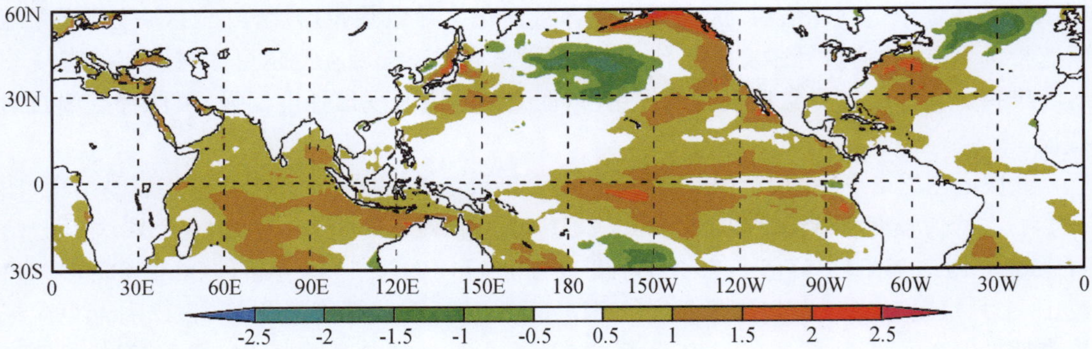

图 1-6　2016 年春季海表温度距平(阴影,℃)

第二篇

继 2015 年后再遇暴力雨季

继 2015 年苏南暴雨洪水后，2016 年我省再次遭遇“暴力雨季”，降雨呈现总量大，历时长，绵延汛后；雨强大，极值多，过程集中；时空分布不均，强降雨影响范围广等特点。

2016 年我省年降雨量 1 397.7 mm，汛期降雨量 849.2 mm，梅雨期(6 月 19 日入梅，入梅正常；7 月 20 日出梅，出梅偏迟；梅期 31 d，梅期偏长)降雨量 399.4 mm。降雨主要集中在 5—10 月，共出现 7 场明显降雨过程，累计雨量 787.9 mm，占全年降雨量的 56%，见表 2-1。

表 2-1 江苏省 2016 年主要场次降雨量统计 单位：mm

场次	日期	淮北地区	江淮之间	沿江苏南	全省
1	5 月 26—28 日	36.4	50.3	44.5	44.3
2	6 月 19—28 日	112.6	154.3	211	154.8
3	6 月 30 日—7 月 7 日	61	229.7	274.3	183.5
4	7 月 11—15 日	48.3	48.1	57.3	50.3
5	9 月 14—16 日	15.3	123.3	137.6	90.9
6	9 月 27 日—10 月 2 日	75.5	92.4	121.8	94.1
7	10 月 19—28 日	91.3	177.1	203.6	155.2

降雨总量大，历时长，绵延汛后。2016 年我省面雨量 1 397.7 mm，较常年偏多 40%，位列历史第 2 位，其中：淮河流域面雨量 1 126.1 mm，较常年偏多 22%；长江水系面雨量 1 836.5 mm，较常年偏多 75%；太湖水系面雨量 1 891.0 mm，较常年偏多 71%。汛期我省面雨量 849.2 mm，较常年同期偏多 25%。梅雨期(6 月 19 日—7 月 20 日)我省面雨量 399.4 mm，较常年同期偏多 81%。汛后我省面雨量 368.3 mm，较常年同期偏多 214%。我省各月降雨中，4 月、5 月、6 月、9 月、10 月分别较常年同期偏多 44%、87%、54%、77%、436%(表 2-2)。

降雨主要集中在 5—10 月，雨日 137 d，雨量 1 108.7 mm，占全年的 79%。强降雨主要集中在梅雨期(6 月 19 日—7 月 20 日)，梅期 31 d，雨日 31 d，期间一场暴雨过程持续时间长达 10 d(6 月 30 日—7 月 7 日)。2016 年汛后降雨较常年同期偏多 2 倍以上，其中 10 月雨日 26 d，降雨量 259.5 mm，占汛后降雨的 70%，较常年同期偏多 4 倍以上，期间一场暴雨过程持续时间长达 10 d(10 月 19—28 日)。

表 2-2　江苏省 2016 年各时段降雨统计

时段	降雨量(总)(mm)	距平(%)	月份	降雨量(mm)	占比(%)	距平(%)
汛前	180.2	−11	1	32.9	2	−1
			2	21.3	1	−48
			3	27.4	2	−55
			4	98.6	7	44
汛期	849.2	25	5	153.8	11	87
			6	222.7	16	54
			7	234.4	17	13
			8	70.8	5	−53
			9	167.5	12	77
汛后	368.3	214	10	259.5	19	436
			11	57.6	4	36
			12	51.2	4	92

雨强大,极值多,过程集中。2016 年我省降雨强度较大,日雨量超过 25 mm 的大雨日 15 d,长江以南地区最大 3 d、7 d、30 d 雨量分别为 194.9 mm、279.8 mm、546.4 mm,均位列历史第 2 位,最大 15 d 雨量为 438.4 mm,超历史最大值。诸多雨量站点长短历时雨量超历史最大值,比如:东山站最大 3 h、6 h 雨量分别为 121.0 mm、137.0 mm;南渡站最大 24 h 雨量为 205.5 mm,最大 1 d、7 d、15 d、30 d 雨量分别为 211.0 mm、450.5 mm、623.0 mm、764.0 mm;高淳站最大 7 d、15 d、30 d 雨量分别为 463.0 mm、655.5 mm、777.5 mm(图 2-1)。

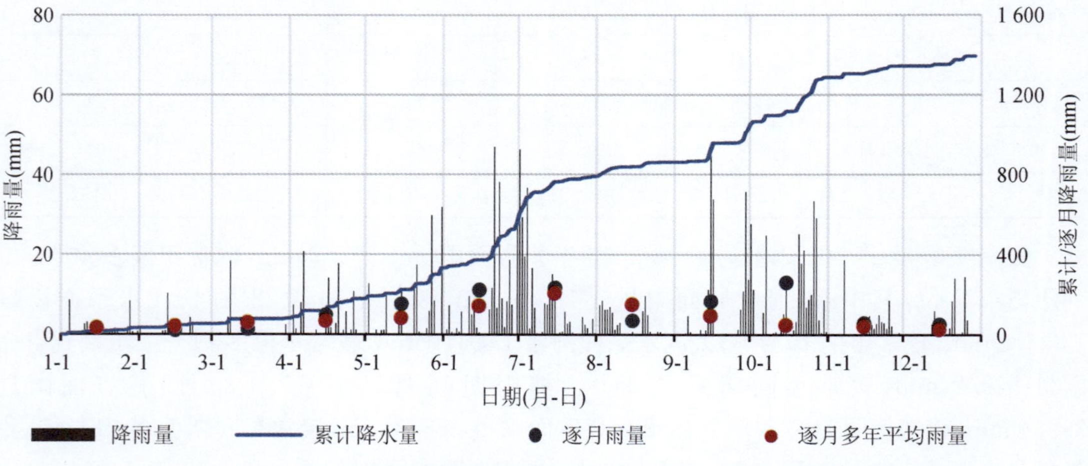

图 2-1　2016 年江苏省逐日降雨量柱状图和累计降雨量过程线图

时空分布不均,强降雨影响范围广。2016 年汛期我省雨量空间分布为由南向北递减,1 000 mm 以上雨区覆盖沿江苏南大部分地区,南京和无锡南部出现超过 1 600 mm 降雨,最大点雨量无锡杨省庄站 1 718.4 mm;小于 600 mm 降雨主要分布在淮北地区,最小点雨量连云港燕尾港站 343.5 mm;600 mm、800 mm 以上降雨笼罩面积分别占全省面积的 71%、53%。梅雨期主雨带沿高淳、金坛、常州、靖江、如东一线向两侧展开,暴雨集中区雨量超过

700 mm，最大点雨量南京水碧桥站 935.5 mm；淮北地区雨量偏小，介于 200～300 mm；300 mm、400 mm 以上降雨笼罩面积分别占全省面积的 62%、46%。

江苏省年降雨量等值线图见图 2-2。

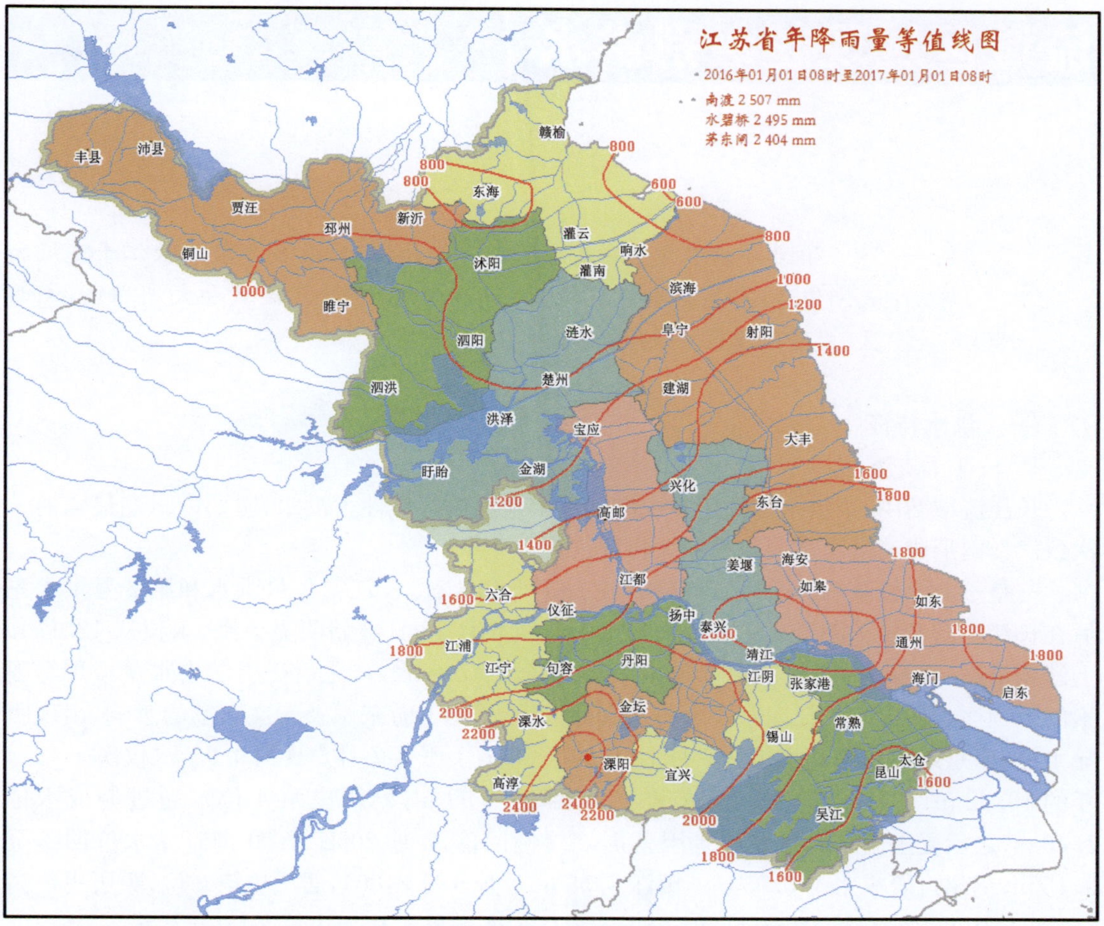

图 2-2　2016 年江苏省年降雨量等值线图（单位：mm）

第三篇

流域区域现超级别洪水

2016年洪水发生在我省沿江苏南地区，涉及我省境内长江干支流和太湖流域，覆盖秦淮河流域、固城石臼湖区、滁河流域和太湖湖区、湖西区、武澄锡虞区、阳澄淀泖区等片区。

（一）洪水特征

1. 长江干支流

长江流域2016年洪水为发生在中游和下游地区的区域性大洪水，主要由汛期最强的一次致洪暴雨形成。洪水主要呈现三大特征：

一是干流水位高、高水持续时间长。 7月1日和3日，长江第1号洪水和第2号洪水先后在长江上游和中下游形成。长江大通站水位从6月18日开始明显上涨，水位从12.17 m上涨到最高15.66 m，流量从48 100 m^3/s增加至70 700 m^3/s，之后受上游来水量减少等因素的影响逐步回落。长江南京段水位从入梅以后，受到上游来水及天文大潮的影响，出现明显上涨，南京站最高高潮水位从6月18日的7.33 m上涨至7月5日的9.96 m(仅次于1954年的10.22 m、1998年的10.14 m和1983年的9.99 m，列历史第4位)，超过警戒水位1.46 m，之后受上游来水量减少等因素影响缓慢回落，7月20日8:00南京站水位回落至9.15 m，仍超过警戒水位0.65 m。镇江8.58 m(7月6日8:00)，居历史第2位，距历史最高(8.59 m，1996年)仅0.01 m；江阴6.52 m(7月6日4:30)，居历史第8位；天生港6.00 m(7月6日3:55)，居历史第14位。据统计，南京高高潮，超8.50 m警戒水位以上天数28 d，镇江超7.00 m警戒水位以上天数46 d，江阴超5.50 m警戒水位以上天数36 d，天生港超5.20 m警戒水位以上天数36 d。

二是区域河湖洪量大，超警①历时长。 秦淮河流域上游7月2日句容河最大流量636 m^3/s，下游前埠村(秦)水文站最大洪峰流量1 200 m^3/s，超过历史最大流量1 100 m^3/s(2015年6月28日)。最高水位出现在7月5日，为12.17 m，超过历史最高水位12.14 m(2015年6月27日)。秦淮河下游东山站水位与上游前埠村水位变化基本一致，从7月1日5:00开始上涨，17:45水位就达到警戒水位8.50 m；7月2日11:45达10.74 m，达到1991年最高水位；7月4日8:20达到历史最高水位11.17 m(2015年6月27日)；7月5日5:50达到11.41 m，超过历史最高水位0.24 m，超警戒水位2.91 m。7月7日3时开始，秦淮河流域再次遭遇大暴雨，东山站水位7日6:20达到了11.44 m，超过历史最高水位0.27 m，超警戒水位达

① 超警指超警戒水位。

2.94 m，随后水位开始回落。在退水阶段，因受新一轮强降雨影响，东山站水位又回涨了0.32 m，7月15日7:00水位10.10 m，然后，缓慢回落，至8月1日17:20水位8.48 m，降至警戒水位之下，洪水过程整整持续44 d。水阳江水系亦发生超历史记录的大洪水，固城湖水位最大日涨幅达1.02 m(7月2日)，仅次于1999年1.12 m，7月6日9:00水位涨至最高13.21 m，超历史最高水位0.14 m。石臼湖蛇山站水位于6月23日3时超过10.00 m警戒水位，7月3日12:15石臼湖蛇山水位超过12.00 m，7月4日13:45石臼湖蛇山水位平历史最高水位12.68 m，7月6日11:45达到13.02 m，超历史最高水位0.34 m。

三是局地暴雨频次高，城市内涝渍水严重。7月受连续强降雨影响，长江下游干流附近城镇出现了不同程度的内涝，渍水严重。南京市区出现“城区看海”，多个小区被淹，最高水深1 m以上。

2. 太湖流域

2016年太湖流域最大30 d降雨量430 mm，重现期达到15年一遇；太湖水位高达4.87 m，位列历史第2位，重现期达到55年一遇；符合流域特大洪水标准。2016年太湖流域洪水特征主要包括：

一是太湖水位超警历时长，逼近历史记录。6月3日，太湖水位3.80 m，超过警戒水位，为1954年以来同期第2高水位。受6月30日至7月2日强降雨过程影响，太湖水位上涨迅猛，最大日涨幅达16 cm(7月2日)，7月8日太湖水位涨至年最高水位4.87 m，超过保证水位(4.65 m)0.22 m，仅低于1999年历史最高水位(4.97 m)0.10 m，为1954年以来第二高水位。太湖水位自6月3日年内首次超警，至8月4日退至警戒水位以下，超警历时长达60 d，为1999年以来超警历时最长的一年。图3-1为2016年7月3日太湖流域水势分布图。

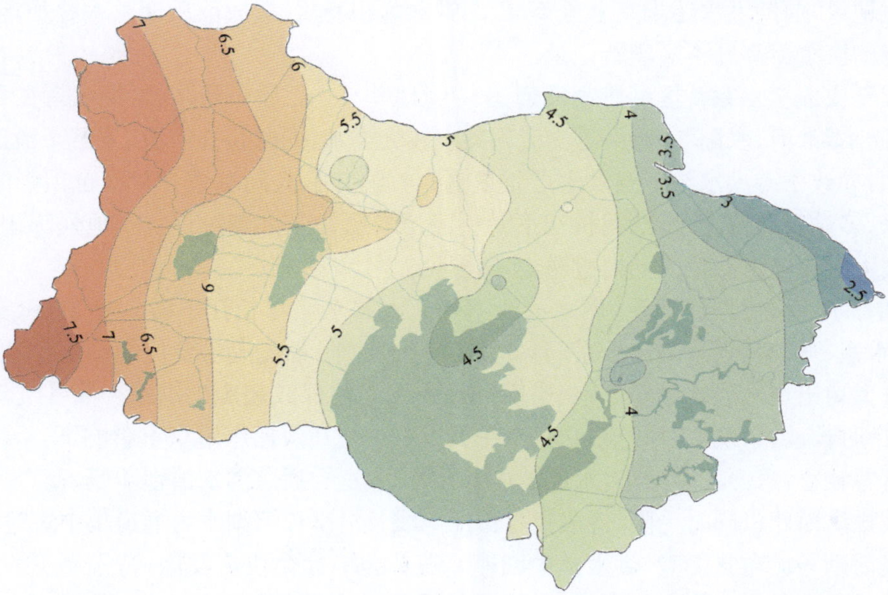

图3-1　2016年7月3日太湖流域水势分布图(单位:m)

二是区域河网持续高水位，多站超历史。太湖区域河网水位持续超警戒，江南运河常州至苏州沿线一度全线超保证水位，多站点水位创历史新高。湖西区王母观、坊前、常州(三)3个地区代表站全年超警天数分别为48 d、90 d、54 d，均于7月初出现全年最高水位，其中王母观和坊前分别突破历史记录0.43 m和0.37 m。**武澄锡虞区**无锡(大)、青阳、陈墅3个地区代表站全年超警天数分别为87 d、79 d、57 d,超保证水位分别为17 d、7 d、7 d,均于7月3日出现全年最高水位,其中无锡(大)和青阳分别突破历史记录0.10 m和0.01 m。**阳澄淀泖区**苏州(枫桥)、湘城、陈墓3个地区代表站全年超警天数分别为95 d、11 d、36 d,苏州(枫桥)、湘城站分别超保证23 d和1 d,陈墓站未超保证水位,三站均于7月初出现全年最高水位,其中苏州(枫桥)突破历史记录0.20 m。

三是区域持续强降雨,城市内河水位剧增。以宜兴为例,自6月19日入梅以后,连遭连续性强降雨袭击,全市平均降雨量达278 mm,河湖水位进一步上涨。6月29日,杨巷、徐舍、宜城(西氿)、大浦(太湖)、南新(滆湖)水位分别为5.38 m、5.29 m、4.93 m、4.45 m和4.78 m,分别超警0.78 m、0.89 m、0.73 m、0.65 m和0.58 m,其中徐舍、宜城(西氿)和大浦(太湖)水位超2015年最高水位,刷新1999年以来最高记录。7月1—7日,遭第二轮强降雨,受上游洪水下压及下游太湖高水位顶托、京杭大运河钟楼闸关闭影响,宜兴市内河水位不断刷新记录。7月5日宜城水位最高5.55 m,超警戒1.35 m,超历史0.26 m;徐舍、杨巷水位随后突破历史记录。这是宜兴有水文记录以来的最大洪涝灾害。

(二) 高水位成因

前期底水丰沛,洪水过程前后叠加。我省太湖地区汛前降雨明显偏多,河湖底水偏高;特别是5月份入汛以来累计降雨达194 mm,较常年同期偏多90%左右,6月3日太湖平均水位3.81 m,首次超警。长江来水较历史同期(近30年均值)也总体偏多,底水偏高。大通站来水偏多3~4成,月均水位创历史同期新高,6月份较历史同期偏高幅度为2 m左右。据各水系分区降雨量统计,因强降雨持续时间长,如秦淮河流域和石臼湖固城湖区7日面雨量均超历史记录,前期洪水还未完全退落,后期洪水紧跟其后,造成前后期洪水叠加现象,助长了洪水位的屡登新高并不断刷新记录。

沿江干支流多水系片区洪水同期遭遇。6月30日—7月6日,强雨带维持在我省沿江苏南地区。秦淮河、水阳江、滁河等支流均发生较大洪水,同时长江中游、下游干流区间来水快速增加,导致中游洪水与下游洪水严重遭遇;与此同时,太湖水系各片区也因强降雨河湖水位急涨,多站超历史记录;期间长江下游还经历农历初三大潮过程。本地强降雨、长江洪水及天文大潮在多水系片区同期遭遇,实属罕见。

江湖高水(潮)位顶托严重,洪水渲泄不畅。太湖水系与长江下游主要支流(秦淮河水系、滁河水系、青弋江和水阳江水系)自6月起逐步上涨,各支流主要控制站水位相继超警,并在7月上旬出现水位水量峰值,其中部分站点发生超保或超历史洪水。因各支流来水量级较大、历时长、洪水发生时间集中同步,在干流来水与其顶托作用双重影响下,干流沿线各站水位落差较小,水面比降偏小,水位被迫抬升雍高,主干通道洪水渲泄不畅;高(潮)水位形势下区域排洪因此也同时受限,造成我省长江全线及沿岸江河湖水力通道集中短时拥堵。

人类活动与城市化影响,洪水集中归槽。随着经济社会快速发展,特别是近三十年来,流域(区域)下垫面发生较大变化,径流系数和洪水归槽率提高。加之沿江、圩区、城市大包围等区域排涝能力逐年提高,增加了江河额外洪量,洪水快速集中归槽导致干流水位极速壅高。2015年苏南地区暴雨洪水和2016年沿江苏南暴雨洪水,与历史1991年和1999年洪水相比,暴雨强度并没有明显增大,但洪水位明显提高,中等量级降雨与洪水出现持续高洪水位可能成为一种新常态。

第四篇

防洪治涝工程凸显成效

近年来，全省基本形成了流域、区域、城市三个层次有机结合、互相协调的防洪治涝工程格局。针对2016年我省沿江苏南地区的暴雨洪水，流域骨干工程、区域防洪除涝、城市防洪工程等主要防洪工程发挥重要作用，成功排除流域、区域性洪涝威胁，保障和促进了经济社会快速发展。成效重点体现在骨干工程排涝历时长、强度大，湖库调蓄滞洪作用显著，沿江、环湖、沿运工程错峰调度，流域区域统筹兼顾超常应对等。

（一）秦淮河流域

经多年治理，按照“上蓄、中滞、下泄”的原则，秦淮河流域已初步形成上游水库塘坝蓄水、中游干支流河堤防洪和赤山湖滞洪，下游泄洪入江，洼地建圩设站抽排的防洪除涝工程体系。应对2016年秦淮河流域暴雨洪水，水利工程效益重点体现在以下几个方面：

“中滞”工程错峰滞洪力保下游安全。赤山闸上下游水位从7月1日8:00开始上涨，闸上19:00达到警戒水位11 m。为减轻下游防洪压力，按省防指指令，2日14:30调整下泄流量到150 m^3/s，4日9:00全关滞洪，茅山、句容水库控制下泄。4日9:30，闸上水位13.65 m，省防指下达指令启用赤山湖蓄滞洪区分洪，上游水库关闸滞洪、周围农排泵站停止抽排。5日8:00，闸上水位13.7 m，白水荡滞洪；8:30，启用郭庄镇西万亩①圩滞洪。5日12:30，依指令开赤山闸控制50 m^3/s下泄。秦淮河上游水库调蓄加上赤山湖滞洪水量共计约1亿m^3，若同步下泄，最高水位将抬高0.30 m左右，此举有效减轻下游及城市防洪压力，如图4-1。

沿江闸站全力北排入江。充分利用沿江闸站全力，超常规应用秦淮新河船闸排水。2016年汛期，秦淮新河闸、武定门闸实测最大流量分别为916 m^3/s、504 m^3/s，超设计流量，两闸累计排水量19.21亿m^3。

（二）太湖流域

太湖流域防洪骨干工程框架主体为“洪水北排长江、东出黄浦江、南排杭州湾，充分利用太湖调蓄，形成蓄泄兼筹、以泄为主的格局”。总体上能防御1954年型的50年一遇洪水，太湖最高水位将不超过4.66 m。应对2016年太湖流域暴雨洪水，水利工程效益重点体现在以下几个方面：

提前预降，全力排江。主要体现在：(1) 暴雨前，提前预排作用明显。入梅前，6月14日

---

① 1亩=1/15公顷(hm^2)。

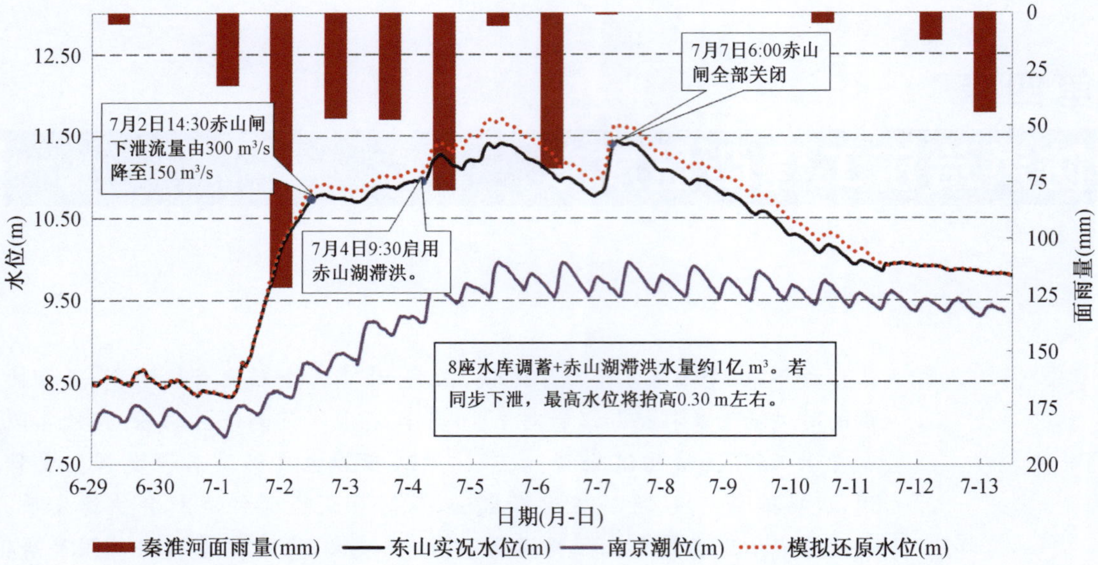

图 4-1 秦淮河流域水利工程调度综合效益

提前启用武澄锡虞区白屈港、新夏港泵站排水，6 月 22 日起澡港、魏村枢纽泵站也都提前开泵排水，预降区域河网水位。两大出湖口门太浦闸、望亭立交全力排水，日均出湖流量维持在 600 m³/s 以上，常熟枢纽累计排水 15.3 亿 m³，望亭立交累计出湖 8.9 亿 m³，太浦闸累计下泄 21.9 亿 m³。(2) 入梅暴雨期间，多模式全力排水。沿江所有闸站口门全力开启，同时增开泵站，相机切换自排和抽排模式双模式并行排水，自排占总排水量的 70%左右。(3) 水利工程超标准，超常规运行。启用新建水利工程及将相关船闸投入运行，增加排水规模。包括部署在建工程新沟河闸施工围堰拆坝，投入排涝运行；对刚建成的苏州七浦塘工程，在保证安全前提下开机排涝；调度新建成的走马塘张家港枢纽与江边枢纽首次联合运行排水；超常规运用船闸泄洪，调度望虞河江边船闸暂停通航，投入排水运行等。据统计，汛期太湖地区沿江主要闸站排入长江流量最高达 2 400 m³/s 左右，累计排水量 58.41 亿 m³。太浦闸、望亭水利枢纽在确保工程安全的前提下持续突破设计流量泄洪，最大日均下泄流量分别达到 898 m³/s、452 m³/s(7 月 11 日)，均创历史新高。

错峰错时，统筹兼顾。主要体现在：(1) 流域与区域防洪的统筹兼顾。充分利用太湖调蓄库容。太湖作为太湖流域最重要的调蓄洪水湖泊，保证水位 4.66 m，环湖堤防防洪标准高，调蓄洪水能力大，每厘米水深对应的水量为 2 300 m³/s 左右，相当于日流量 270 m³/s 的水量。针对苏南运河无锡、苏州等段水位高、防汛压力大，而太湖水位相对较低的情况，省防指于 6 月 22 日、28 日，7 月 2 日三次启用蠡河枢纽排放苏南运河洪水，排泄太湖洪水的望亭立交相应减少流量乃至关闸，常熟枢纽全力排放苏南运河及望虞河以西涝水，对控制苏南运河水位上涨发挥了有效的作用。第一次从启用到关闭，大运河无锡站水位从 4.52 m 降低到 4.34 m，第二次从 4.94 m 降低到 4.45 m，第三次从 5.1 m 降低到 4.77 m。蠡河枢纽的三次启用，有效避免了运河水位的短时速涨，让洪水就近入江，实现了流域与区域防洪的统筹兼顾。(2) 区域与城市防洪的统筹兼顾。防指根据汛情发展态势，及时启用钟楼闸关闭挡洪，7 月 2 日 11 点起关闭钟楼闸，闸下水位从关闸前的 5.42 m，2 h 内降低到 5.19 m，减少湖西高水向东的流量，有效减轻下游常州城区、无锡段、苏州段防洪压力，适时启用丹金枢纽。针对金坛水位高、丹阳段防汛压力相对较轻的实际，为尽量减少丹金溧漕河进入金坛的水量，省防指紧急会商后调度丹金闸枢纽在 7 月 2 日 23 点关闭，减缓了金坛水位上涨速度，有效减轻了当地防汛压力。

城市限排，超常应对。主要体现在：(1) 限制城市排涝，减缓骨干河道行洪压力。近年来，沿江苏南苏、锡、常 3 市主城区防洪排涝标准不断提升，各市城区泵站直接向运河排水的抽排能力在 200 m^3/s 左右，加上沿线圩区直接向运河排水的 400 m^3/s 的抽排能力，合计抽排能力高达 1 000 m^3/s。一旦同时大流量外排，会直接导致运河水位集中上涨。针对去年汛期暴露出的这一薄弱环节，今年省防指在调度过程中统筹考虑城市排涝和运河洪水出路的双重关系，要求苏南运河沿线城市防洪大包围严格按照《苏南运河区域洪涝联合调度方案(试行)》执行，在保证防汛安全的前提下，限制外排。要紧的时候，苏、锡、常城市外排流量压减到 20 m^3/s 上下，有效控制了苏南运河河道水位短时急剧上涨。(2) 贯彻落实超标准洪水应对方案。根据国家防总、太湖防总统一部署，在太湖逼近最高水位的紧急情况下，自 7 月 8 日实施，直至 7 月 18 日太湖水位退至保证水位以下，期间，江苏开启东太湖瓜泾口水利枢纽累计排泄太湖洪水 1.0 亿 m^3，相当于降低太湖水位 0.04 m。江苏开启望虞河西岸福山船闸及东岸谢桥以下口门参与分洪，浙江、上海开启太浦河两岸口门参与分洪，上海淀浦河西闸、蕴藻浜西闸开闸分洪，黄浦江两岸水闸开闸纳潮，为望虞河、太浦河加大下泄流量创造了有利条件，有效遏制了太湖及河网水位的进一步上涨，加速了太湖水位回落至保证水位以下的过程。

第五篇

预报预警强力支撑防汛

扎实做好水文监测、预报预警工作，能为我省各级政府防汛指挥机构的正确决策、合理调度和抗洪抢险工作提供科学依据，具有巨大的社会和经济效益。

首先，落实“四预”中预报和预测任务，为预案制定和预警发布做好技术支撑，为精准调度谱写战斗序曲。2016 年为了做好暴雨期间的水文预报工作，我省开展了太湖、苏南运河、沿江潮位等重要江河水文预报工作。太湖水位的预报通过中国洪水预报系统利用经验公式法和太湖水动力模型两种方式进行预报，苏南运河根据水动力模型初步预报，镇江潮位采用多元回归模型，江阴潮位根据预报方案中的经验公式来预报，对各种方案的预报成果进行会商，结合人工经验分析研判，形成最终预报成果并编制水文预报专报共计 25 期送达防汛决策部门。**太湖水位：**太湖水位预报共 112 d(6 月 3 日—9 月 22 日)，预报未来 3 d 8 时水位，经统计，误差在 0.05 m 范围内达 96%，0.02 m 范围内达 71%；运河水位预报精度相对低，有待进一步提高。**长江潮位：①南京站。**6 月下旬至 9 月底共预报近 200 个潮次，预报合格率 94.0%，达到甲等预报精度，其中潮位预报误差小于 0.10 m 的占 57.8%，误差小于 0.05 m 的占 35.7%。7 月 5 日预报最高潮位为 10.00 m，与实际最高潮位 9.96 m 仅相差 0.04 m。**②镇江站。**自 5 月 1 日起，在原先的 3 d 一次预报的基础上，实行超警期间每日预报，至 10 月 1 日，共预报 300 多个潮次，经统计，高低潮位预报合格率为 96.5%，达到甲等预报精度，其中潮位预报误差小于 0.10 m 的达 71.0%，误差小于 0.05 m 的达 45.1%。“7·1”暴雨期间，历史第二高潮位 8.58 m(6 日 8:00)的预报值为 8.65 m，误差仅为 0.07 m。**③江阴站。**6 月 12 日—9 月 30 日，江阴站潮位共进行了 216 次高潮预报，平均相对误差 3.5%，最大 20.5%。误差小于 3%的有 113 次，占比 52.3%；误差小于 5%的有 166 次，占比 76.9%；误差小于 10%的有 206 次，占比 94.0%。2016 年最高潮位 6.52 m(7 月 6 日 4:30)的预报值为 6.54 m，误差仅为 0.02 m。**秦淮河、滁河、固城湖、石臼湖、水阳江水位：**从 7 月 2 日—7 月 10 日每天对最高水位进行滚动预报。其中秦淮河东山站 7 月 4 日预报水位 11.40 m，与实测最高水位 11.44 m 仅相差 0.04 m；滁河晓桥站 7 月 5 日预报水位 11.70 m，与实测最高水位 11.53 m 相差 0.17 m；固城湖高淳站 7 月 5 日预报水位 13.20 m，与实测最高水位 13.21 m 仅相差 0.01 m；石臼湖蛇山站 7 月 5 日预报水位 13.00 m，与实测最高水位 13.02 m 仅相差 0.02 m；水阳江水碧桥站 7 月 5 日预报水位 13.65 m，与实测最高水位 13.59 m 仅相差 0.06 m。

其次，“与时俱进、与洪同行”，及时发布预警信息，启动应急响应，提醒社会各方超前做好各类防范工作。根据《江苏省水情预警发布管理办法(试行)》，2016 年江苏省太湖地区共发布洪水预警信息 22 期。6 月 3 日太湖水位首次超警，我省发布洪水蓝色预警信息；入梅后受连续强降雨影响，苏南运河常州至苏州段陆续超警且维持上涨趋势，常州、无锡、苏州及省局根据水位及后续降雨预报情况发布了洪水蓝色及黄色预警信息；7 月 2 日 8 时，太湖水位涨至 4.45 m，超警戒水位 0.65 m，预报 3 日 8 时水位超 4.50 m；苏南运河苏州站水位 4.68 m、无锡站 5.07 m、常州站 5.53 m，分别超警戒水位 0.88 m、1.17 m、1.23 m，其中苏州站超历史最高水位 0.08 m；望虞河琳桥水位 4.45 m，超警戒水位 0.65 m，省防汛防旱指挥部发布了洪水橙色预警信息；7 月 3 日，太湖水位达到 4.65 m，发生超标准洪水，仍维持橙色预警；受 9 月份出现的 14 号“莫兰蒂”台风和 17 号“鲇鱼”台风外围影响，9 月中旬、月末苏南地区均出现大暴雨天气，主要河湖水位出现明显的上涨过程，常州分局分别发布洪水蓝色、黄色预警。与此同时，6 月 28 日—7 月 3 日固城湖、石臼湖相继出现超 10.00 m 警戒水位、超 11.50 m 洪水位并持续快速上涨，7 月 1 日秦淮河出现超 8.50 m 警戒水位，超 9.50 m 洪水位，南京分局经市防汛防旱指挥部授权先后发布 4 次洪水蓝色、黄色预警。预警信息通过省水文局外网、水利厅内网和部水文局预警信息汇集系统发布。图 5-1 为江苏水情监测预报预警工作示意图。

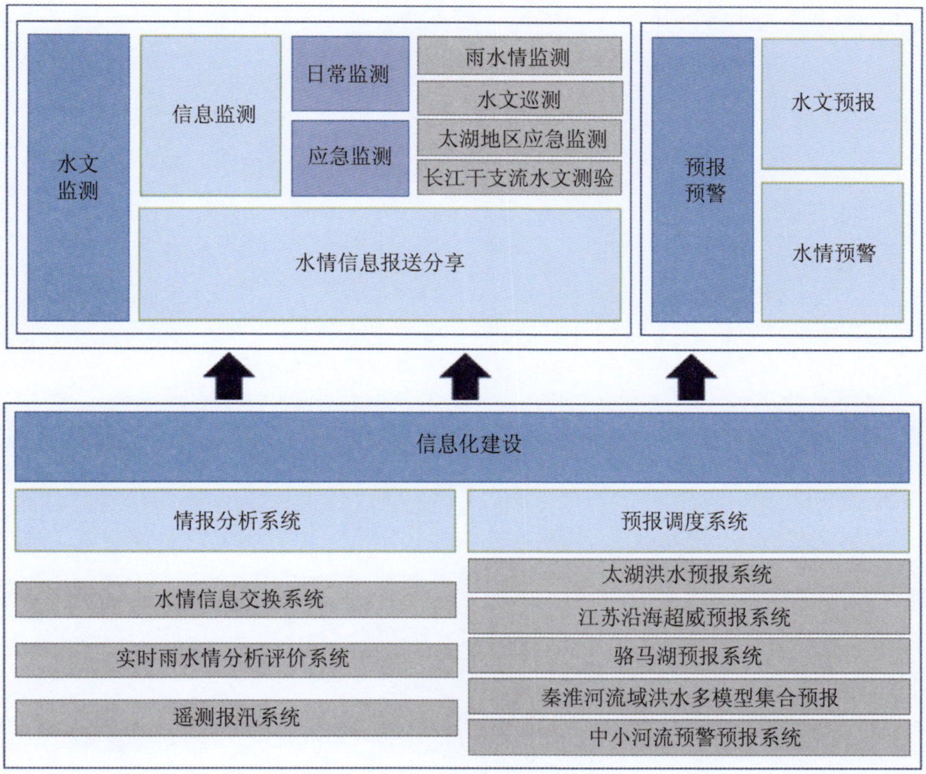

图 5-1　江苏水情监测预报预警工作示意图

其三，适时启动应急监测，全方位掌握汛情，在防洪抗旱决策中发挥关键作用。（1）太湖地区应急监测。2016 年 6 月下旬，太湖地区河湖水位偏高，部分站点超警戒水位，省级水文部门组织部署了苏南运河沿线及太湖地区沿江沿湖等站点断面的水情应急监测工作。此次应急监测共布设 62 个站点，基本涵盖了镇江、常州、无锡、苏州四个市；采用巡测方式，测验方法为 ADCP 走航式或船测流速仪法；监测频次为每天常规 2 次，具体视断面、水情趋势而定；监测时间为 6 月 28 日—7 月 8 日。**（2）长江支流水系应急监测。** 2016 年 7 月上旬南京境内长江、秦淮河、滁河、石臼湖、固城湖全线超警，秦淮河、石臼湖、固城湖更是出现超历史洪水，南京分局对 12 个断面进行应急监测，从 7 月 2—10 日共监测 60 余次，均采用走航式 ADCP 进行流量应急测验。**（3）长江干流世业洲水文测验。** 世业洲左汊左侧江岸稳定与否关系到沿江开发和润扬大桥的安全，同时建立大通流量与世业洲洲头断面流量及左右汊分流比之间的关系有利于我们更好地掌握过境水量情况。2016 年扬州分局在长江镇扬河段世业洲左右汊开展水文测验，了解该水域附近流态，掌握世业洲左右汊分流比，以预测该段长江的河势变化。本次水文测验分别在 7 月 8 日、8 月 5 日、8 月 22 日进行，获得一系列数据成果，包括潮位观测资料、流速流向测验资料和 ADCP 巡测断面与流量资料，并对资料成果进行了对比分析。

正本

《2016年江苏省暴雨洪水》

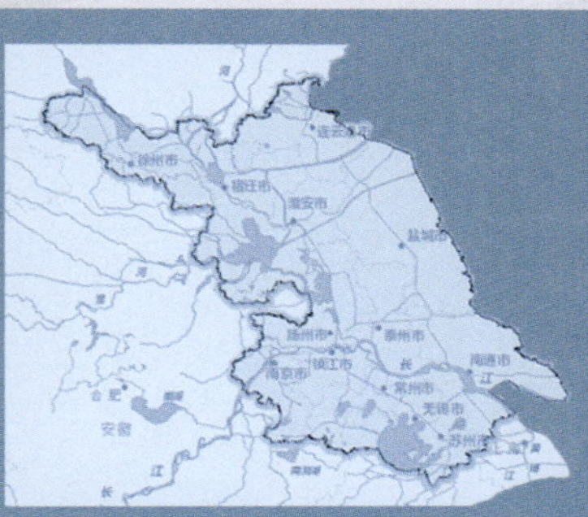

目　录(正本)

CONTENTS

第一章

区 域 概 况

江苏省滨江沿海，河湖众多，水系复杂，气候多变，特定的地理位置和水系特征，决定了我省洪涝灾害易发、水资源相对丰富的特点；同时，作为经济大省，江苏人多地少、产业密集，这对全省水利现代化建设提出更高要求。沿江苏南地区位于长江水系下游、淮河水系入江口，同时也是我省暴雨集中地带，易发生洪水灾害，2016 年的暴雨洪水过程就发生在这片区域。对相关区域概况的精确把握是开展水文分析研究的基础。

本章系统介绍江苏省自然地理和社会经济概况，并针对 2016 年暴雨洪水集中区——我省沿江苏南地区基本情况作详细描述，具体涉及地理位置、河流水系、水文站网、暴雨洪水、防洪工程、洪涝灾害等。

1.1 江苏省概况

1.1.1 自然地理

1.1.1.1 地理位置

江苏省简称苏，位于我国东部沿海地区中部，介于东经 116°21′～121°56′，北纬 30°45′～35°08′之间。东濒黄海，西连安徽，北接山东，东南与浙江、上海毗邻，是长江三角洲地区的重要组成部分。南北跨度 460 km，东西跨度 320 km，总面积 10.72 万 km^2（流域面积按原国土边界确定，面积为 10.3 万 km^2），占全国总面积的 1.1%，海岸线长 954 km。江苏地处长江、淮河流域下游，以仪六丘陵经江都、328 国道至如泰运河一线为分水岭，北部属淮河流域，境内面积约 6.4 万 km^2，占总面积的 62.1%；南部属长江流域，境内面积约 3.9 万 km^2，占总面积的 37.9%。江苏省地理位置见图 1.1-1。

1.1.1.2 地形地貌

江苏省地处长江、淮河下游，海拔高度低，地貌上属于平原和低山丘陵区。除北部边缘、西南边缘为丘陵山地外，自北而南为黄淮平原、江淮平原、滨海平原、长江三角洲平原。全省平原面积约占 68.8%，地面高程大部分在 5～10 m，地势最高的微山湖湖西地区，在 35 m 左右，地势低洼的太湖及里下河水网地区，最低在 0 m 左右；丘陵山地面积约占 14.3%，山势低缓，南北错落分布，高程一般在 200 m 以下，最高峰连云港云台山玉女峰的最高点高程为

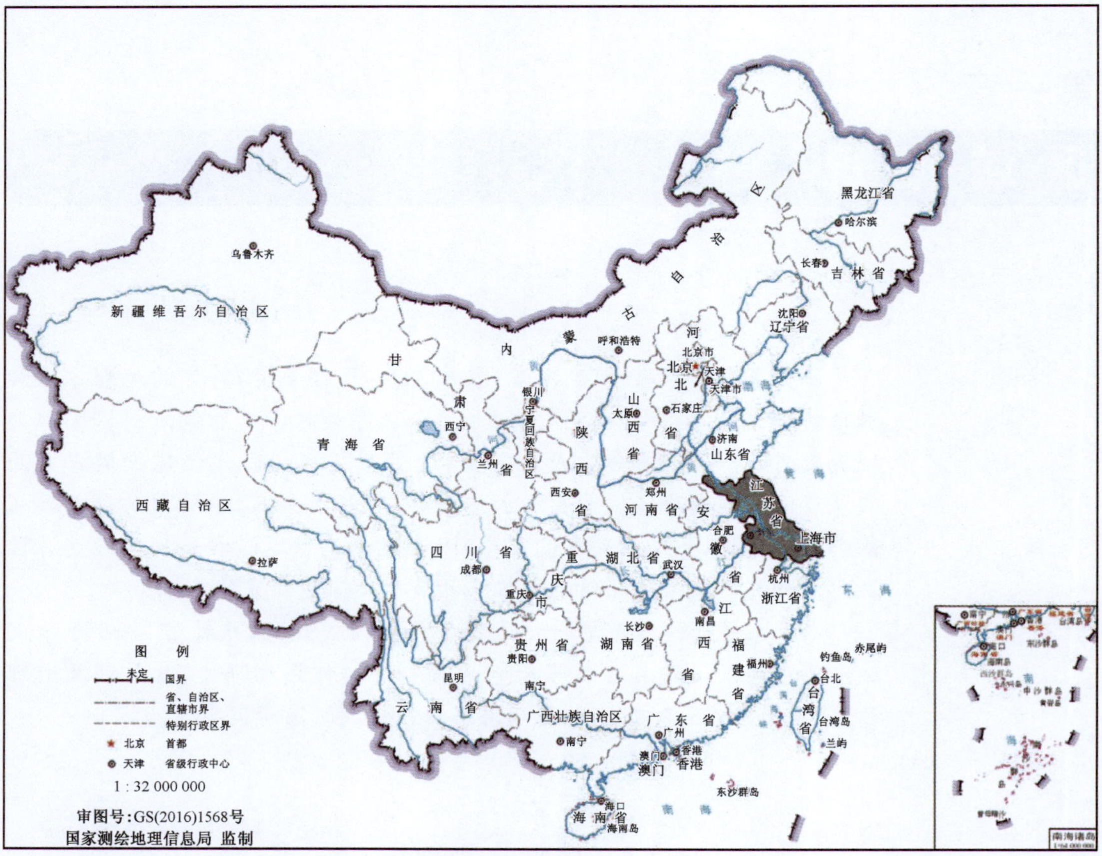

图 1.1-1 江苏省地理位置

624.4 m;河湖水域约占16.9%。

江苏大部分地区被第四纪沉积物所覆盖,基岩裸露的丘陵仅占4%~5%,地质构造分属于三大构造单元:海州地盾分布在东北部,出露地层为古老的片麻岩及花岗片麻岩,沂蒙山东南部分布区经过漫长地质时期的剥蚀与堆积作用,形成了典型的孤立断块云台山,低洼地带堆积形成了平原;徐州坳陷带大面积出露石灰岩地层,构成剥蚀地形,亦称准平原;南京坳陷带分布在全省中南部的广大地区,包括苏北地坳、苏皖隆起、太湖坳陷三个次一级构造单元。

1.1.1.3 气候特征

江苏省位于亚热带过渡性气候区,大致以淮河—灌溉总渠为界,南部属湿润的亚热带气候区,北部属半湿润的暖温带气候区。全省具有明显的季风特征,四季分明,气候温和,雨量适中,雨热同季,光能充足。全省年日照时数为1 816~2 503 h,其分布趋势是自北向南减少;年平均气温为13.5~16.0 ℃,分布的趋势是自南向北降低,南北间温差较东西间大。

全省多年平均降雨量700~1 250 mm,雨量较丰沛,但时空分布不均。在空间分布上,降雨量自东南向西北递减,南部多年平均降雨量1 200 mm左右,向北逐渐减少至700 mm左右。在时间分布上,呈现以下规律:(1) 由于受季风气候的影响,全年降雨大多集中在夏秋两季,在6、7月间,冷暖气团遭遇频繁,常产生锋面低压和静止锋,形成阴雨连绵的梅雨期;

7、8、9 月受台风影响，常伴有来势迅猛的大暴雨和特大暴雨。(2) 年降雨量的季节变化较大，汛期(6—9 月)多年平均降雨量 550～650 mm，约占全年雨量的 50%～74%，且多数集中于几场暴雨。(3) 降雨年际变化也比较大，全省面平均雨量丰水年可达 1 254.0 mm(1954 年)，枯水年仅 549.0 mm(1978 年)；单站最大达 2 253.0 mm(1965 年大丰闸)，最小为 338.0 mm(1929 年徐州)。

全省多年平均水面蒸发量 950～1 100 mm，与降雨相反，自南向北、西北方向逐渐递增；省内 5—8 月的蒸发量约占年蒸发量的 50%左右，最大月蒸发量出现在 7 月和 8 月，最小月蒸发量出现在 1 月和 2 月。多年平均陆地蒸发量 600～800 mm，降水较少的丰沛地区，受供水能力的限制，陆面蒸发量不足 600 mm。

1.1.1.4 河流水系

江苏地处长江、淮河两大流域下游。境内长江流域分为长江干流水系和太湖水系，淮河流域分为淮河水系和沂沭泗水系。江苏省长江流域面积约 3.9 万 km^2，其中长江干流水系面积 1.9 万 km^2，太湖水系面积 2 万 km^2；淮河流域面积约 6.4 万 km^2，其中淮河水系面积 3.7 万 km^2，沂沭泗水系面积 2.7 万 km^2。

江苏北部属沂沭泗水系，境内面积 2.7 万 km^2，占全省总面积的 26.2%。其中废黄河高亢地区面积 1 881 km^2，形成独立排水区，也是沂沭泗水系南部与淮河水系相邻的分水岭。中运河、沂河、总沭河、新沂河、新沭河、淮沭河等流域行洪河道，把境区分割成被洪水包围的七个区域。区内主要排涝干河有复新河、不牢河、房亭河、蔷薇河、善后河、灌河等。

江苏中部属淮河下游水系，南以江淮分水岭、老通扬运河、如泰运河为界，与长江流域相邻，北以废黄河与沂沭泗水系分开，境内面积 3.7 万 km^2，占全省总面积的 35.9%。淮河原是一条单独入海的河流，黄河夺淮后，下游河床淤高，在淮阴以西潴积成洪泽湖，并改道入江。洪泽湖现为一座特大型平原水库，上游承接 15.8 万 km^2 来水，下游有 3 处排洪通道，一是经三河闸，由淮河入江水道穿高邮湖、邵伯湖在三江营注入长江；二是经高良涧闸，由苏北灌溉总渠入海；三是出二河闸至淮阴水利枢纽，一股由淮沭河入新沂河，一股由废黄河入海。淮河干流、淮河入江水道、苏北灌溉总渠等流域行洪河道也把境内分割成六个被洪水包围的区域。区内河道主要有徐洪河、濉河、射阳河、新洋港、黄沙港、斗龙港等排涝干河。受苏北灌溉总渠以及里运河、老通扬运河等几条高水河道包围的里下河地区，现已成为独立的自排水系。

江苏南部属长江流域。长江干流自西向东横穿江苏全境，将境内的 3.9 万 km^2 流域面积分割为南北二大片，北岸有滁河，以及仪六山丘区、通扬和通吕通启地区的诸多通江河道；南岸则有太湖、秦淮河和固城石臼湖等水系。长江干流沿江水系中，北岸的滁河上游在安徽境内，流域总面积 0.79 万 km^2；南岸固城湖、石臼湖地区属青弋、水阳江水系，水阳江由安徽流经我省，再从安徽境内注入长江，流域总面积为 1.75 万 km^2。太湖流域总面积为 3.69 万 km^2，其中江苏境内太湖水系面积为 2 万 km^2。

江苏境内流域骨干行洪河道，东西方向，有苏北的新沭河、新沂河、入海水道、苏北灌溉总渠，苏中的长江，苏南太湖下游的太浦河以及望虞河；南北方向，有中运河、沂河、沭河、分淮入沂和淮河入江水道等。纵横交错的流域行洪河道，把全省分割形成众多区域。以流域性河湖为界，兼顾自然地理区划、农业区划等，内部划分为 17 个水利分区，见表 1.1-1、图 1.1-2。

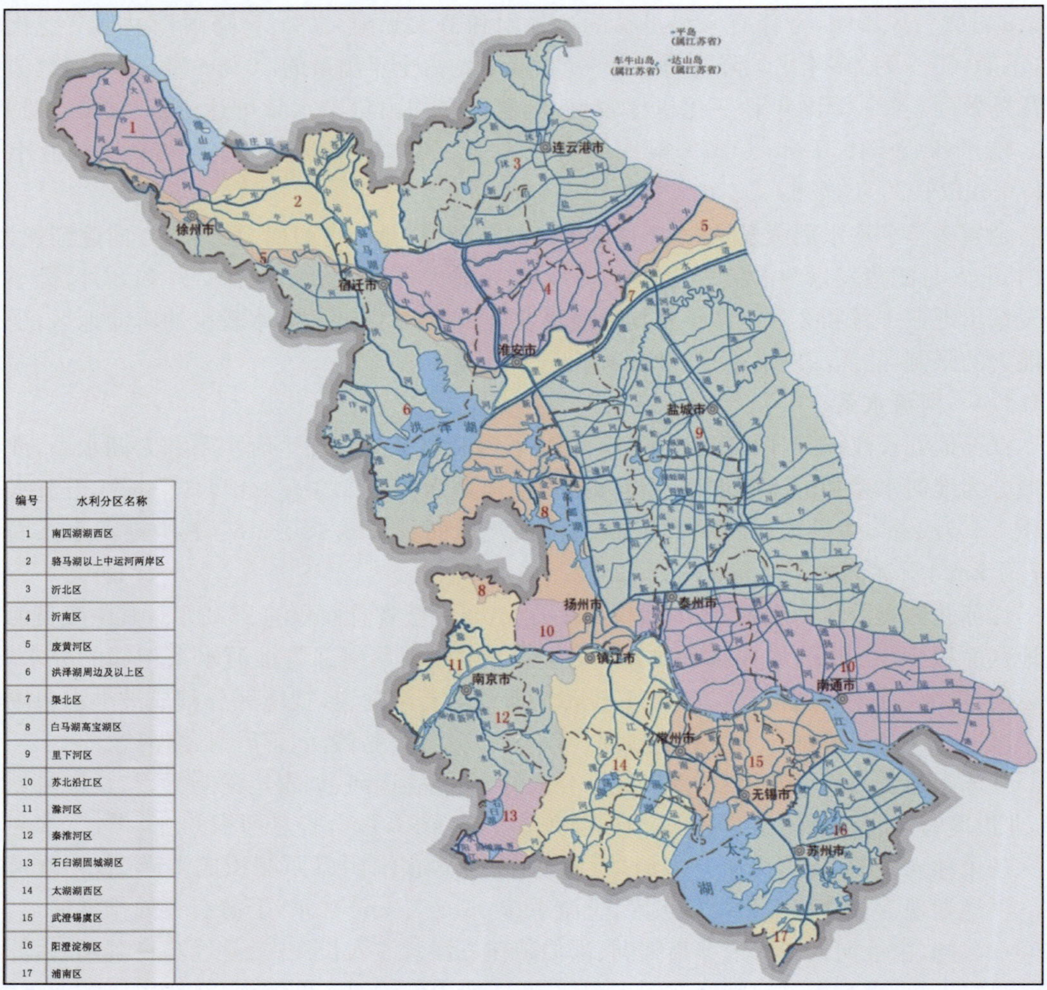

图 1.1-2 江苏省水利分区图

表 1.1-1 江苏省水利分区表(2012 年)

流域水系		防洪分区	面积(km²)
淮河流域	沂沭泗水系	南四湖湖西区	3 040
		骆马湖以上中运河两岸区	5 066
		沂北区	8 291
		沂南区	7 652
		废黄河区	1 320
		合计	25 369
	淮河水系	洪泽湖周边及以上区	8 997
		渠北区	2 046
		白马湖、高宝湖区	5 348
		里下河区	22 230
		合计	38 621

续表

流域水系		防洪分区	面积(km²)
长江流域	长江水系	滁河区	2 302
		苏北沿江区	9 958
		秦淮河区	3 734
		石臼湖固城湖区	1 299
		(长江干流水面)	1 762
		合计	19 055
	太湖水系	太湖湖西区	7 671
		武澄锡虞区	4 106
		阳澄淀泖区(含滨湖区)	4 803
		浦南区	566
		(太湖水面)	2 462
		合计	19 608
总计			102 652

1.1.2 社会经济

1.1.2.1 行政区划

江苏省共辖13个地级市,97个县(市、区),其中21个县级市、21个县、55个市辖区。地级市包括南京、无锡、徐州、常州、苏州、南通、连云港、淮安、盐城、扬州、镇江、泰州、宿迁。2016年末,全省常住总人口7 998.6万,城镇化率67.72%。江苏省行政区划见图1.1-3。

1.1.2.2 国民经济

根据《江苏省2016年国民经济和社会发展统计公报》,全省经济呈现如下特点:

(1) 经济发展总体平稳、稳中有进。全年实现地区生产总值76 086.2亿元,比上年增长7.8%。其中,第一产业增加值4 078.5亿元,增长0.7%;第二产业增加值33 855.7亿元,增长7.1%;第三产业增加值38 152亿元,增长9.2%。全省人均生产总值95 259元,比上年增长7.5%。产业结构加快调整,三次产业增加值比例调整为5.4∶44.5∶50.1,全年服务业增加值占GDP比重提高1.5个百分点。全年实现高新技术产业产值6.7万亿元,比上年增长8.0%;占规上工业总产值比重达41.5%,比上年提高1.4个百分点。战略性新兴产业销售收入4.9万亿元,比上年增长10.5%;占规上工业总产值比重达30.2%。经济活力继续增强。全年非公有制经济实现增加值51 510.3亿元,比上年增长8.0%,占GDP比重达67.7%,其中私营个体经济占GDP比重为43.6%。民营经济增加值占GDP比重达55.2%。年末全省工商部门登记的私营企业达222.9万户,当年新增50.1万户,注册资本98 090.7亿元,比上年增长34.4%;个体户438.8万户,当年新增77.6万户。新型城镇化建设加快。年末城镇化率达67.7%,比上年提高1.2个百分点。区域发展协调性进一步提高。苏中和苏北对全省经济增长的贡献率达45.3%,沿海地区对全省经济增长的贡献率达18.4%。

(2) 就业形势保持平稳。年末全省就业人口4 756.22万人,第一产业就业人口841.85

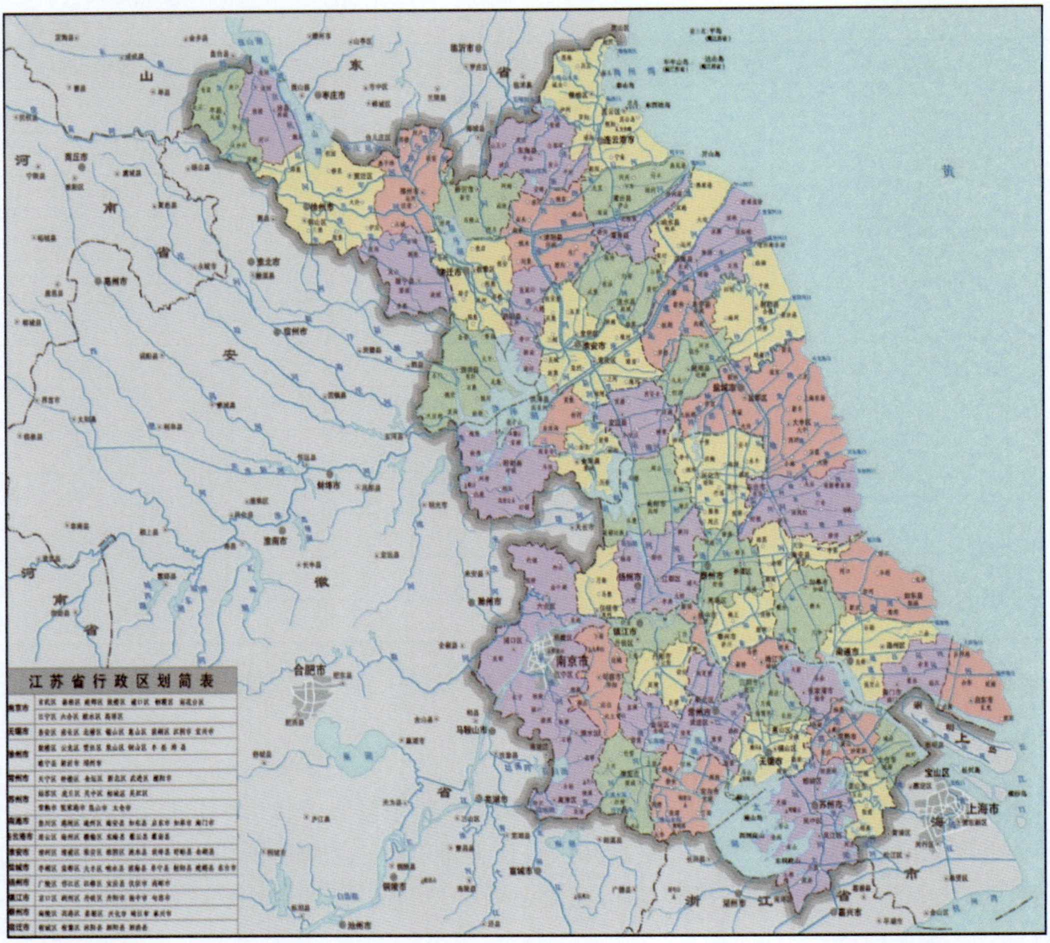

图 1.1-3　江苏省行政区划图

万人，第二产业就业人口 2 045.17 万人，第三产业就业人口 1 869.2 万人。城镇地区就业人口 3 126.26 万人，城镇新增就业 143.22 万人，城镇登记失业率 3.0%。新增转移农村劳动力 26.49 万人。促进失业人员再就业 77.82 万人，其中就业困难人员就业 13.12 万人。分流安置去产能职工 2.31 万人，应届高校毕业生年末总体就业率达到 96.9%，扶持城乡劳动者自主创业 22.82 万人。

(3) 消费价格温和上涨。全年居民消费价格比上年上涨 2.3%，其中城市上涨 2.4%，农村上涨 1.8%。分类别看，食品烟酒上涨 3.8%，衣着上涨 1.8%，居住上涨 1.2%，生活用品及服务上涨 1.6%，交通和通信下降 1.2%，教育文化和娱乐上涨 0.9%，医疗保健上涨 9.1%，其他用品和服务上涨 2.7%。在食品烟酒中，鲜菜上涨 11.3%，畜肉类上涨 11.1%，水产品上涨 6.7%，禽肉类上涨 1.2%，食用油上涨 0.9%，粮食上涨 0.2%，蛋类下降 3.7%。工业生产者价格有所回升。全年工业生产者出厂价格同比下降 1.9%，降幅较上年收窄 2.8 个百分点，其中生产资料下降 2.2%，生活资料下降 0.7%。全年工业生产者购进价格下降 2.0%，降幅较上年收窄 5.9 个百分点。

(4) 全省经济社会发展中还存在不少困难和问题，如供给侧结构性矛盾突出，转型升级任务艰巨，实体经济困难较多，有效需求增长乏力，城乡居民增收难度较大等。

江苏省2015年社会经济概况见表1.1-2。

表1.1-2　江苏省2015年社会经济主要指标情况表

地区	土地面积(km^2)	人口(万人)			国民生产总值
		城镇人口	总人口	城镇化率(%)	
南京	6 587	670.40	823.59	0.81	9 720.77
无锡	4 627	490.93	651.10	0.75	8 518.26
徐州	11 765	529.24	866.90	0.61	5 319.88
常州	4 372	329.10	470.14	0.70	5 273.15
苏州	8 657	795.14	1 061.60	0.75	14 504.07
南通	10 549	458.15	730.00	0.63	6 148.40
连云港	7 615	262.61	447.37	0.59	2 160.64
淮安	10 030	283.31	487.20	0.58	2 745.09
盐城	16 931	434.43	722.85	0.60	4 212.50
扬州	6 591	281.53	448.36	0.63	4 016.84
镇江	3 840	215.78	317.65	0.68	3 502.48
泰州	5 787	285.69	464.16	0.62	3 687.90
宿迁	8 524	269.53	485.38	0.56	2 126.19
全省	107 200	5 305.83	7 976.30	0.67	70 116.38

1.2　沿江苏南概况

江苏省位于长江、淮河流域下游，2016年暴雨洪水主要集中在我省沿江苏南地区，包括长江水系和太湖水系，重点列出详细介绍。

1.2.1　地理位置

1.2.1.1　长江水系

长江流域介于东经90°33′～122°19′和北纬24°27′～35°54′之间，形状呈东西长、南北短的狭长形。流域西以芒康山、宁静山与澜沧江水系为界；北以巴颜喀拉山、秦岭、大别山与黄、淮水系相接；东临东海；南以南岭、武夷山、天目山与珠江和闽浙诸水系相邻。流域总面积180万km^2，占我国大陆面积的18.8%。江苏省长江地区位于流域下游，与安徽省、浙江省、上海市相邻，面积约为3.9万km^2，占全流域总面积的2.14%，占全省总面积的38%。其中长江南岸茅山山脉以东、宜溧山地以北为相对独立的太湖水系；除太湖水系外，我省长江水系面积1.9万km^2，可分为石臼湖固城湖、秦淮河、滁河和苏北沿江等区域性水系。江苏省长江流域地理位置见图1.2-1。

1.2.1.2　太湖水系

太湖水系（流域）是长江流域的组成部分，地处长江三角洲的南翼，北抵长江，东临东海，南滨钱塘江，西以天目山、茅山等山区为界，三面临江滨海，一面环山，全流域总面积3.69万km^2，

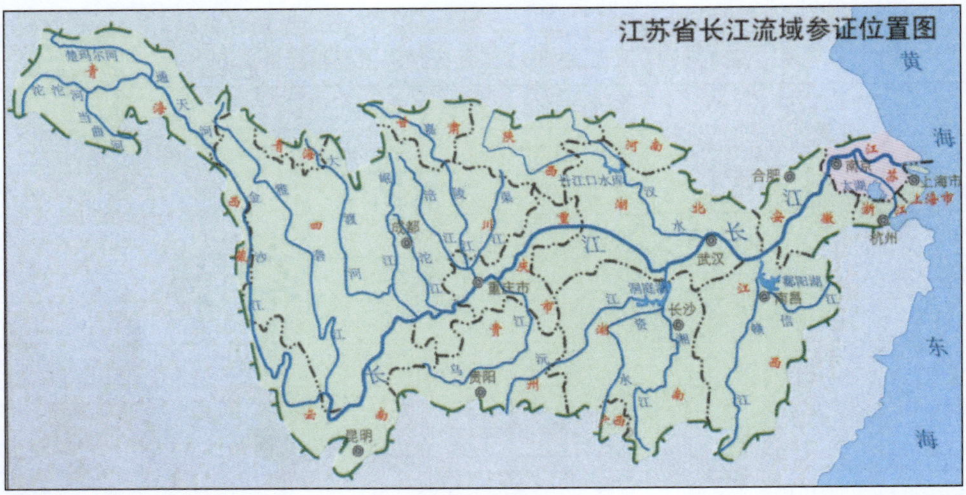

图 1.2-1　江苏省长江流域地理位置图

行政区划分江苏、浙江、上海和安徽三省一市。江苏省太湖地区位于流域的中、北部，北抵长江，东临上海，南连浙江省，西以茅山、天目山余脉等山丘为界，面积约 2 万 km^2，占全流域总面积的 53%，占全省总面积的 19%。江苏省太湖流域地理位置见图 1.2-2。

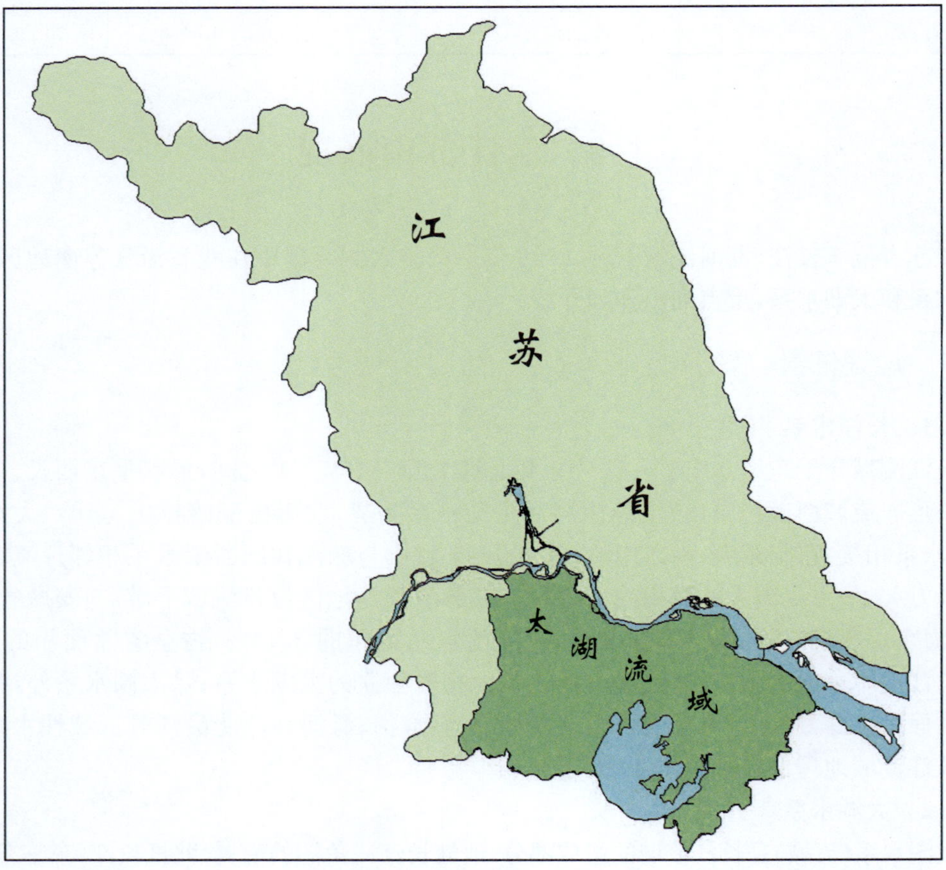

图 1.2-2　江苏省太湖流域地理位置图

1.2.2　河流水系

江苏省境内长江流域分为长江、太湖水系，太湖水系（流域）按独立水系进行整治和管理。

1.2.2.1　长江水系

长江干流自南京江浦新济洲入境，在南通启东圆陀角入海，自西向东横穿江苏，是江苏沿江地区的排水、引水大动脉。长江水系境内面积 1.91 万 km^2，约占流域总面积的 1%，占全省总面积的 18.7%，涉及南京、镇江、扬州、泰州、常州、无锡、苏州、南通 8 市。我省境内沿江地区分为滁河水系、苏北沿江水系、秦淮河水系、石臼固城湖水系。滁河是长江下游北岸的一条支流，干流源自安徽，在南京浦口进入江苏，于六合大河口入江，在江苏境内有驷马山河、马汊河等分洪道分洪入江。秦淮河水系上游有句容河、溧水河两源，在江宁西北村汇合后为秦淮河干流，干流至东山又分为秦淮新河和外秦淮河两支分别入江。苏北沿江水系位于江淮分水岭以南，跨南京、扬州、泰州、南通 4 市，可分为仪六水系、通扬水系和通吕通启水系。石臼固城湖水系属青弋江、水阳江水系，境内有石臼湖、固城湖承接水阳江部分水量，由天生桥河连接秦淮河水系，由胥河连接太湖水系。我省长江流域主要内部河道有通扬运河、泰州引江河、如泰运河、通吕运河、通启运河、九圩港、句容河、溧水河、官溪河、胥河等。我省长江水系见图 1.2-3。

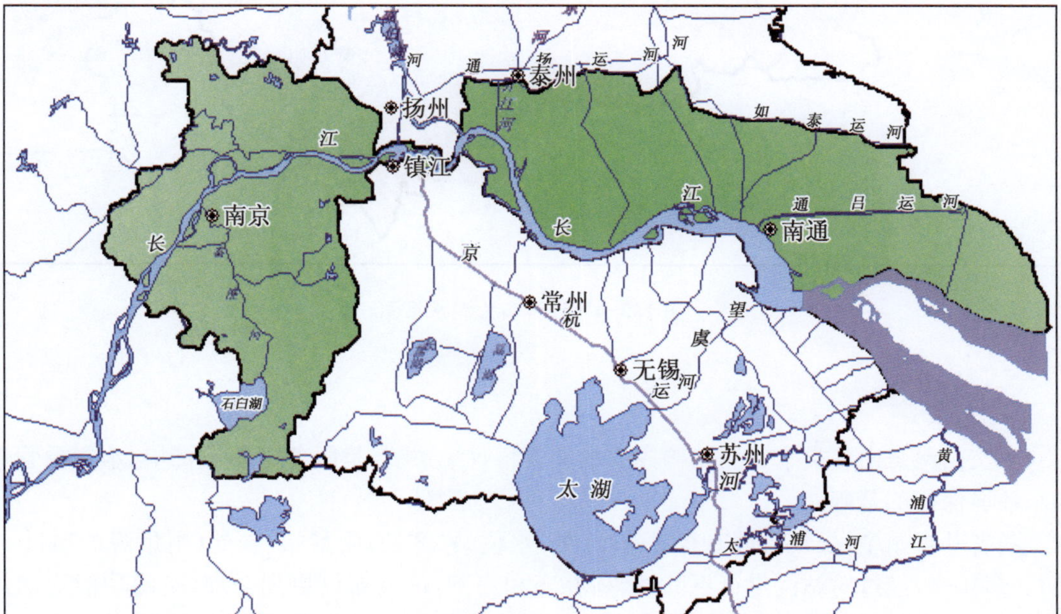

图 1.2-3　江苏省长江水系图

1.2.2.2　太湖水系

太湖流域在江苏境内面积 2 万 km^2，占流域总面积的 53%，占全省总面积的 19%。该地区是我省人口最密集和经济最发达地区，涉及苏州、无锡、常州、镇江、南京 5 市。太湖流域内河道水系以太湖为中心，分上游水系和下游水系两个部分，上游主要为西部山丘区独立水系，下游主要为平原河网水系；我省境内太湖水系主要由湖西南河水系、洮滆水系等组成的太湖上游入湖水系和武澄锡虞、阳澄淀泖等北部入江水系以及经太浦河(包括吴淞江、淀泖湖群等)下泄的入黄浦江水系等组成,苏南运河穿越腹地与下游诸水系,起着水量调节和承转作用,也是流域内重要航道。入湖水系向东注入太湖,下游水系主要经太浦河、望虞河和内部河网分别借长江、黄浦江入海。主要内部河道有南河、丹金溧漕河、九曲河、锡澄运河、白屈港、张家港、常浒河、白茆塘、七浦塘、杨林塘、娄江(浏河)、吴淞江、頔塘等。我省太湖水系见图 1.2-4。

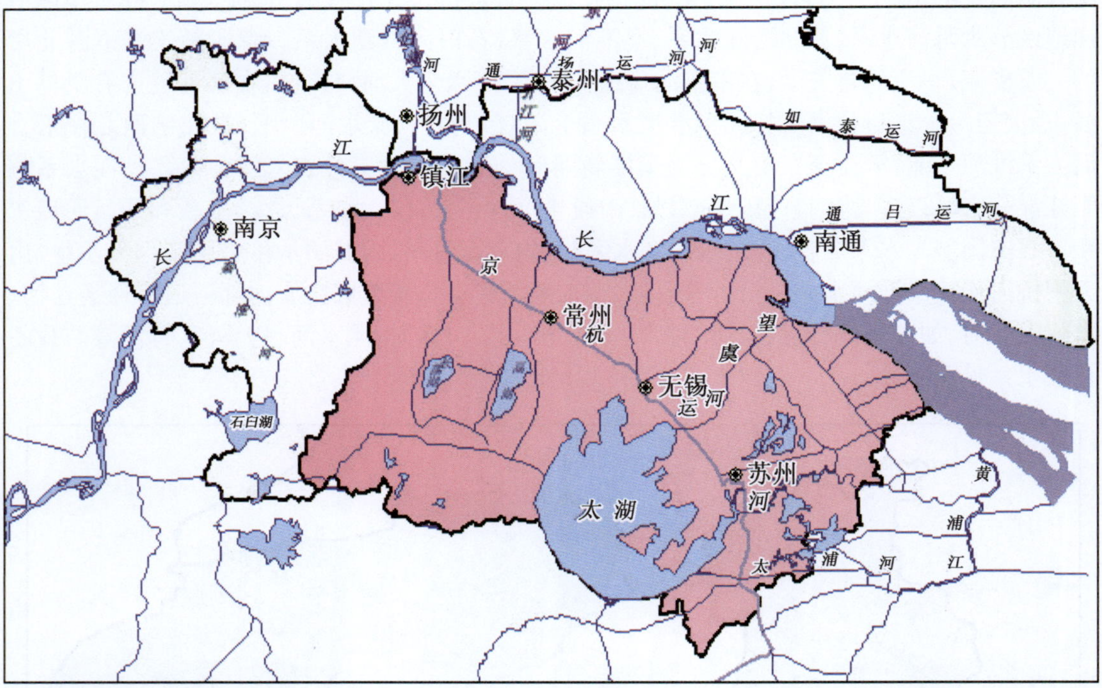

图 1.2-4　江苏省太湖水系图

1.2.3　水文站网

水文站网是由各类水文测站构成的水文资料收集系统,是服务于防汛抗旱、水资源管理和水环境保护的基础。

我省基本站中,长江流域有水文站 25 处,水位站 22 处,雨量站 44 处(雨量观测项目 82 处)。多年来,经过对站网进行不断调整、补充和完善,站网布设更加合理,站网功能更加优化,提高了对重点河段、重点区域的洪水监测与预测预报的能力和水平,防洪抗旱减灾能力得到不断提高,为战胜 2016 年洪水发挥了重要作用,保障了人民群众生命财产的安全。

我省基本站中,太湖流域有水文站 38 处,水位站 30 处,雨量站 32 处(雨量观测项目 85 处)。自 1999 年以来,各级遥测系统不断建设完善,遥测站点得到进一步补充,基本水位、雨量站基本都纳入了遥测系统,实现自动测报,为防汛提供了重要技术支撑。在大水期间,各级水文部门还在重要地区环太湖、望虞河和太浦河两侧等进行巡测,对资料进行整编,积累了大量宝贵的水文资料,为水利规划、水资源开发利用和保护等行业发展起了重要作用。

我省水文站网分布见图 1.2-5。

图 1.2-5　江苏省水文代表站分布图

1.2.4 暴雨洪水

我省长江流域暴雨洪水特性由流域自然地理和气象特性决定，流域暴雨是形成地表洪涝过程的基本原因。我省长江流域要承接上游的大量洪水，而境内地势低平，大部分地区处于设计洪水位以下，是流域洪水“走廊”，同时还受到下游潮汐的顶托影响，容易形成流域性或区域性洪涝灾害。总体来说，我省长江流域洪涝类型根据降水类型可分为2类：一是梅雨型洪涝；二是台风暴雨型洪涝。

梅雨型洪涝：梅雨主要由来自北方的冷空气与南方的暖空气汇合形成的准静止锋造成的，一般发生在6—7月上半月。梅雨历时长，降水总量大。在梅雨范围较大的年份，长江流域往往与太湖流域同期发生洪水，使得太湖沿江地区向长江排水的主要通道受长江高水位的顶托，容易造成太湖及河网持续高水位。梅雨是造成我省长江流域流域性洪涝灾害的主要原因。

台风暴雨型洪涝：台风暴雨型洪涝主要发生在7—9月。台风降雨虽然总量有限，但由于降雨强度大，造成部分区域河道水位上涨速度快、涨幅大，一日最大涨幅可达1.0～1.5 m，可造成较严重的洪涝灾害。覆盖流域范围的台风型暴雨可以引起全流域洪涝，洪水位可能持续一段时间。降雨范围较小的暴雨可造成局部地区河道水位暴涨，形成局部性洪涝，但退水速度一般较快。特别是台风、降雨、高潮位，出现三碰头时，灾害会更严重。

1.2.5 防洪工程

1.2.5.1 长江水系

江苏地处长江流域下游入海口，境内长江干流总长432.5 km，流域面积约3.9万km^2(其中太湖水系2万km^2，其余1.9万km^2)。境内长江平面形态呈藕节状，总体上均为江心洲发育、宽窄相间的分汊型河道，岸线总长1 169.5 km，其中主江岸岸线总长828.1 km(左岸444.8 km，右岸383.3 km)，江心洲岸线总长度341.4 km(含太平洲岸线长度83.6 km)。经历年修建和加固，目前已建成长江堤防1 510 km，其中干流堤防1 188 km(主江堤849 km，闸外港堤339 km)，洲堤322 km，穿堤通江建筑物1 247座(其中大中型90座)。

根据长江流域综合治理规划，长江流域逐步形成了以堤防为基础，三峡工程为骨干，干支流水库、蓄滞洪区、河道整治相配合的综合防洪体系。我省地处长江下游，采取“固堤防，守节点，稳河势，止崩坍”的防洪策略，已经形成了较为完善的堤防挡洪和河势控制工程体系，基本可以防御1954年型洪水(约50年一遇)，长江河势得到初步控制，总体较为稳定，为沿江开发奠定了基础，长江干流江苏段河势见图1.2-6。

现状主要防洪工程情况如下：

1. 江堤巩固

全省现有江堤总长1 510 km，其中主江堤849 km、港堤339 km、洲堤322 km；北岸主江堤长458.7 km，南岸主江堤长390.5 km。主江堤中，南京主城区段60.5 km为1级堤防，其余均为2级堤防；港堤为2级堤防；太平洲洲堤为2级堤防，其余洲堤为3级及3级以下堤防。江苏省长江江堤基本情况见表1.2-1。

图 1.2-6　长江干流江苏段河势示意图

表 1.2-1　江苏省长江堤防基本情况表

省辖市	主江堤(km)			港堤(km)	洲堤(km)	小计(km)
	左岸	右岸	小计			
南京	94.1	97.5	191.6	24.5	56.7	272.8
扬州	74.9		74.9	35.8	9.5	120.2
镇江	28.9	93.9	122.8	57.7	151.1	331.7
泰州	95.6		95.6	73.9		169.6
常州		17.2	17.2	26.3	10.3	53.7
无锡		40.5	40.5	11.8		52.3
苏州		141.4	141.4	44.6	16.8	202.8
南通	165.2		165.2	64.4	77.2	306.8
合计	458.7	390.5	849.2	339.1	321.5	1 509.8

2003 年实施完成的江堤达标建设工程，设计堤顶高程按《长江流域综合规划》确定的 1954 年型设计水位(无台风影响)加超高确定，1 级主江堤堤顶宽度不小于 8 m、2 级不小于 6 m，港堤和洲堤堤顶宽度不小于 5～6 m；主江堤护坡上护至堤顶，下护至滩面，无滩面的护坡下限至低潮位；沿线大中型建筑物防洪(潮)标准为 100 年一遇设计、200～300 年一遇校核，小型建筑物按《长江流域综合规划》防洪水位设计、100 年一遇校核。江苏省 1997 年江堤达标建设设计堤顶高程情况见表 1.2-2，沿江设计洪潮水位情况见表 1.2-3。

表 1.2-2　江苏省 1997 年江堤达标建设设计堤顶高程表

站名	设计水位(m)	超高(m)	堤顶高程(m)
南京	10.60	2.0	12.60
泗源沟	9.50	2.0	11.50
镇江	8.85	2.0	10.85
三江营	8.35	2.0	10.35
过船港	7.84	2.0	9.84
小河闸	7.82	2.0	9.82

续表

站名	设计水位(m)	超高(m)	堤顶高程(m)
江阴	7.25	2.0	9.25
焦港	6.96	2.0	8.96
天生港	6.73	2.5	9.23
浒浦闸下	6.50	2.5	9.00
浏河闸下	6.68	2.5	9.18
青龙港	6.50	2.5	9.00
三条港	6.65	2.5	9.15
吴淞	6.01	2.5	8.5

表 1.2-3　江苏省沿江设计洪潮水位表

站名	《长江流域综合规划》水位(不考虑台风)	100 年一遇洪潮水位	200 年一遇洪潮水位	300 年一遇洪潮水位
南京	10.60	11.07	11.35	11.52
镇江	8.85	9.24	9.48	9.61
三江营	8.35	8.43	8.68	8.82
江阴	7.25	7.56	7.81	7.96
天生港	6.73	7.18	7.44	7.59
青龙港	6.50	6.79	7.04	7.19
三条港	6.65	6.86	7.10	7.24
吴淞口	6.01	6.41	6.64	6.78

目前长江堤防存在的主要问题有：局部堤段堤身断面及迎水坡护坡标准不足，堤身、堤基存在安全隐患，部分穿堤建筑物未按标准加固或拆建，长江岸线、洲滩高强度开发利用对江堤带来不利影响，长江水条件的变化影响局部堤段岸线稳定。现状主江堤达标长度为773.2 km，不达标长度为 76.0 km，约占 10%。主江堤迎水坡已做护坡的堤防长 800.5 km，未做护坡的堤防长 48.7 km。主江堤堤身、堤基已做防渗处理的堤防长 558.0 km，未做防渗处理的堤防长 291.2 km。主江堤堤顶路面为沥青、水泥、混凝土的堤防长 670.9 km，泥结碎石、砌体的堤防长 166.9 km，土路的堤防长 11.4 km。堤顶道路不通畅长 38.7 km，堤防占用长度 313.3 km。

2. 河道整治

经多年治理，我省长江河势改变了历史上大幅度摆动的局面，中等洪水年份保持了大部分河段的基本稳定，但尚难保障 1954 年型长历时特大洪水情况下的河势稳定，特别是长江三峡工程建成使用后，长江来水来沙条件发生很大变化，崩岸险情逐渐增多，岸滩冲刷淤积变化频繁，影响防洪安全，也带来码头、港口、取水口不能正常运行等问题，南京以下 12.5 m 深水航道建设等航运发展对沿岸工程也带来影响，需要密切关注，加强观测，深化研究，继续实施重要节点和险工岸段的河势控制工程和护岸工程，保证河势稳定。

我省境内长江干流从上到下被划分为 5 个河段，南京河段从苏皖交界处和尚港至三江口长 85.1 km，镇扬河段从三江口至五峰山长 73.3 km，扬中河段从五峰山至鹅鼻嘴长 87.7 km，澄通河段从鹅鼻嘴至徐六泾长 88.2 km，河口段北支从徐六泾至启东寅阳嘴长 98.2 km、南支从徐六泾至浏河口南苏沪交界长 47.7 km。五个河段河道整治情况分述如下：

南京河段：上自苏皖省界和尚港，下至三江口，长 85.1 km，由新济洲汊道、梅子洲汊道、八卦洲汊道和栖霞龙潭弯道 4 段组成。新济洲汊道，河道内分布有新生洲、新济洲、新洲、新潜洲等江心洲，为多分汊型河道，新生洲与新济洲左汊为支汊，右汊为主汊；梅子洲汊道，河道内分布有梅子洲和潜洲，梅子洲左汊为主汊，分流比长期维持在 95%左右；八卦洲汊道，为鹅头分汊型河道，左汊为支汊，分流比约 12%～18%；栖霞龙潭弯道，为向右微弯的单一河道。主要问题：新济洲汊道出现了新生洲头与安徽小黄洲尾水下涨连、新生洲与新济洲之间的中汊快速发展、新济洲右汊分流比继续缓慢增加等问题；八卦洲左汊总体呈现缓慢衰退、萎缩的趋势；西坝头以下主流左摆，兴隆洲边滩出现切滩迹象。近期治理：实施七坝、西坝、三江口等护岸加固工程；实施新济洲河段河道综合整治，总体维持双分汊的河势格局，遏制新济洲右汊分流比继续增加的态势，保障七坝节点的稳定；实施八卦洲汊道河道整治工程，改善左汊局部水域通航条件；对栖霞龙潭弯道护岸段进行加固，稳定栖霞龙潭弯道优良河势。

镇扬河段：上起三江口，下至五峰山，长 73.3 km，分为仪征水道、世业洲汊道、六圩弯道、和畅洲汊道及大港水道。仪征水道，为微弯单一的河道形态，主流偏靠北岸。世业洲汊道，为左支右主的双分汊型河道，分流格局相对稳定，左汊分流比已由 20 世纪 70 年代不到 20%发展到目前近 40%。六圩弯道，为两端窄、中部宽的微弯单一型河道，历史上平面变形较大。和畅洲汊道，左汊分流比已由 1986 年的超过 50%发展到目前的近 75%。大港水道，为向南弯曲的微弯单一型河道，多年来河势较稳定。主要问题：仪征水道主流左移，滩岸崩塌，对世业洲汊道的河势稳定产生了不利影响；世业洲右汊分流比减小，进口口门淤积；六圩弯道主流贴岸，河床冲刷，岸坡向陡峻方向发展；和畅洲左汊多处地段发生新的崩岸险情，征润洲尾淤积下延，右汊进流条件进一步恶化；多处迎流顶冲段近岸河槽冲刷，岸坡变陡。近期治理：减缓世业洲左汊发展速率，稳定汊道分流格局；改造六圩弯道北岸丁坝段，平顺流态，稳定六圩弯道河势；对和畅洲左汊进口水下潜坝以及和畅洲头、洲左缘、孟家港一线护岸工程进行加固，对征润洲尾部切滩或和畅洲右汊口门段疏浚，改善右汊进流条件及航道条件。

扬中河段：上起五峰山，下至鹅鼻嘴，长 87.7 km，界河口以上为太平洲汊道段，分布有太平洲、落成洲、砲子洲、录安洲和天星洲等洲滩，太平洲左汊为主汊，右汊为支汊，左右汊分流比多年稳定在 9∶1 左右；界河口以下为微弯型单一河道，河势多年来保持相对稳定。主要问题：嘶马弯道等迎流顶冲段岸线仍呈缓慢冲刷后退趋势，嘶马弯道顶冲点呈周期性上提下移，影响下游河势稳定；落成洲头持续崩退，右汊发展；砲子洲、录安洲左缘迎流顶冲压力大，节点控导作用需要进一步加强。近期治理：实施小决港、录安洲节点控制工程和大路、姚桥、过船港、永安、高港、界河口等护岸工程，强化录安洲等节点的控导作用，稳定落成洲平面位置，遏制落成洲右汊发展态势；实施天星洲综合整治工程，维持天星洲水域双汊过流格局及洲体平面位置。

澄通河段：上起鹅鼻嘴，下至徐六泾，长 88.2 km，由福姜沙汊道、如皋沙群汊道及通州沙汊道组成，河道江面宽阔，洲滩及水下暗沙众多，为弯曲多分汊型河道。福姜沙汊道，进口由鹅鼻嘴和炮台圩对峙节点控制，为稳定性较好的双分汊河道，河道上段顺直单一，下段为向南弯曲的福姜沙汊道,主流一直位于福姜沙左汊,左汊又被双涧沙分为福北与福中两条水道;福姜沙右汊近40年分流比稳定在20%左右。如皋沙群汊道段,分布有双涧沙、民主沙、长青沙、泓北沙及横港沙,双涧沙及民主沙将河道分为如皋中汊及浏海沙水道上段,如皋中汊近年分流比稳定在30%左右;浏海沙水道下段左侧为水下已连为一体的长青沙、泓北沙及横港沙,三沙与北岸之间为天生港水道。泓北沙、横港沙与南岸九龙港之间形成了相对缩窄段,河宽约2.1 km,对河势起到了较好的控制作用。通州沙汊道,河道进出口河宽相对较窄,中间放宽,为多滩分汊型河道,江中分布有通州沙、狼山沙、新开沙、铁黄沙,营船港以上为通州沙东水道上段、通州沙西水道上段两汊分流的格局,营船港以下为新开沙夹槽、东水道下段、西水道下段及福山水道四汊分流的格局,四股水流汇合后,偏靠南岸进入长江口河段;福山水道位于铁黄沙与南岸之间,上口淤塞,靠涨潮流维持,望虞河目前通过该水道引排水。主要问题:双涧沙头部向上淤涨,与福姜沙左岸边滩涨连,福中水道进口出现碍航浅滩,同时双涧沙中部出现切滩串沟;福姜沙右汊进口沙头南偏、水道缓慢淤积萎缩;天生港水道总体呈现淤积、萎缩的态势;通州沙滩面串沟交错影响沙体稳定性;龙爪岩单侧节点对河势的控制作用有限,通州沙东水道内主流的摆动导致通州沙左缘下段及狼山沙左缘持续冲刷后退。近期治理:实施又来沙西南角、长青沙西南角崩岸守护,稳定如皋中汊;结合航道整治,实施双涧沙固沙护滩等工程,封堵双涧沙中部串沟;守护老海坝至十一圩岸线,在泓北沙、横港沙南侧形成一段导流岸壁,初步形成九龙港对峙人工节点段;实施通州沙东、西水道和福山水道治理工程,维护望虞河口及通江支河的引排能力。

河口段(江苏):长江徐六泾节点以下为河口段,至崇明岛头又分成南、北两支,南支因长兴、横沙岛分为南北港,其下又因九段沙分为南北槽。河口段(江苏)从徐六泾至前哨村,长98.2 km。南支从徐六泾至浏河口南苏沪交界,长47.7 km,其中徐六泾至白茆河口为徐六泾节点段,白茆河口至七丫口为白茆沙汊道段。徐六泾节点段,进口河宽约5.7 km,往下逐渐放宽,白茆河口附近河宽约7.5 km,河道南、北两岸分别为白茆小沙及新通海沙,左岸的新通海沙大部分已圈围成陆,右岸的白茆小沙分为上、下两块沙体,呈上、下交错状排列,下沙体近年冲刷严重。徐六泾节点段,主流多年贴右岸,过白茆河口后北偏,在白茆沙头分为两股水流进入白茆沙汊道段,白茆沙南水道为主汊。北支河段西起崇明岛头,东至前哨村,长约83 km,河道平面形态弯曲,弯顶在大洪河至大新河之间,弯顶上下河道均较顺直,弯顶以上平均河宽约2.3 km,弯顶以下平均河宽约6.2 km,出口连兴港处江面宽度约12.0 km。北支河段自1958年以来已演变为涨潮流占优势的河段,落潮分流比不足5%。主要问题:徐六泾节点以下左右岸边界均可冲易动,对河势控制作用尚不够充分;白茆小沙下沙体被水流切割,冲失严重;白茆沙头持续后退,白茆沙北水道出现衰退现象;北支已发展为涨潮流占优势的河段,仍处于缓慢淤积萎缩的趋势。近期治理:实施新通海沙苏通大桥保护区段圈围工程,形成平顺的导流岸壁,加强徐六泾节点的束流、导流作用。实施白茆小沙鱼骨坝潜堤工程,白茆沙头部潜堤与鱼骨坝护滩工程,稳定白茆沙沙体,为深水航道上延创造有利条件。实施北支综合治理工程,增加北支落潮动力,减轻北支咸潮倒灌,延缓北支淤积速率,维持北支引排水功能,适当改善北支航道条件。

1.2.5.2 太湖水系

太湖承接浙江天目山区东西苕溪来水及湖西宜溧山区、茅山山区来水,经调蓄后,目前主要由两条河入海、入江,一是太浦河,太湖洪水经太浦闸下泄,洪水穿过京杭运河(平交)后沿太浦河向东汇入黄浦江；二是望虞河，洪水经望亭立交下泄后沿望虞河至江边经常熟枢纽排入长江。太湖洪水经两河排泄后，其余洪水依赖环太湖大堤约束，保障周边地区防洪安全。目前，太湖流域基本能够防御 1954 年型 50 年一遇洪水。江苏省太湖流域现状骨干防洪工程属性见表 1.2-4，防洪工程总体布局见图 1.2-7。

表 1.2-4　江苏省太湖流域现状骨干防洪工程属性表

工程	防洪标准	工程等别/级	堤防/河道	干河控制建筑物
环太湖大堤工程	50～100 年一遇	“东段”2 级、“西段”3 级，其中东太湖整治段 1 级。	长度：286.44 km 高程：7.0～7.8 m 宽度：5～6 m	
太浦河工程	50 年一遇	Ⅱ等	长度：40.73 km 底宽：40～139 m 底高：−5～−1.5 m	太浦河节制闸：120 m 太浦河泵站：300 m^3/s
望虞河工程	50 年一遇	Ⅱ等	长度：62.3 km 底宽：80～82 m 底高：−3 m	常熟枢纽：节制闸 48 m，泵站 180 m^3/s 望亭立交：立交地涵 400 m^2

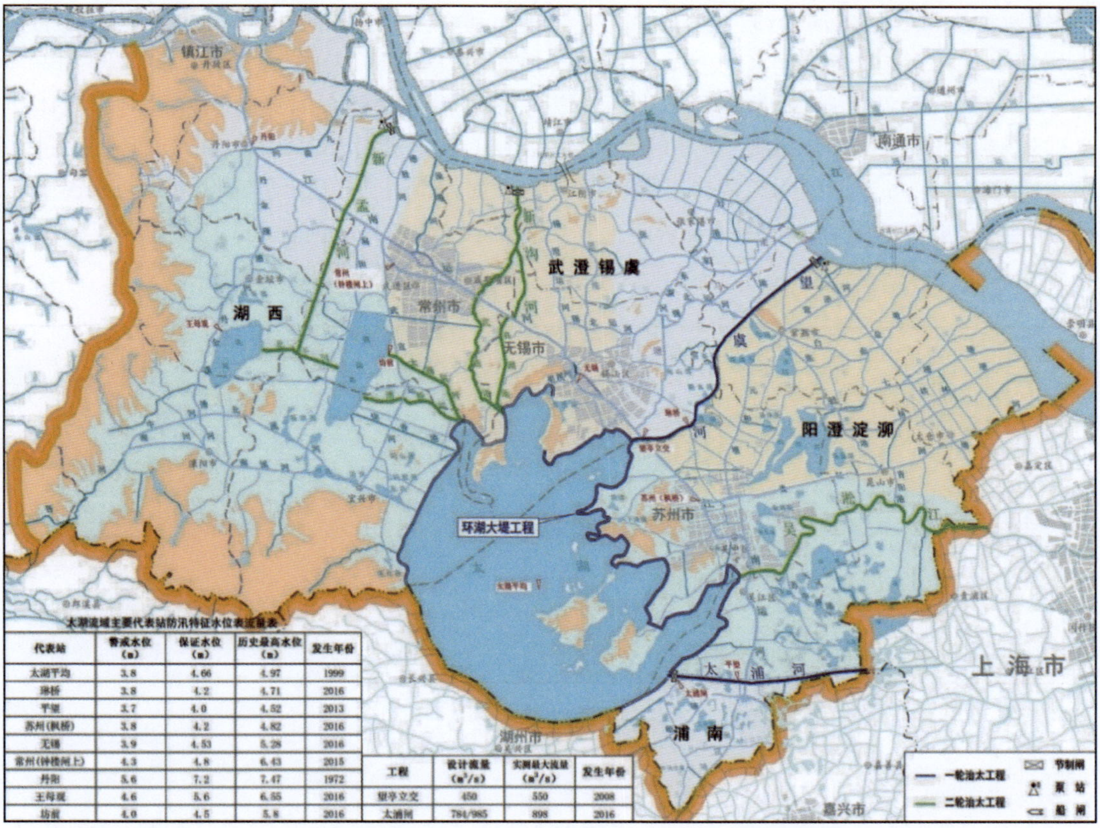

代表站	警戒水位（m）	保证水位（m）	历史最高水位（m）	发生年份
太湖平均	3.8	4.66	4.97	1999
琳桥	3.8	4.2	4.71	2016
平望	3.7	4.0	4.52	2013
苏州(枫桥)	3.8	4.2	4.82	2016
无锡	3.9	4.53	5.28	2016
常州(钟楼闸上)	4.3	4.8	6.43	2015
丹阳	5.6	7.2	7.47	1972
王母观	4.6	5.6	6.55	2016
坊前	4.0	4.5	5.8	2016

工程	设计流量（m^3/s）	实测最大流量（m^3/s）	发生年份
望亭立交	450	550	2008
太浦闸	784/985	898	2016

图 1.2-7　江苏省太湖流域防洪工程总体布局示意图

现状主要防洪工程情况如下：

1. 环太湖大堤工程

我省境内太湖环湖岸线全长约 349.14 km，自江浙边界的吴江薛埠港起至宜兴的父子岭，扣除山丘地段和东山、西山、光福太湖、马圩北大堤及宜兴包港堤等，现有太湖大堤总长 286.4 km（包括历年批复确认堤防长 234.5 km，尚未确认段堤防长 51.9 km），通湖口门 196 个，其中有控制口门 147 个，无控制口门 49 个。环太湖大堤北以无锡直湖港口、南以浙江长兜港口为界，其以东部分称“东段”，以西部分称“西段”，按照“东控西敞”的原则，东段大堤口门全部控制，西段基本敞开。大堤原防洪设计水位 4.66 m，东段堤防为 2 级（其中东太湖段、贡湖段堤防结合重点湖区整治，已调整为 1 级），顶高程大部分 7.0 m；西段堤防为 3 级，顶高程 7.0 m，上设 0.8 m 高挡浪墙。大堤堤顶宽 5～6 m。主要控制建筑物有太浦闸、望亭水利枢纽。

2. 望虞河工程

望虞河南起太湖边沙墩口，向北穿过京杭运河及漕湖、鹅真荡、嘉陵荡后于常熟市耿泾口入长江，全长 62.3 km，其中河道段 60.3 km，湖荡段 0.9 km，入江段 1.1 km。望虞河现状断面按 1954 年型洪水设计，目前河底高程－3.0 m、底宽 80～82 m，设计行洪流量 450 m^3/s；两岸堤顶高程 5.5～9.2 m，干河顶宽西堤为 5 m（常熟段 4 m）、东堤为 6.5 m，湖荡段顶宽为 3～5 m；现状两岸绝大部分堤段建有护砌工程，护砌总长度 148.5 km，主要以直立式挡墙为主，护坡占少量。望虞河沿线控制工程包括常熟水利枢纽和望亭水利枢纽。其中常熟水利枢纽位于常熟市海虞镇，距长江边 1 100 m，包括 6×8 m 节制闸、16×190 m 船闸和 9×20 m^3/s 泵站，泵站为双向抽水，引排两用。望亭水利枢纽是望虞河穿越京杭运河的立体交叉建筑物，距望亭镇约 1 km，立交工程为一座 9 孔、单孔截面 7.0×6.5 m 的矩型地涵（过水断面总面积 400 m^2）。望虞河两岸支河口门有 125 处，其中已建配套建筑物 92 座（无锡市境内 30 座，苏州市境内 60 座，两市交界处 2 座，即蠡河枢纽和月城河控制）。望虞河工程布置见图 1.2-8。

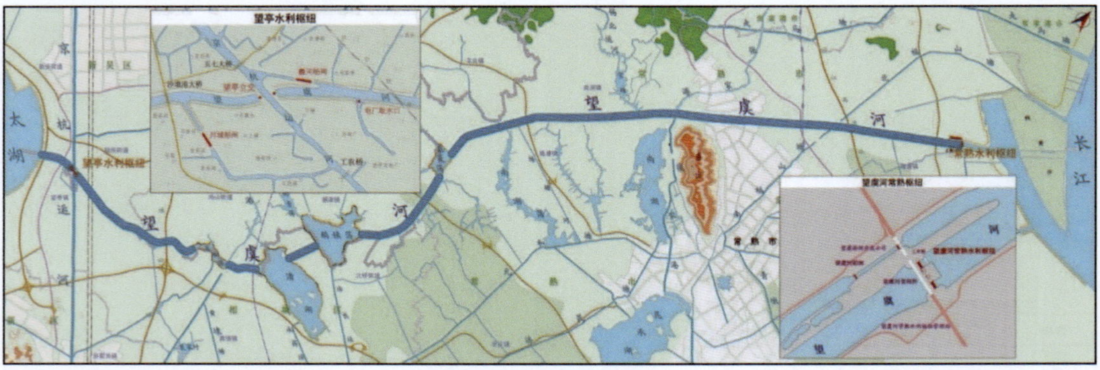

图 1.2-8　望虞河工程布置示意图

3. 太浦河工程

太浦河西起东太湖边的时家港，至平望北与京杭运河相交，再经汾湖等湖荡，东至南大港入泖河接黄浦江，全长 57.6 km，其中我省境内 40.73 km，浙江省 1.63 km，上海市 15.24 km。太浦河现状泄水断面按 1954 年洪水（5—7 月承泄太湖洪水 22.5 亿 m^3，同时承泄杭嘉湖涝水 11.6 亿 m^3）设计，目前河道河底高－5.0～－1.5 m、底宽 40～139 m。太浦闸为太浦河上的重要控制建筑物，于 2012 年 9 月实施了拆除重建，节制闸共 10 孔，每孔净宽 12 m，总净宽 120 m，闸基、闸墩等按闸底板－1.5 m 进行设计，设计流量 985 m^3/s，近期按闸底板堰顶高程 0.0 m 实施，设计流量 784 m^3/s。太浦河泵站位于太浦闸南岸，泵站设计流量 300 m^3/s，主要为改善上海市黄浦江上游取水口水质和调水服务。太浦河沿线共有支河 96 条，控制建筑物 88 座，其中北岸支河口门中除京杭运河、拦路港敞开外，其余基本建闸控制；南岸芦墟以东支河口门已全部控制，芦墟以西尚有 7 个口门未实施控制。太浦河工程布置见图 1.2-9。

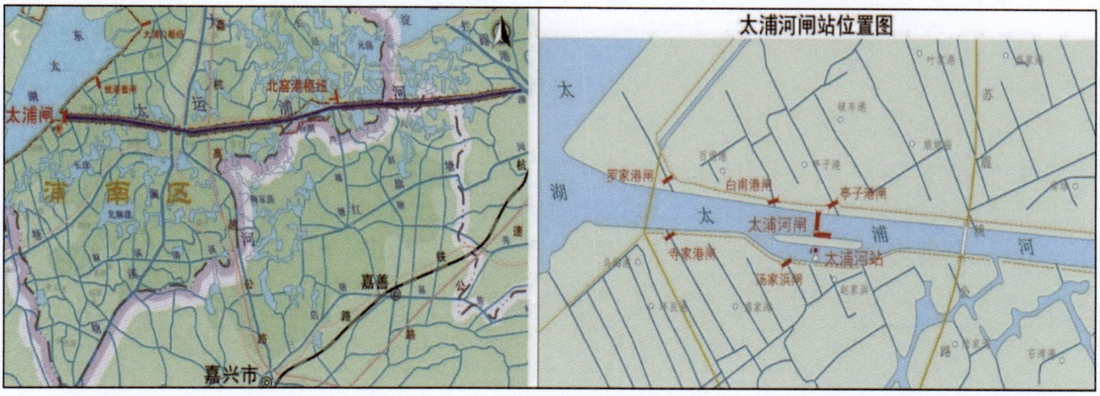

图 1.2-9　太浦河工程布置示意图

1.2.6　洪涝灾害

1.2.6.1　洪涝

1. 1954 年江淮大洪水

1954 年我省遭遇特大洪水，江淮沂沭泗并涨，灾情遍及全省。当年雨季较常年提早一个多月，5 月至 7 月，共发生 12 次降雨过程，其中 7 月份就发生 5 次暴雨过程。上述 3 个月面平均降雨量：沿江苏南 824.0 mm，江淮之间 784.0 mm，淮北地区 512.0 mm，均较常年偏多 80%左右。海安、兴化、泰州、镇江、高淳、溧阳等站 3 个月累计降雨量均达 800～1 000 mm，是常年同期雨量的 2 倍左右。加之长江、淮河上游洪水下泄，又受海潮顶托，河湖水位猛涨，洪水泛滥成灾。

长江大通站流量 6 月中旬突破 60 000 m^3/s，至 8 月 1 日出现历史最大流量 92 600 m^3/s。南京站高潮位 6 月 18 日超过警戒水位 8.50 m，8 月 17 日达 10.22 m，至 10 月 11 日才退至警戒水位，在警戒水位以上共持续 116 d。

淮河上中游 7 月份面平均月降雨量 525.0 mm，是常年同期的 2.7 倍。7 月 28 日入洪泽湖最大洪峰流量 15 800 m^3/s。汛期入洪泽湖总水量 648.1 亿 m^3，最大 30 d 入湖水量 300 亿 m^3。8 月 16 日蒋坝站出现最高水位 15.23 m，洪泽湖周边圩区破圩 200 万亩滞洪。8 月 6 日三河闸最大泄流量达 10 700 m^3/s。由于入江水道大流量行洪，8 月 26 日高邮湖出现最高水位 9.38 m。里下河兴化站最高水位 3.08 m。

太湖流域和长江支流也发生特大洪水。太湖地区上述 3 个月累计面平均降雨量 938.0 mm，入湖总水量为103亿m^3。瓜泾口站最高水位4.65 m,在警戒水位3.50 m以上维持122 d。滁河汊河集站最高水位11.59 m,秦淮河大骆村站最高水位10.15 m,固城湖高淳站最高水位12.45 m,均超过当时历史最高记录,高水位维持达2个月之久。

全省受淹农田达3 252.7万亩,成灾面积2 035.6万亩,江港堤防决口1 176处,倒塌房屋51.17万间,重灾灾民362万人,死亡1 350人,伤1 926人。

2. 1991年江淮大洪水

1991年5月21日至7月15日的56 d时间内,发生了两段(5月21日至6月18日和6月28日至7月15日)集中性降雨。

淮河流域:淮河下游面平均降雨量为820.8 mm,是正常年份梅雨总量的4～5倍,最大点雨量六合县河王坝水库达1 317.3 mm,兴化、高邮、东台等站均超过1 000 mm,7月17日蒋坝最高水位达14.06 m。三河闸5月31日开闸泄洪,最大泄量8 450 m^3/s,入江水道金湖最高水位11.69 m,超过历史最高记录0.50 m。高邮湖最高水位9.22 m,归江三闸最大日平均流量:万福闸7 770 m^3/s(7月11日),金湾闸1 330 m^3/s(7月12日),太平闸1 070 m^3/s(7月12日)。为加快洪水下泄,对入江水道新民滩阻水高滩实施了爆破清障,还首次启用淮沭新河分洪,泄洪流量1 140 m^3/s。里下河腹部地区,7月15日兴化水位达3.35 m,比1954年3.08 m高出0.27 m。为减轻洪涝灾害,对里下河地区采取"上抽、中滞、下排"的措施,仅用24 d将兴化水位从最高水位3.35 m退至2.00 m警戒水位。56 d内,江都站抽排涝水11.8亿m^3,最大日均抽排流量为531 m^3/s;沿海四港抢排涝水37.2亿m^3,最大日排水流量为2 470 m^3/s,运用腹部300个副业圩破圩滞洪,滞洪面积达230万亩。

长江流域:沿江苏南地区面平均降雨量达841.0 mm。其中秦淮河流域面平均降雨量1 016.0 mm,滁河流域面平均雨量1 081.0 mm,太湖地区面平均雨量786.0 mm。加之长江上游洪水下泄,我省长江地区河湖水位猛涨,普遍超过历史最高记录。7月14日太湖平均水位高达4.79 m,在警戒水位3.50 m以上维持101 d。7月10日滁河晓桥水位12.63 m,超过历史最高水位0.56 m。7月10日马汊河分洪道最大泄洪流量达1 260 m^3/s。7月11日秦淮河东山水位10.74 m,超过历史最高水位0.26 m。秦淮新河最大泄洪流量达971 m^3/s。长江干流南京站7月13日最高潮位达9.69 m,为当时历史上第三高水位。

全省农作物受灾面积3 999.37万亩,倒塌房屋65.93万间,冲毁桥梁7 851座、涵闸31 749座,主要堤防出险500多km,紧急安置灾民436万人,死亡292人,工业企业受淹4.2万家,停产半停产3.24万家,12条国道、干道公路中断,苏南内河航运基本停运,津浦铁路江浦晓桥段下行线中断58 h,全省直接经济损失达237亿元。

3. 1999年太湖、长江大洪水

1999年我省太湖、固城湖、石臼湖水位均超过历史最高记录。长江大通站最大洪峰流量83 900 m^3/s,居历史第二位。

6月6日我省淮河以南地区入梅,7月21日出梅,梅雨期长达45 d,较常年多20余d。梅雨期间先后有4次集中降雨过程。太湖地区平均面降雨量663.0 mm,为常年的2.9倍,其中西山、平望站降雨量超过800 mm。太湖地区最大7 d、15 d、30 d降雨量分别为346.0 mm、408.0 mm、618.0 mm,均超过100年一遇。固城湖高淳站降雨量855.0 mm,为常年的3.7倍。

由于本地降雨集中,加之浙北、皖南山区洪水下泄,形成了外洪内涝、洪涝夹击的严峻形势。太湖平均水位7月8日最高达4.97 m，超过1991年的历史最高水位0.18 m，在历史最高水位4.79 m以上维持19 d。沙河水库7月1日出现最高水位21.98 m，超过历史最高水位0.34 m。大溪水库7月1日出现最高水位12.83 m，超过历史最高水位0.18 m。阳澄淀泖、武澄锡地区和浦南地区内河水位也都接近或超过历史最高水位。

长江大通站7月23日洪峰流量83 900 m^3/s，超过1998年最大流量82 300 m^3/s。6月30日南京站最高潮位为9.88 m，超过警戒水位1.38 m，超过9.50 m水位22 d，超过9.00 m水位42 d，在警戒水位以上70 d。同日，镇江最高潮位8.17 m，超过警戒水位1.37 m，在警戒水位以上84 d。

固城湖高淳站7月1日出现最高水位13.07 m，超过历史最高水位0.50 m，在历史最高水位以上维持8 d。石臼湖蛇山站7月2日出现最高水位12.68 m，超过历史最高水位0.27 m。水阳江水碧桥站7月1日出现最高水位13.08 m，超过历史最高水位1.16 m。

6月初太浦闸、望亭立交相继开闸泄洪，太浦闸最大泄流量722 m^3/s，望亭立交最大泄流量536 m^3/s。汛期太浦闸共泄洪27.9亿 m^3，望亭立交泄洪27.8亿 m^3。

全省有37个县(市)区、310万人口受灾，长江干流共发生险情25处(主要是崩岸、渗漏)；倒塌房屋1.1万间；农田受灾面积277万亩，成灾面积158万亩；停产、半停产企业4 642家；损坏水闸445座、桥涵755座，直接经济损失23亿元。

4. 2015年苏南大洪水

2015年6月，我省苏南地区出现3场强降雨过程，河湖水位快速上涨，苏南运河、秦淮河等骨干河道水位全线超警①，部分河段超历史②。

3场降雨发生在6月1—2日、6月15—17日、6月24—30日，苏南地区面雨量分别为94.0 mm、171.6 mm、232.9 mm。受强降雨过程影响，苏南运河、秦淮河水位大幅上涨。其中，苏南运河代表站常州钟楼闸闸上最高水位6.43 m(6月27日)，超1991年历史最高水位0.91 m；秦淮河代表站东山站最高水位11.17 m(6月27日)，超1991年历史最高水位0.43 m。苏南运河九里站最大实测流量499 m^3/s，秦淮新河闸最大实测下泄流量978 m^3/s，均为历史实测最大流量。为减轻下游防洪压力，常州钟楼闸首次启用。

本次暴雨洪水造成苏南运河沿线部分地区出现洪涝灾害。其中，南京长江以南7个县(市、区)、25个乡镇、86个村受灾，受涝面积61.298万亩，直接经济损失16.331亿元；镇江7个县(市、区)、42个乡镇、359个村受灾，农作物受涝面积89.058万亩，直接经济损失23.16亿元；常州38个乡镇受灾，受灾人口35.7万人，农林牧渔业受涝面积73.4万亩，城市受淹面积302 km^2，直接经济损失55.56亿元。

1.2.6.2 台风

1. 198114号(艾妮丝)

1981年14号强台风(8114号)8月27日晚在太平洋生成后，向西北偏西方向移动，9月1日穿越浙江嵊泗诸岛沿江苏沿海北上，沿海风力9～10级，阵风11级。8月31日—9月2日影响我省，持续60多h(5～6潮次)。强台风与八月初三大潮相逢，沿海潮位南自启东，北至赣榆，全面突破历史最高实测记录。9月1日沿海如东掘苴河闸最高潮位6.50 m，超过历

---

① 超警——超警戒水位；

② 超历史——超历史最高水位。

史最高潮位 1.10 m;启东吕四港、东台河闸、六垛南闸、滨海闸最高潮位分别为 4.56 m、5.44 m、3.37 m、4.02 m,均超历史最高纪录;新洋港闸下最高潮位为 3.55 m,仅低于历史最高潮位 0.01 m。沿江南通市三条港、青龙港最高潮位分别为 6.40 m、6.14 m,超历史最高潮位 0.3 m、0.16 m;苏州浏河闸下、七浦闸下、浒浦闸下最高潮位分别为 6.46 m、6.30 m、6.27 m,均创历史最高纪录;南通天生港最高潮位达 6.22 m,居历史第二位。

该次台风影响连云港、盐城、南通和苏州等 4 市,共损毁江海堤防 200 多处、长 104.1 km。倒塌房屋 1 347 间,淹没农田 6 900 亩,死亡 8 人。

2. 199608 号(贺伯)

1996 年第 8 号台风(9608 号台风)8 月 1 日 10:50 在福建省福清县登陆。受其外围影响,我省沿江沿海及苏南地区风力 7～8 级,阵风 10 级,台风壅潮,又逢六月半天文大潮,致使沿江潮位猛涨,普遍增水 0.50～1.00 m。8 月 1 日长江干流仪征以下高潮位均超过历史实测最高潮位 0.10～0.50 m,仪征、镇江、扬中、三江营高潮位分别为 7.26 m、8.04 m、8.04 m、6.27 m,超过历史最高潮位分别为 0.06 m、0.21 m、0.51 m、0.42 m;江阴、天生港高潮位分别为 7.18 m、6.71 m,超过历史最高潮位分别为 0.43 m、0.33 m。

沿江 7 个市、24 个县(市)区遭受台风影响,被水围困 4.7 万人,紧急转移 1.79 万人,损坏房屋 5 690 间,倒房 660 间,死亡 2 人,受淹农田 3.89 万亩,受淹工厂 474 家,居民房屋进水 2 063 户,损坏堤防 395 处、长 189 km。

第二章

气候特征与天气形势分析

梅雨天气是大气环流季节性调整的结果，精确把握气候特征、天气形势不仅是对降雨过程的追根溯源，更有利于未来相关预报的精准拿捏。

超强厄尔尼诺事件，热带印度洋海温持续一致偏暖，导致西太副高强度偏强，西伸脊点偏西，加之中高纬阻塞高压异常活跃，冷空气活动频繁，是造成江苏2016年梅雨异常的主要气候成因。高空槽、高空冷涡、低空急流、切变线和低涡是引发江苏2016年梅雨期强降雨的主要影响天气系统。本章首先梳理江苏2016年梅雨异常的气候成因，然后从天气学角度对梅雨期主要暴雨天气过程进行了分析。

2.1 降雨异常气候成因

2.1.1 环流异常特征

2016年梅雨期，500 hPa欧亚中高纬是较为典型的“两脊一槽”环流型(图2.1-1)，贝加尔湖以西地区和鄂霍茨克海、白令海一带受阻塞高压控制，强度均较常年同期(1981—2010年同期，下同)偏强。中纬度西风带相对平直，多短波槽活动，东亚东岸朝鲜半岛至长江中下游地区有东北—西南向浅槽存在。低纬地区，西太平洋副热带高压主体(5 880位势米等值线包围区域，以下简称“西太副高”)呈东西带状分布，西端伸入华南中部，北界影响到江南南部。梅雨期阻塞高压的异常活跃促使北方冷空气活动频繁，西风带不断有小槽携带冷空气东移南下，与西太副高西北侧西南暖湿气流在江苏上空交绥，导致强降雨频发。

西太副高与江淮梅雨关系密切，其形态、位置和强度变化是梅雨带走向、梅雨带进退和梅雨量多寡的重要影响因素。环流指数监测结果表明(图2.1-2)，2016年6、7月西太副高与常年同期相比面积偏大，强度偏强，西伸脊点偏西，脊线位置略偏南，其中6—7月平均面积和强度均列1951年以来第二位，仅次于2010年同期。西太副高的异常强大使其北侧东亚副热带辐合带(梅雨锋)稳定维持，外围水汽条件充沛，为强降雨天气创造了有利条件。2016年梅雨期，850 hPa风场西太副高控制区出现大范围反气旋式异常(图2.1-3)，流经菲律宾北部上空的异常东风气流沿西太副高西部边缘逐渐顺转，进入我国大陆后变为一致的异常西南气流，将来自热带海洋的水汽源源不断输送至长江中下游地区。江苏正处在这条

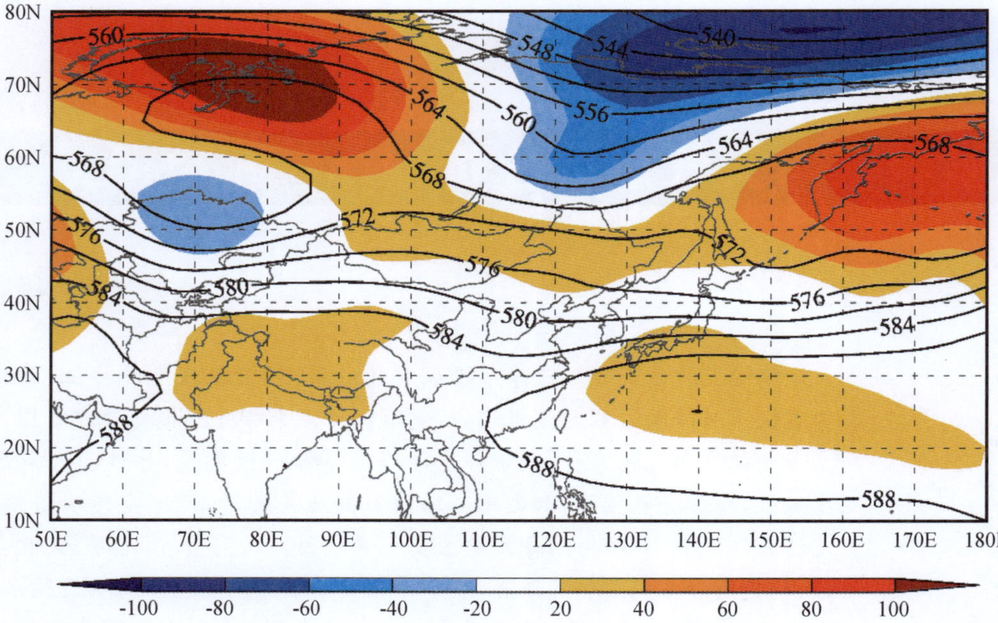

图 2.1-1 2016 年梅雨期 500 hPa 高度场(等值线,单位:dagpm)及其距平场(阴影,单位:dagpm)

异常水汽输送带北端的辐合区内,梅雨期遭遇多次强降雨过程。

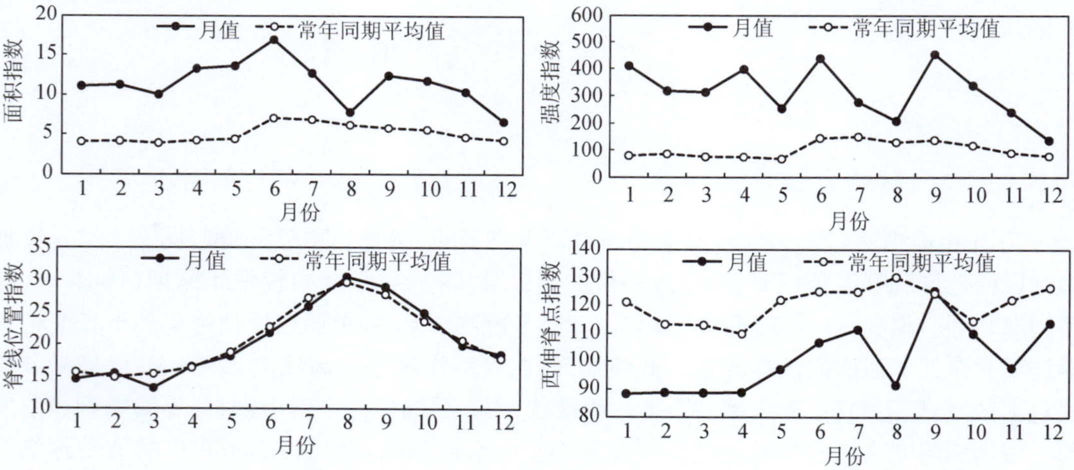

图 2.1-2 2016 年逐月西太副高环流指数

2.1.2 环流异常成因

超强厄尔尼诺事件是导致上述热带和副热带地区环流异常的主要气候因素。通常,冬季厄尔尼诺的异常暖海温信号会通过赤道以北副热带中西太平洋的海气相互作用向西传播,在次年春夏季引发西北太平洋冷海温异常,并在菲律宾附近激发出一个异常反气旋,从而跨季节影响东亚地区气候异常。近年来研究发现,厄尔尼诺在冬季达到峰值后,沃克环流的异常变化会导致热带印度洋"全区一致型"海温模态持续发展,并通过开尔文波东传,使得

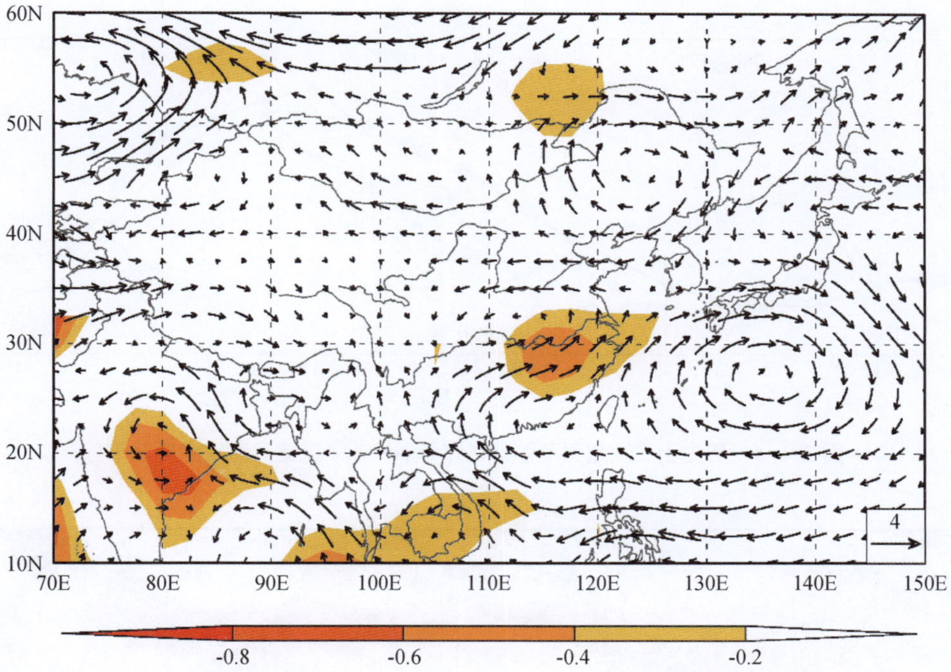

图 2.1-3　2016 年梅雨期 850 hPa 风场距平(箭头,单位:m/s)和散度(阴影,单位:10^{-5}/s)

菲律宾异常反气旋在厄尔尼诺减弱年的春夏季继续维持。在菲律宾异常反气旋的作用下,西太副高将表现出强度偏强、西伸脊点偏西的特征。

此次厄尔尼诺事件始于 2014 年秋季,2015 年秋冬季发展至最强,2016 年春季结束(图 2.1-4)。在峰值强度和持续时间上,2014—2016 年事件(峰值 2.95 ℃,持续 20 个月)均明显超过 1982—1983 年事件(峰值 2.79 ℃,持续 14 个月)和 1997—1998 年事件(峰值 2.69 ℃,持续 13 个月),成为 1951 年以来最强厄尔尼诺事件(图 2.1-5)。尽管自 2015 年 12 月起厄尔尼诺事件进入衰减期,特别是 2016 年春季赤道中东太平洋暖海温异常大幅减弱,但热带印度洋仍呈全区一致偏暖态势(图 2.1-6)。热带印度洋海温异常"接力"超强厄尔尼诺,以菲律宾异常反气旋为纽带,迫使 2016 年夏季西太副高持续偏强、偏西,进而导致梅雨期江苏强降雨天气增多。

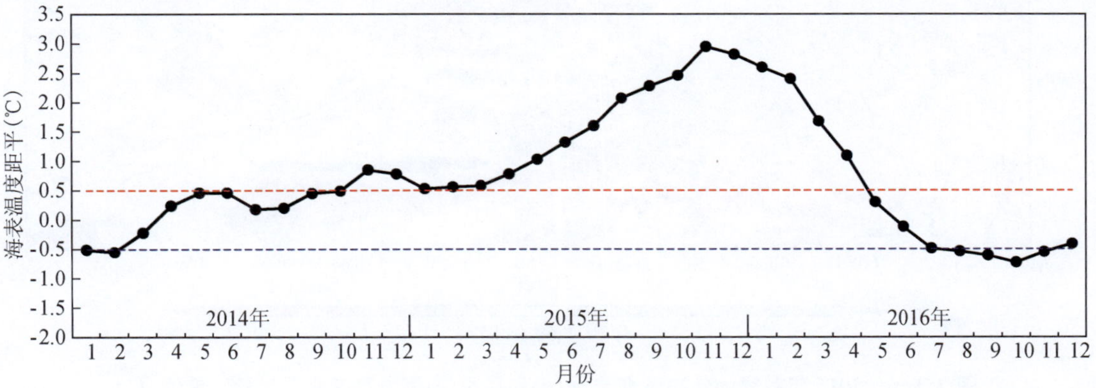

图 2.1-4　2014—2016 年 Niño3.4 区逐月海表温度距平

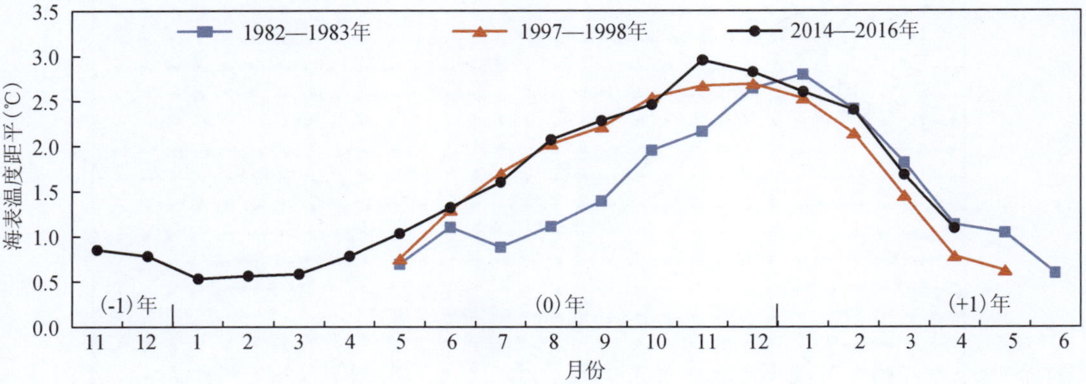

图 2.1-5　历史上三次超强厄尔尼诺事件 Niño3.4 区逐月海表温度距平

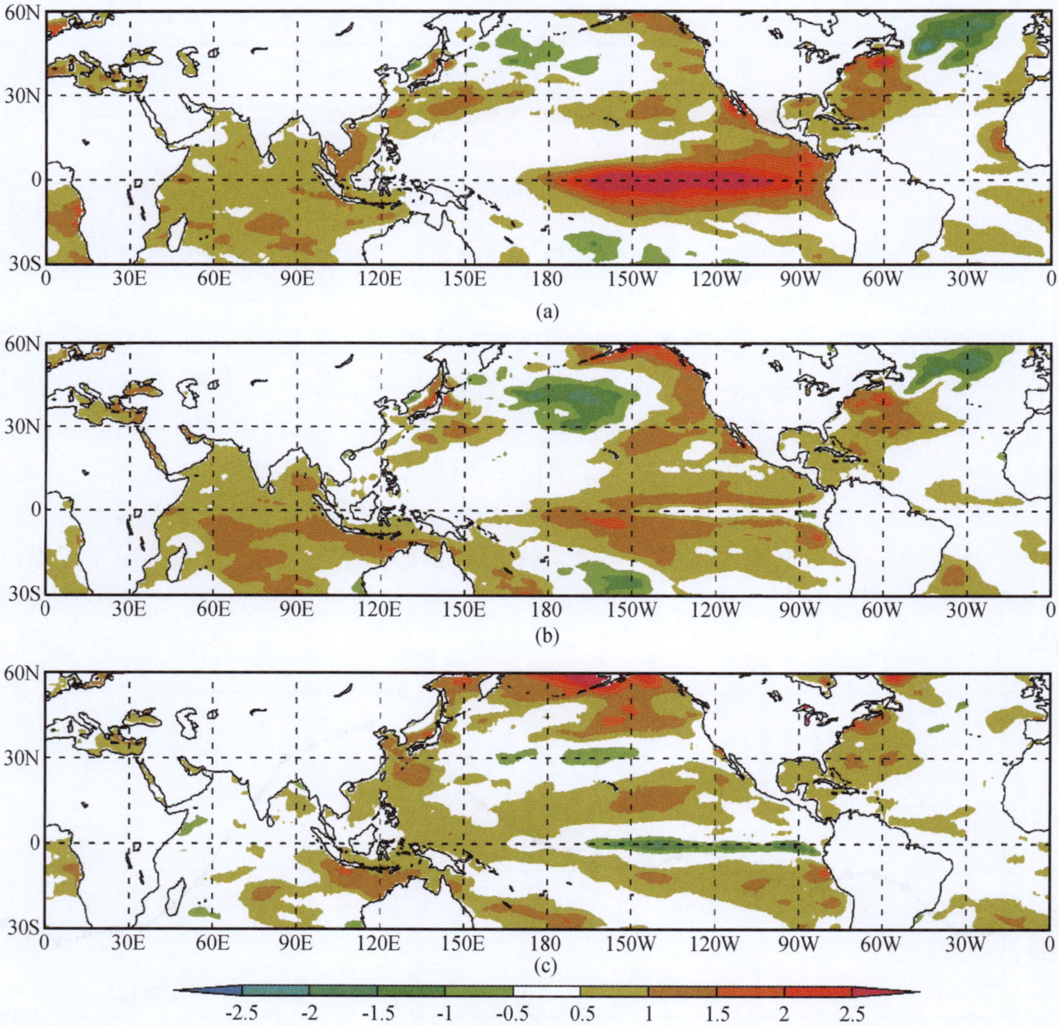

图 2.1-6　2015 年冬季(a)、2016 年春季(b)和夏季(c)海表温度距平(阴影,单位:℃)

2.2　主要暴雨天气过程

2016 年梅雨期江苏出现 3 次明显降雨过程，分别是 6 月 19—28 日、6 月 30 日—7 月 7 日和 7 月 11—15 日，累计降雨量依次为 155 mm、184 mm 和 50 mm，其中第 3 次过程强度偏弱。本小节重点对前两次降雨过程环流形势和影响系统进行分析。

2.2.1　6 月 19—28 日降雨过程

本次过程强降雨主要发生在 6 月 21—22 日、23 日和 27—28 日。

6 月 19—20 日，500 hPa 中纬度有短波槽东移南下通过山东半岛，长江中下游地区逐渐受槽后弱高压脊控制，西太副高西伸北抬；青藏高原东侧南支槽缓慢东移，遇西太副高阻挡而北收，西南低空急流增强并向北推进。21 日凌晨(图 2.2-1)，500 hPa 西北来浅槽抵达河南西部，相应 850 hPa 鄂豫交界处有低涡发展，其前方暖式切变线伸向江苏北部。与此同时，南支槽移至贵州中部，进一步逼近西太副高，西南低空急流前端进入江淮西部，湖南西南部急流中心最大风速达 20 m/s。随后，高空浅槽引导低涡切变系统东移，配合西太副高西北侧西南低空急流影响，江苏淮河以南地区雨势不断加大。22 日下午，华南、江南地区低空急流消失，低涡主体入海，低涡后部冷式切变线南摆出江苏，强降雨基本结束。

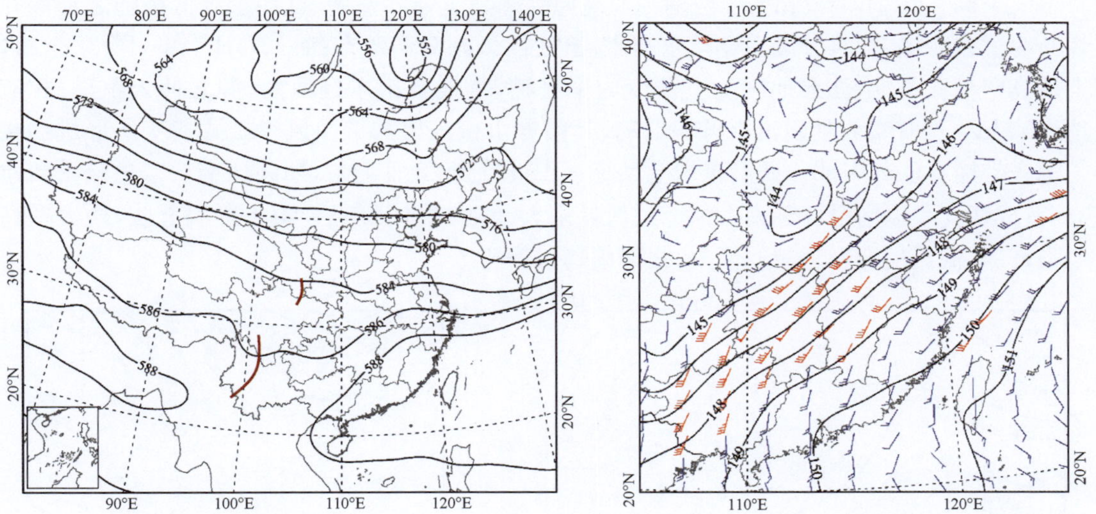

(a)　　　　　　　　　　(b)

图 2.2-1　2016 年 6 月 21 日 02 时 500 hPa 高度场(a)和 850 hPa 风场、高度场(b)

(等值线为高度场，单位：dagpm；风向杆为风场，红色表示急流，单位：m/s，下同)

6 月 23 日上午[图 2.2-2(a)]，500 hPa 我国东北地区为高空冷涡(由贝加尔湖低槽发展而来)所占据，西太副高北界较前两日进一步北抬，控制我国江南、华南大部，四川盆地南支槽稳定少动。冷空气沿东北冷涡后部南下，在我国西北地区东部至黄淮西部一带低层，与西太副高外围西南暖湿气流构成切变辐合系统。23 日午后[图 2.2-2(b)]，850 hPa 冷空气加强南压，河南北部偏北风达 14 m/s；西南低空急流东移北进，安徽西北部急流中心最大风速达 18 m/s;冷暖空气在黄淮南部激烈交绥,形成明显的闭合低涡环流,其前方暖式切变线伸入徐州、连云港上空。23 日夜间,随着低涡东移入海,江苏主要受低涡后部冷式切变线影响。在高空冷涡、低涡切变线和低空急流共同作用下,江苏淮北地区 23 日遭遇暴雨大暴雨。

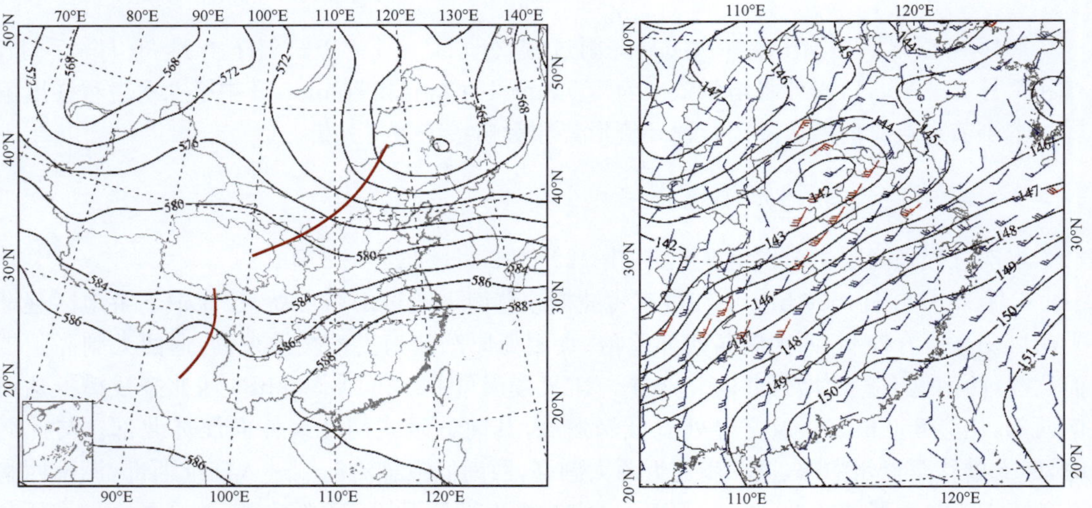

(a) (b)

图 2.2-2　2016 年 6 月 23 日 08 时 500 hPa 高度场(a)和 14 时 850 hPa 风场、高度场(b)

6 月 25—26 日,500 hPa 中西伯利亚高原阻塞高压强烈发展,贝加尔湖低槽随之加深并切断为蒙古冷涡,同时分裂高空槽东南压,迫使西太副高南落东撤。27 日上午(图 2.2-3),上述高空槽在黄淮、江淮地区上空演变为平底槽,槽线自山东经河南、湖北伸入重庆;相应地,850 hPa 豫皖交界处附近有低涡活动,其前方由偏东风与偏西风气旋式切变所形成的狭长辐合带横穿江苏中部。低涡暖切变系统一直维持到 28 日上午,期间西南低空急流重新建立,造成切变线以南沿江苏南大部分地区暴雨大暴雨。28 日午后,蒙古冷涡北收,西太副高增强,江苏低涡切变形势减弱消失,强降雨趋于停止。

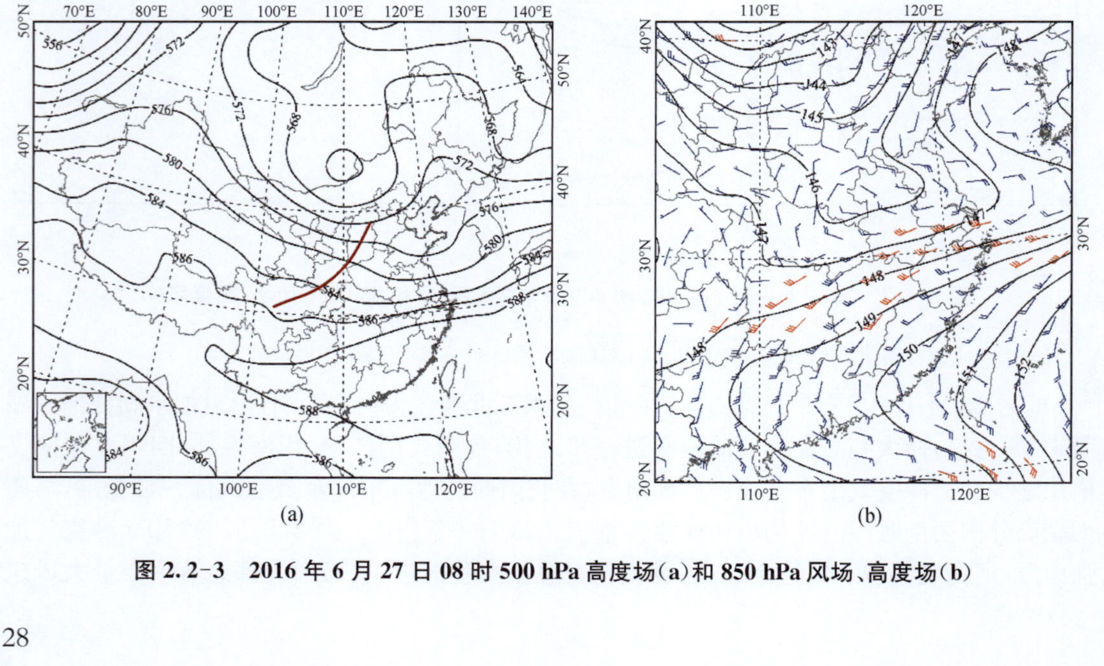

(a) (b)

图 2.2-3　2016 年 6 月 27 日 08 时 500 hPa 高度场(a)和 850 hPa 风场、高度场(b)

2.2.2　6月30日—7月7日降雨过程

6月30日—7月7日江苏江淮之间和沿江苏南地区持续性强降雨与有利的大尺度环流条件密不可分。6月末[图2.2-4(a)]，500 hPa欧亚中高纬环流呈"一脊两槽"型，贝加尔湖一带为阻塞高压，其两侧巴尔喀什湖以北和我国东北地区各有一个高空冷涡盘踞；7月初[图2.2-4(b)]，贝加尔湖阻塞高压逐渐蜕变成弱高压脊，而鄂霍次克海附近高压脊则向北加强为阻塞高压，东北冷涡移动受阻。中高纬阻塞形势的建立与稳定导致北方冷空气频繁向南渗透，同时牵制西太副高不易北抬，为强降雨的产生和维持提供了良好的大尺度环流背景。

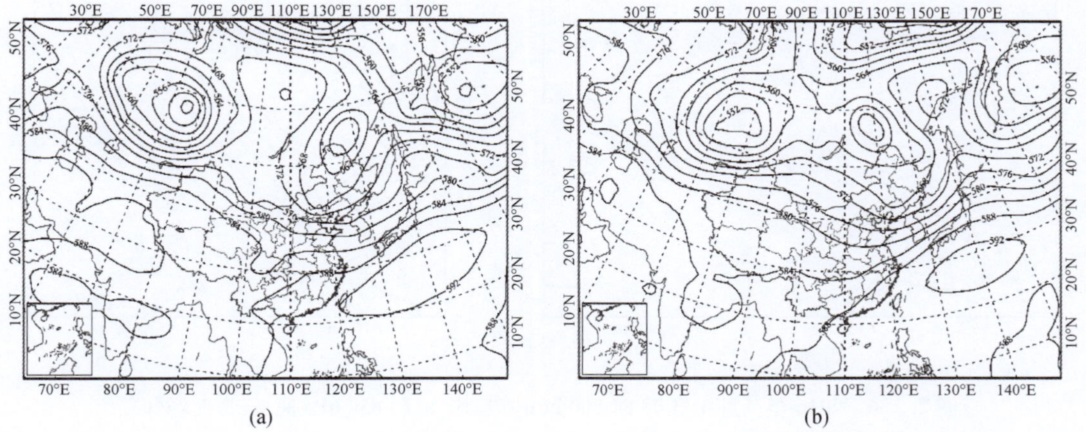

图2.2-4　2016年6月30日08时(a)和7月2日08时(b)500 hPa高度场

6月29—30日，青藏高原有低槽移出并发展加深，槽前西太副高西北侧低空急流随之爆发。7月1日08时(图2.2-5)，500 hPa东北冷涡分裂短波槽抵达山东，河南、湖北、重庆、贵州等地受东移高原槽控制；850 hPa我国华南、江南地区西南低空急流异常强劲，一条西起贵州东部的风场辐合线横穿江苏中部。7月2日夜间，500 hPa又一高原槽东移加深，带状西太副高形态发生改变，经向度加大。

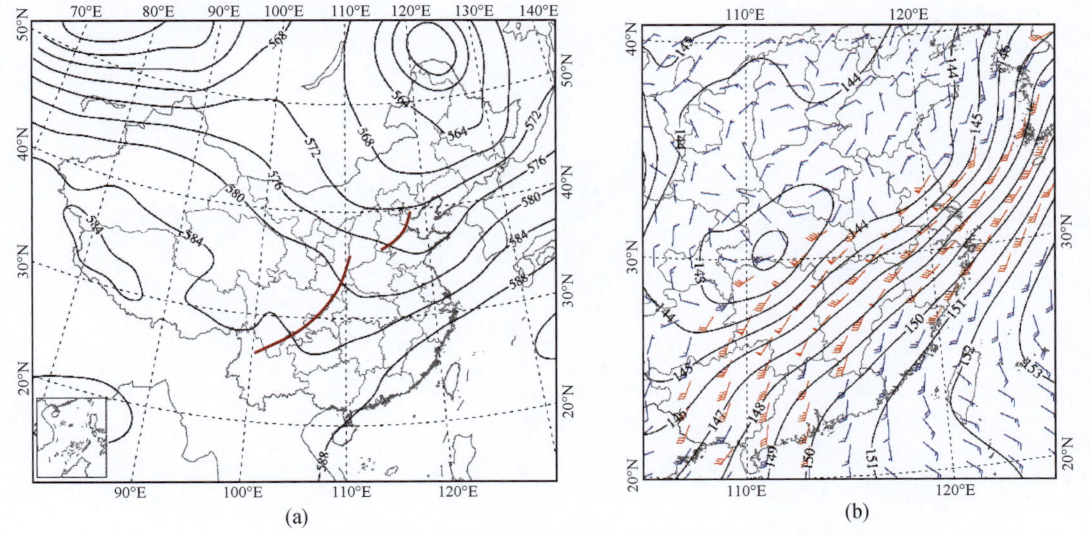

图2.2-5　2016年7月1日08时500 hPa高度场(a)和850 hPa风场、高度场(b)

4 日 08 时(图 2.2-6),高原槽与西太副高构成所谓的“东高西低”环流型;850 hPa 西太副高西北侧西南低空急流再次显著增强,风场辐合带自湖北东部经安徽、江苏伸向黄海。7 月 1—5 日,850 hPa 风场辐合线长时间维持,其上不断有低涡生成并东移通过江苏上空,造成持续性强降雨。

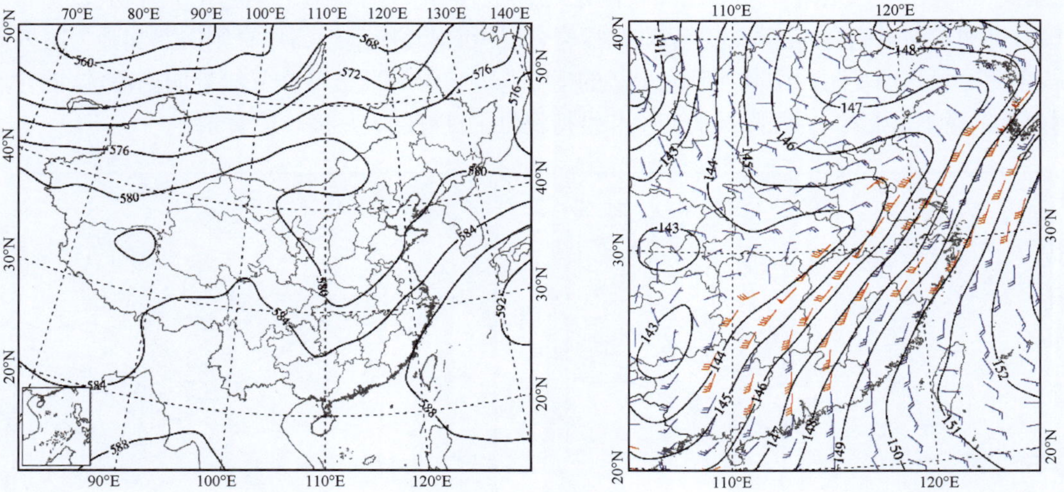

(a) (b)

图 2.2-6　2016 年 7 月 4 日 08 时 500 hPa 高度场(a)和 850 hPa 风场、高度场(b)

第三章

暴 雨 分 析

继 2015 年苏南暴雨洪水后，2016 年我省再次遭遇“暴力雨季”，降雨呈现总量大，历时长，绵延汛后；雨强大，极值多，集中暴力；时空分布不均，强降雨影响范围广等特点。

本章在对我省 2016 年降雨过程进行分析描述的基础上，选取典型暴雨过程详述时空分布特征，并完成重现期分析，最后将其与历史暴雨比较，全面总结 2016 年暴雨特点，为第四章洪水分析奠定基础。

3.1 雨情概述

3.1.1 综述

2016 年我省面平均降雨量 1 397.7 mm，与常年（1 000.2 mm）相比偏多 40%，与去年（1 241.4 mm）相比偏多 13%，位列 1951 年以来的第 2 位，仅次于 1991 年的 1 433.9 mm。其中，淮河流域降雨量 1 126.1 mm，比常年（920.2 mm）偏多 22%，与去年基本持平；长江水系降雨量 1 836.5 mm，比常年（1 050.1 mm）偏多 75%，比去年（1 502.4 mm）偏多 22%；太湖水系降雨量 1 891.0 mm，比常年（1 105.4 mm）偏多 71%，比去年（1 568.2 mm）偏多 21%。2016 年江苏省、淮河流域、长江水系、太湖水系（累计）降雨过程见图 3.1-1～图 3.1-4。

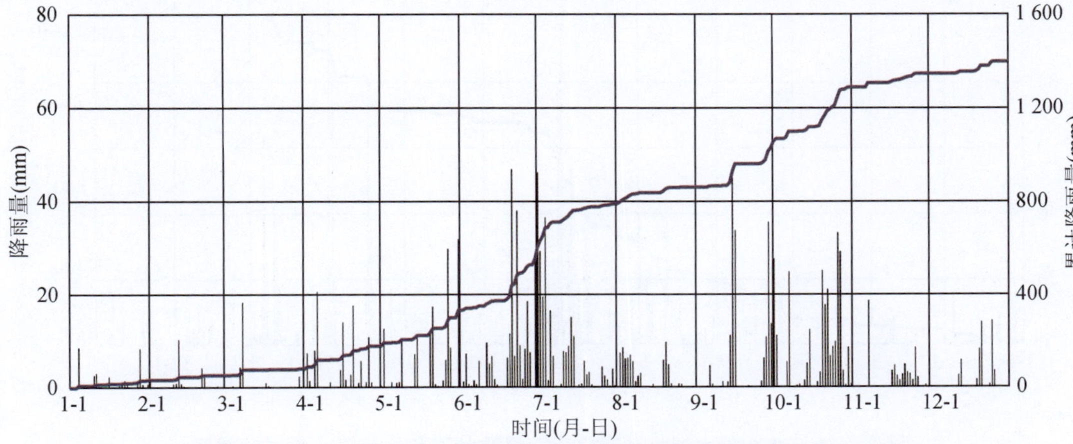

图 3.1-1　2016 年江苏省逐日降雨量柱状图和累计降雨量过程线图

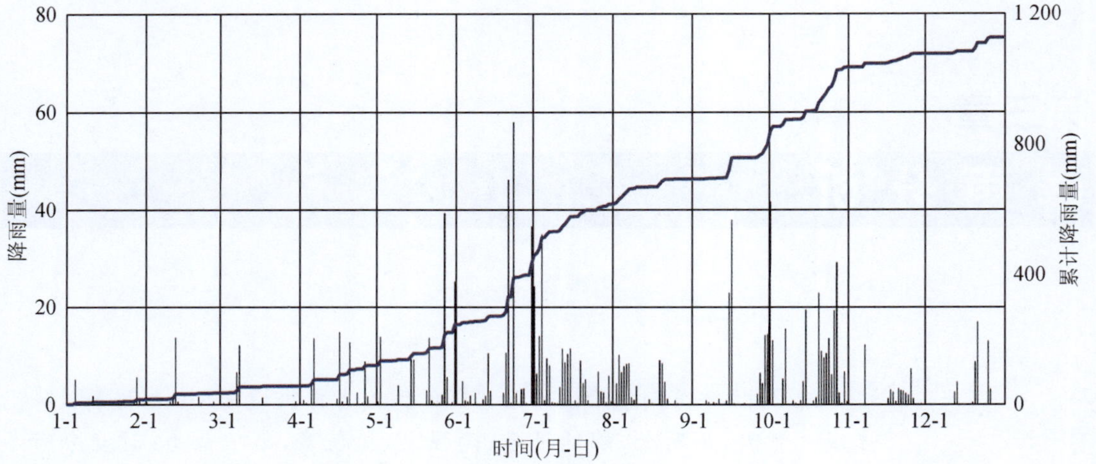

图 3.1-2　2016 年淮河流域逐日降雨量柱状图和累计降雨量过程线图

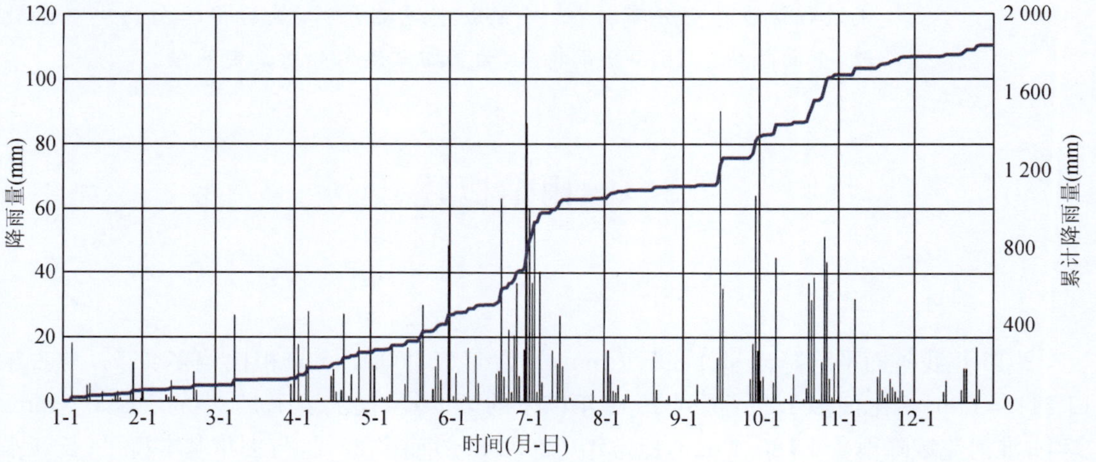

图 3.1-3　2016 年长江水系逐日降雨量柱状图和累计降雨量过程线图

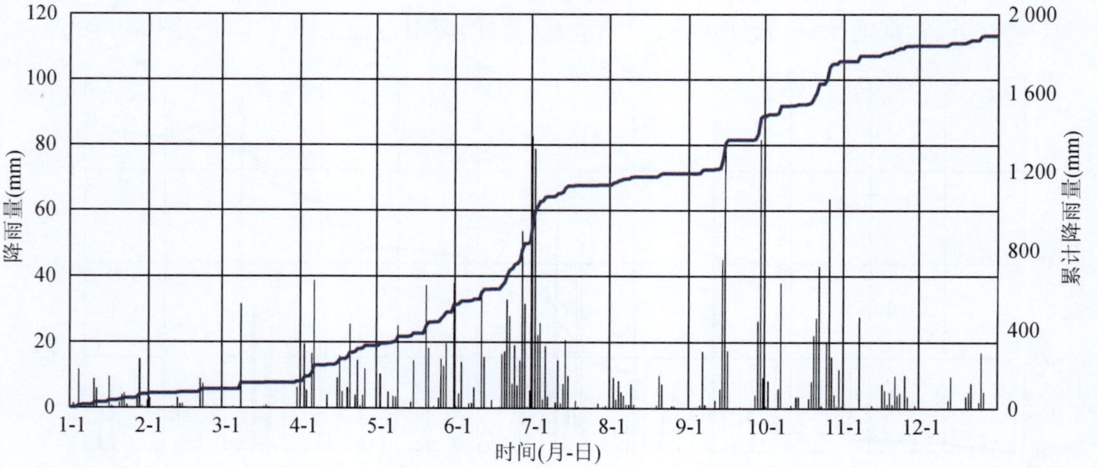

图 3.1-4　2016 年太湖水系逐日降雨量柱状图和累计降水量过程线图

汛前(1—4 月)降雨量 180.2 mm,占全年的 13%,较常年同期(203.3 mm)偏少 11%,较去年同期(205.4 mm)偏少 12%,位列 1951 年以来的第 38 位;汛期(5—9 月)降雨量 849.2 mm,占全年的 61%,较常年同期(679.6 mm)偏多 25%,与去年同期基本持平,位列 1951 年以来的第 6 位;梅雨期(6 月 19 日—7 月 20 日)降雨量 399.4 mm,占全年的 29%,占汛期的 47%,较常年同期(220.8 mm)偏多 81%,较去年同期(237.5 mm)偏多 68%,位列 1954 年以来的第 5 位;汛后(10—12 月)降雨量 368.3 mm,占全年的 26%,是常年同期(117.3 mm)的 2 倍以上,较去年同期(174.5 mm)偏多 111%,超历史最大值(1985 年的 217.0 mm)。

我省年降雨量总体呈由南向北递减趋势,降雨高值区主要分布在沿江苏南地区,降雨量一般超过 1 800 mm,其中南京和常州南部地区降雨量高达 2 200 mm 以上,最大点雨量常州南渡站 2 507.0 mm,其次是南京水碧桥站 2 495.0 mm;淮北地区雨量相对较小,大部分地区小于 1 000 mm,最小点雨量连云港燕尾港站 561.0 mm。2016 年江苏省年降雨量等值线见图 3.1-5。

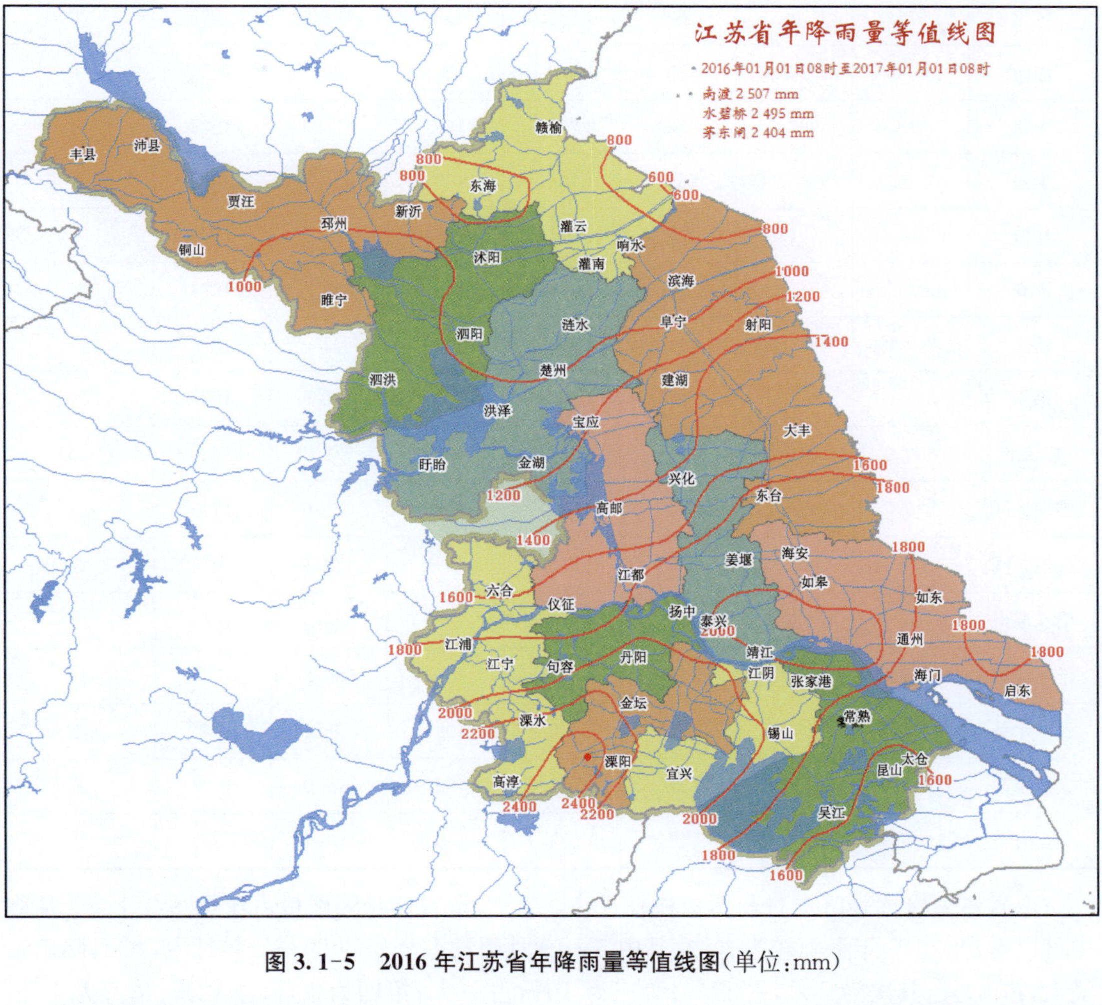

图 3.1-5　2016 年江苏省年降雨量等值线图(单位:mm)

全省各分区年降雨量与历史比较见表 3.1-1。从行政分区来看,除连云港地区外,全省其他地市年降雨量均较常年偏多(见图 3.1-6),其中南京、常州、无锡、苏州、南通突破历史最大值，镇江、扬州、泰州居历史第2位；从地理分区来看，淮北地区年降雨量与多年平均相当，江淮之间偏多36%，居历史第3位，而沿江苏南偏多达70%以上，超历史最大值(见图3.1-7)；从流域分区来看，三大流域年降雨量均较常年偏多(见图3.1-7)，其中长江水系、太湖水系偏多达70%以上，超历史最大值。

表3.1-1　2016年江苏省各分区年降雨量与历史比较表　　单位:mm

分区名	2016年	多年平均	距平(%)	历史最大		历史最小		历史排位
				降雨量	年份	降雨量	年份	
南京	1 814.7	1 068.4	70	1 777.9	1991	502.6	1978	1
镇江	1 904.5	1 067.4	78	1 914.2	1991	440.0	1978	2
常州	2 089.3	1 118.2	87	1 684.7	1991	547.4	1978	1
无锡	1 983.1	1 131.8	75	1 656.0	1999	634.3	1978	1
苏州	1 677.4	1 100.9	52	1 528.0	1999	594.9	1978	1
南通	1 808.5	1 052.7	72	1 576.2	1991	498.1	1950	1
扬州	1 515.8	997.0	52	1 710.5	1991	478.3	1978	2
泰州	1 745.4	1 030.4	69	1 788.4	1991	466.4	1978	2
盐城	1 281.9	991.5	29	1 474.4	1965	471.7	1978	7
淮安	1 059.5	961.0	10	1 444.7	1991	550.1	1978	21
宿迁	967.2	873.6	11	1 458.8	2003	522.0	1978	17
徐州	894.8	817.2	9	1 233.6	2003	507.6	1988	20
连云港	830.9	884.9	−6	1 267.0	1974	572.2	1988	35
淮北地区	880.5	897.6	−2	1 345.5	2003	581.6	1988	31
江淮之间	1 355.8	997.9	36	1 589.7	1991	476.8	1978	3
沿江苏南	1 855.7	1 082.2	71	1 673.4	1991	565.2	1978	1
淮河流域	1 126.1	920.2	22	1 321.6	2003	560.2	1978	10
长江水系	1 836.5	1 050.1	75	1 716.8	1991	498.1	1950	1
太湖水系	1 891.0	1 105.4	71	1 582.0	1991	572.0	1978	1
全省	1 397.7	1 000.2	40	1 433.9	1991	551.7	1978	2

全省各分区逐月降雨量与历史比较见表3.1-2，全省逐月降雨量占比见图3.1-8。从图中可以看出:2016年降雨较为丰沛，其中5—10月雨量占全年的80%。各月中，10月降雨量最大，占19%；其次为7月，占17%；第三为6月，占16%；第四为9月，占12%；第五为5月，占11%；其余月份占比都低于10%(见图3.1-8)。

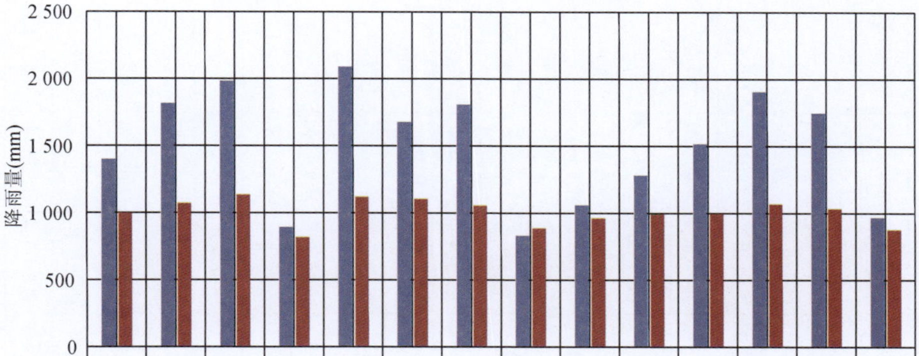

	全省	南京	无锡	徐州	常州	苏州	南通	连云港	淮安	盐城	扬州	镇江	泰州	宿迁
2016年	1 397.	1 814.	1 983.	894.8	2 089.	1 677.	1 808.	830.9	1 059.	1 281.	1 515.	1 904.	1 745.	967.2
多年平均	1 000.	1 068.	1 131.	817.2	1 118.	1 100.	1 052.	884.9	961	991.5	997	1 067.	1 030.	873.6

图 3.1-6 2016 年江苏省各行政分区全年降雨量距平图

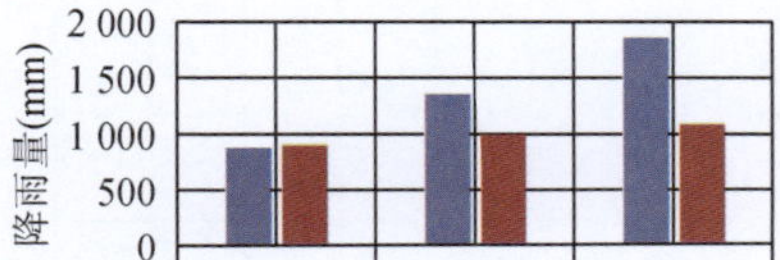

	淮北地区	江淮之间	沿江苏南
2016年	880.5	1 355.8	1 855.7
多年平均	897.6	997.9	1 082.2

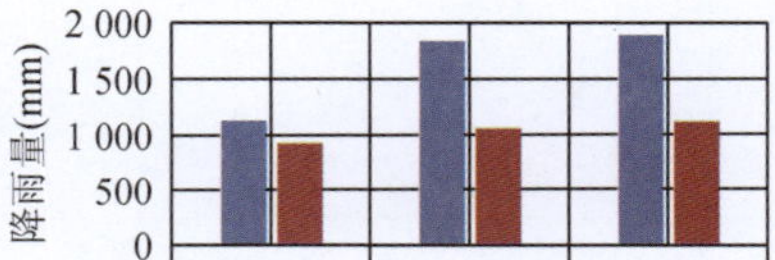

	淮河流域	长江水系	太湖水系
2016年	1 126.1	1 836.5	1891
多年平均	920.2	1 050.1	1 105.4

图 3.1-7 2016 年江苏省各地理分区、流域分区全年降雨量距平图

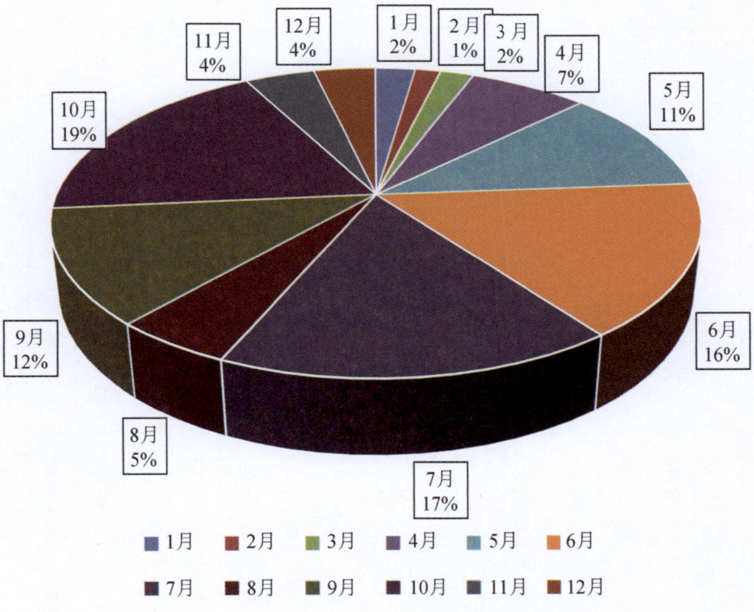

图 3.1-8 2016 年江苏省逐月降雨量比例图

表 3.1-2　2016 年江苏省各分区逐月降雨量统计分析表

单位:mm

分区名	项目	1月	2月	3月	4月	5月	6月	7月	8月	9月	10月	11月	12月	全年	汛期
南京	2016年	56.8	30.5	39.1	155.9	188.8	215.2	382.4	74.4	224.5	294.4	85.6	67.1	1 814.7	1 085.3
	历年均值	40.4	54.3	80.6	90.2	97.1	169.2	187.4	128.8	84.5	53.9	51.0	31.1	1 068.4	667.0
	距平(%)	41	−44	−51	73	94	27	104	−42	166	446	68	116	70	63
镇江	2016年	57.3	27.5	31.7	152.1	180.2	177.2	425.5	65.4	277.2	355.1	93.7	61.6	1 904.5	1 125.5
	历年均值	41.3	52.0	77.3	81.9	93.5	171.1	189.0	131.8	90.1	54.6	52.4	32.4	1 067.4	675.5
	距平(%)	39	−47	−59	86	93	4	125	−50	208	550	79	90	78	67
常州	2016年	66.2	24.4	38.5	195.4	199.9	303	388.4	49.7	382.6	308.3	77.6	55.3	2 089.3	1 323.6
	历年均值	47.5	60.3	86.0	94.0	106.4	177.6	176.2	126.9	95.2	59.7	52.4	36.0	1 118.2	682.3
	距平(%)	39	−60	−55	108	88	71	120	−61	302	416	48	54	87	94
无锡	2016年	67.5	26.8	41.2	192.5	208.9	346.1	310.5	61	320.6	277.1	80.8	50.1	1 983.1	1 247.1
	历年均值	50.6	60.0	85.6	89.4	107.1	175.7	170.7	133.7	109.2	62.3	51.1	36.4	1 131.8	696.4
	距平(%)	33	−55	−52	115	95	97	82	−54	194	345	58	38	75	79
苏州	2016年	71.7	24.2	40.8	163.8	212.8	324.6	192.6	60	214.6	245.6	78.9	47.8	1 677.4	1 004.6
	历年均值	51.6	60.3	85.9	90.4	104.1	172.3	150.1	130.6	113.5	55.6	49.3	37.2	1 100.9	670.6
	距平(%)	39	−60	−53	81	104	88	28	−54	89	342	60	28	52	50
南通	2016年	51.3	21.9	33.7	121.7	179.6	284.8	326.2	46.4	275.6	325.8	93	48.5	1 808.5	1 112.6
	历年均值	40.7	46.9	67.2	74.0	90.5	164.2	174.8	145.6	111.6	54.6	49.6	33.0	1 052.7	686.6
	距平(%)	26	−53	−50	64	98	73	87	−68	147	497	88	47	72	62
扬州	2016年	41.6	19.5	31.9	98.1	182.5	170.7	256.7	66.4	190	309.5	82.4	66.5	1 515.8	866.3
	历年均值	32.5	42.4	62.8	68.3	78.9	145.3	208.4	141.2	94.5	49.7	45.5	27.6	997.0	668.3
	距平(%)	28	−54	−49	44	131	17	23	−53	101	523	81	141	52	30

续表

分区名	项目	1月	2月	3月	4月	5月	6月	7月	8月	9月	10月	11月	12月	全年	汛期
泰州	2016年	43.3	20.6	29.5	111	192.9	214.3	348.3	60.3	237.9	339.4	88.5	59.4	1 745.4	1 053.7
	历年均值	34.6	42.8	64.6	70.0	84.2	152.7	207.2	147.9	100.8	50.6	46.4	28.7	1 030.4	692.8
	距平(%)	25	−52	−54	59	129	40	68	−59	136	571	91	107	69	52
盐城	2016年	16.3	10.8	24.1	77.9	147.7	202.9	233.7	51.3	154.7	260.8	50.3	51.4	1281.9	790.3
	历年均值	25.2	32.6	46.7	56.0	73.7	127.2	233.8	177.1	106.8	47.4	41.9	23.1	991.5	718.6
	距平(%)	−35	−67	−48	39	100	60	0	−71	45	450	20	123	29	10
淮安	2016年	16.3	17	26.9	70.5	139.3	190.3	126	74.2	87.2	218.2	43	50.6	1 059.5	617
	历年均值	25.3	34.2	50.6	56.7	72.9	126.6	239.7	159.7	88.7	45.5	39.3	21.8	961.0	687.6
	距平(%)	−36	−50	−47	24	91	50	−47	−54	−2	380	9	132	10	−10
宿迁	2016年	8.8	22.7	24.5	51.7	122.5	200.8	100.8	103.8	52.2	211.8	24.9	42.7	967.2	580.1
	历年均值	17.9	24.4	36.4	47.3	66.3	115.5	238.6	160.5	84.2	37.0	29.0	16.4	873.6	665.2
	距平(%)	−51	−7	−33	9	85	74	−58	−35	−38	472	−14	160	11	−13
徐州	2016年	4.3	24.3	12	31.3	85.8	170.5	157.4	111.4	42.8	193.7	16	45.3	894.8	567.9
	历年均值	14.5	20.0	29.4	45.3	62.9	105.8	229.6	157.1	76.4	36.4	25.2	14.6	817.2	631.8
	距平(%)	−70	22	−59	−31	36	61	−31	−29	−44	432	−37	210	9	−10
连云港	2016年	4.6	25.3	8.2	31.3	72.1	187.9	128.8	83.9	43.8	191.1	12.7	41.2	830.9	516.5
	历年均值	14.8	21.2	28.8	45.7	61.8	104.2	251.6	189.3	88.4	35.7	28.3	15.0	884.9	695.3
	距平(%)	−69	19	−72	−32	17	80	−49	−56	−50	435	−55	175	−6	−26
淮北地区	2016年	5.1	22.5	14.5	39.4	94.3	182	128.8	88.9	48.1	193.8	19.9	43.2	880.5	542.1
	历年均值	18.7	25.3	36.7	52.1	67.0	112.5	241.5	171.3	86.0	38.7	30.7	17.3	897.6	678.3
	距平(%)	−73	−11	−60	−24	41	62	−47	−48	−44	401	−35	150	−2	−20

续表

分区名	项目	1月	2月	3月	4月	5月	6月	7月	8月	9月	10月	11月	12月	全年	汛期
江淮之间	2016年	25.8	14	28.1	86.2	160.8	194.1	232.6	64.4	159.2	274.7	60.2	55.7	1 355.8	811.1
	历年均值	29.6	38.4	56.7	63.2	77.6	134.7	223.5	158.3	99.6	48.1	43.2	25.2	997.9	693.7
	距平(%)	−13	−64	−50	36	107	44	4	−59	60	471	39	121	36	17
沿江苏南	2016年	61.5	25.7	37.4	157	197.5	278.5	323.5	60	272.2	301.6	86.6	54.2	1 855.7	1 131.7
	历年均值	44.5	54.5	78.9	85.0	97.6	171.4	177.1	133.3	99.2	56.1	50.6	34.0	1 082.2	678.6
	距平(%)	38	−53	−53	85	102	62	83	−55	174	438	71	59	71	67
淮河流域	2016年	16.1	18.5	21.5	63.1	127	188.8	182.2	76.9	106.3	235.3	41	49.4	1 126.1	681.2
	历年均值	21.5	28.6	41.8	52.6	69.0	120.1	234.7	164.5	90.9	42.7	34.1	19.7	920.2	679.2
	距平(%)	−25	−35	−49	20	84	57	−22	−53	17	451	20	151	22	0
长江水系	2016年	54.7	27	35.1	138.8	191	246.6	359.5	61.9	252.3	320.9	91.5	57.2	1 836.5	1 111.3
	历年均值	40.1	49.9	73.0	80.9	91.9	166.2	181.3	135.8	94.9	54.2	50.2	31.8	1 050.1	670.1
	距平(%)	36	−46	−52	72	108	48	98	−54	166	492	82	80	75	66
太湖水系	2016年	69.6	25.1	40.1	179.7	207.4	313	294.1	58	291.7	280.1	80.8	51.4	1 891	1 164.2
	历年均值	49.1	59.5	85.1	90.2	104.0	173.4	165.9	128.7	105.0	57.9	50.6	36.0	1 105.4	677.1
	距平(%)	42	−58	−53	99	99	81	77	−55	178	384	60	43	71	72
全省	2016年	32.9	21.3	27.4	98.6	153.8	222.7	234.4	70.8	167.5	259.5	57.6	51.2	1 397.7	849.2
	历年均值	33.1	41.2	60.3	68.7	82.4	144.3	206.8	151.2	94.8	48.4	42.3	26.6	1 000.2	679.6
	距平(%)	−1	−48	−55	44	87	54	13	−53	77	436	36	92	40	25

3.1.2　汛前降雨

2016 年汛前(1—4 月)，雨日 57 d，全省降雨量 180.2 mm，其中淮河流域降雨量 119.2 mm，长江水系降雨量 255.6 mm，太湖水系降雨量 314.5 mm。降雨量空间分布为南多北少，300 mm 以上雨带主要分布在苏南地区，其中南京和常州南部超过 400 mm，最大点雨量南京水碧桥站 450.0 mm；江淮之间降雨量在 100～200 mm 之间，而淮北地区则普遍小于 100 mm(见图 3.1-9)。

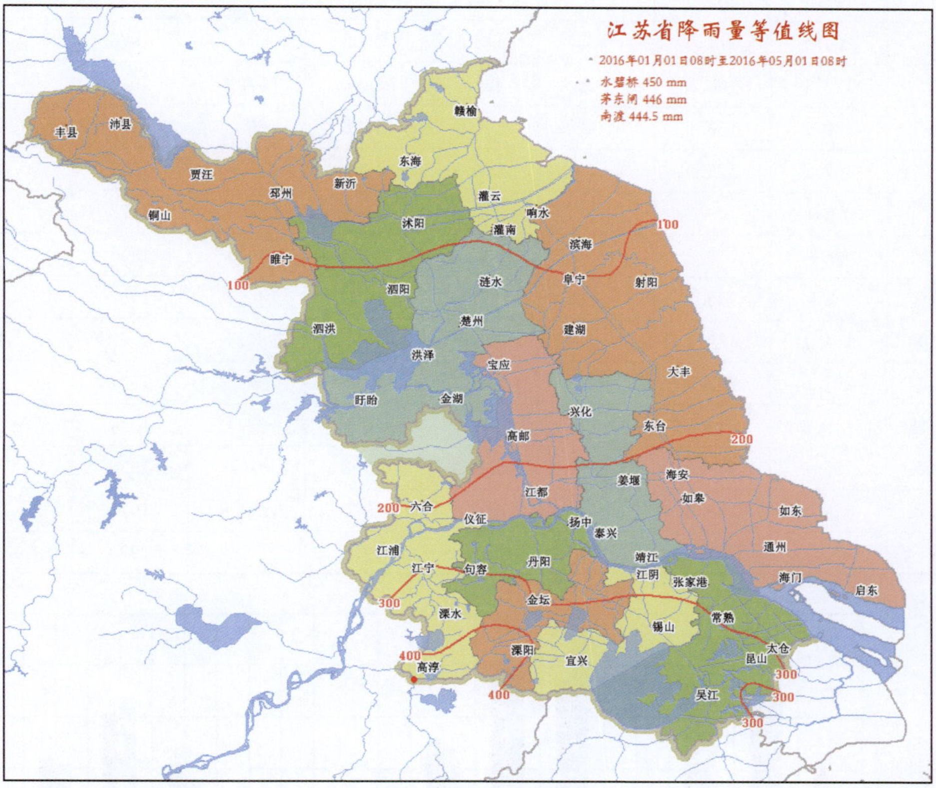

图 3.1-9　2016 年 1—4 月江苏省降雨量等值线图(单位：mm)

与常年同期相比：从行政分区来看(见图 3.1-10)，南京、镇江、常州、无锡地区汛前降雨量偏多，苏州、南通、泰州基本持平，其他各市偏少，其中连云港偏少达 37%；从地理分区来看(见图 3.1-11)，沿江苏南地区汛前降雨量略多，而江淮之间和淮北地区则分别偏少 18%、39%；从流域分区来看(见图 3.1-11)，淮河流域汛前降雨量偏少 18%，长江水系基本持平，太湖水系偏多 11%。2016 年汛前江苏省各分区雨量统计分析见表 3.1-3。

表 3.1-3　2016 年 1—4 月江苏省各分区雨量与历史比较表　　单位：mm

分区名	2016 年	多年平均	距平(%)	历史最大		历史最小		历史排位
				降雨量	年份	降雨量	年份	
南京	282.3	265.5	6	440.2	1998	136.3	1978	21
镇江	268.6	252.6	6	475.9	1998	96.1	1951	20

续表

分区名	2016 年	多年平均	距平(%)	历史最大		历史最小		历史排位
				降雨量	年份	降雨量	年份	
常州	324.5	287.8	13	469.6	1998	155.2	1978	15
无锡	328.0	285.6	15	472.9	1998	162.5	1971	18
苏州	300.5	288.2	4	457.3	1998	162.4	1971	27
南通	228.6	228.8	0	428.3	1998	0.0	1950	28
扬州	191.1	205.9	−7	404.0	1998	94.2	1968	31
泰州	204.4	211.9	−4	416.3	1998	115.1	1978	28
盐城	129.1	160.5	−20	324.7	1998	57.9	2011	47
淮安	130.7	166.9	−22	340.4	1998	66.3	1968	43
宿迁	107.7	126.0	−15	273.9	1964	0.0	1950	40
徐州	71.9	109.2	−34	250.0	1998	38.4	1978	46
连云港	69.4	110.5	−37	236.2	1998	19.1	1955	52
淮北地区	81.5	132.7	−39	267.8	1998	46.1	1962	52
江淮之间	154.1	187.9	−18	376.7	1998	80.7	1968	45
沿江苏南	281.6	262.9	7	445.7	1998	159.2	1971	22
淮河流域	119.2	144.5	−18	301.0	1998	63.4	1984	45
长江水系	255.6	243.9	5	438.8	1998	0.0	1950	20
太湖水系	314.5	283.8	11	464.9	1998	159.8	1971	18
全省	180.2	203.3	−11	386.3	1998	97.7	1978	38

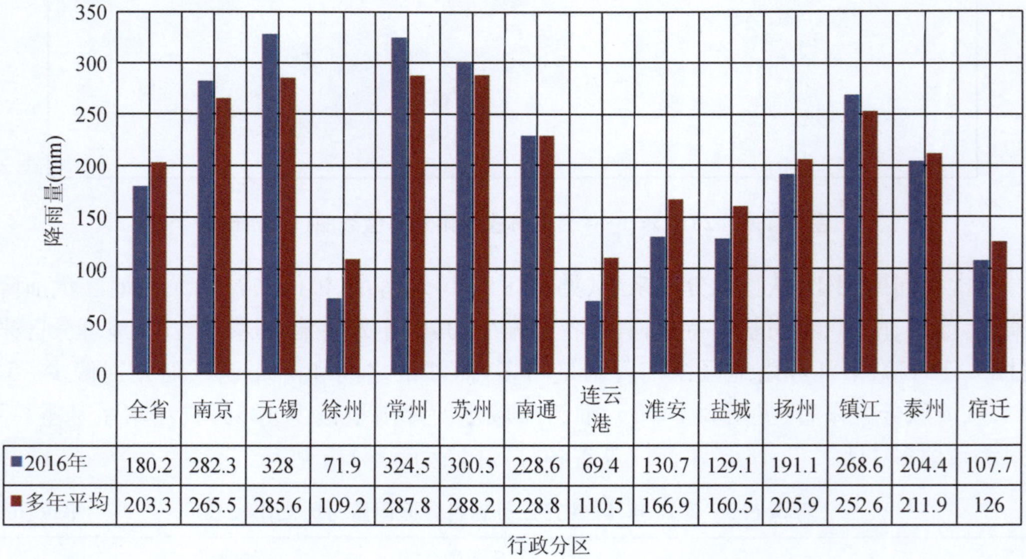

图 3.1-10　2016 年江苏省各行政分区汛前降雨量距平图

汛前降雨从时间分配上看，4 月降雨占比较大，超过汛前降雨量的一半，其余三月降雨量分配较为均匀。其中，1 月降雨量 32.9 mm，占汛前降雨的 18%，与常年同期持平；2 月降

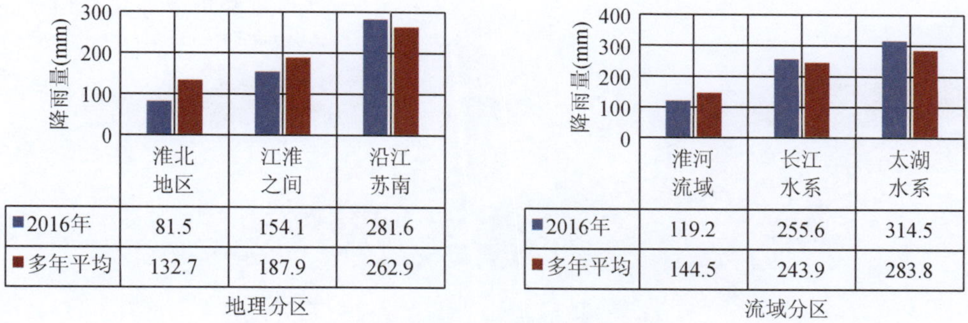

图 3.1-11 2016 年江苏省各地理分区、流域分区汛前降雨量距平图

雨量 21.3 mm，占 12%，偏少 48%；3 月降雨量 27.4 mm，占 15%，偏少 55%；4 月降雨量 98.6 mm，占 55%，偏多 44%（见图 3.1-12）。

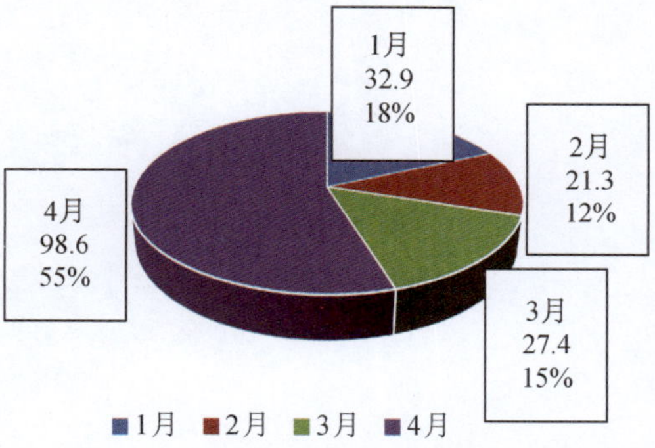

图 3.1-12 2016 年江苏省汛前逐月降雨量比例图（单位：mm）

3.1.3 汛期降雨

2016 年汛期(5—9 月)，雨日 111 d，全省降雨量 849.2 mm，其中淮河流域降雨量 681.2 mm，长江水系降雨量 1 111.3 mm，太湖水系降雨量 1 164.2 mm。降雨量空间分布总体为由南向北递减，1 000 mm 以上雨区覆盖沿江苏南大部分地区，南京和无锡南部出现超过 1 600 mm 降雨，最大点雨量无锡杨省庄站 1 718.4 mm，其次南京水碧桥站 1 678.0 mm；小于 600 mm 降雨主要分布在淮北地区，最小点雨量连云港燕尾港站 343.5 mm；超过 1 200 mm 降雨笼罩面积 1.33 万 km^2，超过 1 300 mm 降雨笼罩面积 0.64 万 km^2，超过 1 400 mm 降雨笼罩面积 0.28 万 km^2（见图 3.1-13）。

与常年同期相比：从行政分区来看（见图 3.1-14），淮安、宿迁、徐州、连云港地区偏少，全省其他地市偏多，其中常州、南通分别偏多 94%、62%，超历史最大值，南京、无锡分别偏多 63%、79%，居历史第 2 位，镇江、苏州分别偏多 67%、50%，居历史第 3 位；从地理分区来看（见图 3.1-15），淮北地区汛期降雨量偏少 20%，江淮之间偏多 17%，沿江苏南地区偏多 67%，居历史第 2 位；从流域分区来看（见图 3.1-15），淮河流域汛期降雨量基本持平，长江水系偏多 66%，居历史第 2 位，太湖水系偏多 72%，超历史最大值。2016 年汛期江苏省各分区雨量统计分析见表 3.1-4。

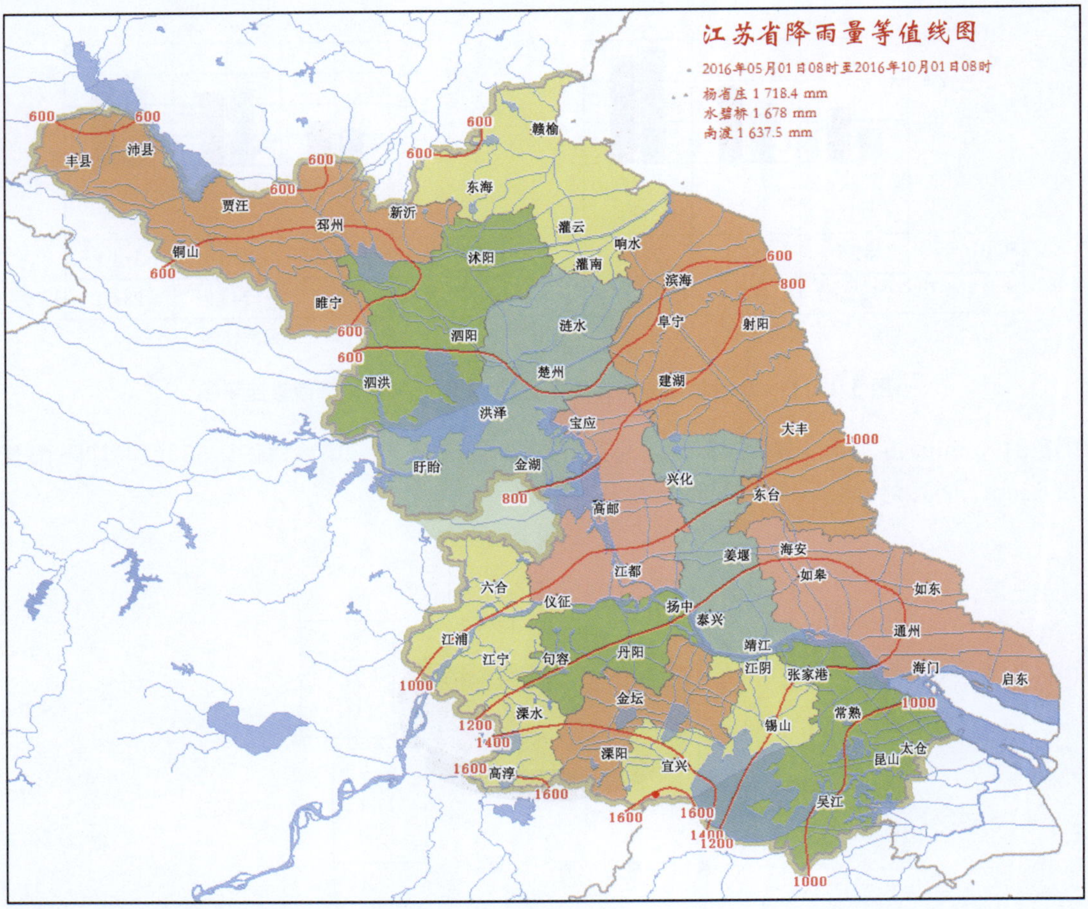

图 3.1-13　2016 年 5—9 月江苏省降雨量等值线图(单位:mm)

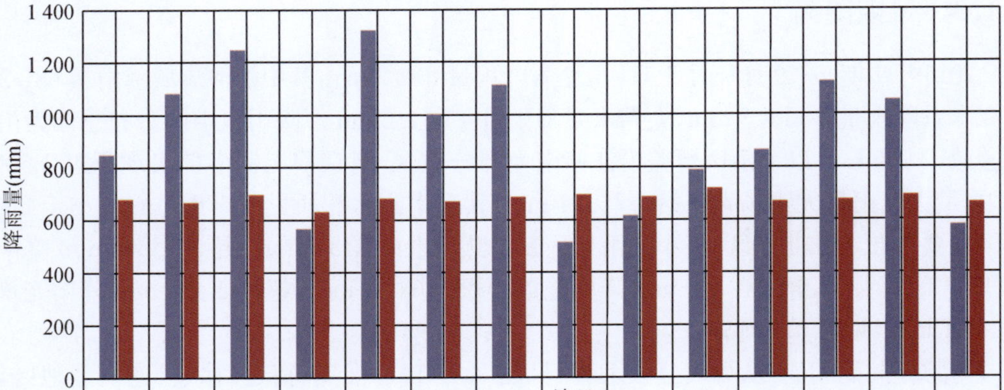

	全省	南京	无锡	徐州	常州	苏州	南通	连云港	淮安	盐城	扬州	镇江	泰州	宿迁
■2016年	849.2	1 085.	1 247.	567.9	1 323.	1 004.	1 112.	516.5	617	790.3	866.3	1 125.	1 053.	580.1
■多年平均	679.6	667	696.4	631.8	682.3	670.6	686.6	695.3	687.6	718.6	668.3	675.5	692.8	665.2

行政分区

图 3.1-14　2016 年江苏省各行政分区汛期降雨量距平图

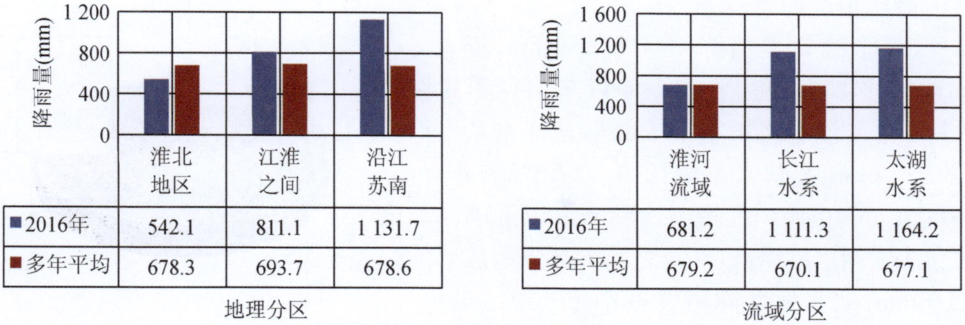

图 3.1-15　2016 年江苏省各地理分区、流域分区汛期降雨量距平图

表 3.1-4　2016 年 5—9 月江苏省各分区面雨量与历史比较表　　单位：mm

分区名	2016 年	多年平均	距平(%)	历史最大		历史最小		历史排位
				面雨量	年份	面雨量	年份	
南京	1 085.3	667.0	63	1 279.6	1991	275.0	1978	2
镇江	1 125.5	675.5	67	1 408.3	1991	207.2	1978	3
常州	1 323.6	682.3	94	1 151.1	1991	297.8	1978	1
无锡	1 247.1	696.4	79	1 254.1	1999	298.5	1950	2
苏州	1 004.6	670.6	50	1 173.0	1999	324.0	1978	3
南通	1 112.6	686.6	62	1 080.8	1991	326.3	1978	1
扬州	866.3	668.3	30	1 269.6	1991	270.7	1978	9
泰州	1 053.7	692.8	52	1 347.4	1991	263.2	1978	5
盐城	790.3	718.6	10	1 190.1	1965	324.4	1978	22
淮安	617.0	687.6	−10	1 067.5	1965	344.7	1966	39
宿迁	580.1	665.2	−13	1 125.6	1963	352.2	1966	40
徐州	567.9	631.8	−10	1 079.6	1963	373.7	1966	42
连云港	516.5	695.3	−26	1 120.7	2005	387.0	1966	53
淮北地区	542.1	678.3	−20	1 047.2	2003	389.8	1966	52
江淮之间	811.1	693.7	17	1 190.7	1991	291.7	1978	18
沿江苏南	1 131.7	678.6	67	1 171.5	1991	306.0	1978	2
淮河流域	681.2	679.2	0	976.0	2003	379.8	1966	28
长江水系	1 111.3	670.1	66	1 219.8	1991	285.1	1978	2
太湖水系	1 164.2	677.1	72	1 096.6	1999	307.6	1978	1
全省	849.2	679.6	25	1 026.4	1991	369.7	1978	6

汛期降雨从时间分配上看，6 月、7 月降雨较为集中、强度高，雨量之和超过汛期总雨量的一半，5 月、9 月雨量其次，8 月降雨最少。其中，5 月降雨量 153.8 mm，占汛期降雨的 18%，较常年同期偏多 87%；6 月降雨量 222.7 mm，占 26%，偏多 54%；7 月降雨量 234.4 mm，占 28%，偏多 13%；8 月降雨量 70.8 mm，占 8%，偏少 53%；9 月降雨量 167.5 mm，占 20%，偏多 77%（见图 3.1-16）。

逐月降雨情况如下：

5月，雨日21 d，全省降雨量153.8 mm，较常年同期偏多87%，位列1951年以来同期第5位。其中淮河流域降雨量127 mm，长江水系降雨量191 mm，太湖水系降雨量207.4 mm。降雨空间分布为由南向北递减，250 mm以上雨区主要位于太湖水系南部，江淮之间大部分地区降雨200 mm，淮北地区降雨普遍小于150 mm（见图3.1-17）。最大点雨量无锡杨省庄站311 mm。

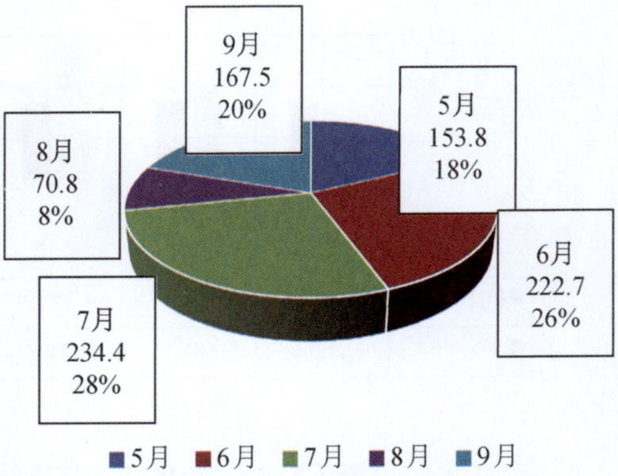

图3.1-16　2016年江苏省汛期逐月降雨量比例图(单位：mm)

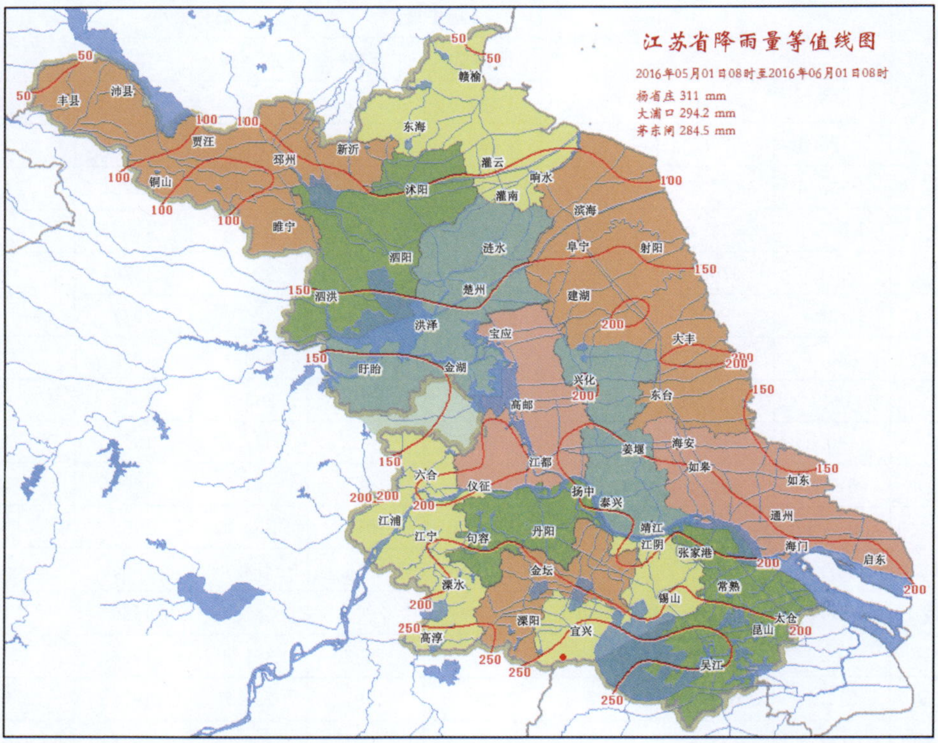

图3.1-17　2016年5月江苏省降雨量等值线图(单位：mm)

6月，雨日26 d，全省降雨量222.7 mm，较常年同期偏多54%，位列1951年以来同期第6位。其中淮河流域降雨量188.8 mm，长江水系降雨量246.6 mm，太湖水系降雨量313 mm。从降雨空间分布看，300 mm以上雨区主要集中在沿江苏南地区和盐城中部，其余地区普遍200 mm（见图3.1-18）。最大点雨量南京水碧桥站533.5 mm。

7月，雨日28 d，全省降雨量234.4 mm，较常年同期偏多13%，位列1951年以来同期第21位。其中淮河流域降雨量182.2 mm，长江水系降雨量359.5 mm，太湖水系降雨量294.1 mm。从降雨空间分布看，400 mm以上雨区主要集中在南京、镇江、常州、无锡、泰州、南通地区，雨带向两侧延展（见图3.1-19）。最大点雨量南京龙王庙水库625.5 mm。

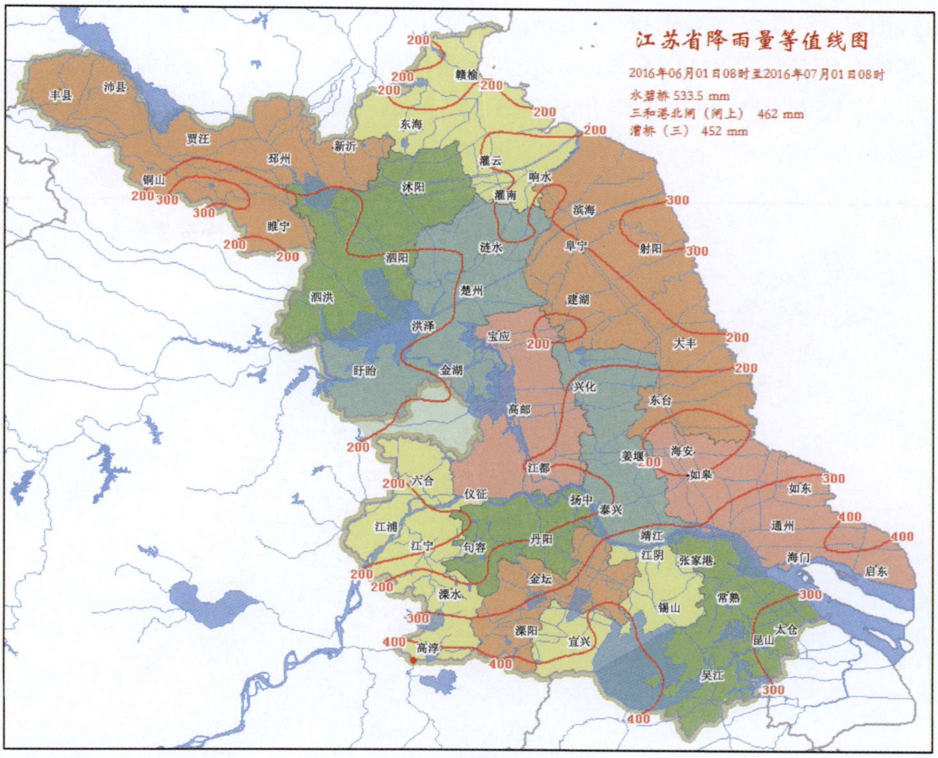

图 3.1-18　2016 年 6 月江苏省降雨量等值线图(单位:mm)

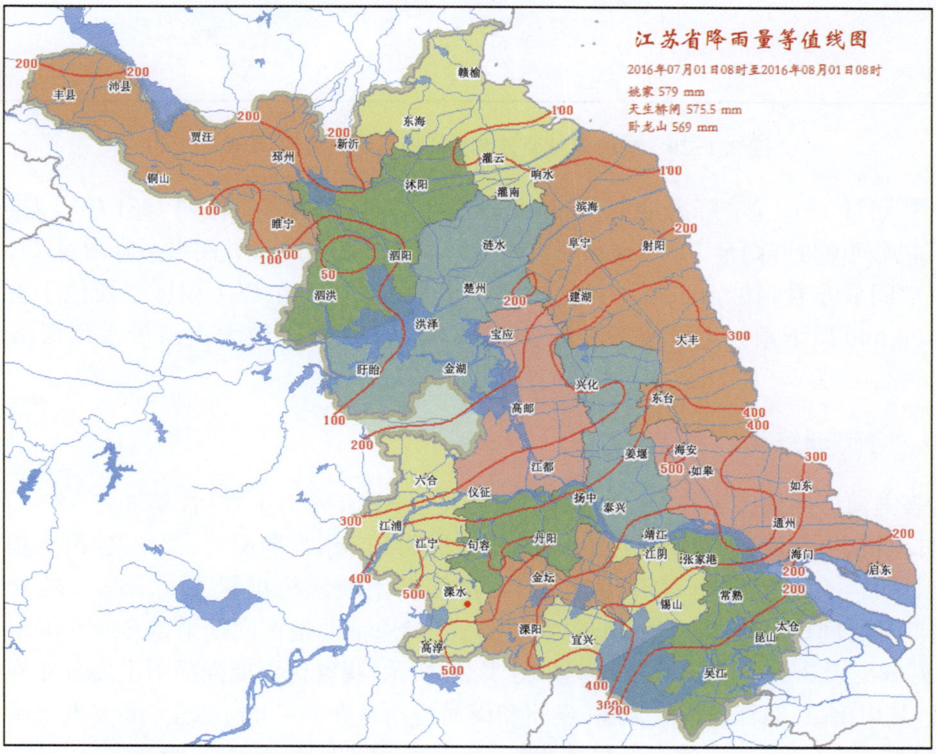

图 3.1-19　2016 年 7 月江苏省降雨量等值线图(单位:mm)

8月,雨日18 d,全省降雨量70.8 mm,较常年同期偏少53%,位列1951年以来同期第57位。其中淮河流域降雨量76.9 mm,长江水系降雨量61.9 mm,太湖水系降雨量58 mm。降雨空间分布较为零散,雨量主要介于50～100 mm(见图3.1-20)。最大点雨量徐州小吴站272.0 mm。

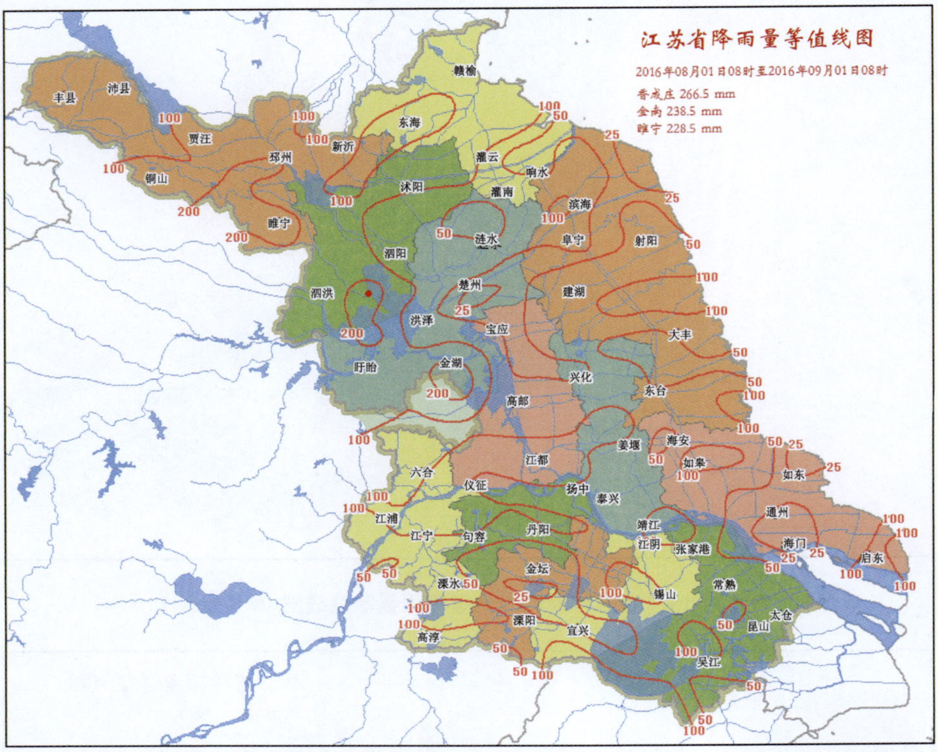

图3.1-20　2016年8月江苏省降雨量等值线图(单位:mm)

9月,雨日18 d,全省降雨量167.5 mm,较常年同期偏多77%,位列1951年以来同期第7位。其中淮河流域降雨量106.3 mm,长江水系降雨量252.3 mm,太湖水系降雨量291.7 mm。从降雨空间分布看,400 mm以上雨区主要位于常州,300 mm以上雨区主要位于沿江苏南地区,100 mm以下雨区主要位于淮北地区(见图3.1-21)。最大点雨量常州溧阳(二)站491.5 mm。

3.1.4　梅雨期降雨

我省淮河以南地区6月19日起自南向北先后入梅,入梅正常(常年6月18—20日);7月20日出梅,出梅偏迟(常年7月10—12日);梅期31天,梅期偏长(常年24 d)。梅雨期雨日31 d,雨量399.4 mm,较常年偏多81%;沿江苏南地区梅雨量546.7 mm,较常年偏多137%;江淮之间梅雨量437.4 mm,较常年偏多91%;淮北地区同期雨量244.5 mm,较常年偏多29%(见表3.1-5、图3.1-22)。如图3-23所示,我省梅雨期强降雨主要分布在沿江苏南地区,其中南京、镇江、常州、无锡、泰州和南通梅雨量在600 mm以上,最大点雨量南京水碧桥站935.5 mm,其次南通南通闸站808.6 mm;淮北地区雨量偏小,介于200～300 mm;江淮之间雨量介于400～600 mm。

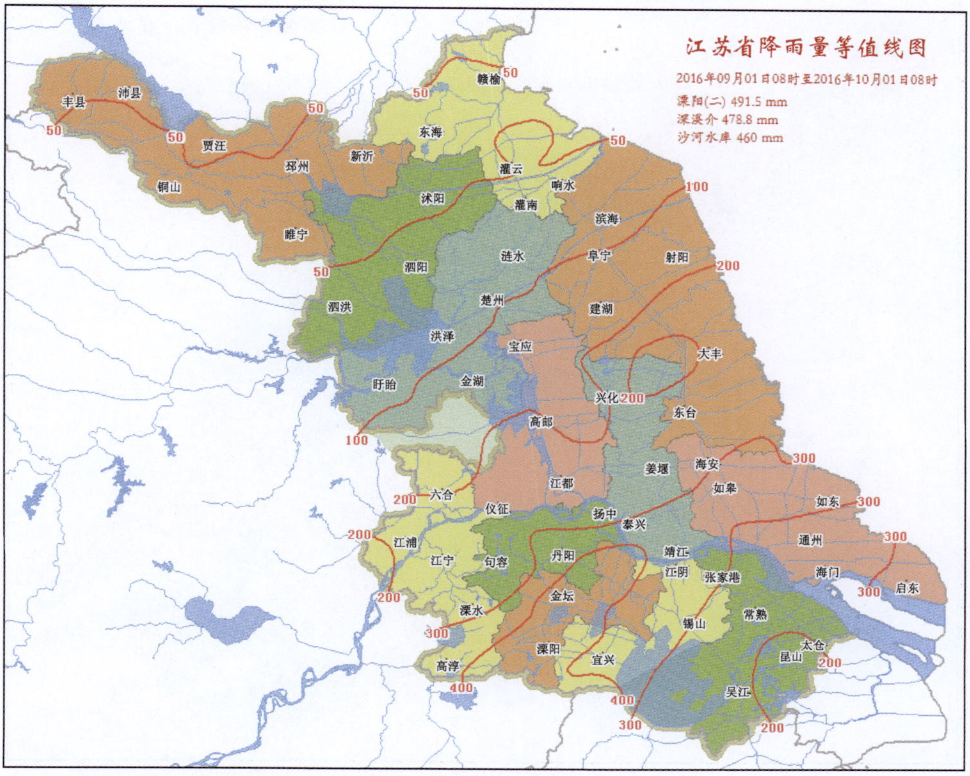

图 3.1-21 2016 年 9 月江苏省降雨量等值线图(单位:mm)

表 3.1-5 2016 年江苏省梅雨期雨量及与历史比较表

项目	梅期长	梅雨量(mm)		梅雨期同期雨量(mm)	
	(d)	沿江苏南	江淮之间	淮北地区	全省
2016 年	32	546.7	437.4	244.5	399.4
多年平均(1954—2015)	24	230.4	229.2	188.9	220.8
与多年平均比	8	137%	91%	29%	81%
历史最大梅雨期雨量	45	718.4	770.7	486.5	614.3
最大出现年份	1982/1999	1991	1991	1996	1991

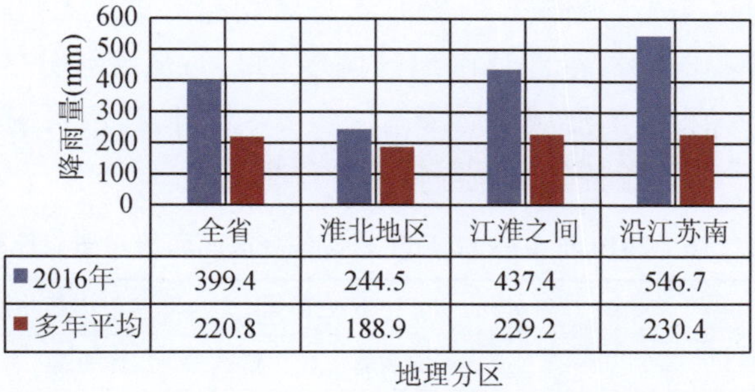

图 3.1-22 2016 年江苏省各地理分区梅雨期降雨量距平图

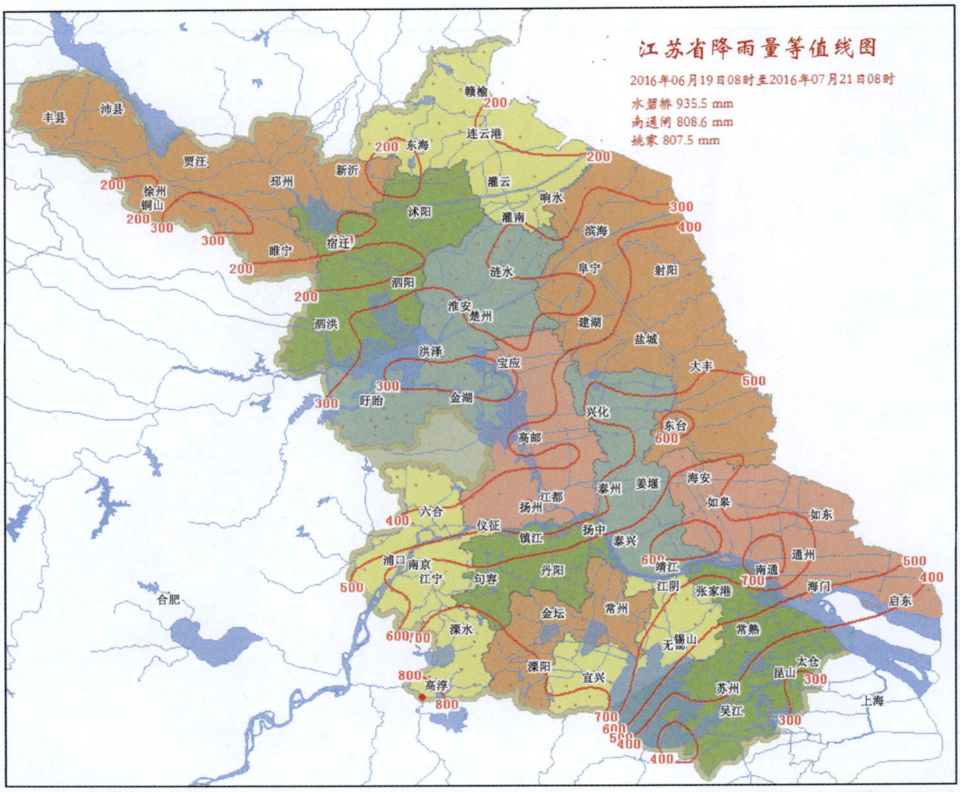

图 3.1-23　2016 年江苏省梅雨期降水量等值线图(单位:mm)

3.1.5　汛后降雨

2016 年汛后(10—12 月),雨日 52 d,全省降雨量 368.2 mm,其中淮河流域降雨量 325.7 mm,长江水系降雨量 469.6 mm,太湖水系降雨量 412.3 mm。汛后降雨量仍为南多北少的分布特征,雨带沿南京、镇江、泰州、南通一线向两侧展开,最大点雨量镇江扬中沙家港站 617.5 mm;小于 200 mm 雨区主要位于徐州、连云港一带,最小点雨量连云港燕尾港站 159.5 mm(见图 3.1-24)。

与常年同期相比:从行政分区来看(见图 3.1-25),全省各市均超历史最大值,其中南京、镇江、南通、扬州、泰州、盐城、宿迁、徐州、连云港汛后降雨均偏多 2 倍以上,其余各市偏多 1 倍以上;从地理分区来看(见图 3.1-26),各分区均超历史最大值,淮北地区汛后降雨偏多 196%,江淮之间偏多 236%,沿江苏南地区偏多 214%;从流域分区来看(见图 3.1-26),各分区也均超历史最大值,淮河流域汛后降雨偏多 238%,长江水系偏多 245%,太湖水系偏多 185%。2016 年汛后江苏省各分区面雨量统计分析见表 3.1-6。

表 3.1-6　2016 年 10—12 月江苏省各分区面雨量与历史比较表　　单位:mm

分区名	2016 年	多年平均	距平(%)	历史最大		历史最小		历史排位
				面雨量	年份	面雨量	年份	
南京	447.1	135.9	229	254.6	1985	27.1	1973	1
镇江	510.4	139.4	266	274.0	1985	20.5	1973	1

续表

分区名	2016 年	多年平均	距平(%)	历史最大		历史最小		历史排位
				面雨量	年份	面雨量	年份	
常州	441.2	148.0	198	279.3	1972	33.8	1988	1
无锡	408	149.8	172	274.9	1994	32.4	1973	1
苏州	372.3	142.2	162	273.8	1974	20.9	1988	1
南通	467.3	137.3	240	281.3	1961	17.3	1973	1
扬州	458.4	122.8	273	250.6	1985	17.4	1973	1
泰州	487.3	125.7	288	266.2	1985	14.1	1973	1
盐城	362.5	112.4	223	224.4	1996	17.0	1973	1
淮安	311.8	106.6	192	228.0	1996	18.4	1973	1
宿迁	279.4	82.4	239	168.0	1996	15.4	2010	1
徐州	255	76.2	235	171.1	1987	6.4	2010	1
连云港	245	79.0	210	201.7	1987	7.4	2010	1
淮北地区	256.9	86.7	196	183.0	1987	10.8	2010	1
江淮之间	390.6	116.4	236	230.4	1985	15.2	1973	1
沿江苏南	442.4	140.8	214	258.8	1985	20.6	1973	1
淮河流域	325.7	96.5	238	175.5	1987	23.5	1969	1
长江水系	469.6	136.2	245	254.8	1985	20.6	1973	1
太湖水系	412.3	144.5	185	255.9	1983	27.0	1973	1
全省	368.3	117.3	214	217.0	1985	25.3	1973	1

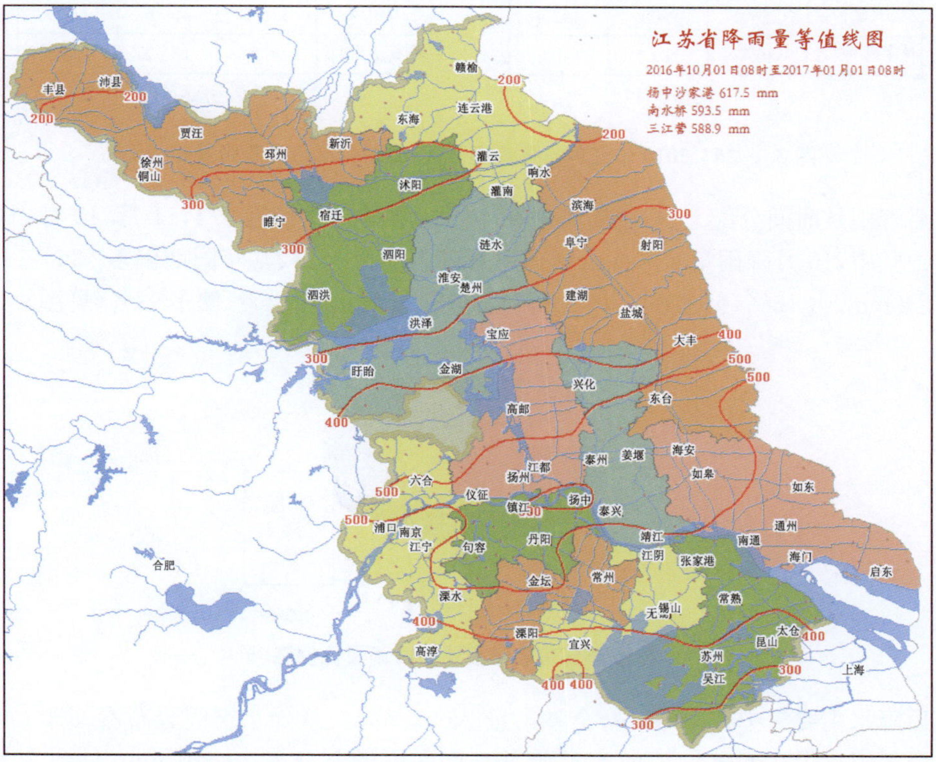

图 3.1-24 2016 年 10—12 月江苏省降雨量等值线图(单位:mm)

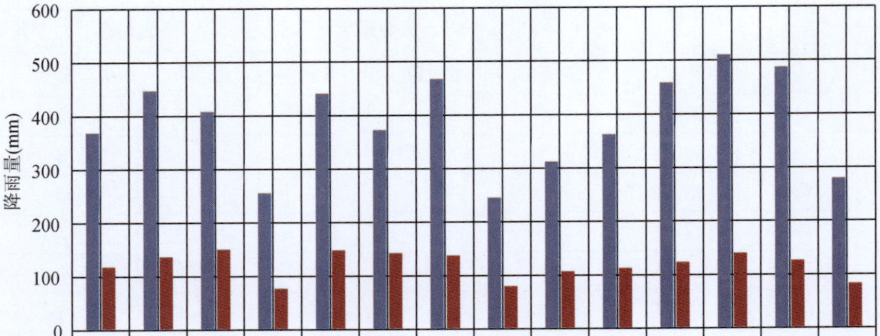

	全省	南京	无锡	徐州	常州	苏州	南通	连云港	淮安	盐城	扬州	镇江	泰州	宿迁
■2016年	368.3	447.1	408	255	441.2	372.3	467.3	245	311.8	362.5	458.4	510.4	487.3	279.4
■多年平均	117.3	135.9	149.8	76.2	148	142.2	137.3	79	106.6	112.4	122.8	139.4	125.7	82.4

行政分区

图 3.1-25　2016 年江苏省各行政分区汛后降雨量距平图

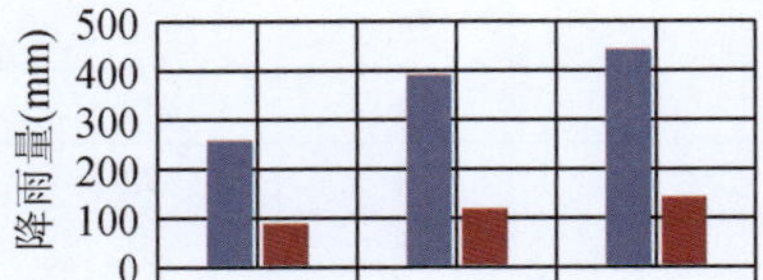

	淮北地区	江淮之间	沿江苏南
■2016年	256.9	390.6	442.4
■多年平均	86.7	116.4	140.8

地理分区

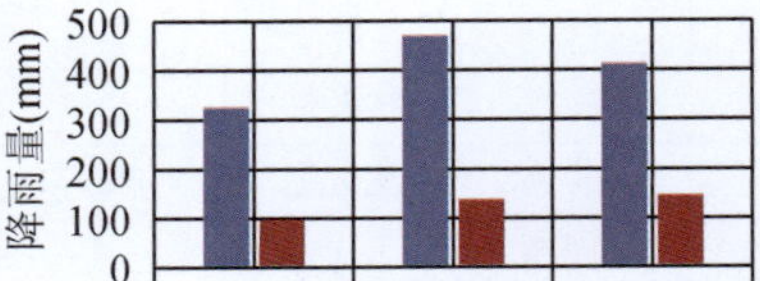

	淮河流域	长江水系	太湖水系
■2016年	325.7	469.6	412.3
■多年平均	96.5	136.2	144.5

流域分区

图 3.1-26　2016 年江苏省各地理分区、流域分区汛后降雨量距平图

汛后降雨从时间分配上看，主要集中在 10 月，雨量占比接近 3/4，11 月、12 月雨量则较为均匀。其中，10 月降雨量 259.5 mm，占汛后降雨的 70%，较常年同期偏多 436%；11 月降雨量 57.6 mm，占 16%，偏多 36%；12 月降雨量 51.2 mm，占 14%，偏多 92%(见图3.1-27)。

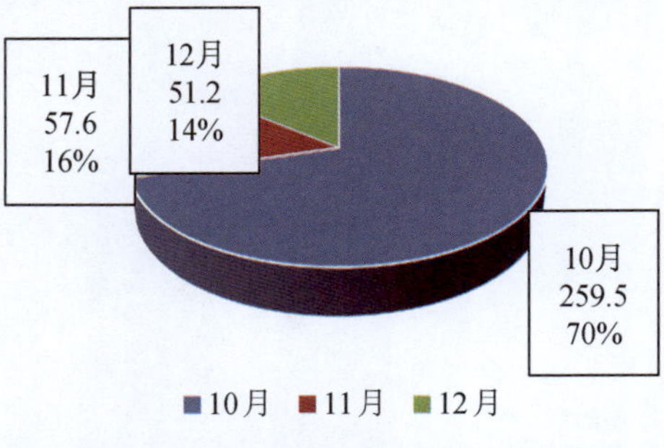

图 3.1-27　2016 年江苏省汛后逐月降雨量比例图(单位：mm)

汛后降水主要集中在 10 月份，全省雨量 259.5 mm。从降水空间分布看，300 mm 以上雨区主要集中在沿江苏南和江淮之间，淮北地区面雨量介于 200～300 mm(见图 3.1-28)。与常年同期降雨比较，全省、淮北地区、江淮之间、沿江苏南 10 月面雨量均偏多 4 倍以上，均排历史第1位。2016年10月江苏省各分区雨量统计分析见表3.1-7。

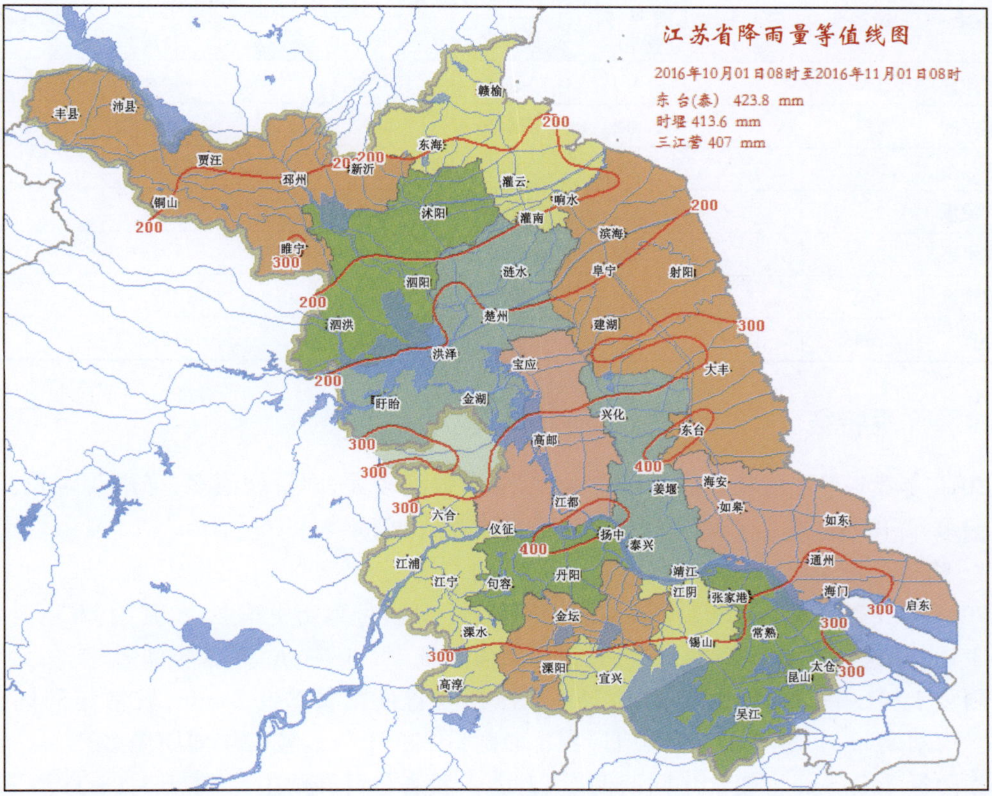

图3.1-28　2016年10月江苏省降雨量等值线图(单位:mm)

表3.1-7　2016年10月江苏省各分区面雨量与历史比较表　　单位:mm

分区名	2016年	多年平均	距平(%)	历史最大		历史最小		历史排位
				面雨量	年份	面雨量	年份	
南京	294.4	53.9	446	219.7	1983	0.2	1979	1
镇江	355.1	54.6	550	206.6	1983	0.0	1979	1
常州	308.3	59.7	416	234.0	1983	0.0	1979	1
无锡	277.1	62.3	345	228.4	1983	0.1	1979	1
苏州	245.6	55.6	342	225.5	1983	0.0	1979	1
南通	325.8	54.6	497	196.9	1961	0.1	1979	1
扬州	309.5	49.7	523	188.3	1985	0.1	1979	1
泰州	339.4	50.6	571	195.0	1985	0.1	1979	1
盐城	260.8	47.4	450	177.9	1987	0.7	1979	1
淮安	218.2	45.5	380	148.7	1985	0.1	1979	1
宿迁	211.8	37.0	472	119.0	1999	0.1	1979	1
徐州	193.7	36.4	432	138.3	1987	0.5	1991	1
连云港	191.1	35.7	435	168.5	1987	0.8	1979	1

续表

分区名	2016 年	多年平均	距平(%)	历史最大		历史最小		历史排位
				面雨量	年份	面雨量	年份	
淮北地区	193.8	38.7	401	147.5	1987	0.5	1979	1
江淮之间	274.7	48.1	471	169.0	1985	0.1	1979	1
沿江苏南	301.6	56.1	438	205.0	1983	0.1	1979	1
淮河流域	235.3	42.7	451	140.3	1987	0.4	1979	1
长江水系	320.9	54.2	492	190.3	1983	0.1	1979	1
太湖水系	280.1	57.9	384	226.5	1983	0.0	1979	1
全省	259.5	48.4	436	163.4	1983	0.2	1979	1

3.1.6 降雨特征

2016 年我省暴雨的特点是降雨总量大，降雨强度较大、雨量极值多，降雨历时长、汛后降雨偏多，降雨空间分布不均、笼罩范围广，具体总结如下：

1. 降雨总量大

2016 年我省面雨量 1 397.7 mm，较常年偏多 40%，位列历史第 2 位，其中：淮河流域面雨量 1 126.1 mm，较常年偏多 22%；长江水系面雨量 1 836.5 mm，较常年偏多 75%；太湖水系面雨量 1 891.0 mm，较常年偏多 71%。汛期我省面雨量 849.2 mm，较常年同期偏多 25%。梅雨期(6 月 19 日—7 月 20 日)我省面雨量 399.4 mm，较常年同期偏多 81%。汛后我省面雨量 368.3 mm，较常年同期偏多 214%。我省各月降雨中，4 月、5 月、6 月、9 月、10 月分别较常年同期偏多 44%、87%、54%、77%、436%。

2. 降雨强度较大，雨量极值多

2016 年我省降雨强度较大，日雨量超过 25 mm 的大雨日 15 d，长江以南地区最大 3 d、7 d、30 d 雨量分别为 194.9 mm、279.8 mm、546.4 mm，均位列历史第 2 位，最大 15 d 雨量为 438.4 mm，超历史最大值。诸多雨量站点长短历时雨量超历史最大值，比如：东山站最大 3 h、6 h 雨量分别为 121.0 mm、137.0 mm；南渡站最大 24 h 雨量 205.5 mm，最大 1 d、7 d、15 d、30 d 雨量分别为 211.0 mm、450.5 mm、623.0 mm、764.0 mm；高淳站最大 7 d、15 d、30 d 雨量分别为 463.0 mm、655.5 mm、777.5 mm。

3. 降雨历时长，汛后降雨偏多

2016 年我省降雨主要集中在 5—10 月，雨日 137 d，雨量 1 108.7 mm，占全年的 79%。强降雨主要集中在梅雨期(6 月 19 日—7 月 20 日)，梅期 31 d，雨日 31 d，期间一场暴雨过程持续时间长达 10 d(6 月 30 日—7 月 7 日)。2016 年汛后降雨较常年同期偏多 2 倍以上，其中 10 月雨日 26 d，降雨量 259.5 mm，占汛后降雨的 70%，较常年同期偏多 4 倍以上，期间一场暴雨过程持续时间长达 10 d(10 月 19—28 日)。

4. 降雨空间分布不均，笼罩范围广

2016 年汛期我省雨量空间分布为由南向北递减，1 000 mm 以上雨区覆盖沿江苏南大部分地区，南京和无锡南部出现超过 1 600 mm 降雨，最大点雨量无锡杨省庄站 1 718.4 mm；小于 600 mm 降雨主要分布在淮北地区，最小点雨量连云港燕尾港站 343.5 mm；600 mm、

800 mm 以上降雨笼罩面积分别占全省面积的 71%、53%。梅雨期主雨带沿高淳、金坛、常州、靖江、如东一线向两侧展开，暴雨集中区雨量超过 700 mm，最大点雨量南京水碧桥站 935.5 mm；淮北地区雨量偏小，介于 200～300 mm；300 mm、400 mm 以上降雨笼罩面积分别占全省面积的 62%、46%。

3.2 暴雨过程

2016 年我省暴雨主要分布在 5—10 月(见图 3.2-1)，5 月有多场降雨，但均为过程性降雨；进入主汛期，连续性降雨明显增多，强降雨主要集中在梅雨期(6 月 19 日—7 月 20 日)；9 月中下旬，受台风“莫兰蒂”和“鲇鱼”影响，我省出现两次台风雨；10 月降雨明显偏多，特别是中下旬连续降雨。

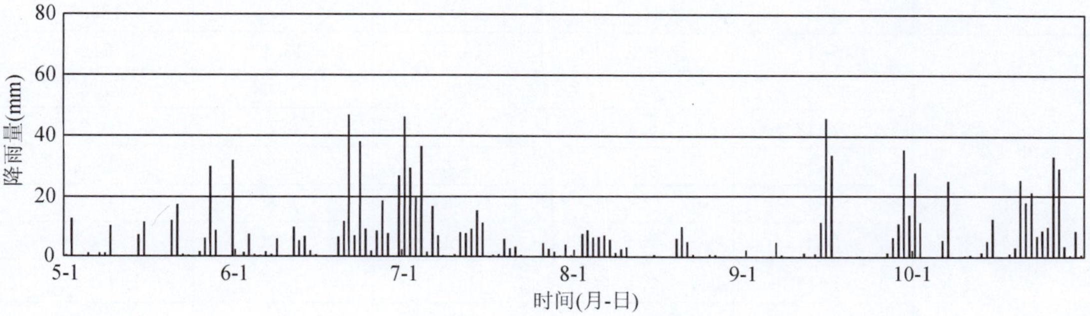

图 3.2-1 2016 年 5—10 月江苏省逐日降雨量柱状图

2016 年我省出现 7 场明显降雨过程，分别是 5 月 26—28 日、6 月 19—28 日、6 月 30 日—7 月 7 日、7 月 11—15 日、9 月 14—16 日、9 月 27 日—10 月 2 日、10 月 19—28 日，雨量分别为 44.3 mm、154.8 mm、183.5 mm、50.3 mm、90.9 mm、94.1 mm 和 155.2 mm，累计雨量达 787.9 mm，占全年降雨量的 56%。江苏省及三大地理分区主要场次降雨量统计见表 3.2-1。

表 3.2-1 江苏省及三大地理分区主要场次降雨量统计表 单位：mm

场次	日期(月-日)	淮北地区	江淮之间	沿江苏南	江苏全省
第 1 场	05-26	0.4	4.5	15.8	5.9
	05-27	33.4	37.2	12.9	29.9
	05-28	2.6	8.6	15.8	8.5
	小计	36.4	50.3	44.5	44.3
第 2 场	06-19	0.7	6.1	13.2	6.3
	06-20	6.0	12.8	17.5	11.6
	06-21	17.2	78.5	33.2	46.9
	06-22	0.0	2.3	23.3	6.7
	06-23	87.7	17.6	5.8	38.1
	06-24	0.3	8.6	21.3	9.0
	06-25	0.0	0.6	6.1	1.8
	06-26	0.4	10.1	15.7	8.3

续表

场次	日期(月-日)	淮北地区	江淮之间	沿江苏南	江苏全省
第2场	06-27	0.2	15.7	48.1	18.6
	06-28	0.1	2.0	26.8	7.5
	小计	112.6	154.3	211.0	154.8
第3场	06-30	41.6	25.7	9.7	27.0
	07-01	5.7	52.4	91.2	46.2
	07-02	0.0	25.2	76.5	29.4
	07-03	0.3	30.7	27.2	19.5
	07-04	5.5	62.3	35.7	36.6
	07-05	0.2	1.7	3.1	1.5
	07-06	3.6	20.7	27.7	16.6
	07-07	4.1	11.0	3.2	6.7
	合计	61.0	229.7	274.3	183.5
第4场	07-11	0.3	10.8	13.1	7.8
	07-12	20.5	0.9	1.1	7.5
	07-13	6.4	11.0	8.7	8.9
	07-14	8.6	14.6	24.8	15.1
	07-15	12.5	10.8	9.6	11.0
	合计	48.3	48.1	57.3	50.3
第5场	09-14	0.1	4.7	37.7	11.2
	09-15	5.3	57.6	80.8	45.9
	09-16	9.9	61.0	19.1	33.8
	合计	15.3	123.3	137.6	90.9
第6场	09-27	8.2	5.9	3.4	6.3
	09-28	2.0	8.5	26.9	10.8
	09-29	2.0	35.9	81.3	35.6
	09-30	13.0	16.9	9.2	13.7
	10-01	50.3	25.2	1.0	27.7
	10-02	15.6	9.7	7.8	11.2
	合计	75.5	92.4	121.8	94.1
第7场	10-19	0.1	3.3	6.9	3.2
	10-20	14.3	34.1	24.6	25.2
	10-21	3.7	24.1	25.7	17.8
	10-22	1.8	23.7	42.6	21.1
	10-23	16.3	2.8	0.7	6.8
	10-24	18.7	5.7	0.3	8.7
	10-25	6.8	6.6	19.8	9.9
	10-26	14.0	30.3	64.6	33.3
	10-27	15.6	46.5	18.4	29.2
	10-28	0.7	4.9	5.3	3.6
	合计	91.3	177.1	203.6	155.2

我省主要降雨过程如下：

1. 5月26—28日

5月26—28日，新沂河一线以北和沿江苏南地区普降中雨，其余地区大到暴雨，其中100 mm以上雨区主要分布在洪泽湖周边和盐城中部地区（见图3.2-2）。全省面雨量44.3 mm，其中淮北地区36.4 mm，江淮之间50.3 mm，沿江苏南44.5 mm；最大日雨量为5月27日的29.9 mm，占本次降雨的68%。次雨量超过50 mm的雨区笼罩面积为34 503 km²，超过100 mm的雨区笼罩面积为250 km²；单站最大累计雨量淮安岔河站119.0 mm，其次宿迁双沟(合)站104.5 mm、盐城黄土沟站103.4 mm。

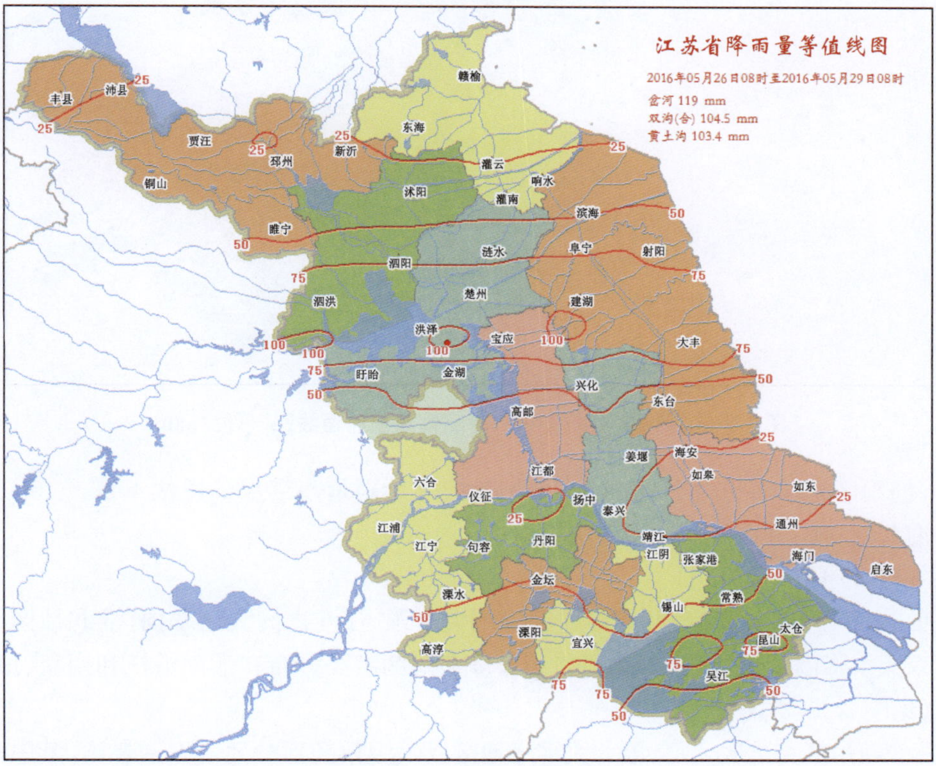

图3.2-2 2016年5月26—28日降雨量等值线图(单位:mm)

2. 6月19—28日

6月19—28日，我省普降中到大雨，局地暴雨大暴雨，300 mm以上的雨区主要分布在沿江苏南地区，200 mm以上的雨区主要分布在江淮之间(见图3.2-3)。

6月21日淮河以南大部分地区暴雨大暴雨，淮北地区小到中雨，其中徐州局部暴雨大暴雨，最大点雨量徐州下洪(2)站198.0 mm，其次淮安桂五站197.0 mm、严家岗站194.5 mm。6月23日淮北地区暴雨大暴雨，其他地区小到中雨，最大点雨量宿迁宿迁闸站172.0 mm，其次宿迁城西(宿迁)站159.0 mm、城东站155.5 mm。6月27—28日暴雨集中出现在沿江苏南地区，单站最大累计雨量常州石塘冲水库站164.4 mm，其次常州大埝水库站160.5 mm。

本次降雨过程全省面雨量154.8 mm，其中淮北地区112.6 mm，江淮之间154.3 mm，沿江苏南211.0 mm；最大日雨量为6月21日的46.9 mm，占本次降雨的30%。次雨量超过100 mm的雨区笼罩面积为80 300 km²，超过200 mm的雨区笼罩面积为26 163 km²，超过

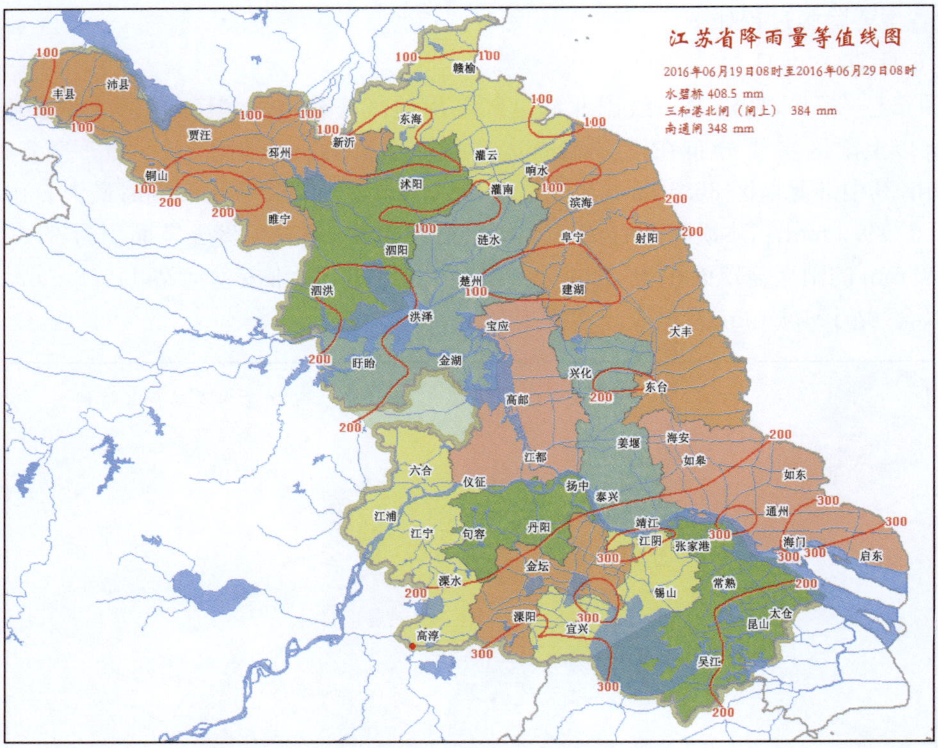

图 3.2-3　2016 年 6 月 19—28 日降雨量等值线图(单位:mm)

300 mm 的雨区笼罩面积为 2 350 km²;单站最大累计雨量南京水碧桥站 408.5 mm,其次南通三和港北闸(闸上)站 384.0 mm、包场站 353.0 mm。

3. 6 月 30 日—7 月 7 日

6 月 30 日—7 月 7 日,沿江苏南地区暴雨大暴雨,江淮之间大雨暴雨,淮北地区小到中雨。南京溧水降雨量超过 500 mm,300 mm 以上雨区主要分布在通南沿江和南京、镇江、常州地区(见图 3.2-4)。

6 月 30 日,江淮之间北部、淮北大部分地区以及宁镇扬部分地区大到暴雨,其中盐城局部大暴雨,最大点雨量盐城王圩站 121.2 mm,其次盐城射阳河闸站 112.4 mm。7 月 1 日,沿江苏南地区暴雨大暴雨,其中大暴雨集中在南京、镇江、常州地区,江淮之间大到暴雨,淮北地区小雨,最大点雨量南京古塘水库站 201.0 mm,其次南京明觉站 195.0 mm、石湫桃花坝水库站 193.0 mm。7 月 2 日,沿江苏南地区暴雨大暴雨,江淮之间大到暴雨,最大点雨量南京姚家站 184.0 mm,其次南京上庄水库站 183.5 mm、蛇山闸 179.0 mm。7 月 3 日,沿江苏南、江淮之间部分地区暴雨,淮北地区基本无雨,最大点雨量泰州黄桥站 88.0 mm。7 月 4 日,江淮之间暴雨大暴雨,沿江苏南地区大到暴雨,最大点雨量泰州兴化站 133.0 mm。7 月 6 日,南京、镇江、泰州、南通一带暴雨大暴雨,大暴雨集中在秦淮河沿线,其他地区小到中雨,最大点雨量南京秦淮新河闸(闸上游)站 195.0 mm,其次镇江德胜水库站 158.5 mm、南京夏家边站 152.5 mm。

本次降雨过程全省面雨量 183.5 mm,其中淮北地区 61 mm,江淮之间 229.7 mm,沿江苏南 274.3 mm;最大日雨量为 7 月 1 日的 46.2 mm,占本次降雨的 25%。次雨量超过

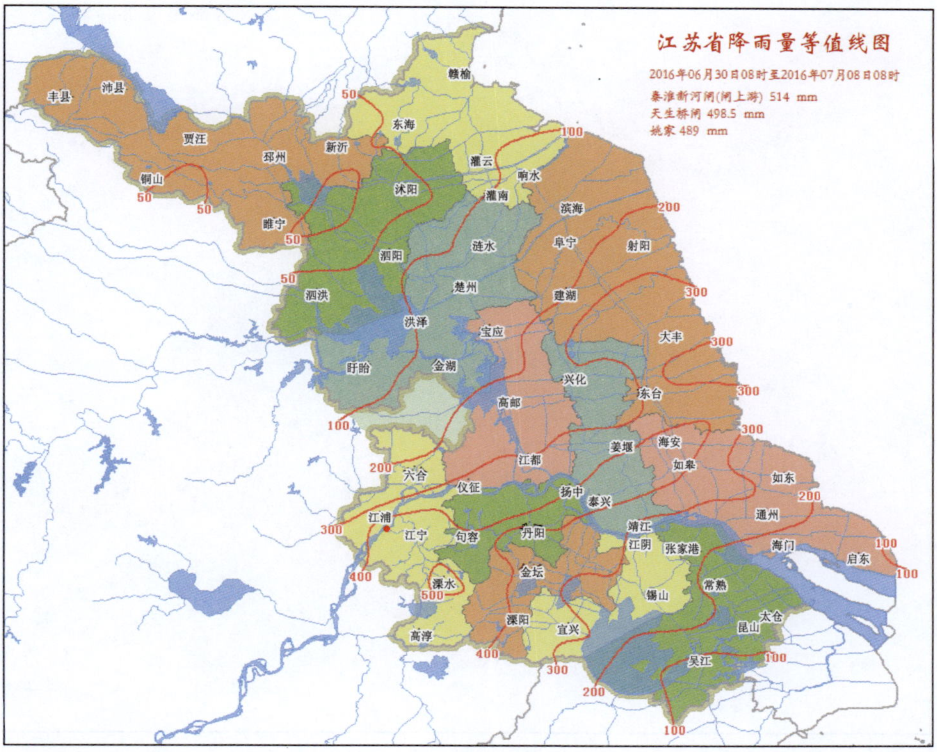

图 3.2-4　2016 年 6 月 30 日—7 月 7 日降雨量等值线图(单位:mm)

100 mm 的雨区笼罩面积为 67 348 km^2,超过 200 mm 的雨区笼罩面积为 44 842 km^2,超过 300 mm 的雨区笼罩面积为 19 295 km^2,超过 400 mm 的雨区笼罩面积为 5 265 km^2,超过 500 mm 的雨区笼罩面积为 67 km^2;单站最大累计雨量南京五七水库站、贺家山水库站,均为 550.0 mm,其次南京龙王庙水库站 549.0 mm。

4. 7 月 11—15 日

7 月 11—15 日,我省普降小到中雨,其中沿江苏南部分地区、连云港北部大到暴雨,南通北部地区降雨量超过 200 mm(见图 3.2-5)。全省面雨量 50.3 mm,其中淮北地区 48.3 mm,江淮之间 48.1 mm,沿江苏南 57.3 mm;最大日雨量为 7 月 14 日的 15.1 mm,占本次降雨的 30%。次雨量超过 50 mm 的雨区笼罩面积为 44 754 km^2,超过 100 mm 的雨区笼罩面积为 6 756 km^2,超过 200 mm 的雨区笼罩面积为 368 km^2;单站最大累计雨量南通南通闸站 253.4 mm,其次盐城梁垛河闸 236.2 mm、南通营船港闸站 205.0 mm。

5. 9 月 14—16 日

9 月 14—16 日,江淮之间、沿江苏南地区大到暴雨,局地大暴雨;淮北地区小到中雨。100 mm 以上雨区主要集中在沿江苏南和江淮之间,淮北地区降雨量普遍小于 50 mm(见图 3.2-6)。

9 月 14 日,降雨主要位于沿江苏南,其中苏锡常地区暴雨,局部大暴雨,最大点雨量常州溧阳(二)站 128.0 mm。9 月 15 日,雨区北移,降雨强度明显增大,大暴雨出现在南京、镇江、扬州、泰州、南通一带,最大点雨量丹徒新城站 169.0 mm,其次镇江回龙山水库站 166.0 mm、西麓水库 165.0 mm。9 月 16 日,雨带进一步北抬至江淮之间,里下河地区大暴雨,最大点雨量盐城新洋港闸站 149.6 mm,其次盐城东台(泰)站 145.4 mm、花川站 129.8 mm。

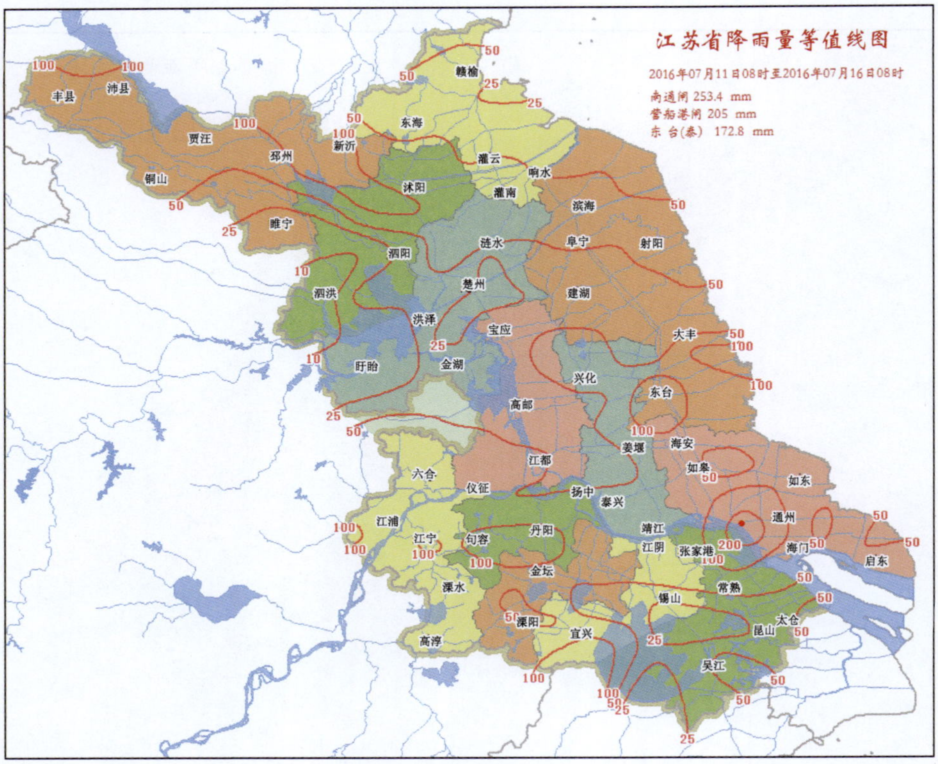

图 3.2-5　2016 年 7 月 11—15 日降雨量等值线图(单位:mm)

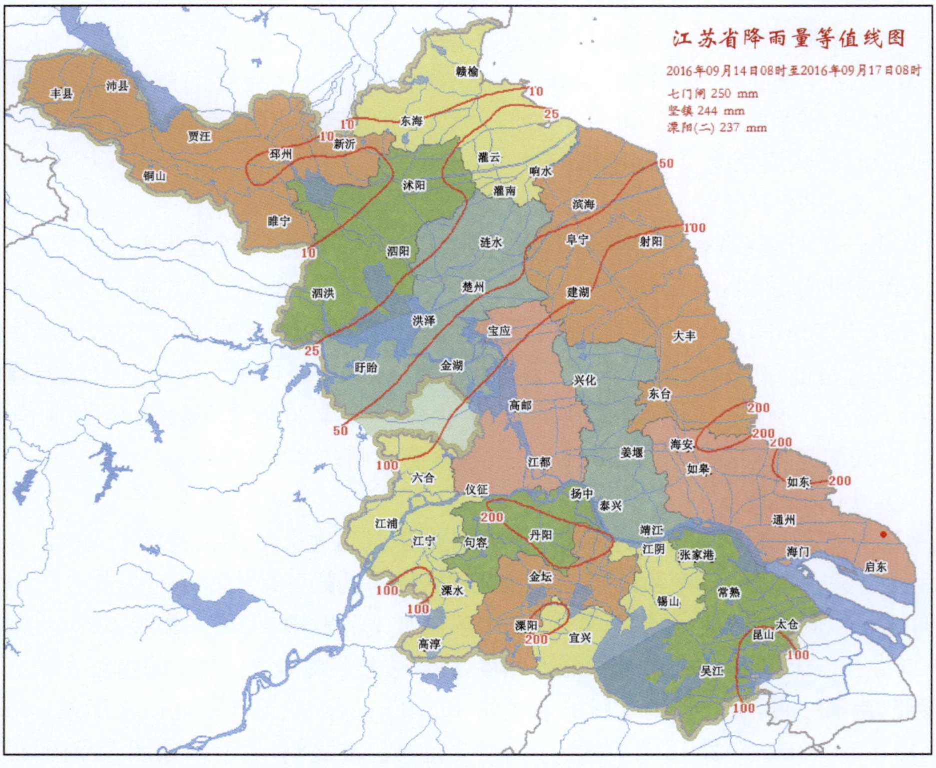

图 3.2-6　2016 年 9 月 14—16 日雨量等值线图(单位:mm)

本次降雨过程全省面雨量 90.9 mm，其中淮北地区 15.3 mm，江淮之间 123.3 mm，沿江苏南地区 137.6 mm；最大日雨量为 9 月 15 日的 45.9 mm，占本次降雨的 50%。次雨量超过 50 mm 的雨区笼罩面积为 63 462 km^2，超过 100 mm 的雨区笼罩面积为 51 994 km^2，超过 200 mm 的雨区笼罩面积为 3 072 km^2；单站最大累计雨量南通希士站 254.0 mm，其次南通七门闸站 250.0 mm、镇江丹徒新城站 245.0 mm。

6. 9 月 27 日—10 月 2 日

9 月 27 日—10 月 2 日，沿江苏南地区大到暴雨，局地大暴雨；江淮之间中到大雨；淮北地区普降小雨。200 mm 以上雨区位于南京、常州，江淮之间、淮北地区降雨量普遍在 100 mm 左右（见图 3.2-7）。

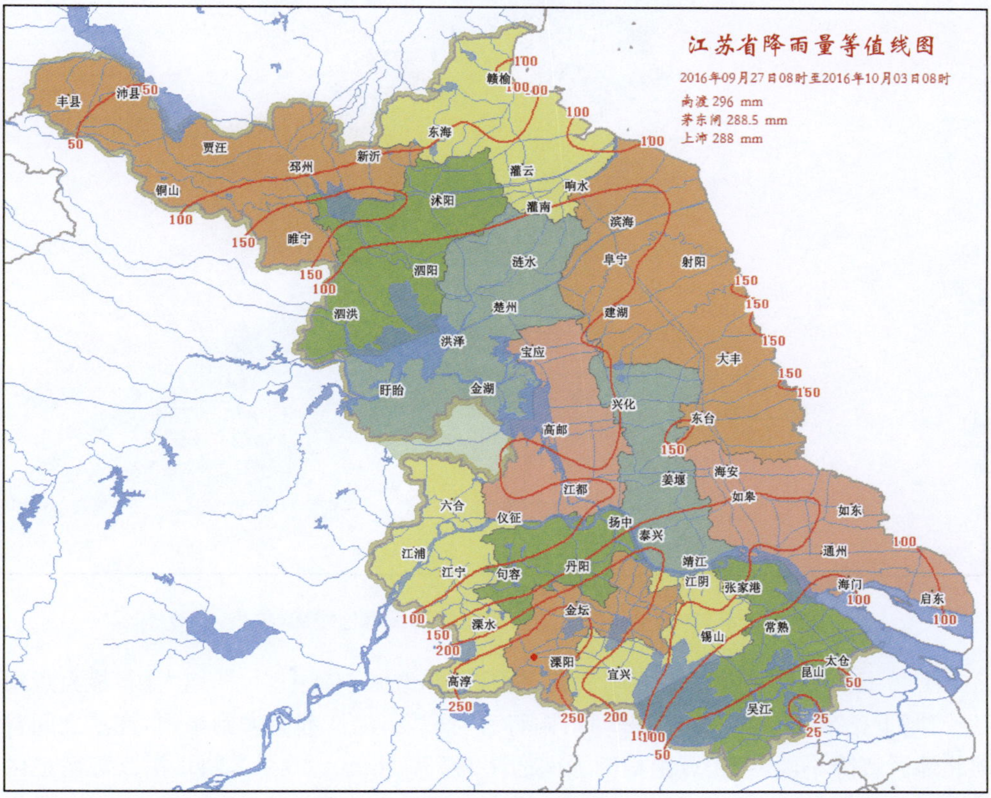

图 3.2-7　2016 年 9 月 27 日—10 月 2 日降雨量等值线图（单位：mm）

9 月 29 日沿江苏南大部分地区暴雨大暴雨，江淮之间中到大雨，淮北地区小雨，最大点雨量常州王母观站 222.5 mm，其次常州上沛站 219.0 mm、南京漕塘站 215.0 mm。10 月 1 日江淮之间、淮北地区大到暴雨，局地大暴雨，最大点雨量徐州睢宁站 130.5 mm，其次盐城响水口站 126.0 mm、徐州顶窝站 124.5 mm。

本次降雨过程全省面雨量 94.1 mm，其中淮北地区 75.5 mm，江淮之间 92.4 mm，沿江苏南 121.8 mm；最大日雨量为 9 月 29 日的 35.6 mm，占本次降雨的 38%。次雨量超过 100 mm 的雨区笼罩面积为 46 714 km^2，超过 200 mm 的雨区笼罩面积为 5 219 km^2；单站最大累计雨量南京漕塘站 301.5 mm，其次常州南渡站 296.0 mm、南京九龙水库站 295.5 mm。

7. 10 月 19—28 日

10 月 19—28 日，沿江苏南地区大到暴雨，局地大暴雨；江淮之间中到大雨；淮北地区普降中雨。200 mm 以上雨区主要集中在沿江苏南地区，雨势由南向北逐渐减缓，淮北地区降雨量基本在 100 mm 左右(见图 3.2-8)。

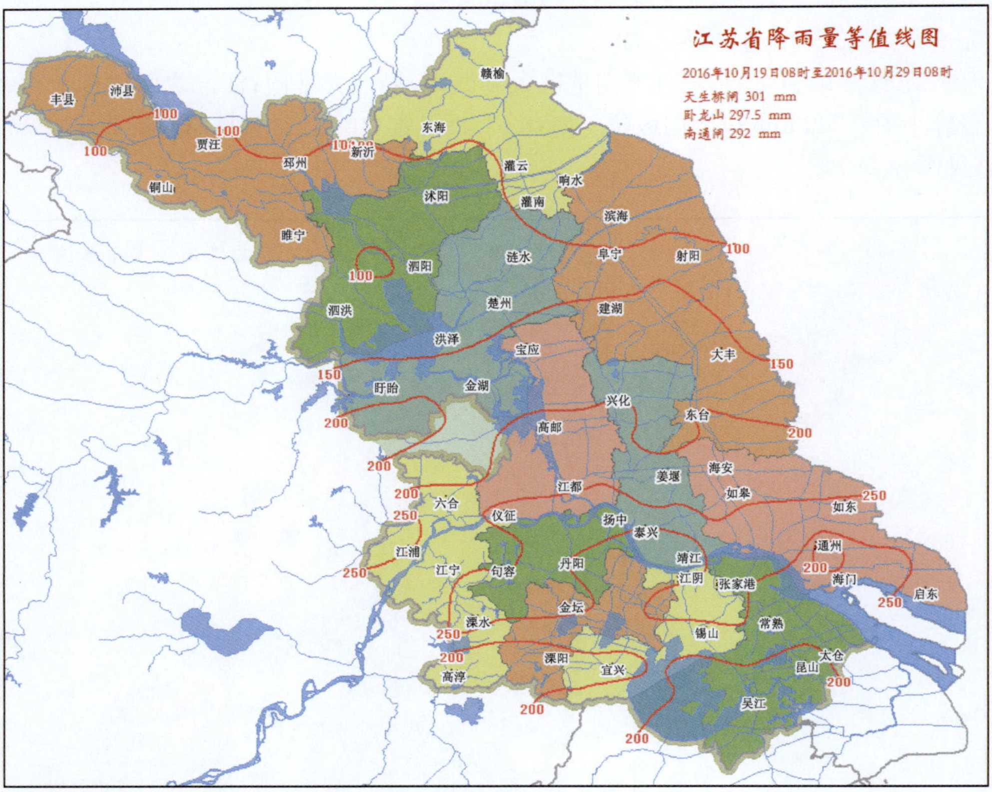

图 3.2-8 2016 年 10 月 19—28 日降雨量等值线图(单位：mm)

10 月 20 日，沿江苏南、江淮之间大到暴雨，淮北地区小到中雨，局地大雨，最大点雨量南通丁堡河闸上站 75.0 mm。10 月 21 日，雨势有所减弱，沿江苏南大到暴雨，江淮之间普降中雨，淮北地区普降小雨，最大点雨量南通南通闸站 77.2 mm。10 月 22 日，沿江苏南地区雨势稍有增强，大部大雨，南京、苏州局地暴雨，最大点雨量南京溧塘水库 94.0 mm。10 月 26 日，沿江苏南大部暴雨，大暴雨集中在南京、镇江，江淮之间中到大雨，淮北地区普遍中雨，最大点雨量常州茅东水库站 132.0 mm，其次常州龙口水库 122.0 mm、南京新龙山水库 119.5 mm。10 月 27 日，江淮之间雨势增强，大部暴雨，沿江苏南雨势减弱，大部中雨，淮北地区依旧普遍中雨，最大点雨量南京营防站 114.5 mm，其次镇江镇江(二)站 114.0 mm、扬州瓜洲闸站 106.5 mm。

本次降雨过程全省面雨量 155.2 mm，其中淮北地区 91.3 mm，江淮之间 177.1 mm，沿江苏南地区 203.6 mm；最大日雨量为 10 月 26 日的 33.3 mm，占本次降雨的 22%。次雨量超过 100 mm 的雨区笼罩面积为 79 137 km^2，超过 200 mm 的雨区笼罩面积为 30 833 km^2；单站最大累计雨量南京溧塘水库站 320.0 mm，其次回龙坳水库站 314.5 mm、独山水库站 313.0 mm。

3.3 暴雨重现期分析

考虑到2016年我省暴雨的时空分布，以及流域分区的闭合性，统计长江以南6个分区的面雨量，即秦淮河区、固城石臼区、太湖湖区、太湖湖西区、武澄锡虞区、阳澄淀泖区；选择5个代表站点统计单站雨量，即丹阳站、南京站、高淳站、前埠村站、东山站。

3.3.1 单站特征统计分析

3.3.1.1 长江水系

丹阳站最大3 h、6 h雨量分别位列历史第4、5位，重现期均为13年。最大7 d雨量位列历史第2位，重现期为41年；最大15 d、30 d雨量均位列历史第4位，重现期均为25年。

南京站短历时雨量的重现期均在5年以下，长历时雨量的重现期在3～10年。

高淳站最大7 d、15 d、30 d雨量均位列历史第1位，重现期分别为81年、107年、54年；最大1 d、3 d雨量分别位列历史第3、1位，重现期分别为17年、33年。

前埠村站最大3 h雨量位列历史第3位，重现期为10年。最大7 d、15 d、30 d雨量分别位列历史第3、5、4位，重现期分别为20年、14年、13年。

东山站最大3 h、6 h雨量均位列历史第1位，重现期分别为36年、26年。最大7 d、15 d、30 d雨量均位列历史第1位，重现期分别为52年、28年、24年。

2016年长江水系代表站长短历时雨量及重现期统计见表3.3-1。

3.3.1.2 太湖水系

南渡站最大24 h雨量位列历史第1位，重现期为37年；最大1 h、3 h雨量分别位列历史第3、5位，重现期分别为23年、19年。最大1 d、7 d、15 d、30 d雨量均位列历史第1位，重现期分别为61年、144年、357年、174年；最大3 d雨量位列历史第2位，重现期为57年。

常州站最大1 h、3 h、6 h、12 h、24 h雨量重现期均在20～30年；最大1 d、3 d、7 d、15 d、30 d雨量分别位列历史第4、3、5、2、3位，重现期分别为19年、16年、23年、44年、29年。

漕桥站最大6 h雨量位列历史第1位，重现期为30年；最大3 h雨量位列历史第4位，重现期为18年。最大15 d、30 d雨量均位列历史第1位，重现期分别为163年、80年；最大7 d雨量位列历史第2位，重现期为34年。

宜兴站最大24 h雨量位列历史第5位，重现期为15年。最大3 d、7 d、15 d雨量均位列历史第2位，重现期分别为18年、31年、58年；最大30 d雨量位列历史第3位，重现期为20年。

江阴站短历时雨量重现期均在10年以下。最大15 d、30 d雨量分别位列历史第1、3位，重现期分别为89年、31年。

无锡站短历时雨量重新期均在5年以下。最大7 d、15 d、30 d雨量分别位列历史第3、1、2位，重现期分别为28年、41年、44年。

2016年太湖水系代表站长短历时雨量及重现期统计见表3.3-2。

表 3.3-1　2016 年长江水系代表站长短历时雨量及其重现期表

单位:mm

站名	类别	时段	1 h	时间	3 h	时间	6 h	时间	12 h	时间	24 h	时间
丹阳	短历时	2016 年	49.0	07-06　20	93.0	07-06　20	128.0	07-06　17	130.0	07-06　16	165.0	09-15　06
		历史最大值	84.2	1996	107.4	1992	180.2	1966	271.7	2004	296.3	2004
		排位	18	—	4	—	5	—	7	—	7	—
		重现期	4	—	13	—	13	—	6	—	7	—
	长历时	时段	1 d	时间	3 d	时间	7 d	时间	15 d	时间	30 d	时间
		2016 年	144.0	09-15	222.5	09-14	401.5	06-30	482.5	06-22	633.0	06-16
		历史最大值	231.7	1966	320.5	2004	424.2	2004	529.5	2016	750.1	1992
		排位	7	—	6	—	2	—	4	—	4	—
		重现期	9	—	10	—	41	—	25	—	25	—
南京	短历时	时段	1 h	时间	3 h	时间	6 h	时间	12 h	时间	24 h	时间
		2016 年	36.5	06-11　18	57.0	07-01　06	76.0	07-01　04	112.0	07-01　04	143.0	06-30　23
		历史最大值	80.5	2004	154.3	2003	189.5	1974	291.0	2003	299.7	2003
		排位	37	—	34	—	33	—	22	—	21	—
		重现期	2	—	2	—	2	—	3	—	4	—
	长历时	时段	1 d	时间	3 d	时间	7 d	时间	15 d	时间	30 d	时间
		2016 年	115.0	09-15	158.5	06-30	307.5	06-30	386.5	06-21	468.5	06-19
		历史最大值	266.6	1974	321.1	2008	486.6	2003	674.8	2003	775.5	1991
		排位	23	—	25	—	9	—	9	—	9	—
		重现期	3	—	3	—	10	—	7	—	6	—
高淳	短历时	时段	1 h	时间	3 h	时间	6 h	时间	12 h	时间	24 h	时间
		2016 年	44.0	07-07　07	63.0	06-01　02	77.5	06-20　11	124.5	07-02　22	167.5	07-02　10
		历史最大值	85.1	2004	197.2	1960	259.1	1960	304.9	1960	323.6	1960
		排位	30	—	27	—	31	—	13	—	9	—
		重现期	2	—	2	—	2	—	5	—	7	—

续表

		时段	1 d	时间	3 d	时间	7 d	时间	15 d	时间	30 d	时间
高淳	长历时	2016 年	174.0	09-29	321.0	07-01	463.0	06-27	655.5	06-20	777.5	06-16
		历史最大值	280.9	1960	395.1	1960	399.1	1960	513.7	1999	770.3	1999
		排位	3	—	2	—	1	—	1	—	1	—
		重现期	17	—	33	—	81	—	107	—	54	—
前埠村	短历时	时段	1 h	时间	3 h	时间	6 h	时间	12 h	时间	24 h	时间
		2016 年	56.0	07-07 03	96.0	07-07 03	108.0	07-07 03	113.5	07-01 04	152.5	07-01 02
		历史最大值	71.6	2007	130.2	2007	134.2	2007	197.5	2015	296.8	2007
		排位	10	—	3	—	7	—	11	—	7	—
		重现期	5	—	10	—	7	—	4	—	4	—
	长历时	时段	1 d	时间	3 d	时间	7 d	时间	15 d	时间	30 d	时间
		2016 年	130.5	07-01	215.0	07-01	429.0	06-30	520.0	06-22	648.5	06-20
		历史最大值	213.0	2012	380.0	2015	532.7	2007	658.7	1991	999.3	1991
		排位	10	—	6	—	3	—	5	—	4	—
		重现期	5	—	6	—	20	—	14	—	13	—
东山	短历时	时段	1 h	时间	3 h	时间	6 h	时间	12 h	时间	24 h	时间
		2016 年	60.0	07-07 02	121.0	07-07 02	137.0	07-07 00	138.0	07-06 18	145.0	07-01 02
		历史最大值	110.0	2006	113.8	2006	135.3	2007	165.8	2007	302.2	2007
		排位	8	—	1	—	1	—	9	—	13	—
		重现期	6	—	36	—	26	—	9	—	5	—
	长历时	时段	1 d	时间	3 d	时间	7 d	时间	15 d	时间	30 d	时间
		2016 年	140.0	07-06	227.5	07-04	450.0	06-30	543.0	06-30	679.0	06-19
		历史最大值	202.0	2007	378.8	2007	458.0	2007	653.7	1991	964.1	1991
		排位	12	—	6	—	2	—	2	—	2	—
		重现期	7	—	9	—	52	—	28	—	24	—

注:① 资料系列丹阳、南京、高淳、东山为 1951—2016 年,前埠村为 1965—2016 年。② 短历时时间:2016 年为“月-日 时”,历史最大值为“年”;长历时时间:2016 年为“月-日”,历史最大值为“年”。

表 3.3-2　2016 年太湖水系代表站长短历时雨量及其重现期表

单位:mm

南渡	短历时	时段	1 h	时间	3 h	时间	6 h	时间	12 h	时间	24 h	时间
		2016 年	69.5	07-07　07	109.0	07-07　07	111.0	07-07　05	124.5	09-29　05	205.5	09-29　01
		历史最大值	80.5	2008	150.0	2008	153.0	2008	153.5	2008	202.4	1957
		排位	3	—	5	—	7	—	11	—	1	—
		重现期	23	—	19	—	10	—	7	—	37	—
	长历时	时段	1 d	时间	3 d	时间	7 d	时间	15 d	时间	30 d	时间
		2016 年	211.0	09-29	304.0	07-01	450.5	07-01	623.0	06-23	764.0	06-08
		历史最大值	200.6	1957	310.4	1957	322.2	1957	411.5	1991	659.9	1991
		排位	1	—	2	—	1	—	1	—	1	—
		重现期	61	—	57	—	144	—	357	—	174	—
常州	短历时	时段	1 h	时间	3 h	时间	6 h	时间	12 h	时间	24 h	时间
		2016 年	33.0	07-11　17	54.0	07-11　15	58.5	09-29　10	86.0	09-29　10	131.0	09-29　01
		历史最大值	57.5	2015	75.4	1991	123.3	1974	156.8	1974	185.2	1974
		排位	26	—	21	—	29	—	20	—	11	—
		重现期	1	—	2	—	2	—	3	—	6	—
	长历时	时段	1 d	时间	3 d	时间	7 d	时间	15 d	时间	30 d	时间
		2016 年	158.0	09-29	224.5	07-01	335.5	06-27	532.0	06-21	635.0	06-15
		历史最大值	176.6	1970	315.0	2015	397.5	2015	585.0	2015	764.9	1991
		排位	4	—	3	—	5	—	2	—	3	—
		重现期	19	—	16	—	23	—	44	—	29	—

续表

溍桥	短历时	时段	1 h	时间	3 h	时间	6 h	时间	12 h	时间	24 h	时间
		2016 年	44.5	06-08 18	90.0	06-23 08	116.0	06-23 05	116.0	06-22 23	132.5	09-29 01
		历史最大值	73.7	1979	100.5	2009	106.0	2009	185.0	2012	206.0	2012
		排位	13	—	4	—	1	—	5	—	9	—
		重现期	4	—	18	—	30	—	7	—	5	—
	长历时	时段	1 d	时间	3 d	时间	7 d	时间	15 d	时间	30 d	时间
		2016 年	125.5	09-29	203.0	07-01	321.5	06-26	582.0	06-20	667.5	06-07
		历史最大值	202.5	2012	326.0	1957	342.0	1957	480.2	1957	546.2	1957
		排位	8	—	7	—	2	—	1	—	1	—
		重现期	6	—	10	—	34	—	163	—	80	—
宜兴	短历时	时段	1 h	时间	3 h	时间	6 h	时间	12 h	时间	24 h	时间
		2016 年	29.2	06-01 04	60.4	06-01 02	72.4	07-02 01	121.6	07-02 01	183.8	07-01 23
		历史最大值	94.3	2011	188.1	2006	213.1	2006	228.0	2006	242.8	1957
		排位	39	—	19	—	22	—	8	—	5	—
		重现期	1	—	3	—	3	—	6	—	15	—
	长历时	时段	1 d	时间	3 d	时间	7 d	时间	15 d	时间	30 d	时间
		2016 年	130.0	07-02	252.4	07-01	368.6	06-27	497.0	06-20	559.2	06-16
		历史最大值	236.7	1957	430.8	1957	477.7	1957	573.1	1957	684.0	1999
		排位	13	—	2	—	2	—	2	—	3	—
		重现期	5	—	18	—	31	—	58	—	20	—

续表

江阴	短历时	时段	1 h	时间	3 h	时间	6 h	时间	12 h	时间	24 h	时间
		2016 年	30.4	06-22 06	56.2	06-22 05	97.8	06-22 02	137.6	06-21 20	153.4	06-21 10
		历史最大值	93.7	1986	139.7	1993	150.9	1993	218.9	1994	231.2	1994
		排位	48	—	25	—	13	—	8	—	9	—
		重现期	1	—	2	—	7	—	8	—	7	—
	长历时	时段	1 d	时间	3 d	时间	7 d	时间	15 d	时间	30 d	时间
		2016 年	148.8	06-21	176.2	07-01	264.8	06-21	495.0	06-21	566.0	06-20
		历史最大值	231.2	1994	256.0	2015	357.3	1991	443.6	2015	704.1	1991
		排位	6	—	14	—	7	—	1	—	3	—
		重现期	10	—	6	—	11	—	89	—	31	—
无锡	短历时	时段	1 h	时间	3 h	时间	6 h	时间	12 h	时间	24 h	时间
		2016 年	46.6	06-22 08	67.4	08-05 20	78.8	06-11 23	92.0	06-11 23	124.8	07-01 23
		历史最大值	82.7	1992	111.5	1988	127.5	1988	163.2	1990	222.3	1990
		排位	20	—	22	—	21	—	23	—	15	—
		重现期	2.5	—	3	—	3	—	3	—	4	—
	长历时	时段	1 d	时间	3 d	时间	7 d	时间	15 d	时间	30 d	时间
		2016 年	98.0	07-02	195.0	07-01	319.0	06-27	468.4	06-22	594.0	06-07
		历史最大值	221.2	1990	295.7	1991	366.3	1991	463.6	1957	619.4	1991
		排位	15	—	9	—	3	—	1	—	2	—
		重现期	3	—	7	—	28	—	41	—	44	—

注:① 资料系列:南渡、常州、宜兴、江阴、无锡为 1951—2016 年,漕桥为 1957—2016 年。② 短历时时间:2016 年为“月-日　时”,历史最大值为“年”;长历时时间:2016 年为“月-日”,历史最大值为“年”。

3.3.2　分区特征统计分析

在对我省 2016 年逐日雨量统计分析的基础上，提取出最大 1 d、3 d、7 d、15 d、30 d 极值雨量，统计结果见表 3.3-3。

表 3.3-3　2016 年江苏省长江以南各分区时段极值雨量统计表　单位：mm

内容	秦淮河区	固城石臼区	太湖湖区	太湖湖西区	武澄锡虞区	阳澄淀泖区	苏南地区
最大 1 d 雨量	121.8	157.0	80.5	126.3	93.1	70.2	91.2
出现日期(月-日)	07-01	09-29	09-15	09-29	09-29	09-15	07-01
历史排位	12	2	24	8	14	32	9
重现期(年)	7	27	3	2	3	2	7
历史最大	193.6	170.2	189.9	146.8	179.6	185.7	124.2
发生年份	1974	1969	1990	1990	1994	1962	1990
最大 3 d 雨量	215.7	328.7	141.9	246.2	185.2	119.1	194.9
出现日期(月-日)	07-01	07-01	07-01	07-01	07-01	07-01	07-01
历史排位	6	1	11	1	7	22	2
重现期(年)	18	91	5	69	7	3	31
历史最大	274.7	292.5	252.5	231.7	266.7	284.3	209.0
发生年份	1991	1951	1962	1957	1962	1962	1991
最大 7 d 雨量	400.6	443.4	238.6	337.6	292.7	197.6	279.8
出现日期(月-日)	06-30	06-27	06-27	06-27	06-27	06-26	06-27
历史排位	1	1	5	1	4	12	2
重现期(年)	58	124	13	95	21	6	35
历史最大	362.1	330.1	344.7	304.3	355.7	334.0	302.1
发生年份	2003	1991	1999	1991	1991	1999	1991
最大 15 d 雨量	482.5	646.9	398.5	524.5	461.8	308.0	438.4
出现日期(月-日)	06-22	06-20	06-19	06-20	06-20	06-19	06-20
历史排位	4	1	3	1	2	9	1
重现期(年)	28	166	50	216	35	10	63
历史最大	555.0	482.1	430.4	414.4	452.6	394.2	420.8
发生年份	1991	1991	1957	1991	1991	1999	1991
最大 30 d 雨量	598.4	756.0	514.4	631.9	560.8	412.1	546.4
出现日期(月-日)	06-19	06-19	06-08	06-19	06-19	06-03	06-19
历史排位	2	2	2	2	3	9	2
重现期(年)	24	79	30	75	29	9	27
历史最大	847.5	769.9	694.1	674.6	695.1	594.4	673.0
发生年份	1991	1991	1999	1991	1991	1999	1991

最大 1 d 雨量固城石臼区、太湖湖西区、武澄锡虞区分别为 157.0 mm、126.3 mm、93.1 mm，均出现在 9 月 29 日，重现期分别为 27 年、3 年、3 年；秦淮河区 121.8 mm，出现在

7月1日，重现期为7年；太湖湖区、阳澄淀泖区分别为80.5 mm、70.2 mm，均出现在9月15日，重现期分别为3年、2年。

最大3 d雨量，各分区均出现在7月1日，其中固城石臼区、太湖湖西区雨量分别为328.7 mm、246.2 mm，均超历史最大值，秦淮河区、太湖湖区、武澄锡虞区、阳澄淀泖区雨量分别为215.7 mm、141.9 mm、185.2 mm、119.1 mm；秦淮河区、固城石臼区、太湖湖区、太湖湖西区、武澄锡虞区、阳澄淀泖区雨量的最大3 d雨量重现期分别为18年、91年、5年、69年、7年、3年。

最大7 d雨量，固城石臼区、太湖湖区、太湖湖西区、武澄锡虞区均出现在6月27日，秦淮河区出现在6月30日，阳澄淀泖区出现在6月26日；秦淮河区、固城石臼区、太湖湖西区最大7 d雨量分别为400.6 mm、443.4 mm、337.6 mm，均超历史最大值，重现期分别为58年、124年、95年；太湖湖区、武澄锡虞区、阳澄淀泖区的最大7 d雨量分别为238.6 mm、292.7 mm、197.6 mm，重现期分别为13年、21年、6年。

最大15 d雨量，固城石臼区、太湖湖西区、武澄锡虞区均出现在6月20日，秦淮河区出现在6月22日，太湖湖区、阳澄淀泖区均出现在6月19日；固城石臼区、太湖湖西区的最大15 d雨量分别为646.9 mm、524.5 mm，均超历史最大值，重现期分别为166年、216年；武澄锡虞区的最大15 d雨量为461.8 mm，位列历史第2位，重现期为35年；秦淮河区、太湖湖区、阳澄淀泖区的最大15 d雨量分别为482.5 mm、398.5 mm、308.0 mm，重现期分别为28年、50年、10年。

最大30 d雨量，除太湖湖区出现在6月8日、阳澄淀泖区出现在6月3日，其余各分区都出现在6月19日；秦淮河区、固城石臼区、太湖湖区、太湖湖西区最大30 d雨量分别为598.4 mm、756.0 mm、514.4 mm、631.9 mm，均位列历史第2位，重现期分别为24年、79年、30年、75年；武澄锡虞区、阳澄淀泖区的最大15 d雨量分别为560.8 mm、412.1 mm，重现期分别为29年、9年。

苏南地区最大15 d雨量出现在6月20日，为438.4 mm，超历史最大值，重现期63年；最大3 d、7 d、30 d雨量分别出现7月1日、6月27日、7月19日，雨量分别为194.9 mm、279.8 mm、546.4 mm，均位列历史第2位，重现期分别为31年、35年、27年；最大1 d雨量出现在7月1日，为91.2 mm，重现期为7年。

2016年江苏省长江以南各分区时段极值雨量统计见表3.3-3。

3.4 与典型年暴雨比较

通过对历年降雨量的统计分析，选择1991年、2003年、2007年、2015年作为长江水系降水过程的典型年，选择1991年、1999年、2015年作为太湖水系降水过程的典型年。

3.4.1 长江水系

3.4.1.1 不同时段雨量的时空分布

从表3.4-1中可以看出，2016年秦淮河区降雨量1 867.3 mm，与1991年的1 832.2 mm在量级上较为接近，较常年偏多约75%；秦淮河区1月、5月、9月、10月、12月的雨量均大于各典型年，而 2 月、3 月、8 月的雨量均小于各典型年。2016 年固城石臼区降雨量 2 205.4 mm，远大于 1991 年、2003 年、2007 年、2015 年，较常年偏多近 1 倍；固城石臼区 1 月、4 月、5 月、7 月、9 月、10 月、12 月的雨量均大于各典型年，而 2 月、3 月的雨量均小于各典型年。

表 3.4-1　长江水系 2016 年降水时空分布与典型年对照表

分区		秦淮河区				
年份		2016	1991	2003	2007	2015
1 月	面雨量(mm)	56.7	32.6	39.9	22.0	34.9
	距平(%)	41	−19	−1	−45	−13
2 月	面雨量(mm)	31.6	95.9	75.6	57.1	57.3
	距平(%)	−39	86	47	11	11
3 月	面雨量(mm)	35.4	154.6	126.6	82.3	92.0
	距平(%)	−54	100	63	6	19
4 月	面雨量(mm)	160.1	126.0	170.1	68.8	113.0
	距平(%)	87	47	99	−20	32
5 月	面雨量(mm)	182.8	116.0	35.9	46.6	111.9
	距平(%)	96	24	−62	−50	20
6 月	面雨量(mm)	188.5	489.6	178.5	75.3	598.0
	距平(%)	11	189	5	−56	253
7 月	面雨量(mm)	445.0	472.4	472.6	433.9	142.8
	距平(%)	136	151	151	130	−24
8 月	面雨量(mm)	72.7	197.1	113.3	107.6	133.3
	距平(%)	−44	51	−13	−18	2
9 月	面雨量(mm)	219.7	76.0	100.9	94.6	111.6
	距平(%)	164	−9	21	14	34
10 月	面雨量(mm)	323.1	2.4	78.0	58.4	15.3
	距平(%)	497	−96	44	8	−72
11 月	面雨量(mm)	89.1	20.2	66.2	18.3	106.1
	距平(%)	74	−61	29	−64	107
12 月	面雨量(mm)	62.6	49.5	24.3	43.4	17.2
	距平(%)	101	59	−22	40	−45
全年	面雨量(mm)	1 867.3	1 832.2	1 482.0	1 108.2	1 533.4
	距平(%)	77	73	40	5	45
分区		固城石臼区				
年份		2016	1991	2003	2007	2015
1 月	面雨量(mm)	72.1	39.6	43.6	58.7	52.0
	距平(%)	50	−18	−10	22	8

续表

分区		固城石臼区				
年份		2016	1991	2003	2007	2015
2月	面雨量(mm)	24.9	104.5	94.0	60.4	80.1
	距平(%)	−61	63	47	−6	25
3月	面雨量(mm)	43.5	157.9	141.4	79.4	88.7
	距平(%)	−53	69	52	−15	−5
4月	面雨量(mm)	229.1	191.8	115.3	96.8	128.3
	距平(%)	114	79	8	−10	20
5月	面雨量(mm)	225.0	110.0	60.2	52.6	148.9
	距平(%)	96	−4	−48	−54	30
6月	面雨量(mm)	322.2	429.9	204.5	97.7	370.5
	距平(%)	74	132	11	−47	100
7月	面雨量(mm)	493.3	445.9	252.1	146.7	128.4
	距平(%)	181	154	44	−17	−27
8月	面雨量(mm)	75.9	112.4	43.9	120.3	79.9
	距平(%)	−39	−10	−65	−4	−36
9月	面雨量(mm)	335.0	121.8	43.6	127.4	99.1
	距平(%)	294	43	−49	50	17
10月	面雨量(mm)	262.1	1.8	68.5	56.2	31.0
	距平(%)	355	−97	19	−2	−46
11月	面雨量(mm)	60.8	30.0	58.4	19.2	110.6
	距平(%)	12	−45	7	−65	103
12月	面雨量(mm)	61.5	43.8	32.6	42.0	36.3
	距平(%)	76	25	−7	20	4
全年	面雨量(mm)	2 205.4	1 789.3	1 158.0	957.5	1 353.8
	距平(%)	93	56	1	−16	18

将长江水系2016年和各典型年的降雨分全年、汛前、汛期、汛后、梅雨期分别统计如表3.4-2所示，分析降雨的时间分布特征。

表3.4-2　长江水系2016年各阶段面雨量与典型年对比分析表

分区		秦淮河区				
年份		2016	1991	2003	2007	2015
全年	面雨量(mm)	1 867.3	1 832.2	1 482.0	1 108.2	1 533.4
	距平(%)	77	73	40	5	45
汛前	面雨量(mm)	283.8	409.1	412.2	230.2	297.2
	距平(%)	11	61	62	−10	17

续表

分区		秦淮河区				
年份		2016	1991	2003	2007	2015
汛期	面雨量(mm)	1 108.7	1 351.0	901.2	758.0	1 097.6
	距平(%)	67	103	36	14	65
汛后	面雨量(mm)	474.8	72.1	168.5	120.0	138.6
	距平(%)	248	−47	23	−12	2
梅雨期	面雨量(mm)	598.4	914.8	524.7	481.3	370.5
	距平(%)	143	271	113	95	50
分区		固城石臼区				
年份		2016	1991	2003	2007	2015
全年	面雨量(mm)	2 205.4	1 789.3	1 158.0	957.5	1 353.8
	距平(%)	93	56	1	−16	18
汛前	面雨量(mm)	369.6	493.7	394.3	295.3	349.1
	距平(%)	18	58	26	−6	12
汛期	面雨量(mm)	1 451.4	1 220.1	604.3	544.8	826.8
	距平(%)	112	78	−12	−21	21
汛后	面雨量(mm)	384.4	75.5	159.4	117.4	177.9
	距平(%)	161	−49	8	−20	21
梅雨期	面雨量(mm)	756.0	824.6	371.5	186.6	180.8
	距平(%)	196	222	45	−27	−29

从表中可以看出，秦淮河区全年面雨量2016年为1 867.3 mm，位列各典型年第1位，较常年偏多77%；2007年最小，为1 108.2 mm，较常年偏多5%（见图3.4-1）。汛前面雨量2016年为283.8 mm，位列各典型年第4位，较常年偏多11%；1991年最大，为409.1 mm，较常年偏多61%；2007年最小，为230.2 mm，较常年偏少10%。汛期面雨量2016年为1 108.7 mm，位列各典型年第2位，较常年偏多67%；1991年最大，为1 351 mm，较常年偏多103%；2007年最小，为758 mm，较常年偏多14%（见图3.4-2）。汛后面雨量2016年为474.8 mm，位列各典型年第1位，较常年偏多248%；1991年最小，为72.1 mm，较常年偏少47%。梅雨期雨量2016年为598.4 mm，位列各典型年第2位，较常年偏多143%；1991年最大，为914.8 mm，较常年偏多271%；2015年最小，为370.5 mm，较常年偏多50%（见图3.4-3）。

固城石臼区全年面雨量2016年为2 205.4 mm，位列各典型年第1位，较常年偏多93%；2007年最小，为957.5 mm，较常年偏少16%（见图3.4-1）。汛前面雨量2016年为369.6 mm，位列各典型年第3位，较常年偏多18%；1991年最大，为493.7 mm，较常年偏多58%；2007年最小，为295.3 mm，较常年偏少6%。汛期面雨量2016年为1 451.4 mm，位列各典型年第1位，较常年偏多112%；2007年最小，为544.8 mm，较常年偏少21%（见图3.4-2）。汛后面雨量2016年为384.4 mm，位列各典型年第1位，较常年偏多161%；1991年最少，为75.5 mm，较常年偏少49%。梅雨期面雨量2016年为756 mm，位列各典型年第

2 位，较常年偏多 196%；1991 年最多，为 824.6 mm，较常年偏多 222%；2015 年最少，为 180.8 mm，较常年偏少 29%(见图 3.4-3)。

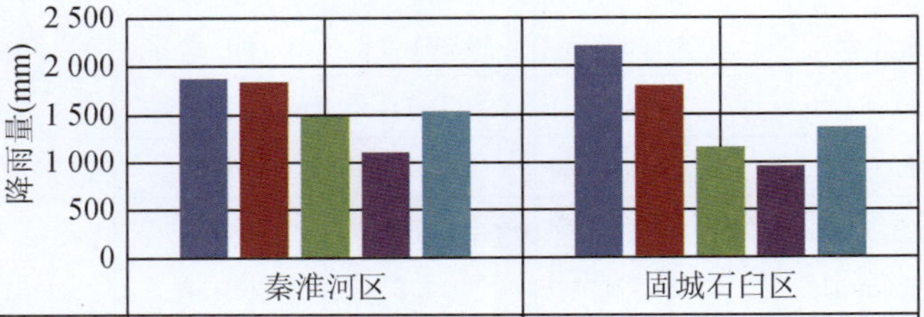

	秦淮河区	固城石臼区
2016年	1 867.3	2 205.4
1991年	1 832.2	1 789.3
2003年	1 482	1 158
2007年	1 108.2	957.5
2015年	1 533.4	1 353.8

图 3.4-1　长江水系 2016 年全年面雨量与典型年对比图

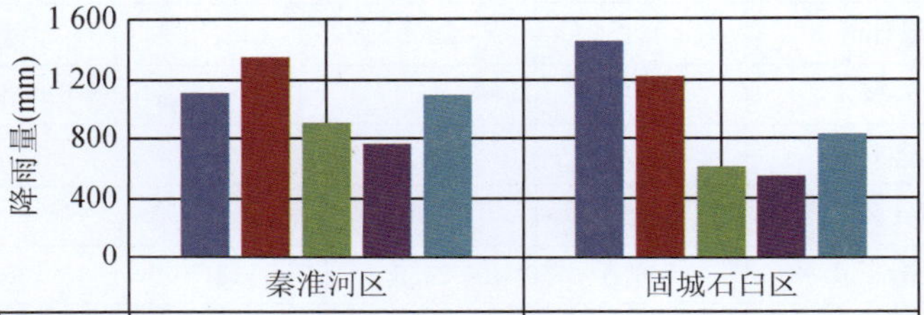

	秦淮河区	固城石臼区
2016年	1 108.7	1 451.4
1991年	1 351	1 220.1
2003年	901.2	604.3
2007年	758	544.8
2015年	1 097.6	826.8

图 3.4-2　长江水系 2016 年汛期面雨量与典型年对比图

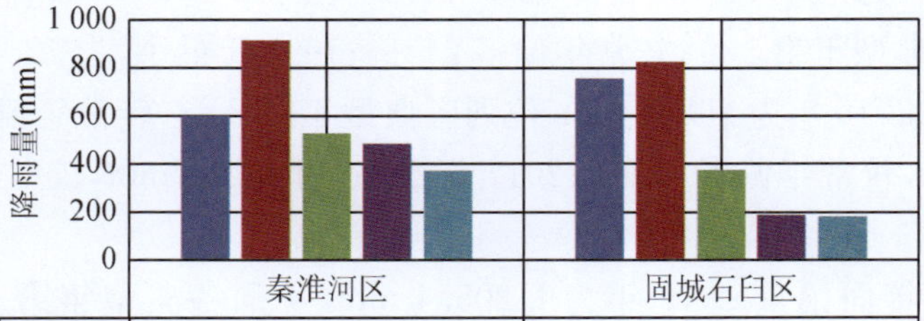

	秦淮河区	固城石臼区
2016年	598.4	756
1991年	914.8	824.6
2003年	524.7	371.5
2007年	481.3	186.6
2015年	370.5	180.8

图 3.4-3　长江水系 2016 年梅雨期面雨量与典型年对比图

在空间分布上，1991 年汛期秦淮河区、固城石臼区降雨呈现由中间向两边递减趋势，介于 1 100～1 300 mm(见图 3.4-4)；2003 年汛期秦淮河区、固城石臼区降雨总体呈由北向南递减趋势，秦淮河区雨量介于 800～1 000 mm，固城石臼区雨量介于 600～800 mm(见图 3.4-5)；2007 年汛期秦淮河区雨量 800 mm 左右，固城石臼区 600 mm 左右(见图 3.4-5)；2015 年汛期秦淮河区雨量 1 200 mm 左右，固城石臼区 1 000 mm 左右(见图 3.4-6)；2016 年汛期秦淮河区、固城石臼区降雨总体呈由北向南递增趋势，秦淮河区雨量介于 1 000～1 400 mm，固城石臼区介于 1 400～1 600 mm(见图 3.4-6)。1991 年梅雨期秦淮河区介于 800～900 mm，固城石臼区 800 mm 左右(见图 3.4-4)；2003 年梅雨期秦淮河区雨量 500 mm 左右，固城石臼区 400 mm 左右(见图 3.4-7)；2007 年梅雨期秦淮河区、固城石臼区降雨总体呈由北向南递减趋势，秦淮河区雨量介于 300～600 mm，固城石臼区 200 mm 左右(见图 3.4-7)；2015 年梅雨期秦淮河区雨量介于 200～400 mm，固城石臼区 200 mm 左右(见图 3.4-8)；2016 年梅雨期秦淮河区雨量介于 600～700 mm，固城石臼区大于 700 mm(见图 3.4-8)。

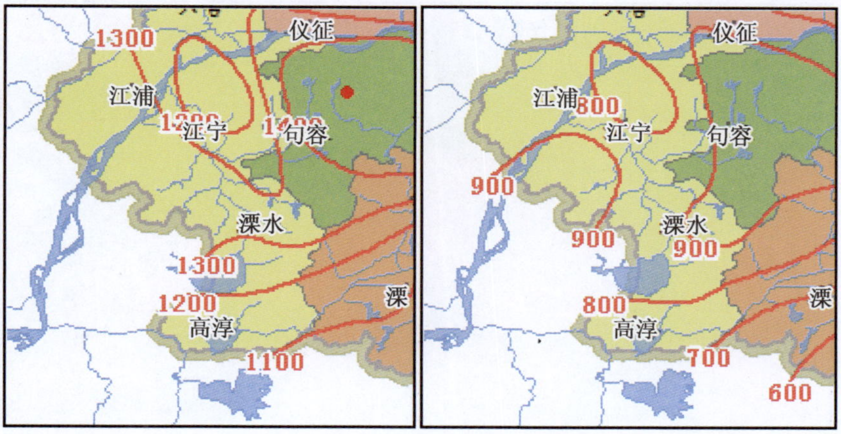

图 3.4-4 1991 年汛期、梅雨期秦淮河区、固城石臼区雨量等值线图

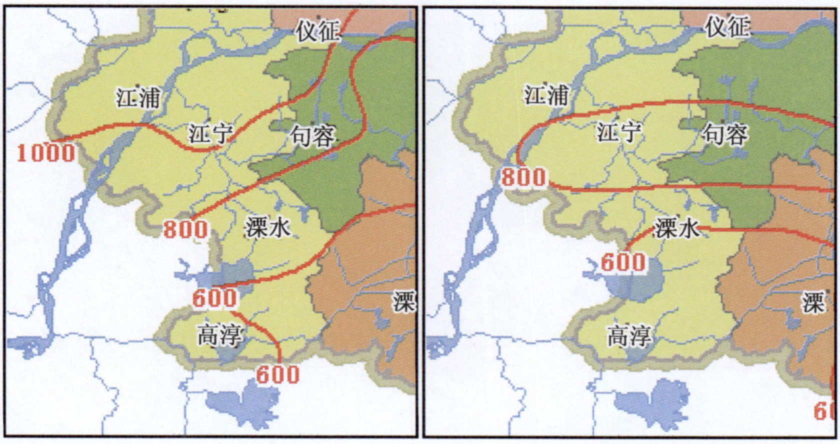

图 3.4-5 2003 年、2007 年汛期秦淮河区、固城石臼区雨量等值线图

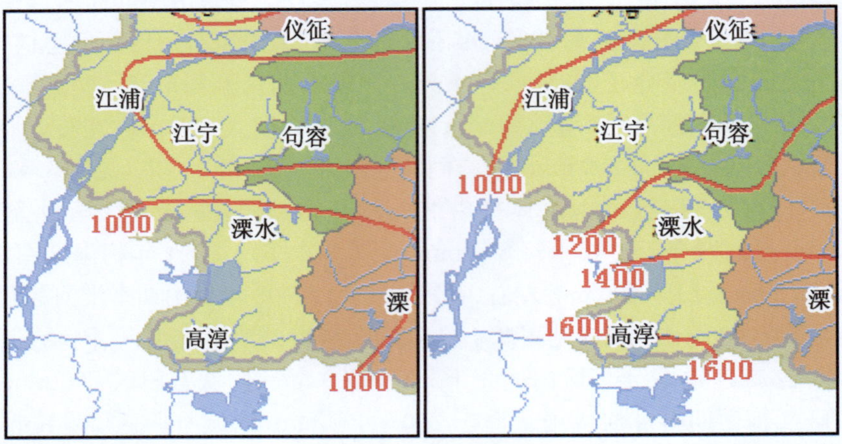

图 3.4-6　2015 年、2016 年汛期秦淮河区、固城石臼区雨量等值线图

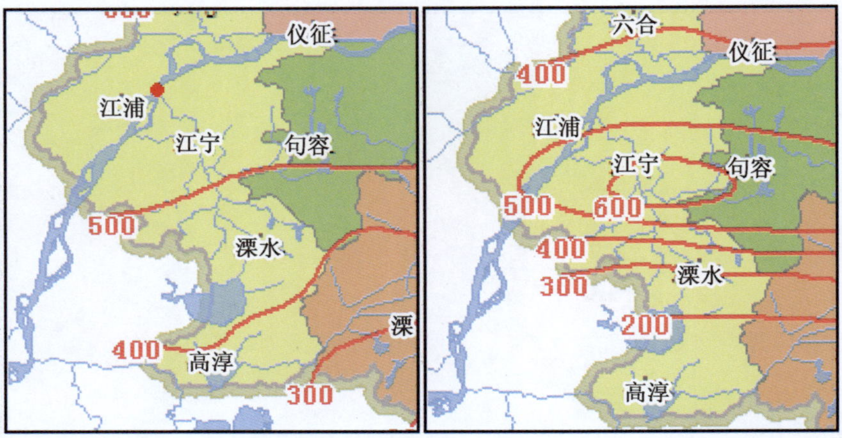

图 3.4-7　2003 年、2007 年梅雨期秦淮河区、固城石臼区雨量等值线图

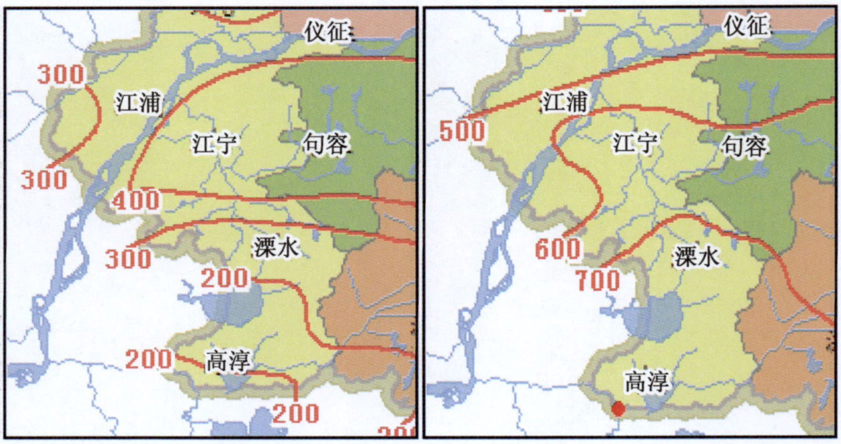

图 3.4-8　2015 年、2016 年梅雨期秦淮河区、固城石臼区雨量等值线图

3.4.1.2 不同时段雨量强度

从各时段雨量极值和重现期看，秦淮河区 1991 年最大 3 d、15 d、30 d 雨量均位列历史第 1 位，重现期分别为 46 年、59 年、203 年；2016 年最大 7 d 雨量位列历史第 1 位，重现期为 58 年。固城石臼区 1991 年最大 30 d 雨量位列历史第一，重现期为 88 年；2016 年最大 3 d、7 d、15 d 雨量均位列历史第一，重现期分别为 91 年、124 年、166 年。长江水系各分区 2016 年与各典型年分段极值及重现期统计见表 3.4-3。

表 3.4-3 长江水系各分区 2016 年与各典型年分段极值及重现期统计表

分区		秦淮河区					固城石臼区				
时段		1 d	3 d	7 d	15 d	30 d	1 d	3 d	7 d	15 d	30 d
1991	雨量(mm)	127.7	274.7	339.8	555.0	847.5	135.0	241.2	330.1	482.1	769.9
	排位	6	1	4	1	1	6	4	2	2	1
	重现期(年)	8	46	24	59	203	17	16	22	28	88
2003	雨量(mm)	121.7	204.9	362.1	493.6	589.8	102.5	120.1	210.2	353.0	407.1
	排位	13	7	2	3	4	18	36	15	10	12
	重现期(年)	7	17	34	31	22	4	2	4	7	5
2007	雨量(mm)	108.4	236.5	345.7	414.8	472.6	55.2	82.5	94.2	122.2	182.9
	排位	16	5	3	6	6	59	58	61	61	60
	重现期(年)	5	20	27	18	8	1	1	1	1	1
2015	雨量(mm)	142.6	263.2	315.6	470.6	598.0	118.6	148.6	159.9	272.9	370.5
	排位	4	2	6	5	3	12	22	36	18	18
	重现期(年)	15	35	19	25	24	6	3	2	3	3
2016	雨量(mm)	121.8	215.7	400.6	482.5	598.4	157.0	328.7	443.4	646.9	756.0
	排位	12	6	1	4	2	2	1	1	1	2
	重现期(年)	7	18	58	28	24	27	91	124	166	79

3.4.2 太湖水系

3.4.2.1 暴雨的时空分布

从表 3.4-4 中可以看出，2016 年太湖湖区降雨量 1 831.8 mm，与 1999 年的 1 669.9 mm 在量级上较为接近，较常年偏多约 63%；太湖湖区 1 月、4 月、5 月、9 月、10 月的雨量均大于各典型年，而 3 月、8 月的雨量均小于各典型年。2016 年太湖湖西区降雨量 2 085.9 mm，远大于 1991 年、1999 年、2015 年，较常年偏多 84%；太湖湖西区 1 月、4 月、5 月、7 月、9 月、10 月、12 月的雨量均大于各典型年，而 2 月、3 月、6 月、8 月的雨量均小于各典型年。2016 年武澄锡虞区降雨量 1 930.2 mm，大于 1991 年、1999 年、2015 年，较常年偏多 80%；武澄锡虞区的 1 月、4 月、9 月、10 月、12 月雨量均大于各典型年，而 3 月、6 月、8 月的雨量均小于各典型年。2016 年阳澄淀泖区降雨量 1 599.6 mm，与 2015 年的 1 557 mm 在量级上较为接近，较常年偏多 46%；阳澄淀泖区的 1 月、4 月、5 月、9 月、10 月雨量均大于各典型年，而 3 月、6 月、8 月的雨量均小于各典型年。

表 3.4-4 太湖水系 2016 年降水时空分布与典型年对照表

分区		太湖湖区				太湖湖西区			
年份		2016	1991	1999	2015	2016	1991	1999	2015
1月	面雨量(mm)	80.4	39.7	42.2	56.3	68.8	38.8	32.5	41.3
	距平(%)	51	−26	−21	5	44	−19	−32	−13
2月	面雨量(mm)	24.3	114.3	22.1	85.6	25.4	103.4	25.4	68.4
	距平(%)	−62	79	−65	34	−57	74	−57	15
3月	面雨量(mm)	44.6	123.4	131.9	102.1	39.4	155.1	123.8	87.7
	距平(%)	−52	34	44	11	−54	81	44	2
4月	面雨量(mm)	181.0	81.8	71.8	121.9	194.2	126.7	83.7	127.4
	距平(%)	92	−13	−24	30	113	39	−8	40
5月	面雨量(mm)	239.4	101.9	112.1	129.7	207.4	116.1	101.7	145.3
	距平(%)	119	−7	3	19	97	10	−4	38
6月	面雨量(mm)	373.2	303.4	681.4	336.3	282.7	391.7	539.1	540.3
	距平(%)	113	74	290	92	56	117	198	199
7月	面雨量(mm)	212.6	264.4	78.7	152.3	403.7	385.4	100.9	150.9
	距平(%)	43	78	−47	3	125	115	−44	−16
8月	面雨量(mm)	61.6	113.9	328.6	144.4	51.1	150.6	251.1	132.8
	距平(%)	−52	−10	159	14	−63	11	85	−2
9月	面雨量(mm)	248.4	128.0	97.0	105.0	365.6	116.4	45.7	113.6
	距平(%)	127	17	−11	−4	263	16	−55	13
10月	面雨量(mm)	239.1	12.3	65.3	70.7	308.1	8.8	108.0	30.2
	距平(%)	295	−80	8	17	414	−85	80	−50
11月	面雨量(mm)	76.4	23.6	38.9	112.0	81.9	25.0	39.8	107.5
	距平(%)	53	−53	−22	124	55	−53	−25	104
12月	面雨量(mm)	50.8	37.5	0.1	64.1	57.6	48.3	0	34.5
	距平(%)	32	−3	−100	67	60	34	−100	−4
全年	面雨量(mm)	1 831.8	1 344.2	1 669.9	1 480.4	2 085.9	1 666.2	1 451.6	1 579.9
	距平(%)	63	20	49	32	84	47	28	39

分区		武澄锡虞区				阳澄淀泖区			
年份		2016	1991	1999	2015	2016	1991	1999	2015
1月	面雨量(mm)	58.9	42.0	35.7	39.8	70.8	41.5	45.9	54.1
	距平(%)	29	−8	−22	−13	39	−19	−10	6
2月	面雨量(mm)	27.0	109.8	17.7	58.2	24.2	110.2	23.9	72.5
	距平(%)	−52	95	−69	4	−59	86	−60	22
3月	面雨量(mm)	35.9	158.8	105.7	99.3	41.4	132.0	116.1	105.2
	距平(%)	−55	101	34	26	−51	57	38	25

续表

分区		武澄锡虞区				阳澄淀泖区			
年份		2016	1991	1999	2015	2016	1991	1999	2015
4 月	面雨量(mm)	171.8	138.2	74.0	115.4	163.0	73.8	60.3	111.7
	距平(%)	101	62	−13	35	82	−17	−33	25
5 月	面雨量(mm)	187.7	88.9	93.8	89.6	202.6	89.4	93.5	103.2
	距平(%)	86	−12	−7	−11	96	−13	−9	0
6 月	面雨量(mm)	330.0	415.5	427.7	670.9	299.9	351.8	586.0	460.8
	距平(%)	89	138	145	284	74	105	241	168
7 月	面雨量(mm)	305.6	407.8	119.9	122.7	176.4	290.0	85.5	132.6
	距平(%)	79	139	−30	−28	18	94	−43	−12
8 月	面雨量(mm)	69.2	156.0	402.8	179.3	56.1	122.1	317.0	158.4
	距平(%)	−44	26	225	45	−57	−7	141	20
9 月	面雨量(mm)	303.8	132.7	48.9	124.6	194.5	93.1	88.7	110.0
	距平(%)	220	40	−49	31	69	−19	−23	−4
10 月	面雨量(mm)	309.4	14.9	103.5	23.7	242.4	25.8	63.7	53.2
	距平(%)	439	−74	80	−59	347	−52	18	−2
11 月	面雨量(mm)	84.4	22.9	36.5	92.3	81.8	21.5	38.9	122.4
	距平(%)	74	−53	−25	90	67	−56	−21	150
12 月	面雨量(mm)	46.5	39.8	0.1	44.9	46.5	39.1	0.1	72.9
	距平(%)	38	18	−100	33	26	6	−100	97
全年	面雨量(mm)	1 930.2	1 727.2	1 466.5	1 660.7	1 599.6	1 390.3	1 519.4	1 557.0
	距平(%)	80	61	37	55	46	27	39	42

将太湖水系 2016 年和各典型年的降雨分全年、汛前、汛期、汛后、梅雨期分别统计如表 3.4-5 所示，分析降雨的时间分布特征。

表 3.4-5　太湖水系 2016 年各阶段面雨量与典型年对比分析表

分区		太湖湖区				太湖湖西区			
年份		2016	1991	1999	2015	2016	1991	1999	2015
全年	面雨量(mm)	1 831.8	1 344.2	1 669.9	1 480.4	2 085.9	1 666.2	1 451.6	1 579.9
	距平(%)	63.4	19.9	48.9	32.0	83.7	46.8	27.9	39.2
汛前	面雨量(mm)	330.3	359.2	267.9	365.9	327.8	424.0	265.3	324.8
	距平(%)	9.0	18.5	−11.6	20.7	15.5	49.4	−6.5	14.4
汛期	面雨量(mm)	1 135.2	911.6	1 297.7	867.7	1 310.5	1 160.2	1 038.5	1 082.9
	距平(%)	69.7	36.3	94.0	29.7	86.5	65.1	47.8	54.1
汛后	面雨量(mm)	366.3	73.4	104.3	246.8	447.6	82.0	147.8	172.2
	距平(%)	145.5	−50.8	−30.1	65.4	201.0	−44.8	−0.6	15.8
梅雨期	面雨量(mm)	468.5	509.8	752.7	183.7	632.1	718.1	607.7	304.1
	距平(%)	121.9	141.5	256.6	−13.0	161.2	196.7	151.1	25.7

续表

分区		武澄锡虞区				阳澄淀泖区			
年份		2016	1991	1999	2015	2016	1991	1999	2015
全年	面雨量(mm)	1 930.2	1 727.2	1 466.5	1 660.7	1 599.6	1 390.3	1 519.4	1 557
	距平(%)	80.2	61.3	36.9	55.1	46.0	26.9	38.7	42.1
汛前	面雨量(mm)	293.6	448.9	233.2	312.7	299.4	357.4	246.1	343.5
	距平(%)	10.3	68.7	−12.4	17.5	5.5	25.9	−13.3	21.0
汛期	面雨量(mm)	1 196.3	1 200.8	1 093.1	1 187.1	929.5	946.4	1 170.7	965
	距平(%)	79.9	80.5	64.4	78.5	38.4	40.9	74.3	43.7
汛后	面雨量(mm)	440.3	77.5	140.2	160.9	370.7	86.5	102.6	248.5
	距平(%)	215.2	−44.5	0.4	15.2	164.6	−38.3	−26.8	77.4
梅雨期	面雨量(mm)	561.7	761.2	519.6	374.1	363.7	565	648.8	243.8
	距平(%)	144.1	230.8	125.8	62.6	76.8	174.7	215.4	18.5

从表中可以看出，太湖湖区全年面雨量2016年为1 831.8 mm，位列各典型年第1位，较常年偏多63%；1991年最小，为1 344.2 mm，较常年偏多20%(见图3.4-9)。汛前面雨量2016年为330.3 mm，位列各典型年第3位，较常年偏多9%；2015年最大，为365.9 mm，较常年偏多21%；1999年最小，为267.9 mm，较常年偏少12%。汛期面雨量2016年为1 135.2 mm，位列各典型年第2位，较常年偏多70%；1999年最大，为1 297.7 mm，较常年偏多94%；1991年最小，为911.6 mm，较常年偏多36%(见图3.4-10)。汛后面雨量2016年为366.3 mm，位列各典型年第1位，较常年偏多146%；1991年最小，为73.4 mm，较常年偏少51%。梅雨期面雨量468.5 mm，位列各典型年第3位，较常年偏多122%；1999年最大，为752.7 mm，较常年偏多257%；2015年最小，为183.7 mm，较常年偏少13%(见图3.4-11)。

太湖湖西区全年面雨量2016年为2 085.9 mm，位列各典型年第1位，较常年偏多84%；1999年最小，为1 451.6 mm，较常年偏多28%(见图3.4-9)。汛前面雨量2016年为327.8 mm，位列各典型年第2位，较常年偏多16%；1991年最大，为424.0 mm，较常年偏多49%；1999年最小，为265.3 mm，较常年偏少7%。汛期面雨量2016年为1 310.5 mm，位列各典型年第1位，较常年偏多87%；1999年最小，为1 038.5 mm，较常年偏多48%(见图3.4-10)。汛后面雨量2016年为447.6 mm，位列各典型年第1位，较常年偏多201%；1991年最小，为82.0 mm，较常年偏少45%。梅雨期雨量2016年为632.1 mm，位列各典型年第2位，较常年偏多161%；1991年最大，为718.1 mm，较常年偏多197%；2015年最少，为304.1 mm，较常年偏多26%(见图3.4-11)。

武澄锡虞区全年面雨量2016年为1 930.2 mm，位列各典型年第1位，较常年偏多80%；1999年最小，为1 466.5 mm，较常年偏多369%(见图3.4-9)。汛前面雨量2016年为293.6 mm，位列各典型第3位，较常年偏多10%；1991年最大，为448.9 mm，较常年偏多69%；1999年最小，为233.2 mm，较常年偏少12%。汛期面雨量2016年为1 196.3 mm，位列各典型年第2位，较常年偏多80%；1991年最大，为1 200.8 mm，较常年偏多81%；1999年最小，为1 093.1 mm，较常年偏少64%(见图3.4-10)。汛后面雨量2016年为440.3 mm，

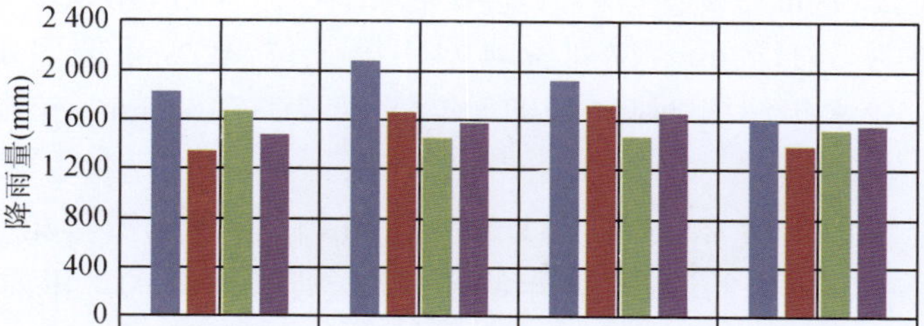

	太湖湖区	太湖湖西区	武澄锡虞区	阳澄淀泖区
2016年	1 831.8	2 085.9	1 930.2	1 599.6
1991年	1 344.2	1 666.2	1 727.2	1 390.3
1999年	1 669.9	1 451.6	1 466.5	1 519.4
2015年	1 480.4	1 579.9	1 660.7	1 557

图 3.4-9　太湖水系 2016 年全年面雨量与典型年对比图

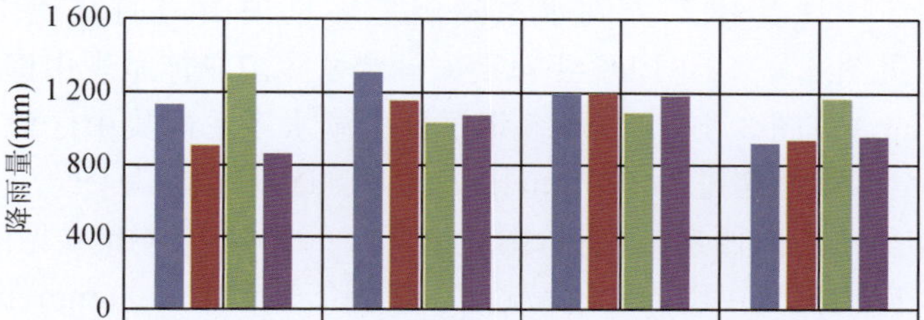

	太湖湖区	太湖湖西区	武澄锡虞区	阳澄淀泖区
2016年	1 135.2	1 310.5	1 196.3	929.5
1991年	911.6	1 160.16	1 200.8	946.4
1999年	1 297.7	1 038.51	1 093.1	1 170.7
2015年	867.7	1 082.9	1 187.1	965

图 3.4-10　太湖水系 2016 年汛期面雨量与典型年对比图

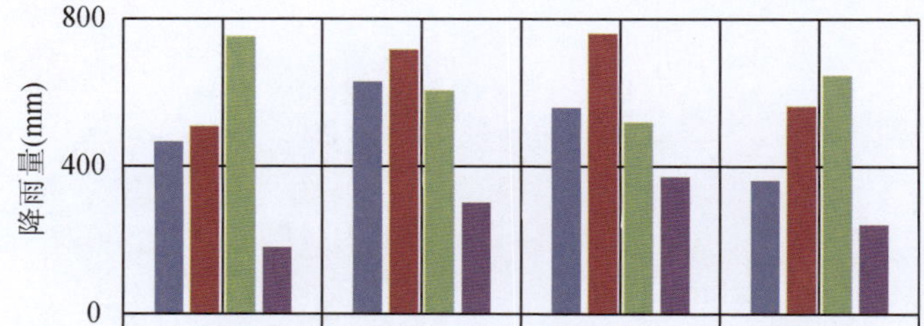

	太湖湖区	太湖湖西区	武澄锡虞区	阳澄淀泖区
2016年	468.5	632.1	561.7	363.7
1991年	509.8	718.1	761.2	565
1999年	752.7	607.7	519.6	648.8
2015年	183.7	304.1	374.1	243.8

图 3.4-11　太湖水系 2016 年梅雨期面雨量与典型年对比图

位列各典型年第1位，较常年偏多215%；1991年最小，为77.5 mm，较常年偏少45%。梅雨期面雨量2016年为561.7 mm，位列各典型年第2位，较常年偏多144%；1911年最大，为761.2 mm，较常年偏多231%；2015年最小，为374.1 mm，较常年偏多63%(见图3.4-11)。

阳澄淀泖区全年面雨量2016年为1 599.6 mm，位列各典型年第1位，较常年偏多46%；1991年最小，为1 390.3 mm，较常年偏多27%(见图3.4-9)。汛前面雨量2016年为299.4 mm，位列各典型年第3位，较常年偏多6%；1991年最大，为357.4 mm，较常年偏多26%；1999年最小，为246.1 mm，较常年偏少13%。汛期面雨量2016年为929.5 mm，位列各典型年最小，较常年偏多38%；1999年最大，为1 170.7 mm，较常年偏多74%(见图3.4-10)。汛后面雨量2016年为370.7 mm，位列各典型年第1位，较常年偏多165%；1991年最小，为86.5 mm，较常年偏少38%。梅雨期雨量2016年为363.7 mm，位列各典型年第3位，较常年偏多77%；1999年最大，为648.8 mm，较常年偏多215%；2015年最小，为243.8 mm，较常年偏多19%(见图3.4-11)。

在空间分布上，1991年汛期太湖水系降雨总体呈现由南向北递增趋势，雨量介于1 000～1 400 mm(见图3.4-12)；1999年汛期太湖水系降雨总体呈现由南向北递减趋势，雨量介于500～900 mm(见图3.4-13)；2015年汛期太湖水系暴雨集中区位于太湖湖西区、武澄锡虞区交界处北部，雨量超过1 400 mm，雨势向两侧逐渐递减(见图3.4-14)；2016年汛期太湖水系降雨总体呈由东向西递减趋势，雨量介于1 000～1 600 mm(见图3.4-15)。1991年梅雨期太湖水系降雨呈现由南向北递减趋势，雨量介于500～900 mm，太湖湖西区北部雨量超过900 mm(见图3.4-16)；1999年梅雨期太湖水系降雨由南向北递减，雨量介于500～800 mm(见图3.4-17)；2015年梅雨期太湖水系暴雨集中区位于太湖湖西区、武澄锡虞区交界处北部，雨量超过600 mm，雨势向西南、东南逐渐减弱，太湖湖西区、阳澄淀泖区南部雨量200 mm(见图3.4-18)；2016年梅雨期太湖水系降雨总体呈由西向东递减趋势，雨量介于300～700 mm(见图3.4-19)。

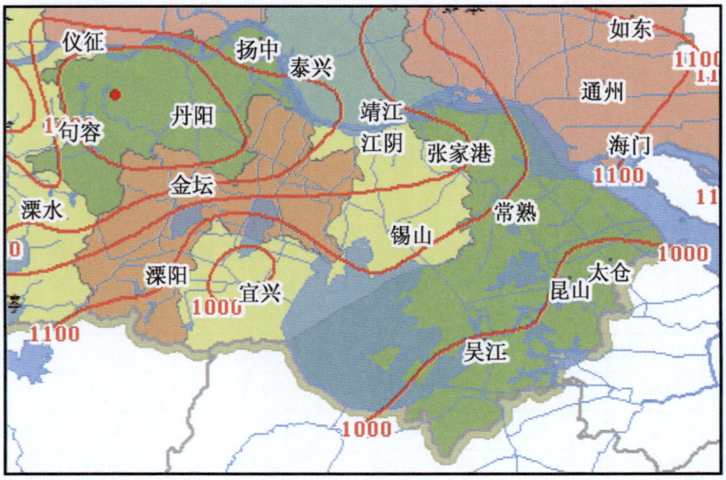

图3.4-12　1991年汛期太湖水系雨量等值线图(单位：mm)

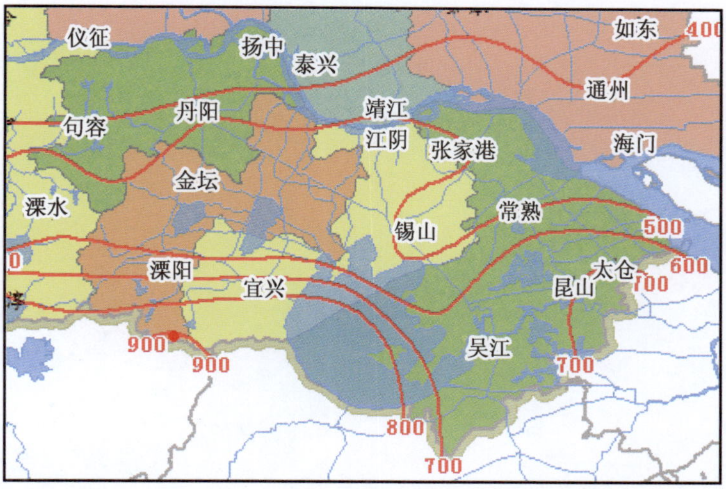

图 3.4-13　1999 年汛期太湖水系雨量等值线图(单位:mm)

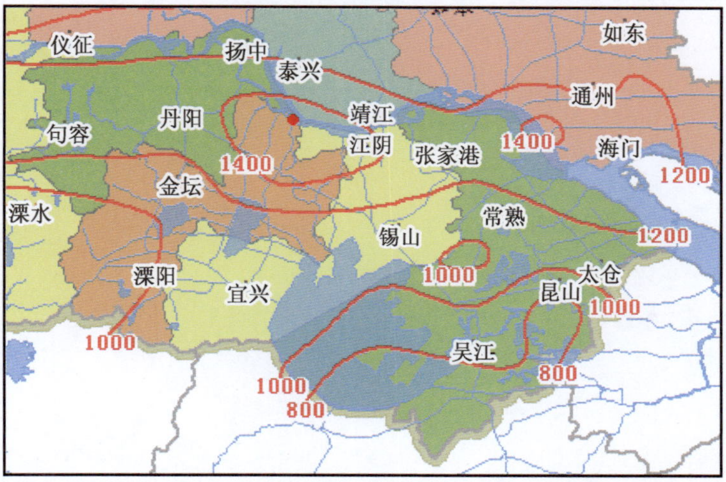

图 3.4-14　2015 年汛期太湖水系雨量等值线图(单位:mm)

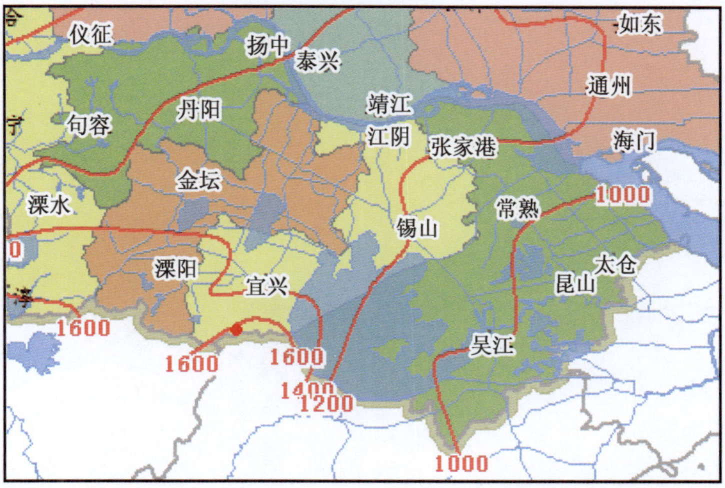

图 3.4-15　2016 年汛期太湖水系雨量等值线图(单位:mm)

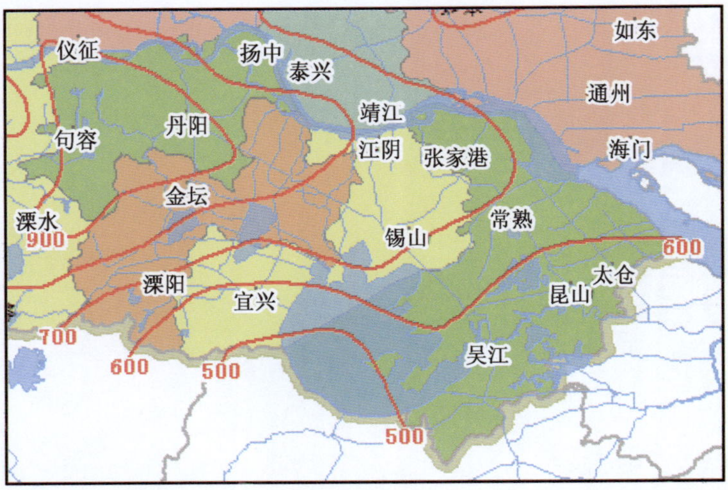

图 3.4-16　1991 年梅雨期太湖水系雨量等值线图(单位:mm)

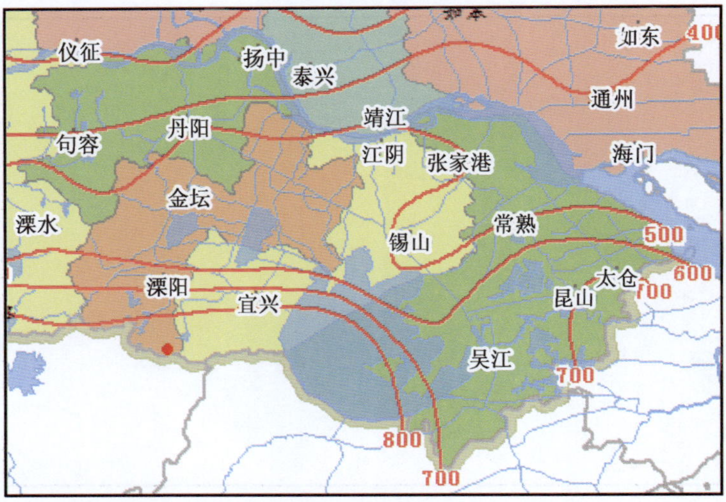

图 3.4-17　1999 年梅雨期太湖水系雨量等值线图(单位:mm)

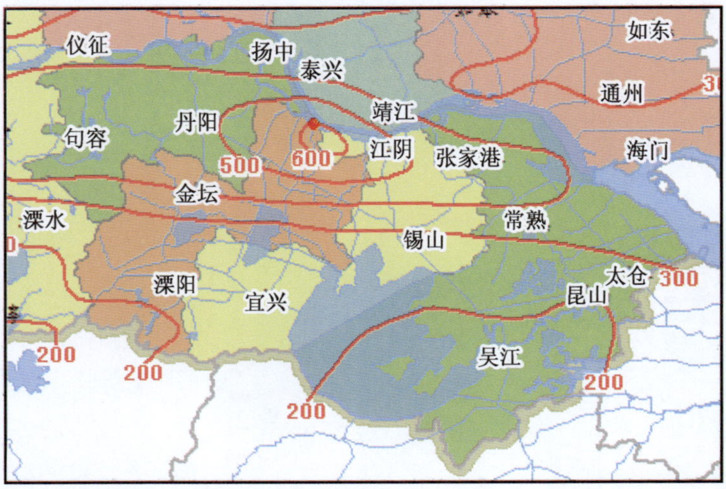

图 3.4-18　2015 年梅雨期太湖水系雨量等值线图(单位:mm)

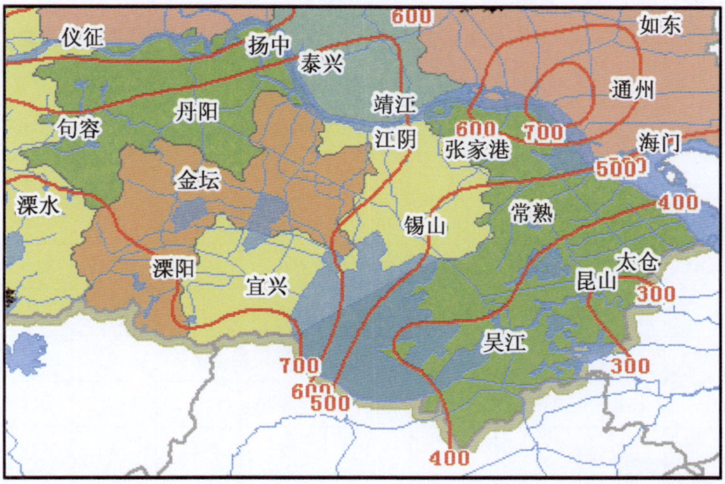

图 3.4-19　2016 年梅雨期太湖水系雨量等值线图(单位:mm)

3.4.2.2　暴雨强度

从各时段雨量极值和重现期看,太湖湖区 1999 年最大 7 d 雨量位列历史第 1 位,重现期为 135 年。太湖湖西区 1991 年最大 30 d 雨量位列历史第 1 位,重现期 124 年;2015 年最大 1 d 雨量位列历史第 1 位,重现期为 29 年;2016 年最大 3 d、7 d、、15 d 雨量均位列历史第 1 位,重现期分别为 69 年、95 年、216 年。武澄锡虞区 1991 年最大 7 d、30 d 雨量均位列历史第 1 位,重现期分别为 72 年、123 年;2015 年最大 15 d 雨量位列历史第 1 位,重现期为 98 年。阳澄淀泖区 1999 年最大 7 d、15 d、30 d 雨量均位列历史第 1 位,重现期分别为 37 年、35 年、38 年。长江水系各分区 2016 年与各典型年分段极值及重现期统计见表 3.4-6。

表 3.4-6　长江水系各分区 2016 年与各典型年分段极值及重现期统计表

分区		太湖湖区					太湖湖西区				
时段		1 d	3 d	7 d	15 d	30 d	1 d	3 d	7 d	15 d	30 d
1991	雨量(mm)	67.5	146.2	229.1	266.0	485.2	92.5	211.1	304.3	414.4	674.6
	排位	34	8	6	9	3	18	3	2	3	1
	重现期(年)	2	6	1	6	21	4	24	44	34	124
1999	雨量(mm)	90.1	197.7	344.7	410.7	694.1	108.9	155.4	244.6	316.7	548.4
	排位	15	4	1	2	1	11	12	5	8	3
	重现期(年)	4	23	135	62	289	7	5	12	7	29
2015	雨量(mm)	103.7	144.5	158.7	256.9	345.1	147.7	198.3	249.2	424.9	540.3
	排位	6	9	27	11	13	1	4	4	2	4
	重现期(年)	7	6	3	5	4	29	17	13	41	26
2016	雨量(mm)	80.5	141.9	238.6	398.5	514.4	126.3	246.2	337.6	524.5	631.9
	排位	24	11	5	3	2	8	1	1	1	2
	重现期(年)	3	5	13	50	30	2	69	95	216	75

续表

分区		武澄锡虞区					阳澄淀泖区				
特征项		1 d	3 d	7 d	15 d	30 d	1 d	3 d	7 d	15 d	30 d
1991	雨量(mm)	177.8	264.9	355.7	452.6	695.1	86.1	181.7	239.9	298.8	528.9
	排位	2	2	1	3	1	20	7	5	10	2
	重现期(年)	58	57	72	37	123	3	13	14	9	38
1999	雨量(mm)	112.6	143.5	232.8	310.2	460.1	109.0	168.8	334.0	394.2	594.4
	排位	10	21	8	11	4	12	9	1	1	1
	重现期(年)	6	3	7	6	10	7	9	37	35	38
2015	雨量(mm)	151.9	245.4	322.6	525.1	670.9	128.3	185.2	195.9	350.6	460.8
	排位	4	3	2	1	2	7	6	13	5	3
	重现期(年)	23	35	38	98	94	13	18	6	19	16
2016	雨量(mm)	93.1	185.2	292.7	461.8	560.8	70.2	119.1	197.6	308.0	412.1
	排位	14	7	4	2	3	32	22	12	9	9
	重现期(年)	3	7	21	42	29	2	3	6	10	9

第四章
洪水分析

我省总面积10.3万km^2，承接上游长江、淮河流域近200万km^2的洪水过境入海；我省内部地势低平，80%的地区处于设计洪水位以下，是流域洪水“走廊”。其中，长江洪水，洪水总量大、持续时间长、河势影响大；太湖水系，既有山区集中来水，又有周边平原汇水，洪涝交织；下有江海潮顶托，本地暴雨与台风、天文大潮遭遇概率较大，都易造成沿河沿湖洼地“关门淹”，洪涝问题突出。而分析暴雨造成的洪水特点乃防洪治涝的根本。

本章首先对2016年洪水进行水情总结，然后分长江、太湖两大水系，分别从汛期主要洪水过程、与历史洪水对比、洪水重现期三方面重点进行洪水分析，最后对两大水系高水位成因进行概括。

4.1 水情概述

2016年，淮河干流吴家渡站出现两次明显涨水过程，分别发生在汛期和11月初，汛期洪量相对较大。吴家渡年来水量277.9亿m^3，比2015年(260.2亿m^3)偏多6.8%，较常年(276.0亿m^3)相当。洪泽湖蒋坝站最高水位13.98 m(12月5日18:00)，超警0.48 m。里下河地区河网汛期出现一次洪水过程，兴化站年最高水位2.94 m，超警0.94 m。

沂沭泗汛期出现一次小洪水过程。全年骆马湖、石梁河水库水位过程线比较相似，汛期出现两次峰谷，汛后持续上升。骆马湖2016年最高水位23.58 m，年最低水位21.22 m；石梁河水库年最高水位24.84 m，年最低水位21.49 m。

长江大通站水位流量过程总体表现为“单峰型”，7月8日出现最高水位15.66 m，超警1.26 m，最大流量70 700 m^3/s；年径流量9 646亿m^3，较去年(9 060亿m^3)偏多6.47%，与常年(8 790亿m^3)相比偏多9.74%。南京最高潮位9.96 m，位居历史记录第4位，镇江最高潮位8.58 m，位居历史记录第2位。

秦淮河东山站发生一次超警较大洪水过程，年最高水位11.44 m，超历史，达70年一遇。固城石臼区高淳站年最高水位13.21 m，超警3.21 m，超历史0.14 m，达74年一遇，水位年最大变幅5.36 m；蛇山闸年最高水位13.02 m，超警3.02 m，超历史0.34 m，达50年一遇，水位年最大变幅达7.73 m。

苏南运河汛期出现一次较大洪水过程。丹阳站年最高水位 6.97 m,10 年一遇;常州站年最高水位 6.32 m,位居历史记录第 2 位;无锡站年最高水位 5.28 m,超历史 0.10 m,80 年一遇;苏州站年最高 4.80 m,超历史 0.20 m,50 年一遇。2016 年太湖出现两次明显的涨水过程。第一次发生在汛期 6 月和 7 月上旬,年最高水位 4.87 m,历史排位第 2;第二次发生在汛后 10 月,太湖流域发生秋汛,10 月 29 日 8 时太湖水位涨至汛后最高 4.12 m,超警 0.32 m。

4.1.1 淮河流域

4.1.1.1 淮河干流

2016 年,淮河干流吴家渡站出现两次明显涨水过程,分别发生在汛期和 11 月初。受强降雨影响,6 月 19 日吴家渡水位流量开始迅速增高增大,至 7 月 8 日 8 时流量增至年最大 4 470 m^3/s,至 7 月 8 日 18:36 水位达到年最高 18.18 m;汛后由于 10 月份的持续降雨,11 月 1 日 8 时流量增至汛后最大 4 150 m^3/s,11 月 3 日 8 时水位增至汛后最高 17.60 m。2016 年吴家渡站逐时水位流量过程线见图 4.1-1。

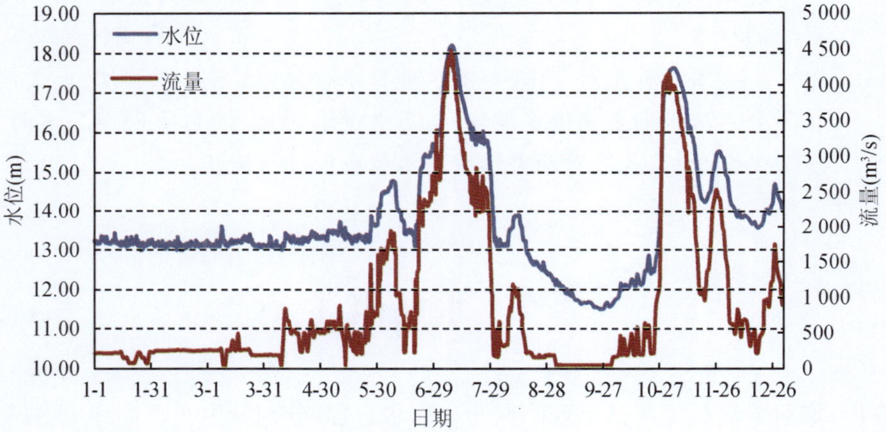

图 4.1-1　2016 年吴家渡站逐时水位流量过程线

2016 年,洪泽湖蒋坝站最高水位 13.98 m(12 月 5 日 18 时),超警 0.48 m,最低水位 11.39 m(9 月 25 日 4 时),平均水位 12.94 m。如图 4.1-2 所示,汛期蒋坝水位基本在警戒水位以下、超汛限水位运行;8 月下旬,受上游来水量减少及洪泽湖周边大用水等因素共同影响,蒋坝水位呈持续下降态势,直至 10 月受降雨影响才开始逐渐回涨,11 月和 12 月一直超汛限超警。

2016 年,淮河干流及区间主要支流入洪泽湖总水量 301.1 亿 m^3。其中,吴家渡年来水量 277.9 亿 m^3,占主要口门合计入湖水量的 92.3%,比 2015 年(260.2 亿 m^3)偏多 6.8%,较常年(276.0 亿 m^3)相当;汛期来水 143.4 亿 m^3,较 2015 年同期(201.1 亿 m^3)偏少 28.7%,较常年同期(192.3 亿 m^3)偏少 25.4%。

2016 年,洪泽湖主要控制站出湖总水量 289.7 亿 m^3,其中三河闸下泄水量 144.3 亿 m^3,占出湖总水量的 49.8%,二河闸下泄 89.1 亿 m^3,占出湖总水量的 30.8%,高良涧闸下泄 49.3 亿 m^3,占出湖总水量的 17.0%。

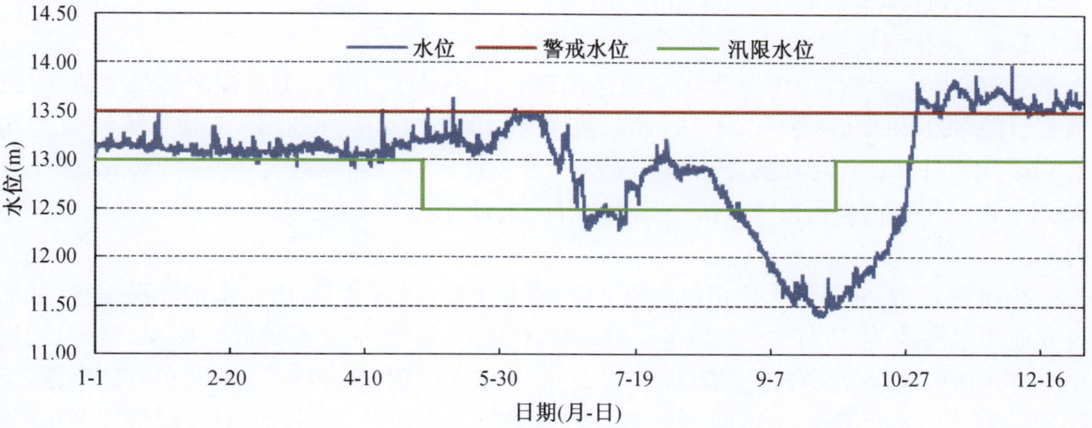

图 4.1-2 2016 年蒋坝站逐时水位过程线

4.1.1.2 里下河地区

2016 年汛期，里下河地区河网出现一次洪水过程。受梅雨期强降雨影响，7 月上旬兴化站水位持续上涨，7 月 4 日 10 时突破警戒水位，7 日 18 时涨至 2016 年最高水位 2.94 m，超警 0.94 m，之后迅速回落。其他代表站年最高水位：盐城 2.45 m（7 月 5 日 15 时），超警 0.75 m；建湖 2.25 m（7 月 5 日 16 时），超警 0.65 m；阜宁 1.74 m（7 月 5 日 20 时），超警 0.44 m。2016 年里下河地区代表站逐日 8 时水位过程线见图 4.1-3。汛后受 10 月份持续降雨影响，兴化、建湖、盐城、阜宁最高水位分别达 2.37 m（10 月 28 日 17 时）、2.13 m（10 月 28 日 17 时）、2.02 m（10 月 28 日 14 时）、1.73 m（10 月 28 日 17 时）。

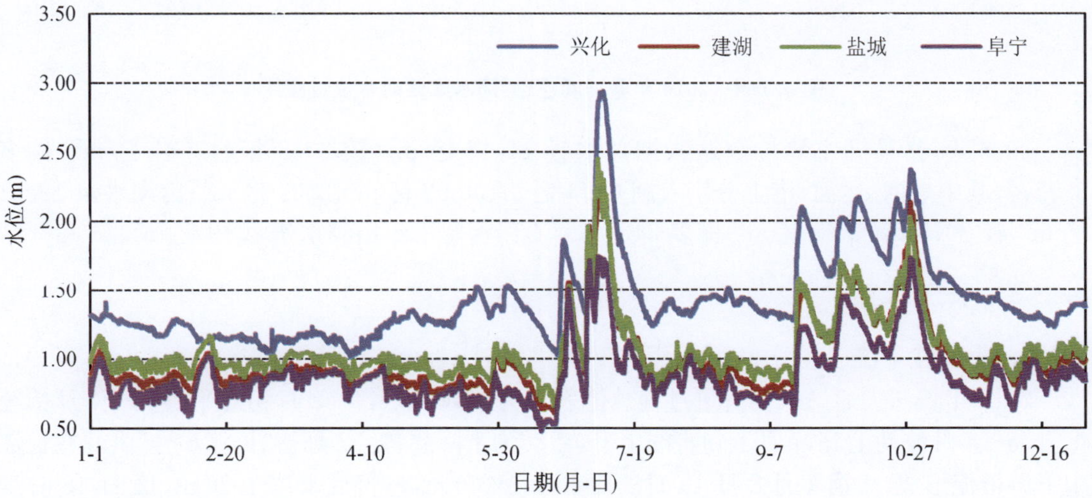

图 4.1-3 2016 年里下河地区代表站逐时水位过程线

2016 年，江水东引累计向里下河地区引水 57.22 亿 m^3，其中江都东闸引水 29.69 亿 m^3，高港节制闸引水 27.53 亿 m^3。

里下河地区往长江排水情况为江都东闸 13.62 亿 m^3，高港节制闸 6.83 亿 m^3；沿海四港（新洋港、射阳港、斗龙港、黄沙港）合计排水 132.8 亿 m^3，北坍抽水站排水 2.29 亿 m^3，大套一站、二站合计排水 5.79 亿 m^3。

4.1.1.3 沂沭泗地区

受汛期降雨影响，2016 年沂沭泗地区出现一次小洪水过程。主要控制站最大流量：沂河临沂站 829 m^3/s(7 月 22 日 12:50)，港上站 494 m^3/s(7 月 23 日 4 时)；沭河重沟站 235 m^3/s(7 月 2 日 0 时)，新安站 144 m^3/s(7 月 3 日 9:40)；新沭河大兴镇站 246 m^3/s(7 月 23 日 8 时)；中运河运河站 438 m^3/s(8 月 8 日 16 时)；新沂河沭阳站 614 m^3/s(6 月 24 日 8 时)。

2016 年汛前，骆马湖水位相对比较平稳，略有下降；进入 6 月，由于本地降雨偏少，又加逢农业用水高峰，骆马湖水位总体呈下降态势，6 月 23 日 12 时跌至最低峰谷 21.75 m，之后由于进入梅雨期水位又开始上涨，8 月 12 日 13 时涨至峰值 23.09 m；之后水位开始回落，至 10 月 1 日 4 时水位降至 2016 年最低 21.22 m，之后开始回升，12 月 29 日 5 时涨至 2016 年最高水位 23.58 m。石梁河水库年最高水位 24.84 m(2 月 21 日 9 时)，最低水位 21.49 m(6 月 23 日 12 时)。2016 年骆马湖、石梁河水库逐时水位过程线见图 4.1-4。

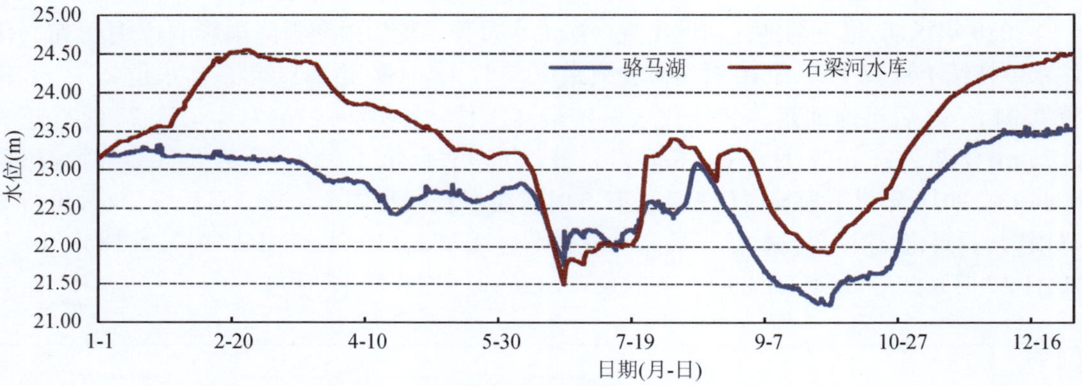

图 4.1-4 2016 年骆马湖、石梁河水库逐时水位过程线

2016 年，骆马湖主要控制站入湖总水量 14.13 亿 m^3，较 2015 年(13.34 亿 m^3)偏多 5.92%，其中皂河、运河、港上分别入湖 6.93 亿 m^3、4.92 亿 m^3、2.27 亿 m^3；出湖水量 12.81 亿 m^3，较 2015 年(6.95 亿 m^3)偏多 84.3%。石梁河水库年出湖水量 7.19 亿 m^3。

4.1.2 长江水系

4.1.2.1 长江干流

2016 年长江大通站水位流量过程总体表现为"单峰型"，1—2 月相对平稳，3—4 月持续上升，5—6 月波动上升，7 月上旬直线上升，后转为下降趋势。7 月初"长江 2 号"洪峰在长江中下游干流形成，大通 7 月 8 日 19 时洪峰水位 15.66 m，超警戒水位 1.26 m，11 日 15 时洪峰流量 70 700 m^3/s。汛期，大通径流总量 6 360 亿 m^3，比去年同期(5 121 亿 m^3)偏多 24.2%，较常年同期(5 586 亿 m^3)偏多 13.9%；全年，径流总量 9 646 亿 m^3，比去年同期(9 060 亿 m^3)偏多 6.47%，较常年同期(8 790 亿 m^3)偏多 9.74%。2016 年长江大通站逐日 8 时水位流量过程见图 4.1-5。

受上游来水影响，2016 年长江干流沿线潮位变化总趋势与大通水位相似。主要潮位站年最高潮位：南京 9.96 m(7 月 5 日 9:35)，居历史记录第 4 位；镇江 8.58 m(7 月 6 日 8 时)，

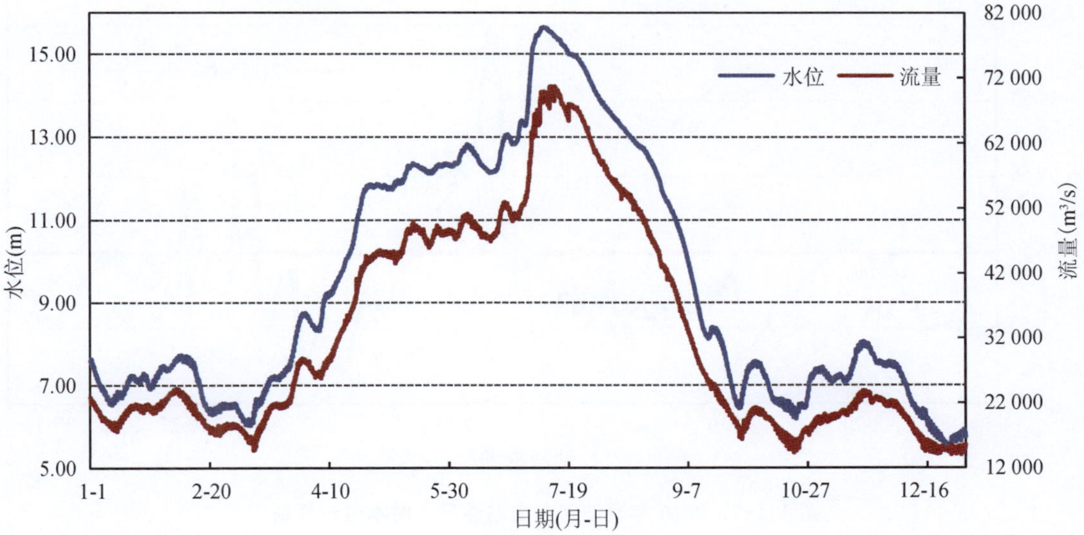

图 4.1-5　2016 年长江大通站逐日 8 时水位流量过程线

居历史记录第 2 位，距历史最高水位(8.59 m，1996 年)仅 0.01 m；江阴 6.52 m(7 月 6 日 4:30)，居历史记录第 8 位；天生港 6.00 m(7 月 6 日 3:55)，居历史记录第 14 位。2016 年长江干流主要潮位站逐日高高潮过程线如见图 4.1-6。

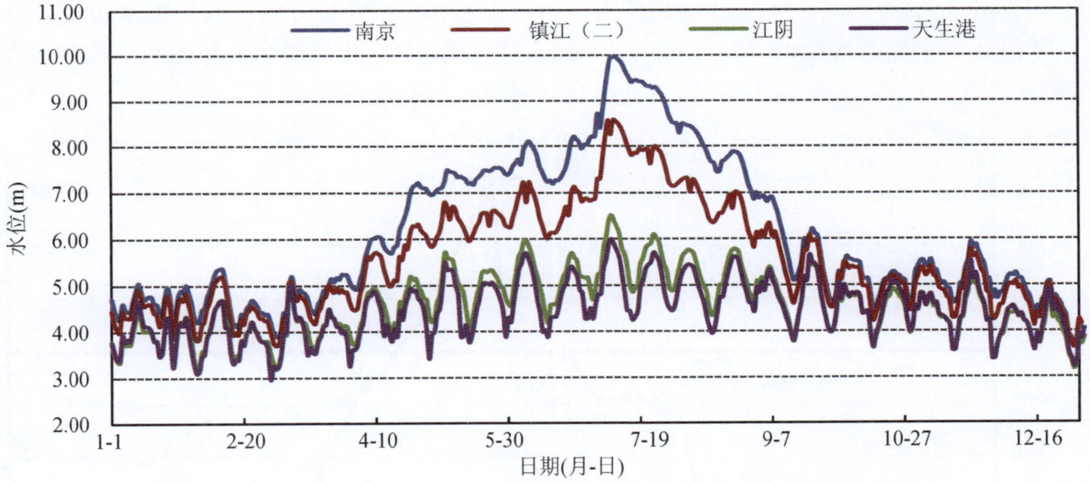

图 4.1-6　2016 年长江干流主要潮位站逐日高高潮过程线

4.1.2.2　秦淮河

2016 年秦淮河东山站发生一次超警较大洪水过程，由于受入梅以来持续强降雨影响，东山水位迅速上升，7 月 1 日 8 时开始超警戒水位，7 月 4 日 21 时达到历史最高水位 11.17 m (2015 年)，之后频频刷新历史最高水位，7 月 7 日 6:20 达到新的历史最高 11.44 m，达 70 年一遇。高水位期间，武定门闸、秦淮新河闸全力排泄秦淮河流域洪水，2016 年武定门闸累计泄洪 21.86 亿 m^3，秦淮新河闸累计排泄洪水 13.72 亿 m^3。2016 年秦淮河东山站逐日 8 时水位过程见图 4.1-7。

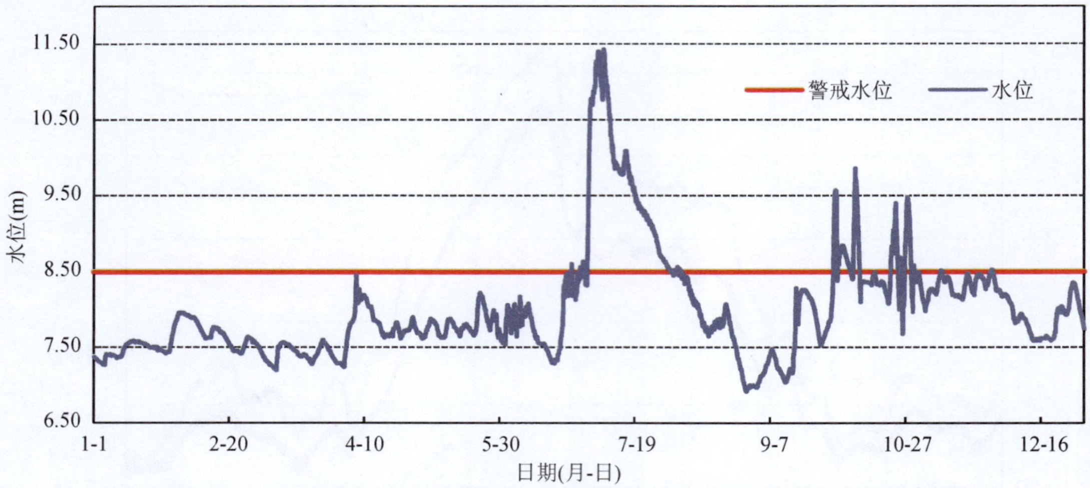

图 4.1-7　2016 年秦淮河东山站逐日 8 时水位过程线

4.1.2.3　固城湖、石臼湖

固城湖、石臼湖汛期发生一场大洪水，汛后 10 月份发生一场相对较小的洪水。高淳水位自 6 月 18 日入梅以来持续上涨，6 月 28 日 17 时开始超警戒水位，高淳站年最高水位涨至 13.21 m(7 月 6 日 9 时)，超警 3.21 m，超历史(1999 年)0.14 m，最低水位 7.85 m(11 月 30 日 13 时)，年最大变幅 5.36 m，平均水位 9.28 m；石臼湖蛇山闸站 1—3 月水位一直偏低，最低 5.39 m(3 月 10 日 4 时)，4 月份开始水位持续上涨，6 月 23 日 3 时突破警戒水位，7 月 6 日 14 时达到年最高水位 13.02 m，超警 3.02 m，超历史(1999 年)0.34 m，蛇山闸水位年最大变幅达 7.73 m。2016 年蛇山闸、高淳站逐日 8 时水位过程见图 4.1-8。

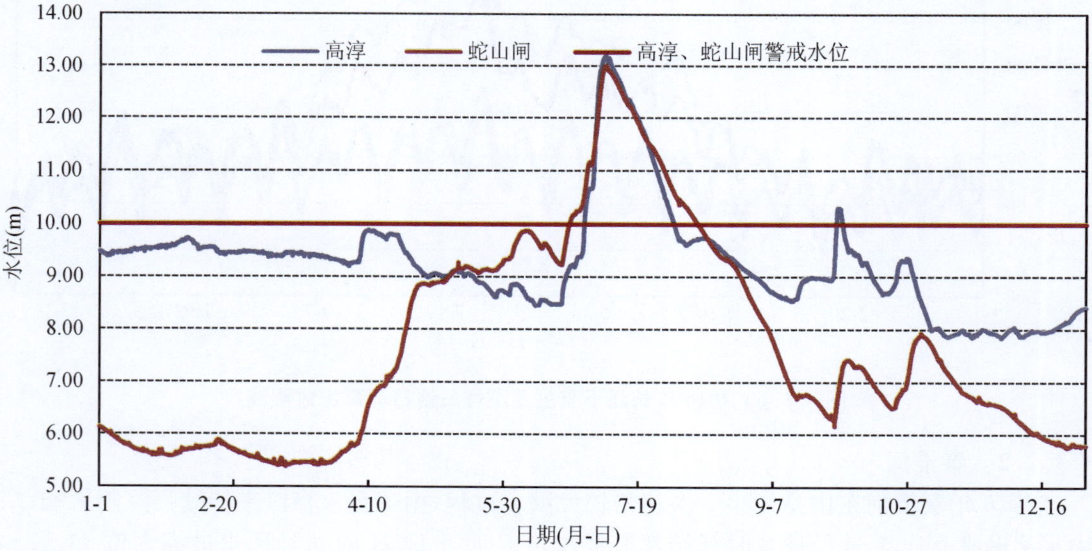

图 4.1-8　2016 年固城湖、石臼湖代表站逐日 8 时水位过程线

4.1.2.4　滁河

2016 年滁河晓桥站发生两次超警洪水过程，一次发生在汛期，一次发生在 10 月末。晓桥站年最高水位 11.53 m，出现在 7 月 5 日 13:50，超警达 2.03 m；年最低水位 6.05 m，出现在 12 月 11 日 7 时，年最大变幅达 5.48 m。2016 年滁河晓桥站逐日 8 时水位过程见图 4.1-9。

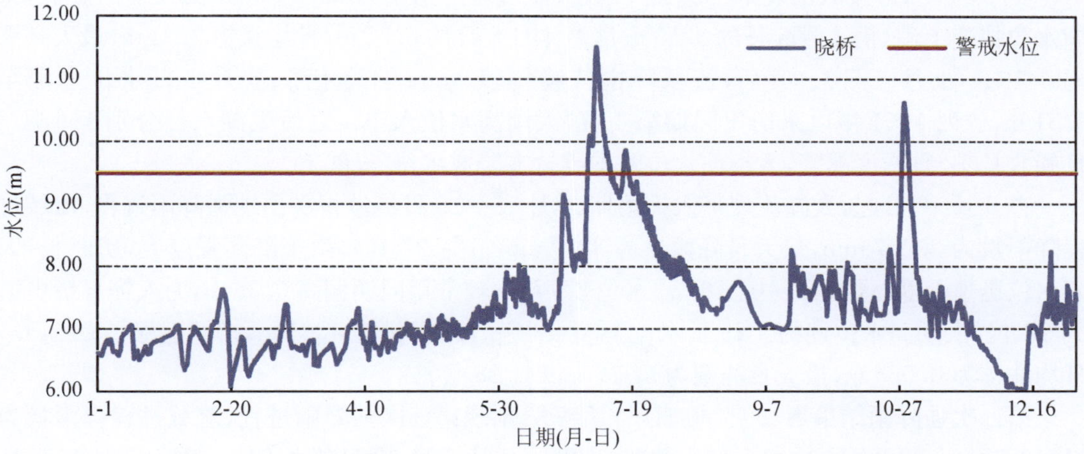

图 4.1-9　滁河晓桥站 2016 年 5—9 月逐日 8 时水位过程线

4.1.3　太湖水系

1. 太湖水位发展过程

2016 年，太湖年初水位 3.41 m，年末水位 3.28 m。年平均水位 3.58 m，较常年偏高 0.37 m，位列 1954 年以来第 1 位；年最低水位 3.07 m（首次 3 月 6 日），未低于太湖旱限水位（2.80 m）；年最高水位 4.87 m（首次 7 月 8 日），超过太湖警戒水位（3.80 m）1.07 m，较 1986—2015 年最高水位多年平均值偏高 1.01 m，为 1954 年有实测资料以来第 2 高水位。6 月 3 日首次超警戒水位，太湖发生今年第 1 号洪水，6 月 23 日水位突破 4.00 m，7 月 3 日达到超标准水位（4.65 m），7 月 8 日 20 时达最高水位 4.87 m。全年超警戒水位 94 d，超标准水位 16 d，4.00 m 以上天数达 48 d。2016 年太湖水位过程见图 4.1-10。

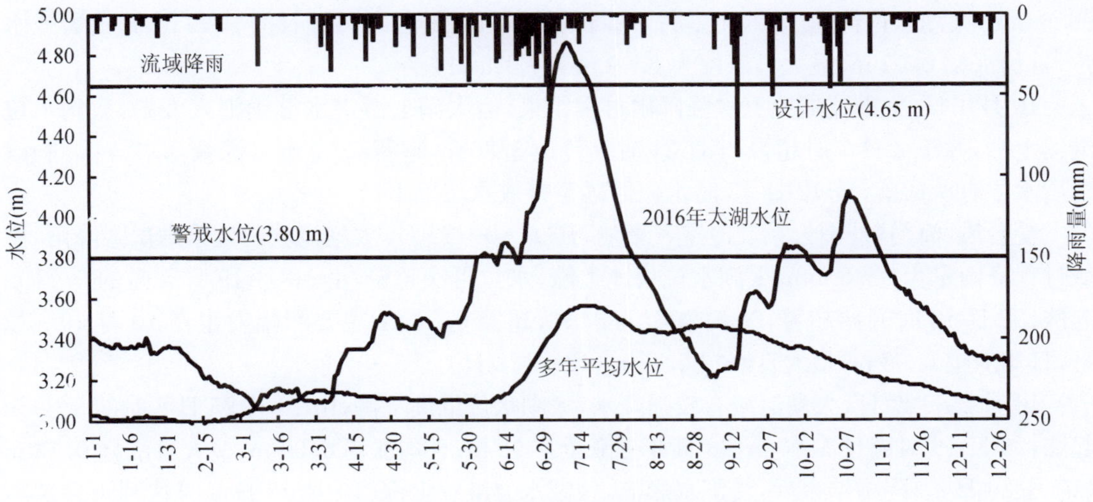

图 4.1-10　2016 年太湖水位过程线

1—3月，流域降雨总体偏少，太湖水位平稳下降，水位由年初的3.41 m下降到4月1日的3.09 m。

4月5—7日，流域出现第一次强降雨过程，过程降雨量为58.5 mm。受强降雨影响，太湖水位快速上涨，由4月5日的3.10 m涨至4月8日的3.23 m，日均涨幅0.04 m，最大日涨幅0.10 m(4月6日)。其后，流域降雨持续偏多，水位继续上涨，5月1日水位上涨至3.51 m，位列1954年以来历史同期第1位，太湖高水位入汛。之后太湖水位分别于6月3日和6月12日两度超警，入梅前水位基本维持在警戒水位(3.80 m)。

自6月19日起，太湖流域进入梅雨期，6月19—28日流域再次出现强降雨过程，流域过程降雨量为202.7 mm，最大日降雨量为32.9 mm(6月27日)，由于降雨强度大，历时长，太湖水位迅速上涨，入梅日(6月19日)水位3.77 m，较常年同期偏高0.59 m，为入梅日历史第2高水位，太湖高水位迎梅。23日水位突破4.00 m，29日涨至4.31 m，10 d上涨了0.54 m，日均涨幅为0.054 m，最大日涨幅为0.13 m(6月28日)。

第二次强降雨结束后，6月30日—7月7日出现第三次强降雨过程，流域过程降雨量为149.2 mm，太湖水位再次出现较大涨幅，太湖水位从6月30日的4.34 m起涨；7月3日18时，入梅后仅半个月时间，水位就突破超标准水位(4.65 m)，为继1999年大洪水后16年来第一次发生超标准洪水；6日8时，太湖水位达到4.80 m，太湖流域发生流域性特大洪水；随后太湖水位继续上涨，7月8日20时涨至全年最高水位4.87 m，为1954年以来第2高水位(历史最高4.97 m，1999年)，日涨幅在0.01～0.16 m之间，最大日涨幅为0.16 m(7月2日)。

随着雨势减弱，太湖水位逐渐回落，出梅日太湖水位回落至4.56 m(7月20日8时)，较入梅日上涨0.79 m；出梅后，水位持续回落，最大日降幅0.07 m(7月22日)，至8月5日，水位回落至警戒水位以下。

受台风“莫兰蒂”外围云系影响，9月13—16日，流域出现第四次强降雨过程，流域过程降雨量达150.5 mm。由于降雨强度大，水位快速上涨，由9月13日的3.25 m上涨至17日的3.53 m，4 d上涨了0.28 m，日均涨幅为0.07 m，最大日涨幅为0.18 m(9月15日)。

受台风“鲇鱼”影响，9月27—30日，流域再次出现强降雨过程，流域过程降雨量为96.6 mm，太湖水位快速上涨，由9月27日的3.55 m涨至10月1日的3.76 m，逼近警戒水位，日均涨幅0.05 m，最大日涨幅为0.09 m(9月29日)。

10月1日，太湖流域第五次强降雨过程结束，但太湖上游洪水继续汇入太湖，太湖水位继续上涨，并于2日7时超警，3日21时水位达3.86 m，超警0.06 m日涨幅0.02～0.04 m；之后水位有所回落，至12日13时水位回落至警戒水位以下。

受台风“海马”外围云系及冷空气影响，10月19—22日，太湖流域出现第六次强降雨，流域过程降雨量为95.8 mm，太湖水位快速上涨，水位再次超警，由10月19日8时的3.71 m起涨，22日19时开始超警，21时涨至3.84 m，超警0.04 m，主要涨幅发生在10月19—22日，日均涨幅0.03 m，最大日涨幅0.11 m(10月22日)。

10月25—27日，太湖流域有较强降水，太湖水位继续上涨，由10月25日8时的3.89 m起涨，26日19时超过4.00 m，28日8时涨至4.08 m，日均涨幅0.06 m，最大日涨幅0.13 m(10月26日)。降雨结束后，受汇水影响，太湖水位继续上涨，10月29日8时达到汛后最高水位4.12 m，超警0.32 m，之后太湖水位平稳回落，11月12日，水位回落至警戒水位以下。

2. 各分区河网水位发展过程

我省太湖流域河网水位变化趋势与太湖水位较为相似，入汛水位普遍偏高，入汛后至入梅前水位较平稳，基本维持在警戒水位；入梅后，河网水位快速上涨，水位全面超警，流域北部河网代表站普遍超保证水位，并在梅雨期达到年最高水位，部分站点水位屡创历史新高；汛末和汛后受台风影响，水位继续上涨；之后河网水位平稳下降。我省太湖流域各水利分区代表站水位特征值见表 4.1-1。

表 4.1-1　江苏省太湖流域各水利分区代表站水位特征值统计表

水利分区	站名	最高水位	发生时间（月-日　时）	最低水位	发生时间（月-日　时）	最大日涨幅	发生时间（月-日）
湖西区	王母观	6.55	07-05　11:10	3.17	03-06　12:00	1.14	09-29
	坊前	5.80	07-05　08:00	3.13	03-08　10:00	0.60	09-29
	常州(三)	6.31	07-05　09:00	3.23	03-06　13:00	1.13	09-29
武澄锡虞区	无锡(大)	5.28	07-03　10:00	3.20	03-05　08:00	0.82	07-01
	青阳	5.34	07-03　07:25	3.25	03-05　09:00	0.85	09-29
	陈墅	5.04	07-03　09:00	3.21	03-05　05:00	0.69	10-26
阳澄淀泖区	苏州(枫桥)	4.82	07-02　10:00	2.99	03-05　03:00	0.58	09-15
	湘城	4.02	07-03　15:00	3.10	07-22　17:00	0.35	07-02
	陈墓	3.84	07-04　06:00	2.82	03-04　12:00	0.23	06-12

（1）湖西区

湖西区梅雨期有一次较大洪水涨落过程，9 月中旬至 11 月上旬有三次相对较小的洪水过程。王母观、坊前、常州(三)3 个地区代表站全年超警天数分别为 48 d、90 d 和 54 d，均于 7 月初出现全年最高水位，其中王母观和坊前分别突破历史记录 0.43 m 和 0.37 m。2016 年湖西区代表站水位过程见图 4.1-11。

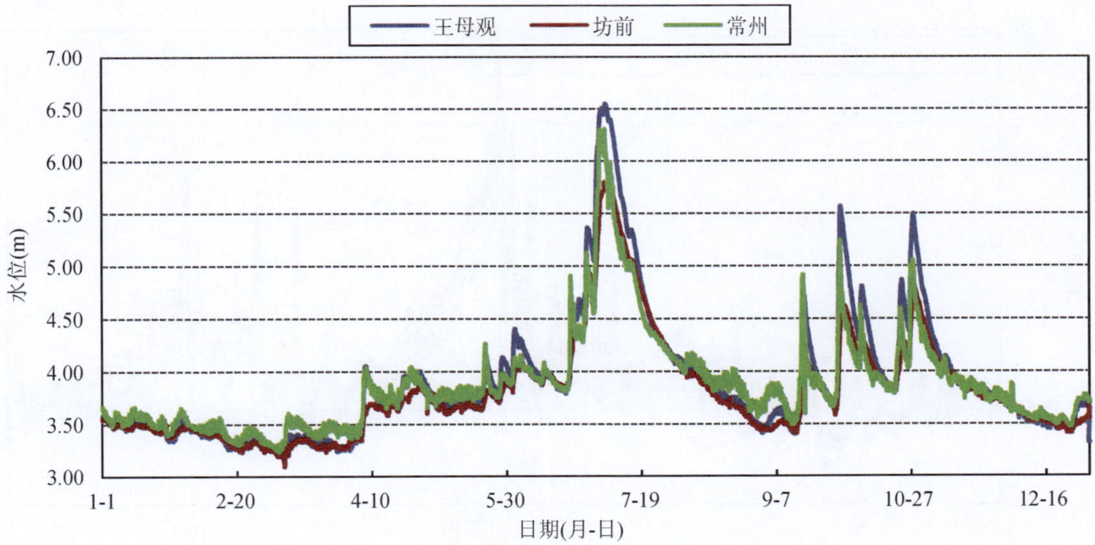

图 4.1-11　2016 年湖西区代表站水位过程线

汛前，湖西区水位相对比较平稳，4月中下旬的持续降雨导致入汛水位偏高。入梅后受持续降雨影响，湖西区水位迅速上涨，王母观站6月27日11时开始超警戒水位(4.60 m)，7月2日0时开始超保证水位(5.60 m)，7月2日16时达到历史最高水位(6.12 m，1991年)，并于7月5日12时达到全年最高水位6.55 m，超保证水位0.95 m，超历史0.43 m，95年一遇，主要涨幅发生在6月20日—7月5日，日均涨幅为0.18 m，最大日涨幅0.93 m(7月1日)；坊前站6月22日8时开始超警戒水位(4.00 m)，6月28日5时开始超保证水位4.50 m，并于7月3日6时达到历史最高水位(5.43 m，1991年)，7月5日11时达到今年以来最高水位5.80 m，超保证水位1.30 m，超历史0.37 m，116年一遇，主要涨幅发生在6月20日至7月4日，日均涨幅为0.13 m，最大日涨幅0.41 m(7月2日)；常州(三)站6月22日8时开始超警戒水位(4.30 m)，7月1日16时开始超保证水位(4.80 m)，7月5日9时达到全年最高水位6.31 m，超保证水位1.51 m，主要涨幅发生在6月21日至7月5日，日均涨幅0.21 m，最大日涨幅0.95 m(7月1日)。

9月中旬的台风“莫兰蒂”带来的强降雨使得代表站水位普遍超警，王母观、坊前、常州(三)站的最大日涨幅分别达0.57 m、0.31 m、0.80 m；汛末，受台风“鲇鱼”带来的强降雨影响，河网代表站水位再次上涨，9月29日，王母观、坊前、常州(三)站均出现全年最大日涨幅，分别达1.44 m、0.60 m、1.13 m，王母观10月1日0时出现汛后最高水位5.52 m，超警0.92 m。

汛后，10月下旬的强降雨使得水位再次上涨，常州(三)站10月27日12时出现汛后最高水位5.06 m，超保证水位0.26 m，坊前站也于10月28日2时出现汛后最高水位4.81 m，超保证水位0.31 m；之后水位平稳回落。

(2) 武澄锡虞区

武澄锡虞区全年有四场洪水过程，梅雨期洪水较大，后三场洪水陡涨陡落。无锡(大)、青阳、陈墅3个地区代表站全年超警天数分别为87 d、79 d、57 d，超保证水位分别为17 d、7 d、7 d，均于7月3日出现全年最高水位，其中无锡(大)和青阳分别突破历史记录0.10 m和0.01 m。2016年武澄锡虞区代表站水位过程见图4.1-12。

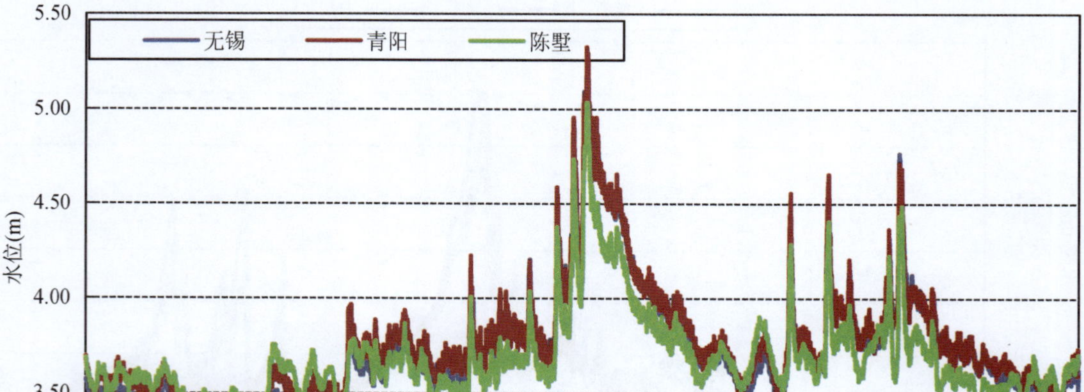

图4.1-12　2016年武澄锡虞区代表站水位过程线

汛前,武澄锡虞区水位相对比较平稳,4 月中下旬的持续降雨导致入汛水位偏高。入梅后受持续降雨影响,武澄锡虞区水位普遍上涨,无锡(大)6 月 22 日 6 时达到警戒水位(3.90 m),6 月 28 日 7 时达到保证水位 4.53 m,7 月 3 日 6 时开始超历史最高水位(5.18 m,2015 年),7 月 3 日 10 时达到今年以来最高水位 5.28 m,超保证水位 0.75 m,超历史 0.10 m,约为 80 年一遇,主要涨幅发生在 6 月 26 日至 7 月 2 日,日均涨幅 0.10 m,全年最大日涨幅达 0.82 m(7 月 1 日);青阳 6 月 22 日 6 时开始超警戒水位(4.00 m),28 日 10 时开始超保证水位(4.85 m),并于 7 月 3 日 7 时达到历史最高水位(5.32 m,2015 年),7:25 达到今年以来最高水位 5.34 m,超保证水位 0.49 m,超历史 0.02 m,约 80 年一遇,主要涨幅发生在 6 月 26 日至 7 月 2 日,日均涨幅 0.15 m,最大日涨幅 0.80 m(7 月 1 日);陈墅站 6 月 22 日 7 时开始超警戒水位(3.90 m),28 日 9 时开始超保证水位(4.50 m),并于 7 月 3 日 9 时达到年最高水位 5.04 m,超保 0.54 m,主要涨幅发生在 6 月 26 日至 7 月 2 日,日均涨幅 0.21 m,最大日涨幅 0.65 m(7 月 1 日)。

9 月中旬,台风"莫兰蒂"带来的强降雨使得水位再次上涨,代表站水位纷纷超警,无锡(大)、青阳、陈墅的最大日涨幅分别达 0.69 m,0.65 m、0.48 m;汛末,受台风"鲇鱼"带来的强降雨影响,水位再次迅速上涨,青阳和陈墅站分别出现了全年最大日涨幅 0.85 m(9 月 29 日)和 0.69 m(9 月 26 日)。

汛后,10 月下旬的强降雨使得水位再次上涨,代表站均出现汛后最高水位,无锡(大)水位 10 月 26 日 20 时涨至 4.77 m,超保证水位 0.24 m,青阳水位 10 月 26 日 21 时涨至 4.72 m,超警 0.72 m,陈墅水位 10 月 27 日 17 时涨至 4.49 m,超警 0.59 m,逼近保证水位;之后水位平稳回落。

(3) 阳澄淀泖区

阳澄淀泖区全年有两场洪水过程,分别在梅雨期和 10 月份。苏州(枫桥)、湘城、陈墓 3 个地区代表站全年超警天数分别为 95 d、11 d、36 d,苏州(枫桥)、湘城站分别超保证水位 23 d 和 1 d,陈墓站未超保证水位,三站均于 7 月初出现全年最高水位,其中苏州(枫桥)突破历史记录 0.20 m。2016 年阳澄淀泖区代表站水位过程见图 4.1-13。

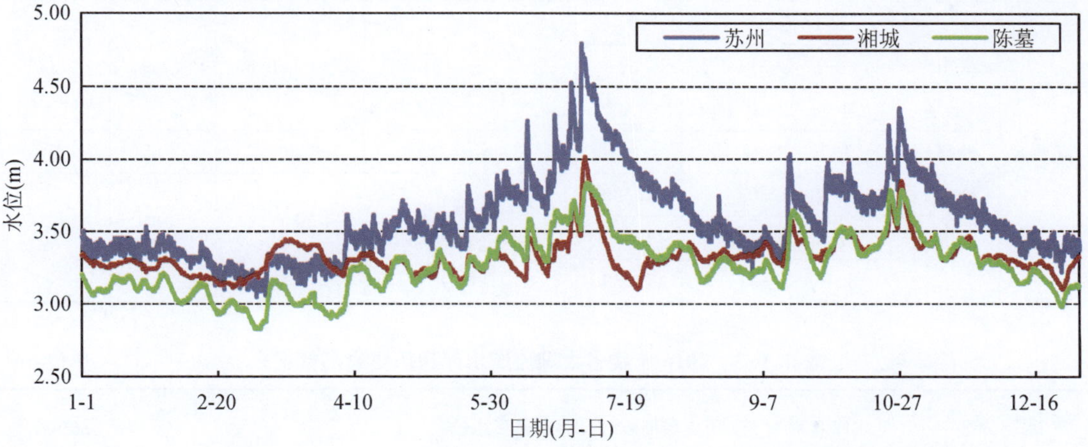

图 4.1-13 2016 年阳澄淀泖区代表站水位过程线

汛前,阳澄淀泖区水位相对比较平稳,4 月中下旬的持续降雨导致入汛水位偏高。入梅后受持续降雨影响,阳澄淀泖区水位普遍上涨,苏州(枫桥)站水位 6 月 21 日 9 时开始持续超警戒水位(3.80 m),6月22日12时开始超保证水位(4.20 m),7月2日7时开始超历史最高水位(4.60 m,1999年),7月2日10:20达到今年以来最高水位4.82 m,超保证水位0.62 m,超历史0.22 m,50年一遇,主要涨幅发生在6月19日至7月2日,日均涨幅0.07 m,最大日涨幅0.58 m(7月1日);湘城站7月2日10时开始超警戒水位(3.70 m),3日9时达到保证水位(4.00 m),15时达到年最高水位4.02 m,超保证水位0.02 m,主要涨幅发生在6月20日至7月3日,日均涨幅0.05 m,全年最大日涨幅为0.35 m(7月2日);陈墓站6月22日12时超过警戒水位(3.60 m),7月4日6时达到年最高水位3.84 m,超警0.24 m,主要涨幅发生在6月20日至7月4日,日均涨幅0.03 m,全年最大日涨幅为0.23 m(6月12日)。

9月中旬,台风“莫兰蒂”带来的强降雨使得水位再次上涨,代表站水位纷纷超警,苏州(枫桥)站水位出现全年最大日涨幅0.58 m(9月15日),湘城、陈墓分别于9月15日出现最大日涨幅0.13 m和0.22 m;汛末,受台风“鲇鱼”带来的强降雨影响,水位再次上涨,苏州(枫桥)于9月30日0时再次超警。汛后,10月下旬发生强降雨,水位快速上涨,代表站均出现汛后最高水位,陈墓水位10月23日15时涨至3.79 m,超警0.19 m,苏州(枫桥)水位26日21时涨至4.36 m,超保证水位0.16 m,湘城水位27日14时涨至3.85 m,超警0.15 m;之后水位平稳回落。

3. 水库水位发展过程

水库水位的发展过程与河网水位的发展过程相似,入汛水位普遍偏高,水位上涨主要集中在梅雨期和9月下旬至10月的台风影响期间,所有水库均是7月初达到年最高水位,其中湖西区三大水库大溪、横山、沙河水库的最高水位均超历史最高记录。2016年我省太湖流域水库水位超汛限情况见表4.1-2,超历史最高情况见表4.1-3。(江苏省水库数据为镇江吴淞基面)

表4.1-2 2016年我省太湖流域水库水位超汛限情况表 单位:m

水利分区	水库名称	时段(月-日)	汛限水位	设计水位	最高水位	发生时间(月-日 时)	超汛限幅度	超汛限总天数(d)
湖西区	横山	1-1—5-31	35	38.75	35.59	7-3 06:25	1.59	54
		6-1—8-31	34					
		9-1—12-31	35					
	沙河	1-1—12-31	21	23	22.45	7-3 06:25	1.45	176
	大溪	1-1—6-30	14.89	16.4	15.72	7-5 11:15	1.83	15
		7-1—8-15	13.89					
		8-16—12-31	14.89					

表4.1-3 2016年我省太湖流域水库超历史最高情况表 单位:m

水利分区	水库名称	历史最高水位	最高水位	发生时间(月-日 时)	超历史
湖西区	大溪	14.72	15.72	7-5 11:15	1.00
	横山	35.43	35.59	7-3 06:25	0.16
	沙河	21.98	22.45	7-3 06:25	0.47

(1) 横山水库

横山水库水位全年超汛限 54 d,汛期超汛限 34 d,水位上涨主要集中在梅雨期和 9 月下旬至 10 月,涨幅相对比较明显。全年最高水位出现在 7 月 2 日,突破历史记录 0.16 m。2016 年横山水库水位过程见图 4.1-14。

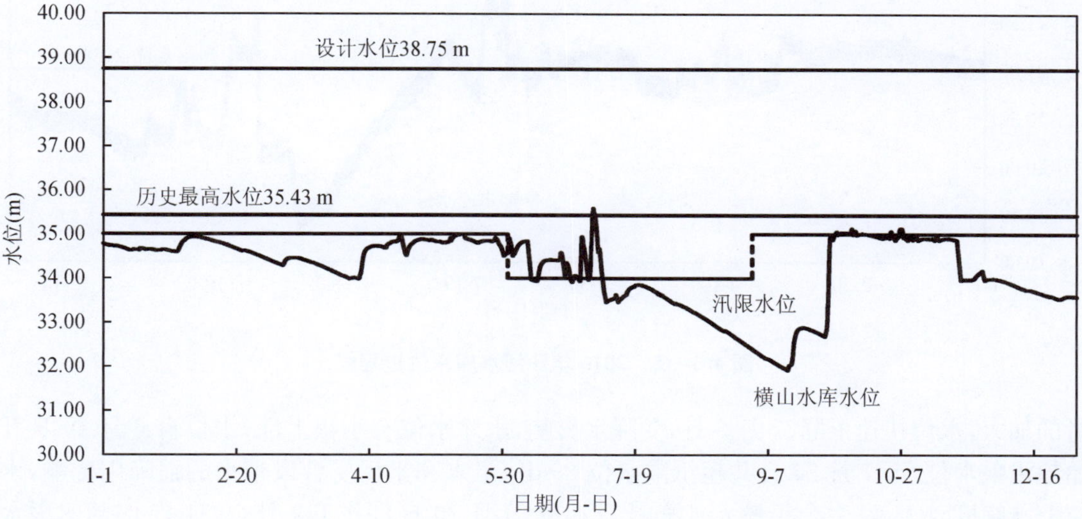

图 4.1-14　2016 年横山水库水位过程线

横山水库 5 月 30 日前基本都在汛限水位以下运行,4 月下半月由于降雨历时长,水位开始回升,4 月 21 日升至 34.99 m,接近汛限水位(35.00 m),水库溢洪道开始预泄水量。6 月 1 日至 7 月 6 日水位基本处于超汛限状态(34.00 m),由于梅雨期持续性强降雨,水位持续上涨,7 月 2 日 23 时开始超本站历史最高水位(35.43 m),3 日 6:25 水位上升到全年最高水位 35.59 m,超汛限 1.59 m,超历史 0.16 m,7 月 2 日溢洪道泄洪流量达到 130 m^3/s,主汛期水位超汛限水位 34 d。

汛末和汛后受台风带来的强降雨影响,水位上涨幅度较大,发生全年最大日涨幅 1.68 m(9 月 29 日),并于 10 月 2 日 0 时超汛限水位(35.00 m),横山水库溢洪道,根据降雨情况分 80 m^3/s、50 m^3/s、30 m^3/s 等流量泄洪,水位一直控制在汛限水位左右,10 月超汛限 20 d,10 月 27 日 18 时水位回落至汛限水位以下。

(2) 沙河水库

沙河水库水位全年超汛限 176 d,汛期超汛限 77 d,水位上涨主要集中在梅雨期和 9 月下旬至 10 月,涨幅相对比较明显。全年最高水位出现在 7 月 3 日,突破历史记录 0.47 m。2016 年沙河水库水位过程见图 4.1-15。

沙河水库梅雨期前水位相对较平稳,持续略超汛限水位(21.00 m)。进入梅雨期后,受强降雨影响,水位出现 2 次明显上涨过程。6 月 28 日,水位从 5:45 的 21.00 m 开始起涨,21:35 上涨至 21.95 m,超汛限水位 0.95 m,逼近本站历史最高水位(21.98 m,1991 年 7 月 1 日);7 月 1 日 16 时起,水位自 21.23 m 再次起涨,2 日 14:00 平本站历史最高水位,3 日 6:25 涨至全年最高水位 22.45 m,超汛限水位 1.45 m,超历史最高 0.47 m,主要涨幅发生在 7 月 1 日至 7 月 2 日,日均涨幅为 0.62 m,最大日涨幅达 0.81 m(7 月 2 日),后随着溢洪闸溢洪流

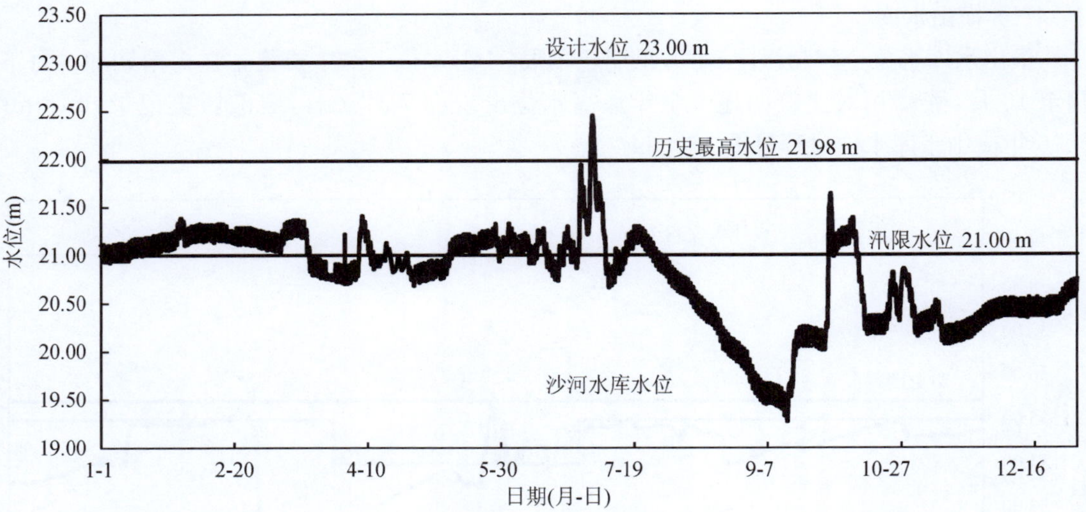

图 4.1-15　2016 年沙河水库水位过程线

量的加大,水位快速下降;7 月 5 日,受降水影响,水库水位有小幅上涨;水位自 6 月 20 日开始超汛限水位,至 7 月 20 日共超汛限水位 29 d。汛末和汛后受台风带来的强降雨影响,水位上涨幅度较大,发生全年最大日涨幅 1.26 m(9 月 29 日),并于 9 月 29 日 19 时超汛限水位,10 月 11 日 0 时水位回落至汛限水位以下,超汛限水位天数达 12 d。根据防洪调度,沙河水库于 5 月 27—29 日、5 月 31 日—6 月 4 日、6 月 8—9 日、6 月 14—15 日、6 月 20 日—7 月 9 日、7 月 11—13 日、9 月29—30 日开启溢洪闸溢洪 1.067 9 亿 m^3,另外,沙河水库通过其他涵闸共放水 0.013 8 亿 m^3。汛末蓄水量较汛初增加 0.033 亿 m^3。

3. 大溪水库

大溪水库水位全年超汛限水位 15 d,均在梅雨期,水位上涨主要集中在梅雨期和 9 月下旬至 10 月,涨幅相对比较明显。全年最高水位出现在 7 月 5 日,突破历史记录 1.00 m。2016 年大溪水库水位过程见图 4.1-16。

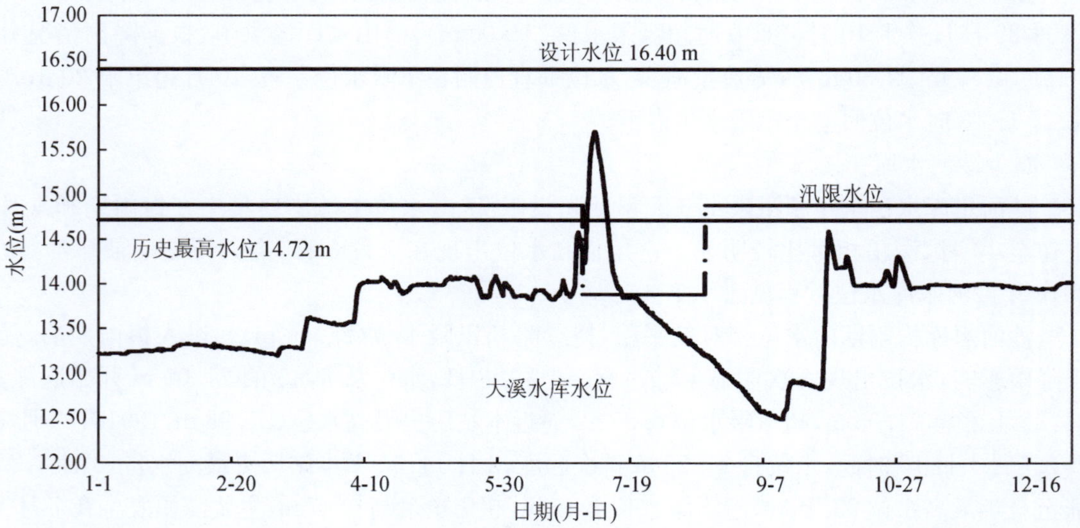

图 4.1-16　2016 年大溪水库水位过程线

梅雨期前，大溪水库水位一直相对比较平稳。进入梅雨期，水位出现明显上涨过程。7月1日17时起，水库水位自14.24 m再次起涨，2日13:25开始超本站历史最高水位(14.72 m，1991年7月1日)，5日11:15达全年最高水位15.72 m(超汛限水位1.83 m，超历史最高水位1.00 m)，主要涨幅发生在7月1—4日，日均涨幅为0.35 m，最大日涨幅0.58 m(7月2日)，5日后，水位缓慢下降，平均退水速率0.14 m/d，15日23:25退至汛限水位以下。汛末和汛后受台风带来的强降雨影响，水位上涨幅度较大，发生全年最大日涨幅0.82 m(9月30日)，但均未超汛限水位。大溪水库站自7月1日开始超汛限水位，共超汛限水位15天。根据防洪调度，大溪水库于5月21—23日、5月29日—6月5日、6月23—26日、6月28日—7月16日、9月30日开启溢洪闸溢洪0.826 1亿 m^3，另外，大溪水库通过涵闸共放水0.101亿 m^3。汛末蓄水量较汛初增加0.079 0亿 m^3。

4.2　洪水分析

2016年洪水主要发生在我省沿江苏南地区，也就是我省长江水系和太湖水系。长江水系包含我省长江干流、秦淮河水系、固城石臼湖区、滁河水系；太湖水系主要包含我省太湖湖西区、武澄锡虞区、阳澄淀泖区等。因此，本节主要分析长江水系和太湖水系洪水，淮河流域不作详细介绍。

4.2.1　长江水系

4.2.1.1　长江干流

长江大通站水位从6月18日开始明显上涨，水位从12.17 m上涨到最高15.66 m，流量从48 100 m^3/s增加至70 700 m^3/s，之后受上游来水量减少等因素的影响逐步回落。长江南京段水位从入梅以后，受到上游来水及天文大潮的影响，出现明显上涨，南京站最高高潮水位从6月18日的7.33 m上涨至7月5日的9.96 m(仅次于1954年的10.22 m、1998年的10.14 m和1983年的9.99 m，列历史第4位)，超过警戒水位1.46 m，之后受上游来水量减少等因素影响缓慢回落，7月20日8:00南京站水位回落至9.15 m，仍超过警戒水位0.65 m。其余主要潮位站年最高潮位：镇江8.58 m(7月6日8:00)，居历史第2位，距历史最高(8.59 m，1996年)仅0.01 m；江阴6.52 m(7月6日4:30)，居历史第8位；天生港6.00 m(7月6日3:55)，居历史第14位。逐日高高潮水位见图4.2-1。

据统计，南京高高潮，超8.50 m警戒水位以上天数28 d，镇江超7.00 m警戒水位以上天数46 d，江阴超5.50 m警戒水位以上天数36 d，天生港超5.20 m警戒水位以上天数36 d(见表4.2-1)。

表4.2-1　2016年长江干流代表站超警戒水位天数统计表　　单位:d

月份	南京	镇江	江阴	天生港
5月	0	0	4	4
6月	0	7	10	10
7月	28	30	16	15

续表

月份	南京	镇江	江阴	天生港
8月	0	9	10	11
9月	0	0	1	5
合计	28	46	36	36

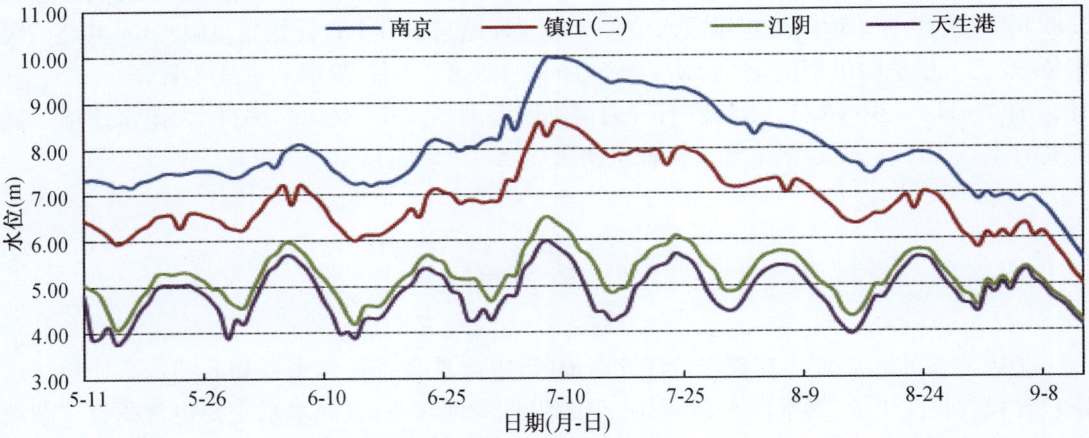

图 4.2-1　2016 年长江干流主要潮位站逐日高高潮过程线

4.2.1.2　秦淮河水系

秦淮河上游前垾村站，包括前垾村(句)和前垾村(秦)两站，前垾村(句)代表秦淮河上游句容河，前垾村(秦)代表秦淮河总断面，上游由句容河和溧水河组成。由图 4.2-2 可知，2016 年 7 月 1 日始，由于秦淮河流域普降大雨到大暴雨，秦淮河水位暴涨，流量也急速加大，7 月 2 日句容河最大流量 636 m^3/s，其下游前垾村(秦)水文最大洪峰流量 1 200 m^3/s，超过历史最大流量 1 100 m^3/s(2015 年 6 月 28 日)，之后流量逐步减少到 100 m^3/s(7 月 14 日)。经统计，本次洪水句容河洪量占前垾村(秦)洪量的 60%。最高水位出现在 7 月 5 日，为 12.17 m，超过历史最高水位 12.14 m(2015 年 6 月 27 日)。

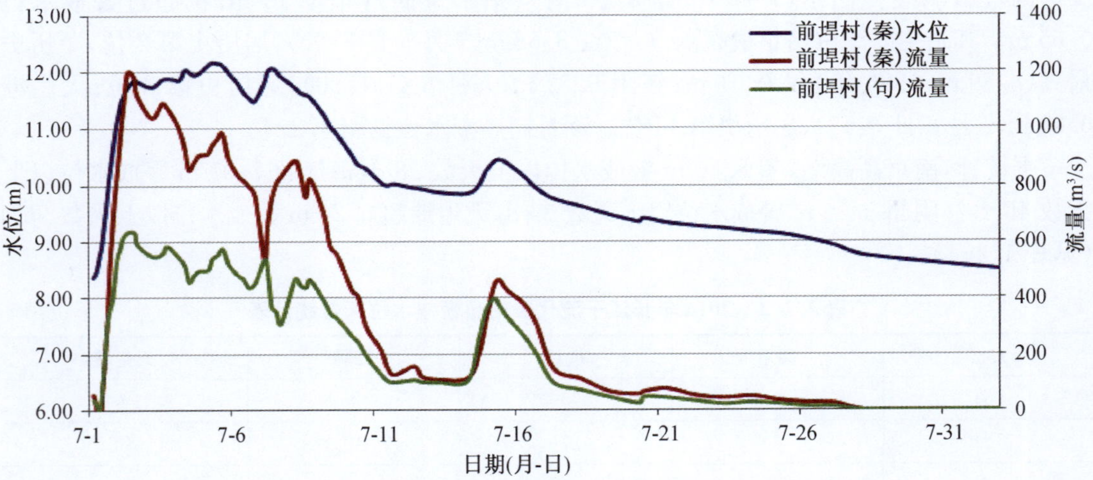

图 4.2-2　2016 年洪水期前垾村站水位流量过程图

秦淮河下游东山站水位与上游前埠村水位变化基本一致，从7月1日5:00开始上涨，17:45水位就达到警戒水位8.50 m；7月2日11:45达10.74 m，达到1991年最高水位；7月4日8:20达到历史最高水位11.17 m(2015年6月27日)；7月5日5:50达到11.41 m，超过历史最高水位0.24 m，超警戒水位2.91 m。7月7日3时开始，秦淮河流域再次遭遇大暴雨，东山站水位7日6:20达到了11.44 m，超过历史最高水位0.27 m，超警戒水位达2.94 m，随后水位开始回落。在退水阶段，因受新一轮强降雨影响，东山站水位又回涨了0.32 m，7月15日7:00水位10.10 m，然后，缓慢回落，至8月1日17:20水位8.48 m，降至警戒水位之下，洪水过程整整持续44 d。

经统计，东山站11.00 m以上水位持续5 d，10.00 m以上水位持续9 d，9.00 m以上水位持续25 d，超警戒水位8.50 m达38 d(见图4.2-3)。

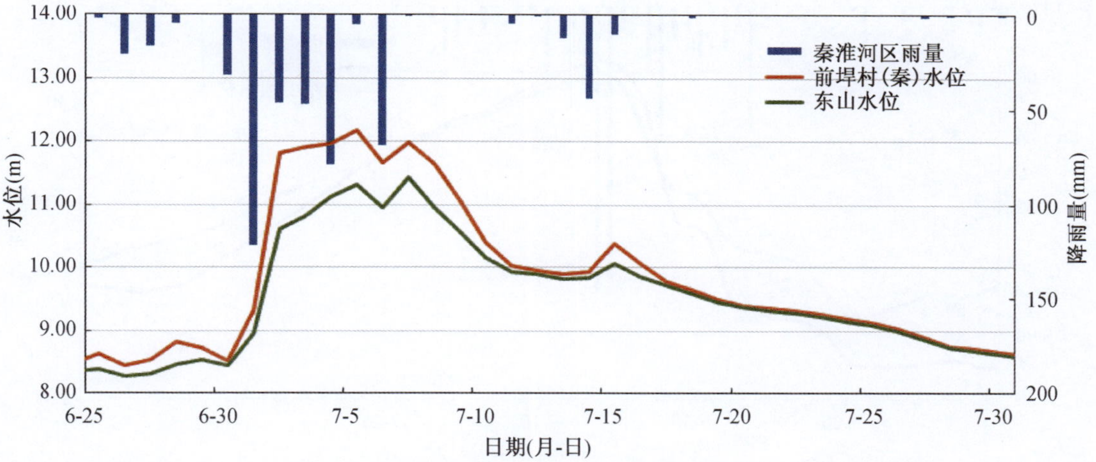

图4.2-3 2016年洪水期秦淮河代表站水位过程线

4.2.1.3 固城湖、石臼湖

6月20日开始入梅以来第一轮强降水，固城湖水位从6月20日12时8.50 m开始缓慢上涨，随着各圩区向固城湖排涝，固城湖水位上涨加快，茅东闸6月21日9点开始开闸排水，出闸流量53.0 m^3/s，固城湖水位上涨减缓，最高涨至9.25 m。

6月24日至6月28日第二轮强降水开始，区域累计面雨量158.4 mm，6月24日至6月26日，固城湖水位上涨缓慢，6月27日至6月28日，周边圩区排涝水量增加，固城湖水位上涨加快，6月28日15:25超过10.00 m警戒水位，6月30日15时涨至10.69 m。

6月30日第三轮强降水开始，6月30日至7月7日累计降水440.5 mm，受本轮强降水影响及7月2日茅东闸停止向下游排水，固城湖水位上涨迅速，最大日涨幅达1.02 m(7月2日)，仅次于1999年1.12 m，7月2日3:00固城湖水位超过11.00 m，7月3日1:00固城湖水位超过12.00 m，7月3日8:35杨家湾闸开闸泄洪，固城湖水位上涨速度略减缓，7月5日0:00固城湖水位超过13.00 m，7月5日4:00固城湖超过历史最高水位13.07 m，水位仍缓慢上涨，7月5日强降水基本结束，同时区防指下达命令，禁止所有排涝站向固城湖湖区排涝，固城湖水位上涨逐渐趋平，7月6日9:00涨至13.21 m，为今年最高水位，超过历史最高水位0.14 m。7月7日茅东闸开闸向下游排水，水位开始缓慢下降。7月19日杨家湾闸上游水位低于闸下游水位，杨家湾闸关闸，7月3日至7月19日杨家湾闸共泄洪0.95亿 m^3，最大出湖流量 161 m^3/s。

2016 年 6 月 20 日石臼湖湖区及主要来水区水阳江普降大到暴雨，石臼湖周边圩区排涝及水阳江下泄洪水进入石臼湖，石臼湖 6 月 20 日 12 时水位从 9.25 m 开始缓慢上涨，6 月 23 日 3 时超过 10.00 警戒水位，6 月 24 日至 6 月 27 日降水间歇期间石臼湖蛇山站水位以每天 0.05 m 速度缓慢上涨，6 月 27 日本地降水加强、长江水位继续上涨、水阳江来水量加大，石臼湖水位上涨速度加快，见图 4.2-4，6 月 29 日 17:30 超过 11.00 m，在 7 月 1 日 8 时开始、7 月 5 日 8 时结束的特大暴雨来临前石臼湖水位涨至 11.12 m，7 月 1 日 8 时开始的特大暴雨使石臼湖水位上涨迅速，7 月 3 日 12:15 石臼湖蛇山水位超过 12.00 m，7 月 4 日 13:45 石臼湖蛇山水位平历史最高水位 12.68 m，水位仍以每小时 0.02 m 的涨率上涨，随着强降雨的逐渐停止，石臼湖蛇山站水位在 7 月 6 日 11:45 达到 13.02 m，超历史最高水位 0.34 m。

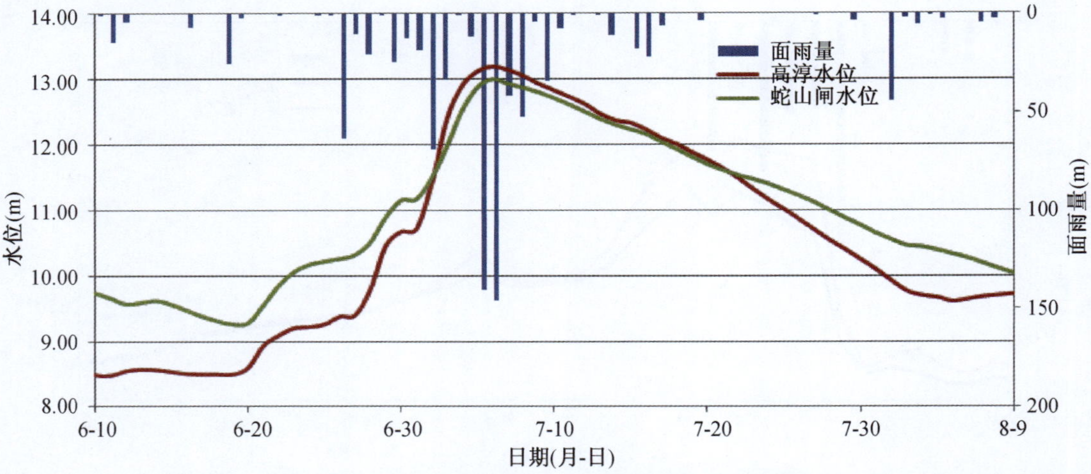

图 4.2-4　2016 年洪水期固城湖石臼湖水位过程线图

4.2.1.4　滁河水系

受流域上游及本地降雨影响，晓桥站水位从 6 月 18 日 8:00 时的 7.12 m 开始上涨，至 7 月 5 日 13:50 时洪峰水位 11.53 m，超过警戒水位 2.03 m，之后水位缓慢回落至 9.25 m 左右；7 月 13—17 日又出现一次洪峰过程，7 月 16 日 9:35 出现洪峰水位 9.88 m，7 月 20 日 8:00 水位回落至 9.23 m(见图 4.2-5)。

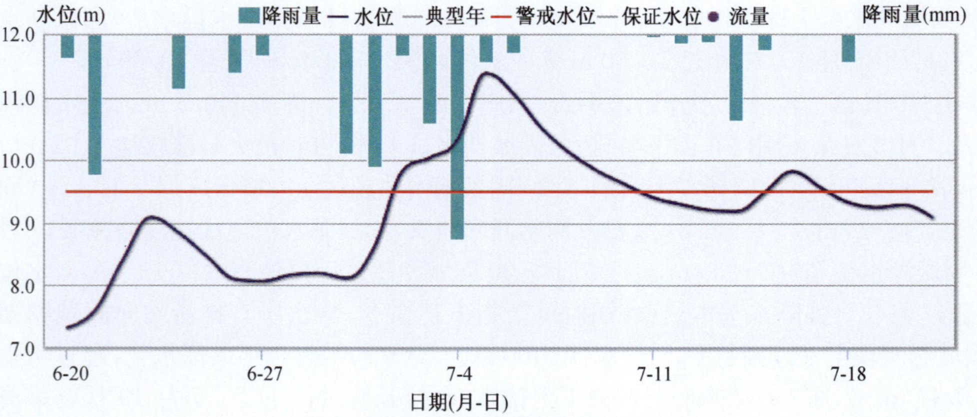

图 4.2-5　滁河晓桥站水位过程线

六合站水位从 7 月 1 日 4:00 时的 7.14 m 开始快速上涨，到 5 日 14:30 上涨至最高水位 9.97 m(仅次于 1991 年的 10.47 m 和 2003 年的 10.22 m，列历史第 3 位)，超过警戒水位 2.12 m，之后六合站水位开始缓慢回落，7 月 20 日 8:00 水位回落至 8.05 m，仍超过警戒水位 0.20 m。

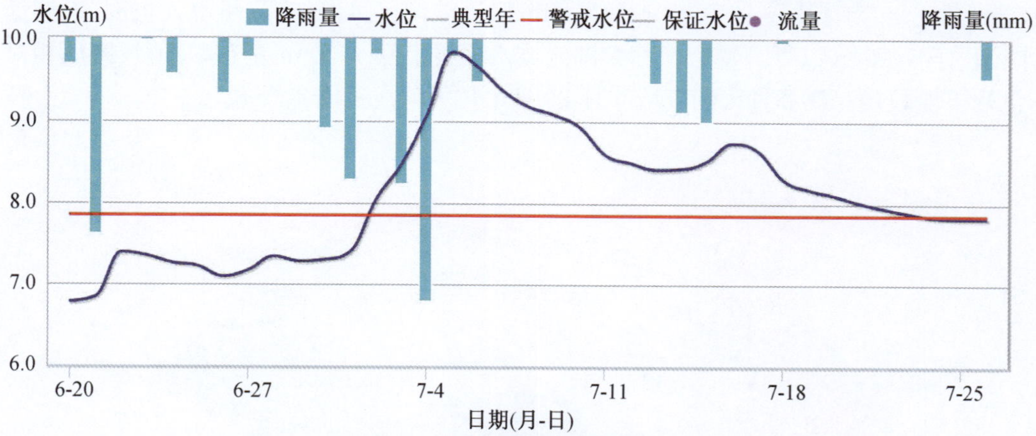

图 4.2-6　滁河六合站水位过程线

受上游来水及长江高水位顶托影响，滁河下游红山窑闸站上、下游最高水位 9.49 m、9.46 m，划子口闸上游最高水位 9.51 m，分别超历史最高水位 0.18 m、0.07 m 和 0.15 m。

4.2.2　太湖水系

4.2.2.1　梅雨期间太湖水系水势分析

6 月 19 日太湖流域入梅，8 时太湖水位 3.77 m。入梅初江苏太湖流域水势总体由西北向东北方向递减，3.50 m、3.70 m、3.90 m 等值线间隔相对较大。镇江市运河一带水位在 3.90 m 以上，湖西、湖区水位在 3.70 m 以上，因湖面坡度较小，水流相对较小，不利于刚入梅的江苏太湖流域湖西区排水；武澄锡虞区水位介于 2.90～3.80 m，大部分地区高于 3.50 m；阳澄淀泖区水位介于 2.10～3.70 m，水面线跨度较大。江苏省太湖水系 6 月 19 日水位等值线见图 4.2-7。

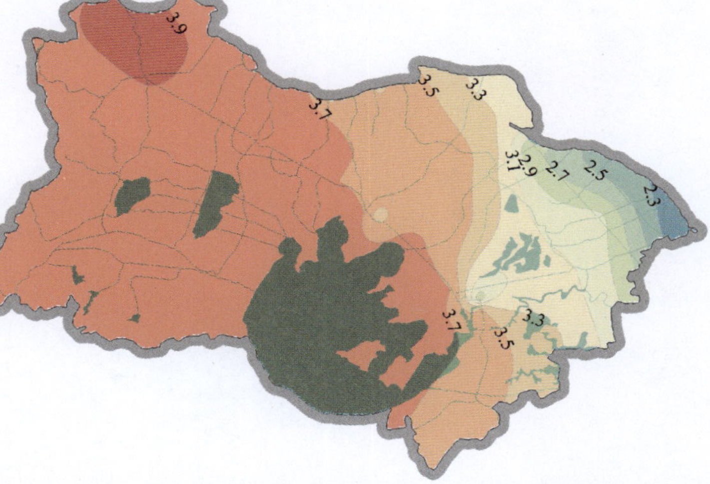

图 4.2-7　2016 年江苏省太湖水系 6 月 19 日水位等值线图(单位:m)

6月28日8时,江苏太湖流域已入梅9 d,流域水位全面上涨,太湖水位涨至4.18 m。湖西区水位基本处于4.50 m以上,溧阳西南部出现5.50 m以上水位,常州因启用大包围水位介于4.00~4.50 m;武澄锡虞区水面线为4.00~4.50 m,无锡市大包围水位介于3.50~4.00 m;湖区、浦南区水位介于4.00~4.50 m,阳澄淀泖区吴淞江、苏州市大包围、七浦塘以内水位位于3.50 m以下。整个江苏太湖流域水面线上涨1.50 m左右,等值线跨度相对较大,洪水下泄较慢。江苏省太湖流域6月28日水位等值线见图4.2-8。

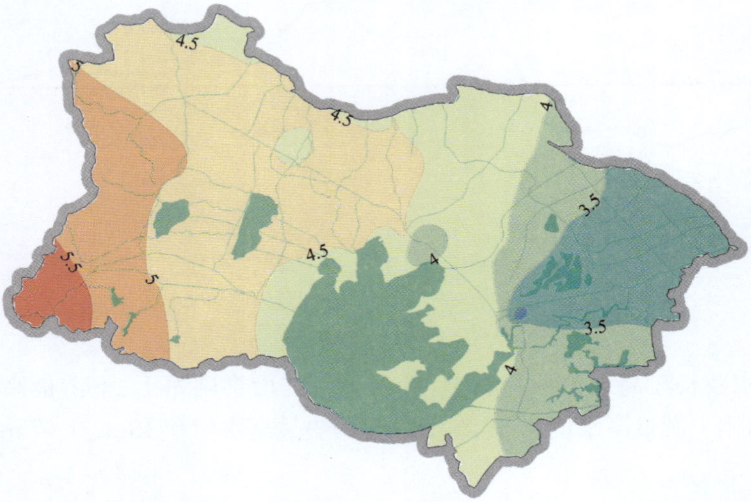

图4.2-8　2016年江苏省太湖水系6月28日水位等值线图(单位:m)

2016年7月2日12:40钟楼闸关闸,取12时数据绘制等值线,太湖平均水位已涨至4.47 m。湖西区水位基本处于5.00 m以上,湖西山丘区水位涨至7.00 m以上,区域水位等值线较密,说明湖西区水面线自西向东较陡,洪水下泄快;武澄锡虞区水位介于4.00~5.50 m,区域内4.50 m、5.00 m等值线向东凸出,表示水流正往东北方向排江、东南方向排入望虞河;阳澄淀泖区水位基本介于3.50~4.00 m,水面坡度小,水位全面上涨。江苏省太湖流域7月2日12时水位等值线见图4.2-9。

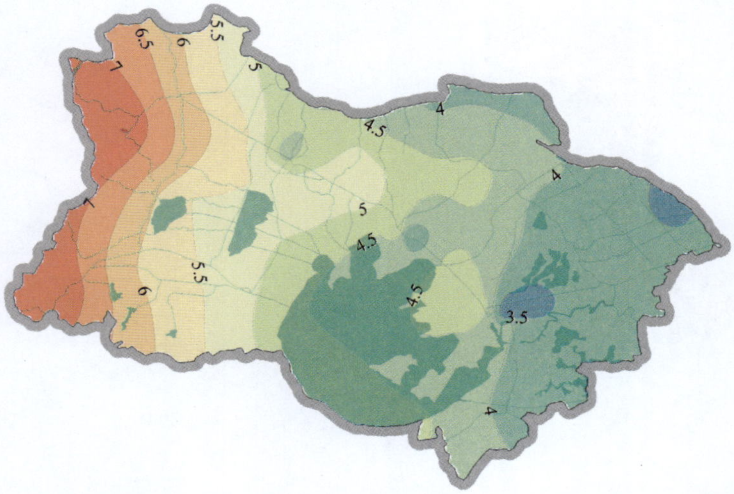

图.2-9　2016年江苏省太湖水系7月2日12时水位等值线图(单位:m)

2016 年 7 月 3 日 8 时太湖水位 4.61 m，距保证水位只有 0.04 m。苏南运河常州段钟楼闸关闸之后 20 h，4.00 m 以上等值线明显东移，并且可以看出 5.00 m、5.50 m、6.00 m、6.50 m 等值线在苏南运河一带凸出，凸出程度依次减少，与钟楼闸关闸及苏南运河行洪压力转移有关。武澄锡虞区水位介于 4.00～5.50 m，阳澄淀泖区出现 3.50 m、3.00 m、2.50 m 等值线区域，望虞河北部出现水位差，利于洪水排江。江苏省太湖流域 7 月 3 日水位等值线见图 4.2-10。

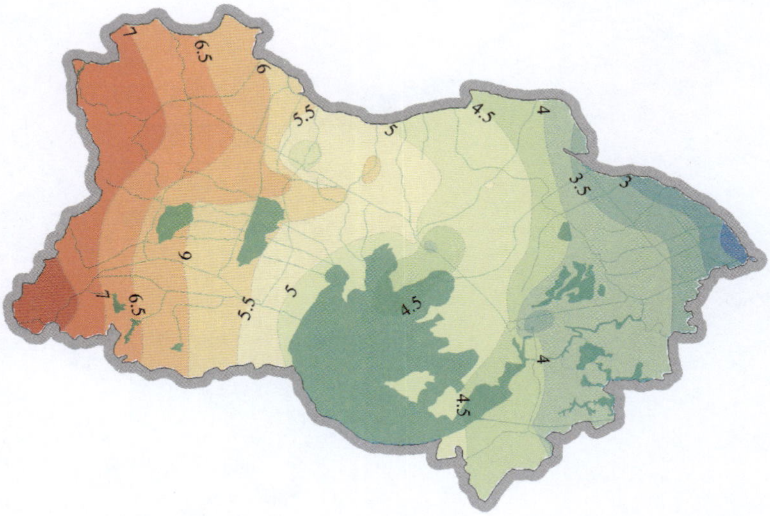

图 4.2-10　2016 年江苏省太湖水系 7 月 3 日水位等值线图(单位：m)

2016 年 7 月 5 日 9 时常州站达到年最高水位 6.31 m，钟楼闸仍处于关闸状态，太湖平均水位 4.75 m。虽然湖西区 6.00 m 以上等值线仍往东推移，但是运河一带凸出区域已经明显缩小，可见钟楼闸关闸缓解了苏南运河下游行洪压力；4.50 m、5.00 m 等值线部分西移，4.00 m 以下等值线变化不是很大。江苏省太湖流域 7 月 5 日水位等值线见图 4.2-11。

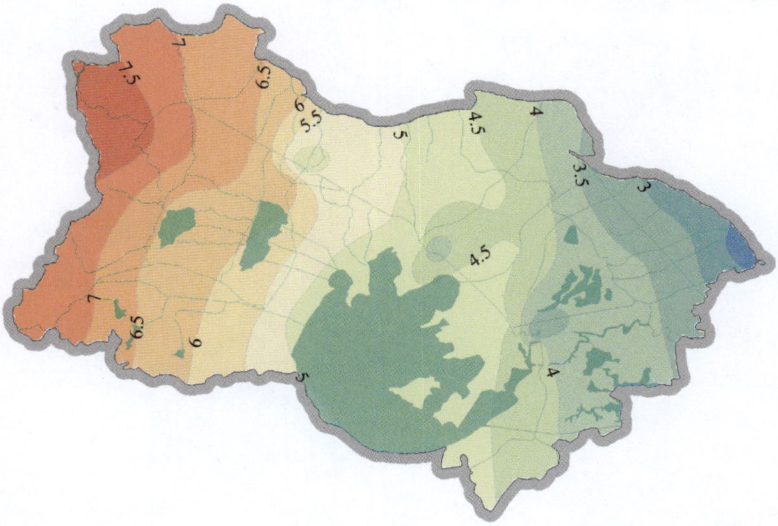

图 4.2-11　2016 年江苏省太湖水系 7 月 5 日水位等值线图(单位：m)

2016年7月6日16:45钟楼闸开闸，取16时数据绘制水位等值线，太湖平均水位4.80 m。湖西区7.00 m等值线已退至溧阳一角，湖西区运河片水位西移非常明显，湖西区洮滆片5.00～6.00 m区间等值线变化不大，说明该区间洪水排泄不畅；武澄锡虞区水位整体下降0.50 m左右；阳澄淀泖区水位有所上升，说明洪水正向东北推移。江苏省太湖流域7月6日16时水位等值线见图4.2-12。

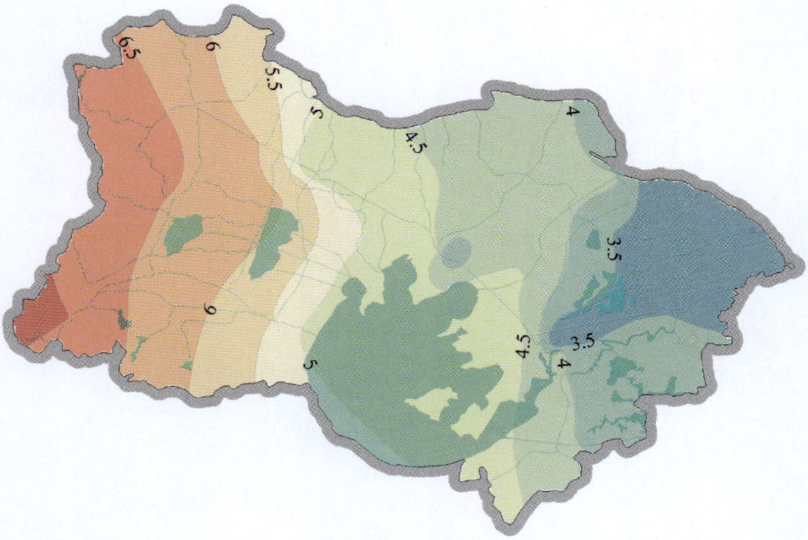

图4.2-12　2016年江苏省太湖水系7月6日16时水位等值线图(单位:m)

2016年7月6日21:50钟楼闸再次关闸，取21时数据绘制水位等值线，太湖平均水位4.81 m。开闸5 h之后，5.50 m以上等值线稍稍西移，5.00 m等值线比16时同水位等值线凸出很多，表明开闸一段时间后，苏南运河沿线常州段水流明显往东北方向流去；阳澄淀泖区东北区域出现水位差。江苏省太湖流域7月6日21时水位等值线见图4.2-13。

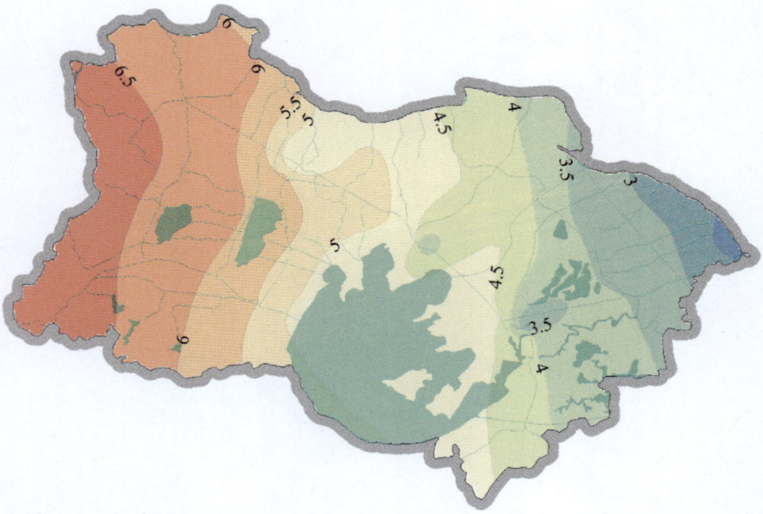

图4.2-13　2016年江苏省太湖水系7月6日21时水位等值线图(单位:m)

2016 年 7 月 8 日 20 时太湖水位涨至年最高水位 4.87 m，与 7 月 6 日 21 时比较，6.00 m、6.50 m 等值线西移，5.00 m 等值线向东北凸起缩小，3.50 m 等值线以下区域扩大。江苏省太湖流域 7 月 8 日 20 时水位等值线见图 4.2-14。

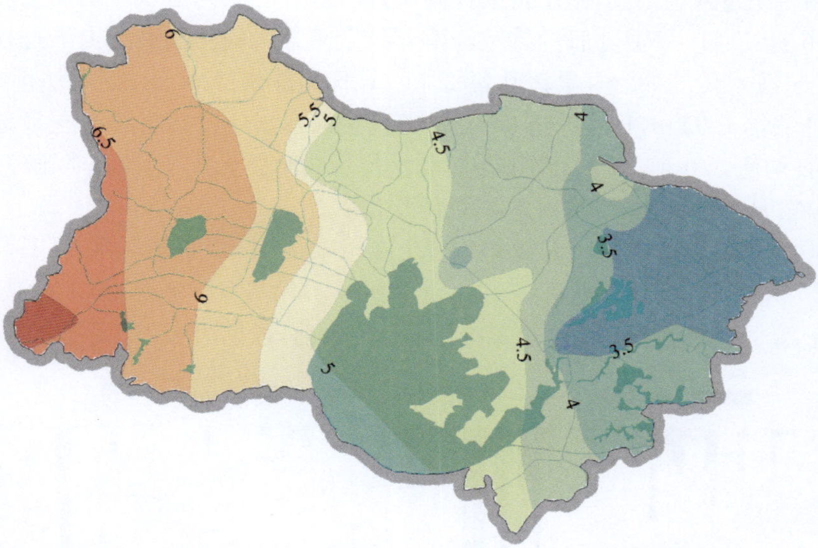

图 4.2-14　2016 年江苏省太湖水系 7 月 8 日 20 时水位等值线图(单位:m)

2016 年 7 月 20 日太湖流域出梅，8 时太湖平均水位 4.56 m。太湖流域水位已退至 5.00 m 以下，4.50 m 以上水位位于湖西区南部，以洛阳胜利河、香草河、苏南运河为分界线，湖西南部大于 4.50 m，北部小于 4.50 m，湖区水位也在 4.50 m 以上，所以此时湖西区排涝还是以沿江排涝为主；武澄锡虞区水面线介于 3.50～4.50 m；阳澄淀泖区水面线在 4.50 m 以下。江苏省太湖流域 7 月 20 日水位等值线见图 4.2-15。

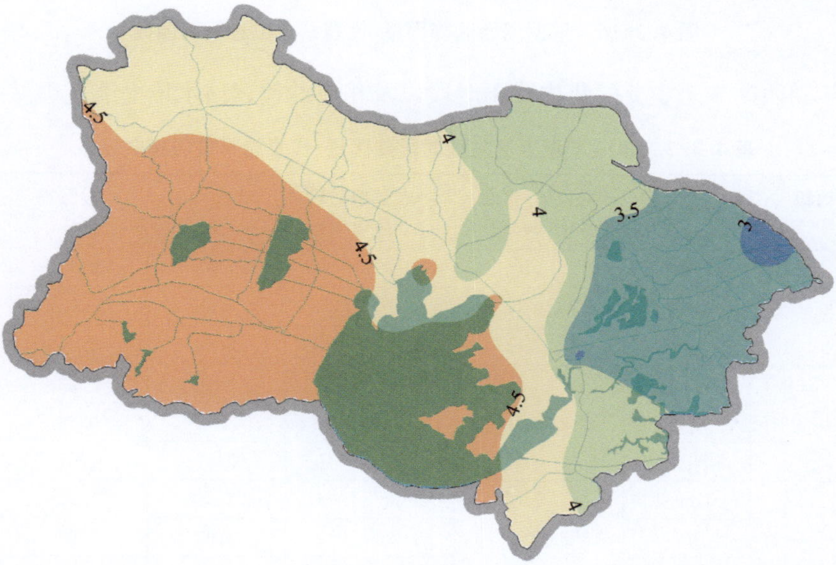

图 4.2-15　2016 年江苏省太湖水系 7 月 20 日水位等值线图(单位:m)

4.2.2.2 分区河网洪水过程分析

1. 湖西区

湖西区河网代表站采用长荡湖王母观站、滆湖坊前站和苏南运河常州(三)站。

汛期，特别是进入梅雨期，由于持续性降雨，湖西区湖泊、河道水位迅速上涨，多站频超历史水位。6月20日—7月4日的持续降雨导致全年最大的一次洪水上涨过程，长荡湖王母观站洪水起涨水位3.82 m，累计涨幅2.71 m，日均涨幅0.18 m；滆湖坊前站起涨水位3.85 m，累计涨幅1.95 m，日均涨幅0.13 m；苏南运河常州(三)站起涨水位3.83 m，累计涨幅2.46 m，日均涨幅0.18 m。从降雨历时和水位影响时段天数来看，基本雨停则水位滞后一天停止上涨，从湖西区来看，降雨是水位上涨主因。

湖西区3个代表站全年最大日涨幅均发生在汛末，9月29日至9月30日，王母观站最大日涨幅1.14 m，坊前站最大日涨幅0.60 m，常州(三)站最大日涨幅1.13 m；从对应的日雨量来看，9月29日湖西区面雨量在全年排位也达之最前，详见图4.2-16。

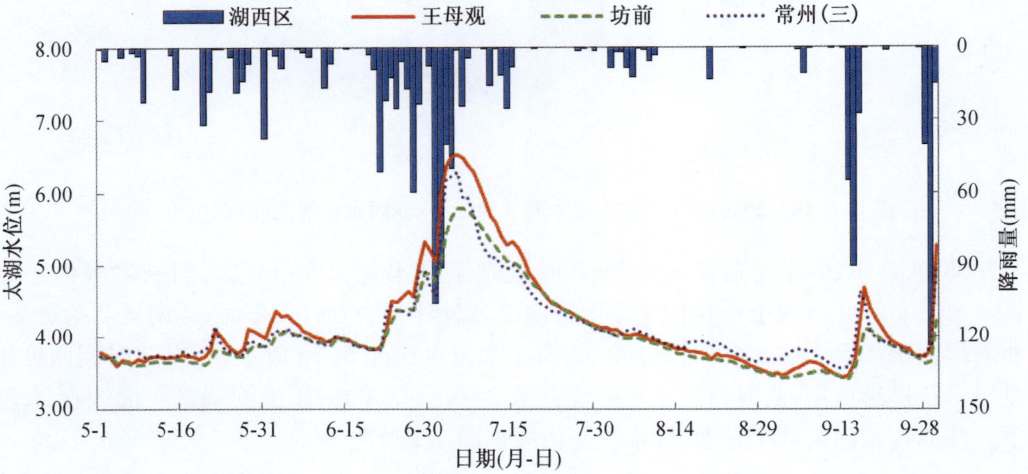

图4.2-16 汛期湖西区降雨量-代表站水位过程对照图

2016年湖西区3个主要的集中降雨时段以及相应的代表站水位上涨过程见表4.2-2。

表4.2-2 2016年湖西区主要时段降雨量-代表站水位涨幅关系表

序号	时段(月-日)	代表站	降雨量/强度[mm/(mm/d)]	水位影响时段(月-日)	起涨水位(m)	时段涨幅(m)	涨率(m/d)
1	6-20—7-4	王母观	520.0/34.7	6-20—7-5	3.82	2.71	0.18
		坊前		6-20—7-5	3.85	1.95	0.13
		常州(三)		6-21—7-5	3.83	2.46	0.18
2	9-14—9-16	王母观	172.5/57.5	9-14—9-17	3.46	1.23	0.41
		坊前		9-14—9-17	3.42	0.68	0.23
		常州(三)		9-14—9-16	3.57	1.07	0.54
3	9-28—9-30	王母观	179.2/59.7	9-28—10-1	3.71	1.73	0.58
		坊前		9-28—10-2	3.63	0.98	0.25
		常州(三)		9-28—9-30	3.75	1.27	0.64

2. 武澄锡虞区

武澄锡虞区河网代表站采用苏南运河无锡(大)站和青阳站、陈墅站。

从图 4.2-8 中可以看出,武澄锡虞区面降雨与河道水位涨幅存在明显响应关系,一般水位影响时段天数要滞后降雨一天结束,这与流域汇流有关。

梅雨期的持续性降雨导致的一场较大洪水过程是武澄锡虞区主要洪水过程,6 月 21 日—7 月 2 日 12 d 的降雨影响无锡(大)、青阳、陈墅 3 个代表站水位时段数位 12 d,无锡起涨水位 3.74 m,累计涨幅 1.51 m,日均上涨 0.13 m;青阳起涨水位 3.71 m,累计涨幅 1.62 m,日均上涨 0.14 m;陈墅起涨水位 3.66 m,累计涨幅 1.37 m,日均上涨 0.11 m,详见图 4.2-17。

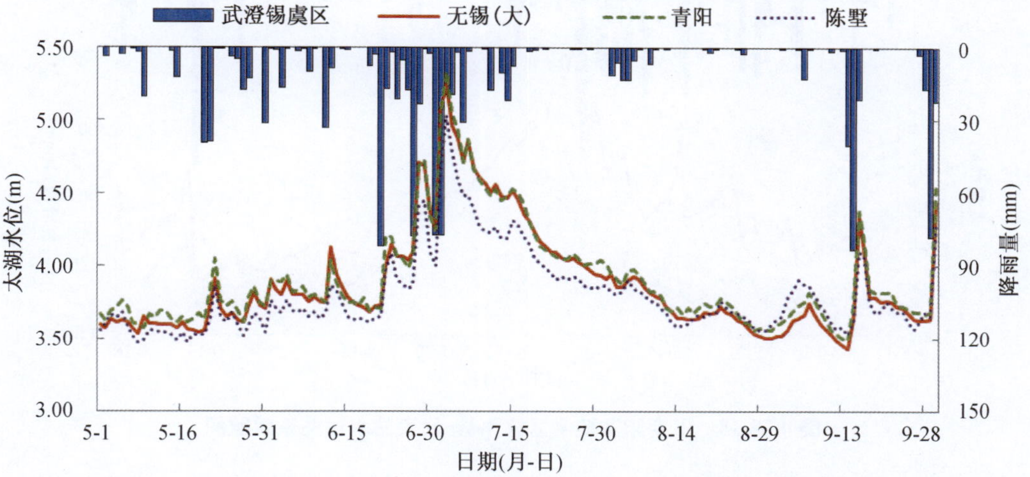

图 4.2-17 汛期武澄锡虞区降雨量-代表站水位关系对照图

2016 年武澄锡虞区 4 个主要的集中降雨时段以及相应的代表站水位上涨过程见表 4.2-3。

表 4.2-3 2016 年武澄锡虞区主要时段降雨量-代表站水位涨幅关系表

序号	时段(月-日)	代表站	降雨量/强度[mm/(mm/d)]	水位影响时段(月-日)	起涨水位(m)	时段涨幅(m)	涨率(m/d)
1	5-20—5-21	无锡(大)	78.4/39.2	5-20—5-22	3.56	0.36	0.18
		青阳		5-20—5-22	3.63	0.42	0.21
		陈墅		5-20—5-22	3.53	0.34	0.17
2	6-21—7-2	无锡(大)	403.1/33.6	6-21—7-3	3.74	1.51	0.13
		青阳		6-21—7-3	3.71	1.62	0.14
		陈墅		6-21—7-3	3.66	1.37	0.11
3	9-14—9-16	无锡(大)	144.7/48.2	9-14—9-16	3.43	0.91	0.46
		青阳		9-14—9-16	3.49	0.89	0.45
		陈墅		9-14—9-16	3.53	0.57	0.29
4	9-28—9-30	无锡(大)	117.6/39.2	9-28—9-30	3.63	0.81	0.41
		青阳		9-28—9-30	3.67	0.87	0.44
		陈墅		9-29—9-30	3.66	0.62	0.62

3. 阳澄淀泖区

阳澄淀泖区河网代表站采用苏南运河苏州(枫桥)、湘城、陈墓。

汛期,6 月 19 日—7 月 2 日持续有相对比较大的降雨 14 d,对于苏州(枫桥)、湘城、陈墓影响天数分别为 14 d、14 d、15 d;起涨水位分别为 3.68 m、3.22 m、3.32 m;累计涨幅分别为 1.02 m、0.76 m、0.52 m;日均涨幅分别为 0.07 m、0.05 m、0.03 m。年最大日涨幅苏州(枫桥)站 0.58 m(9 月 15—16 日),湘城站年最大日涨幅 0.35 m(7 月 2—3 日),陈墓站年最大日涨幅 0.23 m(6 月 12—13 日),详见图 4.2-18。

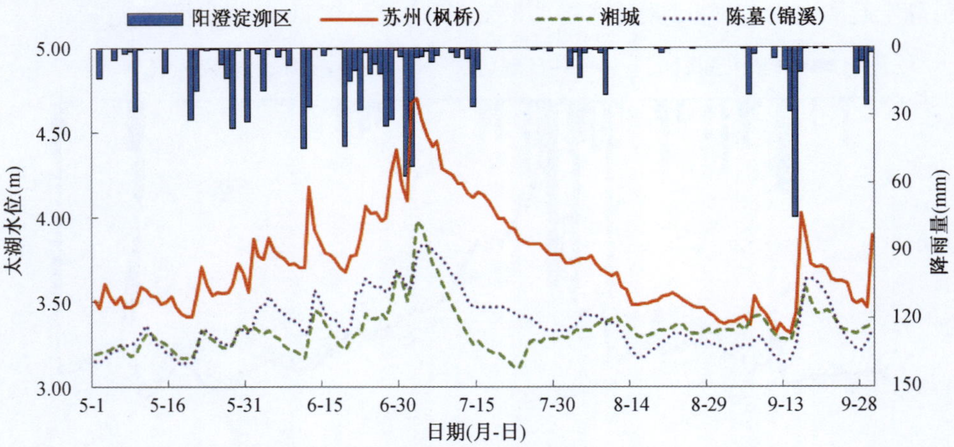

图 4.2-18 汛期阳澄淀泖区降雨量-代表站水位关系对照图

2016 年阳澄淀泖区 2 个主要的集中降雨时段以及相应的代表站水位上涨过程见表 4.2-4。

表 4.2-4 2016 年阳澄淀泖区主要时段降雨量-代表站水位涨幅关系表

序号	时段	代表站	降雨量/强度[mm/(mm/d)]	水位影响时段	起涨水位(m)	累计涨幅(m)	涨率(m/d)
1	6-19—7-2	苏州(枫桥)	309.4/22.1	6-19—7-3	3.68	1.02	0.07
		湘城		6-19—7-3	3.22	0.76	0.05
		陈墓		6-19—7-4	3.32	0.52	0.03
2	9-14—9-16	苏州(枫桥)	114.8/38.3	9-14—9-16	3.31	0.71	0.36
		湘城		9-14—9-17	3.27	0.31	0.10
		陈墓		9-14—9-18	3.16	0.48	0.12

4.3 与历史洪水比较

4.3.1 长江水系

4.3.1.1 洪水过程比较

1. 秦淮河流域

东山站 2016 年洪水上涨过程比 1991 年和 2015 年明显加快,从水位起涨到第一个洪峰水位时间明显缩短。2016 年东山站从起涨到第一个洪水峰值仅用时 33.5 小时，较 1991 年缩短 22.5 h；较 2015 年两场洪水分别缩短 23.5 h 和 8.5 h。2016 年东山站到达最高水位时长 145 h，较 1991 年的 272 小时明显缩短，而较 2015 年的 42 小时则明显偏长。东山站 2016 年与 1991 年、2015 年水位过程比较见图 4.3-1。

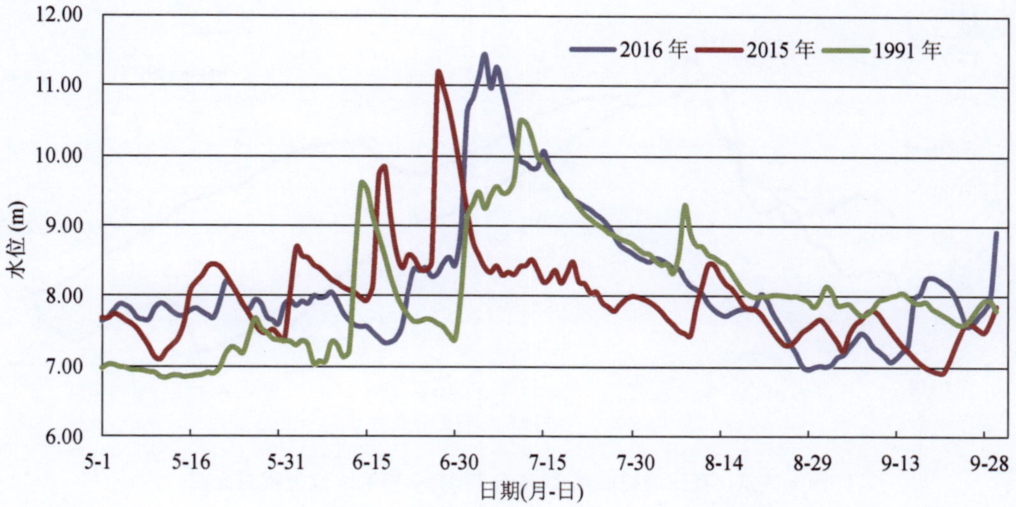

图 4.3-1　东山站 2016 年与 1991 年、2015 年水位过程线

2. 固城湖石臼湖

2016 年固城湖周边的水利工程与 1999 年相比已发生改变，官溪河上杨家湾闸由低闸 8.50 m 改建成高闸 9.50 m，水碧桥河上已建闸，牛耳港河已封堵。（见图 4.3-2）

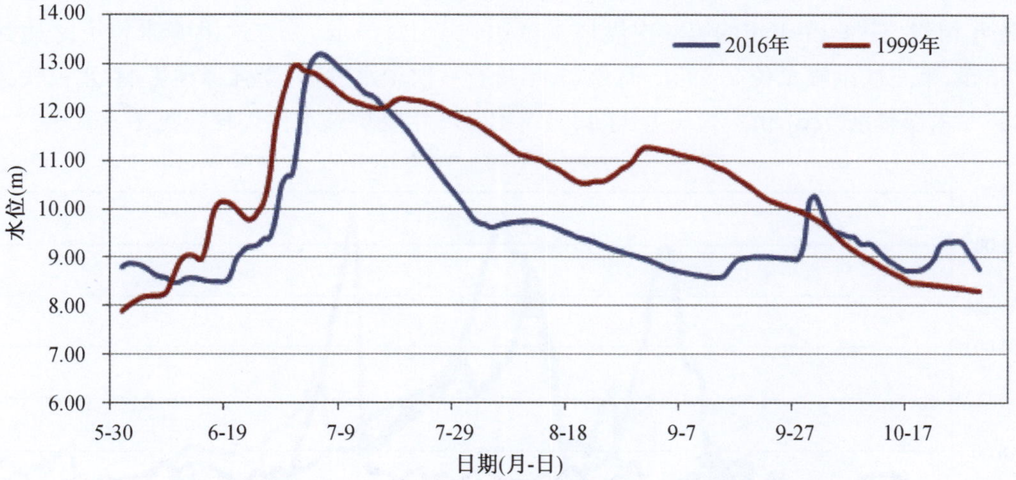

图 4.3-2　固城湖高淳站 2016 年与 1999 年洪水位过程对比图

1999 年固城湖发生大洪水，除本地降水，还有通过水碧桥河和官溪河进入固城湖的水阳江洪水，而 2016 年固城湖洪水主要是本地短时间强降水造成的洪水。

由洪水过程图可知，2016 年最高洪水位高于 1999 年最高洪水，但 2016 年 6 月 29 日至 8 月 1 日共 34 d 超警戒水位，远小于 1999 年 6 月 18 日至 9 月 28 日共 95 d 超警戒水位。

2016年石臼湖洪水与高淳站相似，与1999年洪水相比较，本地强降水对抬升石臼湖水位起了主导作用，导致2016石臼湖最高洪水位大于1999年最高洪水位，但2016年6月23日至8月10日共48 d超10.0 m警戒水位，远小于1999年6月27日至9月25日共91 d超警戒水位(见图4.3-3)。

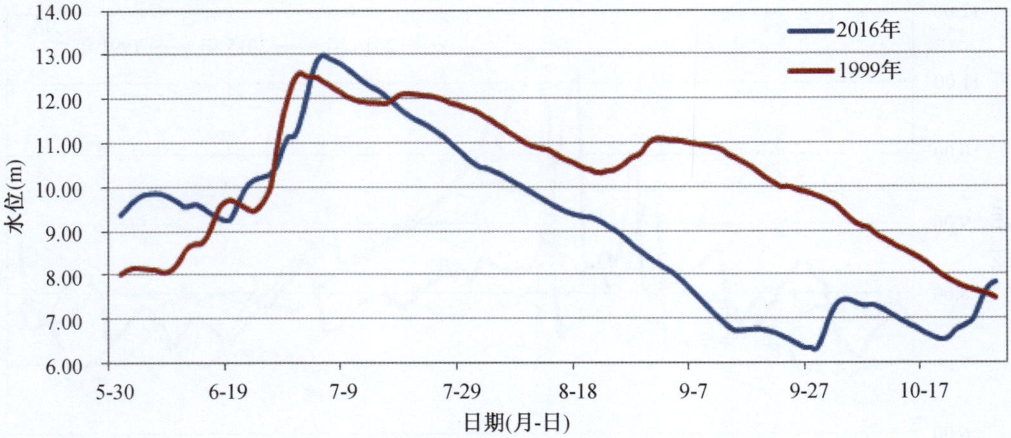

图4.3-3 石臼湖蛇山闸2016年与1999年洪水位过程对比图

3. 滁河晓桥和六合

2016年晓桥站洪峰水位11.53 m，低于1991年的12.63 m和2008年的12.62 m。

2016年主要出现三次洪水过程，第一次过程洪峰水位9.17 m，低于警戒水位0.33 m；第二次过程洪峰水位11.53 m，超过警戒水位2.03 m；在第二次洪水过程落水过程中受降雨影响，出现第三次洪峰过程，洪峰水位9.88 m，超过警戒水位0.38 m。2016年洪峰过程与1991年相似，只是1991年的第一次洪峰水位达到了12.01 m，第二次洪峰水位更是达到了12.63 m，第三次洪峰水位9.59 m，而2008年只有一次洪水过程，受强降雨影响，水位快速上涨，36 h水位暴涨5.07 m。2016年与1991年、2008年晓桥站水位过程线见图4.3-4。

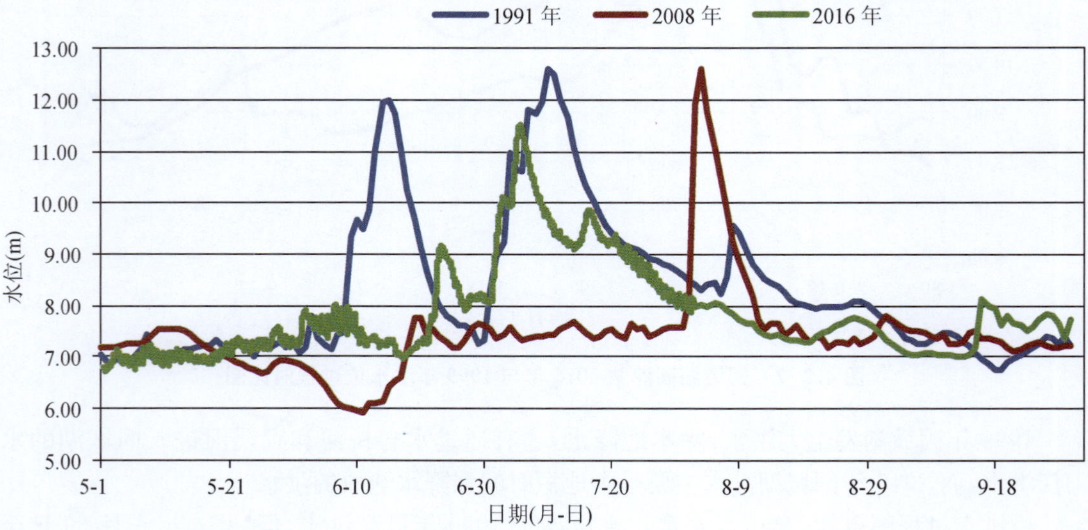

图4.3-4 晓桥站2016年与1991年、2008年洪水过程线

2016 年六合站洪峰水位 9.97 m，低于 1991 年的 10.47 m，高于 2008 年的 9.12 m。

2016 年主要出现三次洪水过程，第一次过程洪峰水位 7.62 m，低于警戒水位 0.23 m；第二次过程洪峰水位 9.97 m，超过警戒水位 2.12 m；在第二次洪水过程落水过程中受降雨影响，出现第三次洪峰过程，洪峰水位 8.79 m，超过警戒水位 0.94 m。2016 年洪峰过程与 1991 年相似，只是 1991 年的第一次洪峰水位达到了 9.69 m，第二次洪峰水位更是达到了 10.47 m，第三次洪峰水位 8.16 m，而 2008 年只有一次洪水过程，洪峰水位 9.12 m。2016 年与 1991 年、2008 年六合站水位过程线见图 4.3-5。

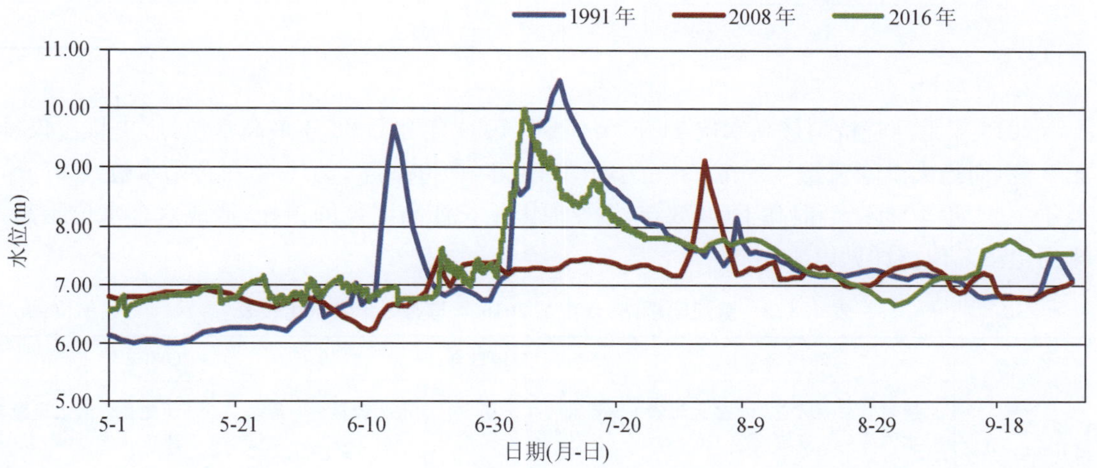

图 4.3-5　六合站 2016 年与 1991 年、2008 年洪水过程线

4.3.1.2　洪水特征值比较

1. 秦淮河流域

从两个方面比较秦淮河流域洪水特征值，一是从代表站水位和流量两个特征值进行比较，另一方面是从最大 3 d、7 d 洪量以及主汛期排水总量比较。

2016 年秦淮河干流最大流量 1 200 m^3/s，比 1991 年的 982 m^3/s 和 2015 年的 1 100 m^3/s 大；东山站最高水位 11.44 m，超过 1991 年的 10.74 m 和 2015 年的 11.17 m；2016 年下游武定门闸和秦淮新河闸最大日平均泄洪流量为 1 342 m^3/s，大于 1991 年的 1 262 m^3/s，小于 2015 年的 1 456 m^3/s，主要原因是 2016 年长江潮位比 2015 年排水期相应潮位要高，影响洪水下泄。秦淮河流域控制站 2016 年与 1991 年、2015 年特征值比较情况见表 4.3-1。

表 4.3-1　秦淮河流域控制站 2016 年与 1991 年、2015 年特征值比较

年份	前垾村(秦)		东山		下游两闸	
	洪峰流量 (m^3/s)	出现日期 (月-日)	最高水位 (m)	出现日期 (月-日)	最大日均流量 (m^3/s)	出现日期 (月-日)
2016 年	1 200	7-2	11.44	7-7	1 342	7-5
2015 年	1 100	6-28	11.17	6-28	1 456	6-28
1991 年	982	7-4	10.74	7-11	1 280	6-14

将秦淮新闸和武定门闸日平均流量合并，得出秦淮河流域下泄总流量，统计其最大 3 d

和7 d洪量以及主汛期6—8月排水总量。2016年最大3 d、7 d洪量均比1991年和2015年略大。从洪量对比分析来看,2016年洪水与2015年相当,大于1991年。秦淮河2016年与1991年、2015年洪量比较情况见表4.3-2。

表4.3-2　秦淮河2016年与1991年、2015年排洪量比较表　　单元:亿 m^3

年份	最大3 d	最大7 d	主汛期6—8月
2016	3.41	7.58	17.72
2015	3.37	6.13	16.21
1991	3.01	6.14	25.19

2. 滁河

2016年滁河晓桥站最高水位11.53 m,低于1991年和2008年最高水位,历史排位仅排第9位,而最大洪峰流量426 m^3/s,也小于1991年和2008年;2016年六合站水位9.97 m,低于1991年10.47 m,但高于2008年,主要原因是长江高潮位的顶托,造成六合水位抬高,排历史第3位。详见表4.3-3。

表4.3-3　滁河晓桥站、六合站2016年与典型年洪水比较表　　单位:m

站名	2016年			1991年			2008年		
	最高水位	历史排位	最大流量(m^3/s)	最高水位	历史排位	最大流量(m^3/s)	最高水位	历史排位	最大流量(m^3/s)
晓桥站	11.53	9	426	12.63	1	445	12.62	2	466
六合站	9.97	3	—	10.47	1	—	9.12	14	—

3. 固城湖、石臼湖

2016年固城湖高淳站、石臼湖蛇山站最高水位分别为13.21 m和13.02 m,均超过了历史最高水位(1999年),详见表4.3-4。

表4.3-4　固城、石臼湖典型年洪水特征比较　　单位:m

站名	年份	洪水起讫时间(月-日)	起涨水位	洪峰水位	最大涨幅	涨水时长(d)	退水时长(d)	洪峰历史排位
蛇山闸	1991	7-1—8-6	9.29	11.89	2.60	12	24	7
	1999	6-24—8-25	9.47	12.86	3.39	8	54	2
	2016	6-20—8-22	9.25	13.02	3.77	16	47	1
高淳	1991	7-1—8-7	9.36	12.10	2.74	11	26	8
	1999	6-24—8-22	9.79	13.07	3.28	8	51	2
	2016	6-20—8-5	8.50	13.21	4.71	16	24	1

石臼湖蛇山闸三个典型年起涨水位相当,基本处在9.30 m左右,固城湖高淳起涨水位远低于其他典型年,偏低1.00 m;两湖泊代表站洪峰水位2016年均位居历史第一位,高于1999年;最大涨幅2016年高于1999年、1991年,特别是固城湖水位涨幅高于其他典型年1.50~2.00 m左右;涨退水时长2016年相对最长,见图4.3-6~图4.3-7。

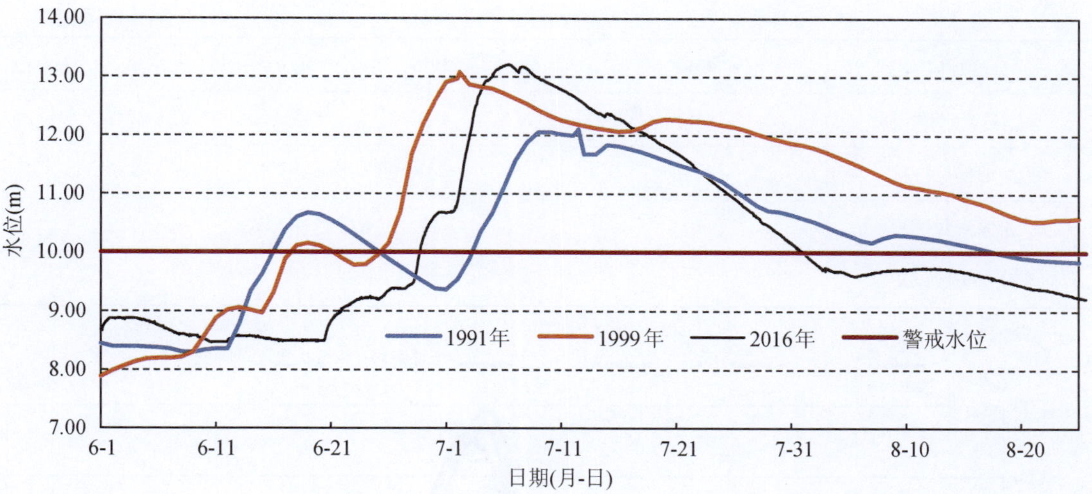

图 4.3-6　石臼湖蛇山闸站典型洪水年水位过程线对比图

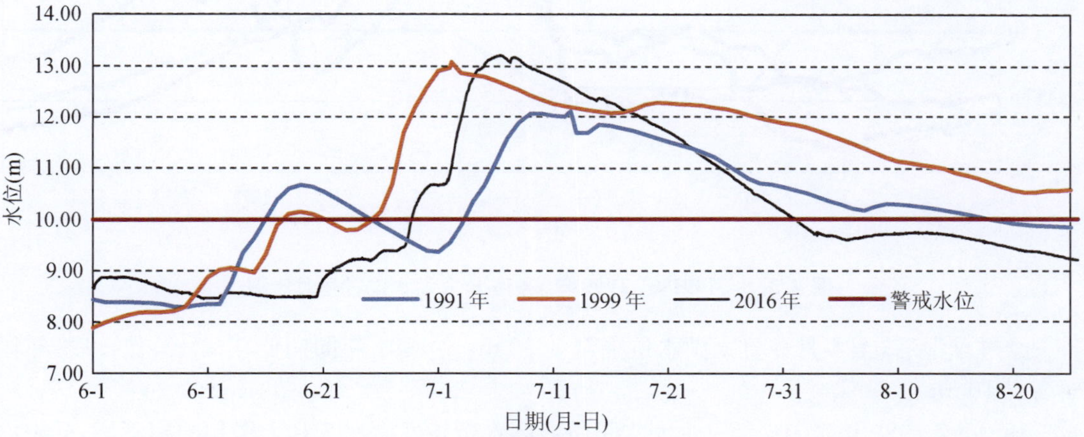

图 4.3-7　固城湖高淳站典型洪水年水位过程线对比

4.3.2　太湖水系

4.3.2.1　水位对比分析

1. 太湖水位

从大水年份各阶段太湖水位及超警、超保天数统计表(表 4.3-5)及水位过程线图(图 4.3-8)看,受 2015 年冬季降雨偏多影响,2016 年年初太湖水位 3.41 m,比 1991 年同期高 0.38 m,比 1999 年同期高 0.59 m。

表 4.3-5　大水年份各阶段太湖水位及超警、超保天数统计表　　单位:m

项目	1991	1999	2016
入梅日	3.26	3.00	3.77
出梅日	4.76	4.69	4.56

续表

项目	1991	1999	2016
最高水位	4.79	4.97	4.87
发生时间(月-日)	7-16	7-9	7-8
超警天数(d)	70	84	90
超保天数(d)	14	20	15

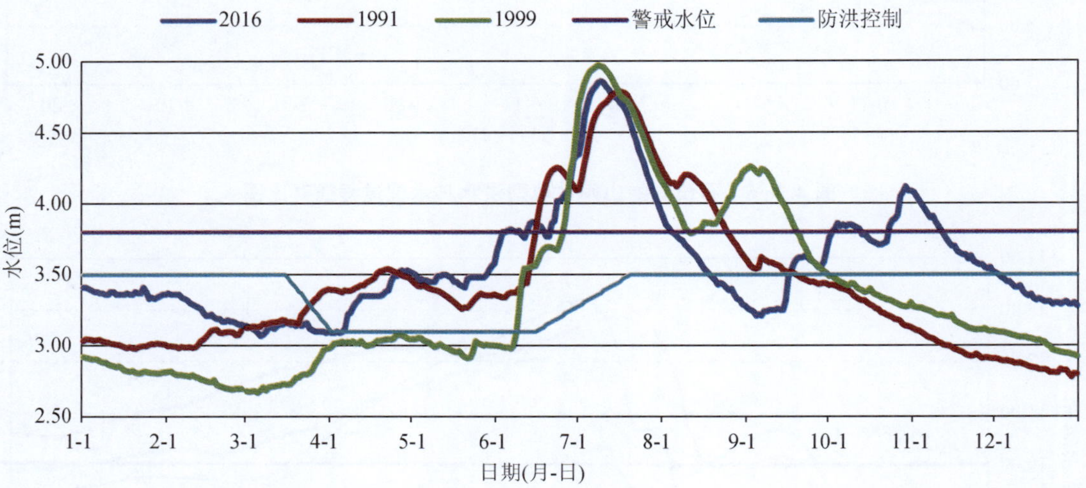

图 4.3-8　1991 年、1999 年、2016 年太湖水位过程对比图

经过预泄后，至 4 月 1 日太湖水位降至 3.09 m，比 1991 年同期低 0.30 m，比 1999 年同期高 0.10 m。

1991 年、1999 年、2016 年三个大水年份最高水位均发生在 7 月上中旬的梅雨期，受梅雨期强降雨影响，入梅后太湖水位迅速上涨，至最高水位时间分别为 58 d、32 d、19 d，平均每天上涨 2.60 cm、6.20 cm、5.80 cm。

2016 年受台风“海马”等影响、1999 年受 8 月后期降雨增多影响，太湖水位分别于 10 月下旬和 9 月上旬再度超警，呈现较为明显的双峰。

从太湖水位超警、超保天数看，超警天数 1991 年＜1999 年＜2016 年，超保天数 1991 年＜2016 年＜1999 年。

2. 湖西区

受 2016 年梅雨期强降雨影响，入梅后湖西区水位迅速上涨，王母观、坊前水位刷新历史记录，常州(三)站水位为三个大水年中最高(见表 4.3-6、图 4.3-9～图 4.3-11)。

2016 年汛后受台风“海马”等影响、1999 年受 8 月后期降雨增多影响，湖西区三站水位分别于 10 月下旬和 9 月上旬再度超警，呈现较为明显的双峰。

从超警、超保天数看，王母观超警天数 1991 年＜1999 年＜2016 年，坊前超警天数1991 年＜2016 年＜1999 年，常州(三)站超警天数 2016 年＜1991 年＜1999 年，超保天数 1999 年＜1991 年＝2016 年。

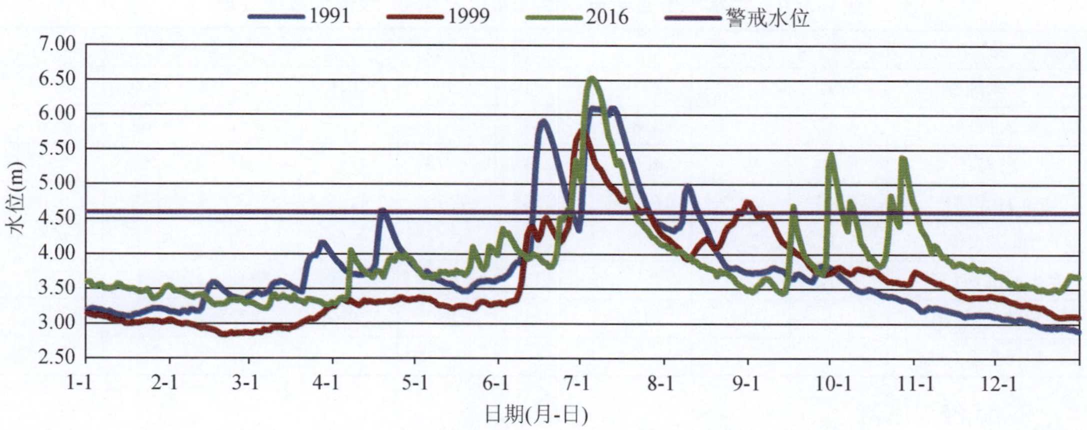

图 4.3-9　1991 年、1999 年、2016 年王母观水位过程对比图

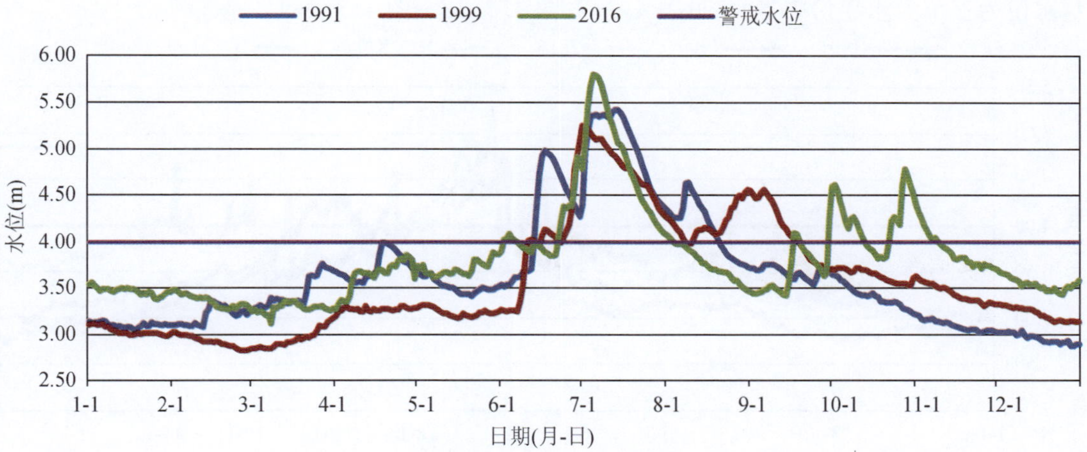

图 4.3-10　1991 年、1999 年、2016 年坊前水位过程对比图

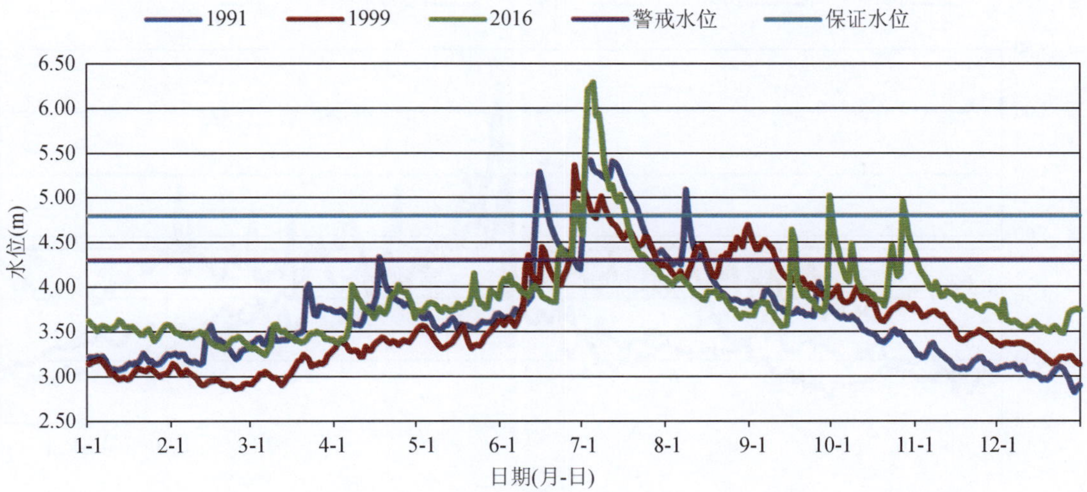

图 4.3-11　1991 年、1999 年、2016 年常州(三)水位过程对比图

表 4.3-6　大水年份各阶段湖西区水位及超警、超保天数统计表　　单位:m

站点	王母观			坊前			常州(三)		
项目	1991	1999	2016	1991	1999	2016	1991	1999	2016
入梅日	3.47	3.34	3.82	3.44	3.25	3.85	3.57	3.62	3.84
出梅日	6.10	4.73	4.68	5.43	4.73	4.67	5.39	4.54	4.47
9月30日	3.82	3.72	5.27	3.68	3.70	4.26	3.77	3.88	5.02
最高水位	6.12	5.78	6.55	5.43	5.28	5.80	5.52	5.48	6.31
发生时间(月-日)	7-12	7-1	7-5	7-12	7-1	7-5	7-12	7-1	7-5
超警天数(d)	45	34	48	69	94	90	57	61	54
超保天数(d)	—	—	—	—	—	—	26	12	26

3. 武澄锡虞区

武澄锡虞区水位代表站选取青阳、陈墅和无锡(大)三个代表站。

受梅雨期强降雨影响,武澄锡虞区水位迅速上涨,青阳、无锡(大)水位刷新历史记录,陈墅水位为三个大水年份中最高(见表 4.3-7、图 4.3-12～图 4.3-14)。

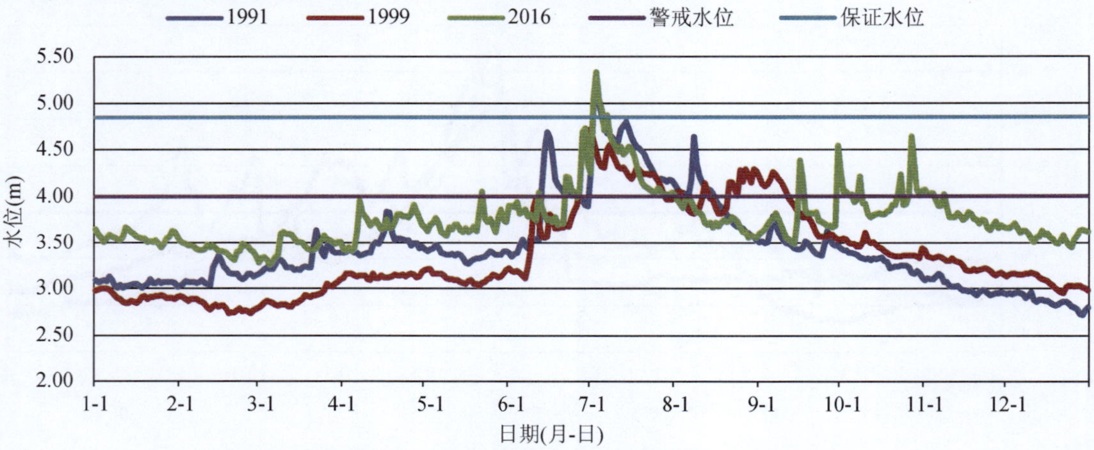

图 4.3-12　1991 年、1999 年、2016 年青阳水位过程对比图

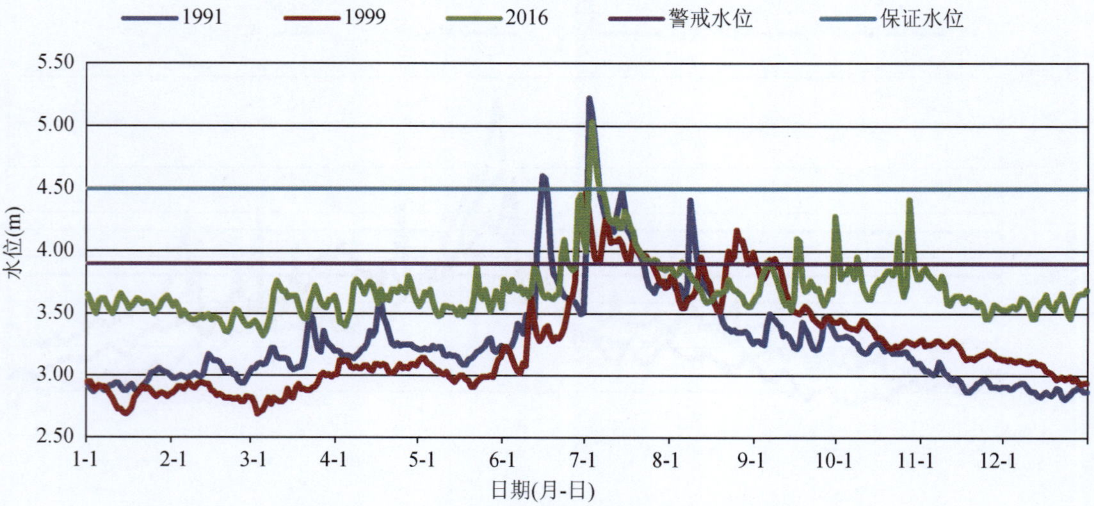

图 4.3-13　1991 年、1999 年、2016 年陈墅水位过程对比图

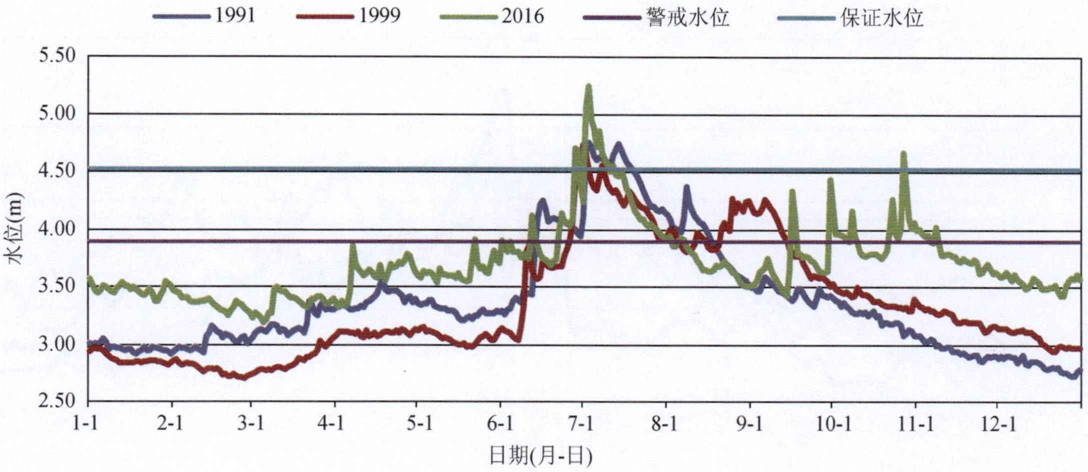

图 4.3-14　1991、1999、2016 年无锡(大)水位过程对比图

2016 年汛后受台风“海马”等影响、1999 年受 8 月后期降雨增多影响，武澄锡虞区分别于 10 月下旬和 9 月上旬再度超警，呈现较为明显的双峰。

从超警、超保天数看，青阳超警天数 1999 年＜1991 年＜2016 年，超保天数 1999 年＜1991 年＜2016 年；陈墅超警天数 1991 年＜1999 年＜2016 年，超保天数 1999 年＜1991 年＜2016 年；无锡(大)超警天数 1991 年＜1999 年＜2016 年，超保天数 1999 年＜2016 年＜1991 年。

表 4.3-7　大水年份各阶段武澄锡虞区水位及超警、超保天数统计表

站点	青阳			陈墅			无锡(大)		
项目	1991	1999	2016	1991	1999	2016	1991	1999	2016
5 月 1 日	3.43	3.20	3.67	3.21	3.12	3.56	3.36	3.13	3.60
入梅日	3.32	3.11	3.70	3.13	3.02	3.62	3.24	3.05	3.69
出梅日	4.76	4.25	4.14	4.39	3.99	4.02	4.70	4.27	4.17
9 月 30 日	3.47	3.54	4.54	3.33	3.43	4.28	3.43	3.51	4.44
最高水位	5.07	4.78	5.34	5.39	4.50	5.04	4.88	4.77	5.28
发生时间(月-日)	7-12	7-1	7-3	7-12	7-1	7-3	7-12	7-1	7-3
超警天数(d)	60	58	79	31	43	57	65	70	87
超保天数(d)	4	0	7	6	0	7	18	5	17

4. 阳澄淀泖区

阳澄淀泖区选取陈墓、湘城、苏州(枫桥)三个代表站

5 月 1 日三站前期水位显著高于 1991 年、1999 年同期。

受 2016 年梅雨期强降雨影响，入梅后大运河水位迅速上涨，苏州(枫桥)水位刷新历史记录(见表 4.3-8、图 4.3-15～图 4.3-17)。

2016 年汛后受台风“海马”等影响、1999 年受 8 月后期降雨增多影响，武澄锡虞区分别于 10 月下旬和 9 月上旬再度超警，呈现较为明显的双峰。

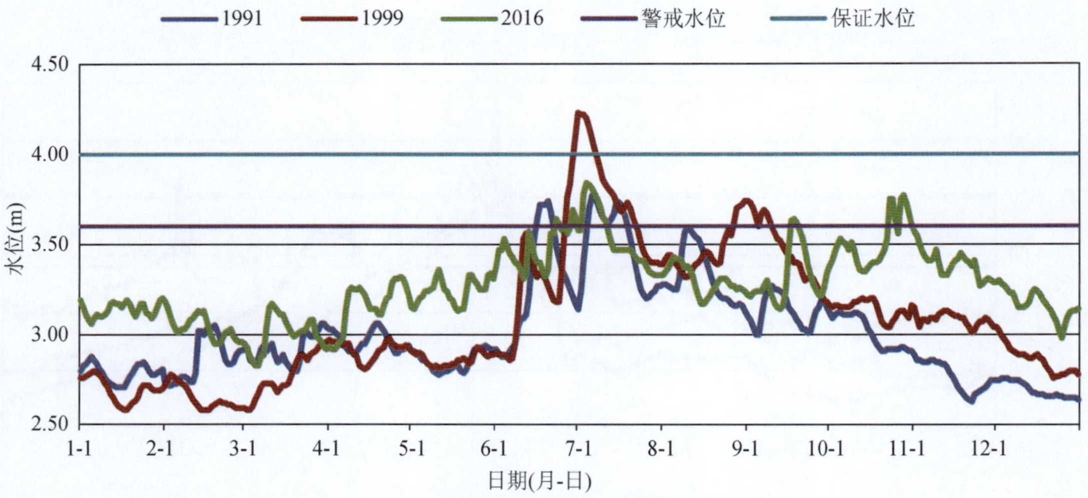

图 4.3-15　1991 年、1999 年、2016 年陈墓水位过程对比图

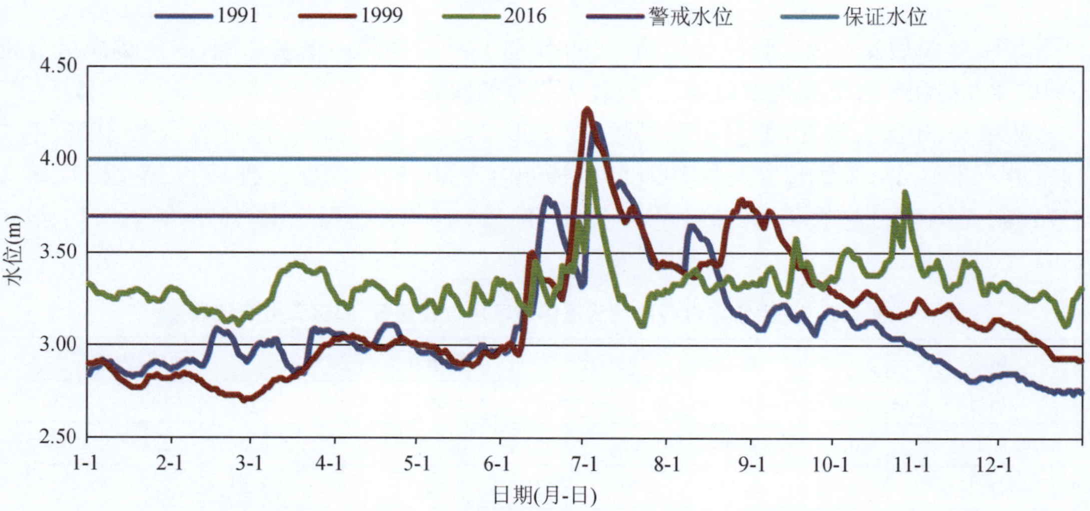

图 4.3-16　1991 年、1999 年、2016 年湘城水位过程对比图

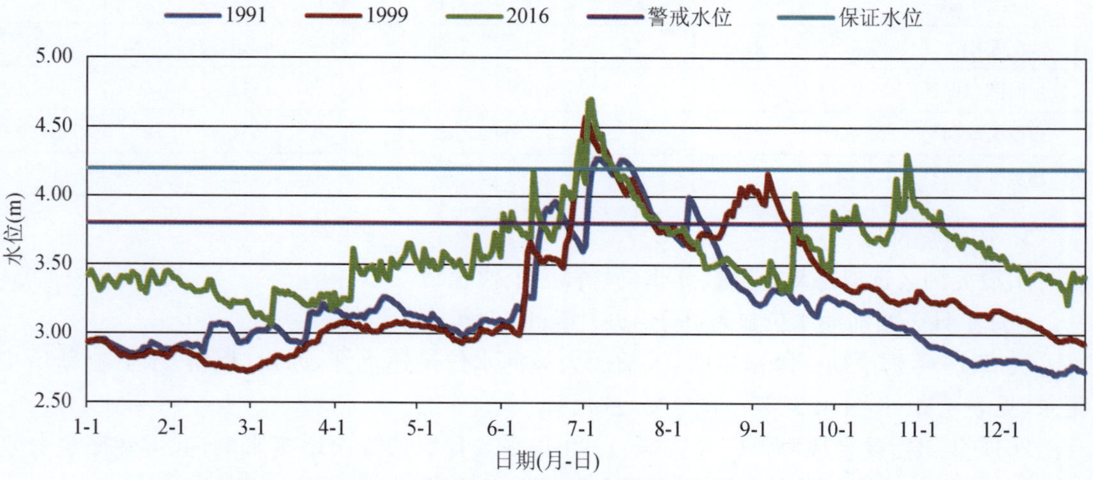

图 4.3-17　1991 年、1999 年、2016 年苏州(枫桥)水位过程对比图

从超警、超保天数看，陈墓超警天数 1991 年<2016 年<1999 年，超保天数 1991 年=2016 年<1999 年；湘城超警天数 2016 年<1991 年<1999 年，超保天数 2016 年<1991 年<1999 年；苏州(枫桥)超警天数 1991 年<1999 年<2016 年，超保天数 1991 年<1999 年<2016 年。

表 4.3-8 大水年份各阶段阳澄淀泖区水位及超警、超保天数统计表 单位：m

站点	陈墓			湘城			苏州(枫桥)		
项目	1991	1999	2016	1991	1999	2016	1991	1999	2016
5 月 1 日	2.91	2.91	3.15	2.97	3.00	3.19	3.12	3.06	3.51
入梅日	2.80	2.87	3.32	2.92	2.95	3.22	3.02	2.99	3.68
出梅日	3.64	3.70	3.47	3.86	3.72	3.17	4.22	4.04	3.99
9 月 30 日	3.15	3.18	3.34	3.19	3.29	3.37	3.25	3.39	3.89
最高水位	3.77	4.24	3.84	4.20	4.28	4.02	4.29	4.60	4.82
发生时间(月-日)	7-12	7-1	7-4	7-12	7-1	7-3	7-12	7-1	7-2
超警天数(d)	20	39	36	25	33	11	42	54	95
超保天数(d)	0	8	0	7	9	1	12	14	23

4.3.2.2 水量(洪量)对比分析

为清楚掌握环太湖进出水量情况，自 1972 年以来太湖局一直组织环太湖巡测工作，1986 年以前只在汛期开展巡测工作，1986 年以后开展了全年的水文巡测工作，多年来一直由参加巡测工作的环湖地市轮流牵头进行资料集中汇审。

大水年份全年环太湖入湖水量见表 4.3-9。从表可以看出，全年环湖入湖水量 2016 年高达 153.09 亿 m^3，远大于 1991 年 95.98 亿 m^3 和 1999 年 108.23 亿 m^3，2016 年汛期入湖水量也较 1991 年、1999 年偏多 7.42 亿 m^3、24.57 亿 m^3。从入湖分区看，大水年份湖西区、浙西区、杭嘉湖区入湖水量占总入湖水量的 95%以上，入湖水量与区域降雨量有良好的对应关系，北部雨型的 1991 年、2016 年以湖西区入湖为主，南部雨型的 1999 年则以浙西区和杭嘉湖区入湖为主。

表 4.3-9 大水年份全年环太湖入湖水量统计表 单位：亿 m^3

项目		浙西区	杭嘉湖区	太浦河	阳澄淀泖区	望虞河	武澄锡虞区	湖西区	环太湖
全年	1991	25.33	9.86	0.00	0.53	0.23	3.53	56.51	95.98
	比例	26%	10%	0%	1%	0%	4%	59%	100%
	1999	46.11	15.97	0.03	0.80	0.22	2.63	42.47	108.23
	比例	43%	15%	0%	1%	0%	2%	39%	100%
	2016	35.84	9.76	0.00	3.59	1.44	0.13	102.32	153.09
	比例	23%	6%	0%	2%	1%	0%	67%	100%
汛期	1991	17.36	4.97	0.00	0.28	0.19	2.29	34.40	59.50
	比例	29%	8%	0%	0%	0%	4%	58%	100%
	1999	38.91	9.86	0.03	0.21	0.22	1.34	26.09	76.65
	比例	51%	13%	0%	0%	0%	2%	34%	100%
	2016	23.68	7.29	0.00	1.71	0.46	0.13	50.80	84.07
	比例	28%	9%	0%	2%	1%	0%	60%	100%

大水年份全年环太湖出湖水量统计见表 4.3-10。从表可以看出，全年环湖出湖水量2016 年高达 154.11 亿 m³，大于 1991 年 124.39 亿 m³和 1999 年 148.10 亿 m³，2016 年汛期出湖水量较 1991 年偏多 9.17 亿 m³，较 1999 年偏少 17.03 亿 m³。从出湖区域看，两河工程及阳澄淀泖区出湖水量占总出湖水量的 60%以上，1999 年、2016 年更是占近 80%以上，两河工程也占到 60%以上。大水年份汛期外排水量对比见图 4.3-18。

表 4.3-10 大水年份全年环太湖出湖水量统计表 单位：亿 m³

项目		浙西区	杭嘉湖区	太浦河	阳澄淀泖区	望虞河	武澄锡虞区	湖西区	环太湖
全年	1991	10.57	16.45	35.99	37.54	6.14	14.93	2.76	124.39
	比例	8%	13%	29%	30%	5%	12%	2%	100%
	1999	9.71	15.81	60.77	27.69	27.75	4.30	2.08	148.10
	比例	7%	11%	41%	19%	19%	3%	1%	100%
	2016	6.45	10.30	65.47	32.67	31.76	6.92	0.53	154.11
	比例	4%	7%	42%	21%	21%	4%	0%	100%
汛期	1991	7.03	9.01	20.19	23.73	4.48	10.73	2.12	77.29
	比例	9%	12%	26%	31%	6%	14%	3%	100%
	1999	3.69	8.29	40.85	19.41	26.25	3.31	1.69	103.49
	比例	4%	8%	39%	19%	25%	3%	2%	100%
	2016	3.16	3.91	39.16	15.08	21.87	2.97	0.30	86.46
	比例	4%	5%	45%	17%	25%	3%	0%	100%
总量				301.35	361.24	166.00		209.09	185.21

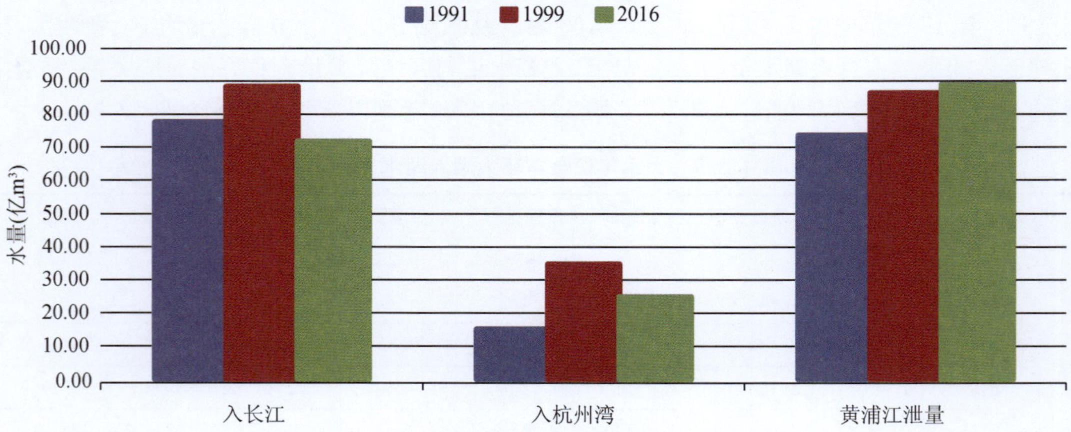

图 4.3-18 大水年份汛期外排水量对比图

4.4 洪水重现期分析

4.4.1 长江水系

4.4.1.1 秦淮河水系

从三方面比较分析 2016 年秦淮河流域洪水重现期，一是从流域最大 1 d、3 d、7 d 面雨量来分析；二是从秦淮河流域东山站最高水位频率计算来分析；三是从秦淮河流域最大 3 d、7 d 排水洪量来分析。

1. 最大 1 d、3 d、7 d 面雨量重现期分析

采用 1951—2016 年系列逐年逐日降雨量，对最大 1 d、3 d、7 d 面雨量进行统计，然后根据频率计算分析，2016 年最大 1 d、3 d、7 d 面雨量及其重现期计算见表 4.4-1。2016 年最大 1 d 面雨量 121.8 mm，重现期为 7 年，最大 3 d 暴雨 215.7 mm，重现期为 13 年，最大 7 d 面雨量 400.6 mm，重现期达 52 年。

秦淮河流域洪水主要为最大 1 日至 3 日暴雨形成，大洪水可参考最大 7 d 暴雨，综合 2016 年秦淮河流域暴雨重现期来看，我们认为相当 20 年一遇。

表 4.4-1 2016 年秦淮河流域最大 1 d、3 d、7 d 面雨量及重现期成果表

项目	2016 年				历史最大值		
	面雨量(mm)	出现日期(月-日)	历史排位	重现期(年)	面雨量(mm)	出现日期(年-月-日)	重现期(年)
最大 1 d	121.8	7-1	12	7	193.6	1974-7-30	87
最大 3 d	215.7	7-1	6	13	274.7	1991-6-11	47
最大 7 日	400.6	6-30	1	52	362.1	2003-7-4	31

2. 东山站最高水位重现期分析

2016 年东山站最高水位 11.44 m，是多种因素影响的结果，选取 1950—2016 年历年最高水位进行频率分析，频率曲线见图 4.4-1。由频率分析可知，2016 年东山站最高水位重现期为 70 年一遇。

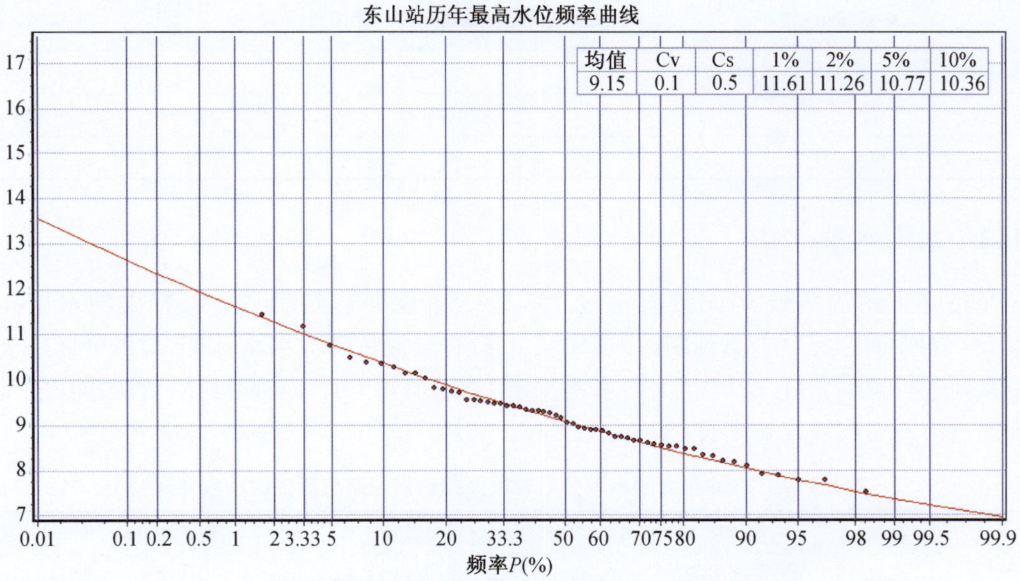

图 4.4-1 东山水位站历年最高水位频率分析

根据芮孝芳、陈洁云发表的《感潮河段设计水位的推求》(水利水电技术，1999 年第 11 期)成果，东山 100 年一遇、50 年一遇、20 年一遇设计水位分别是 11.93 m、11.49 m、10.98 m，对照这个成果，2016 年东山站最高水位 11.44 m 的重现期接近 50 年一遇。

3. 秦淮河流域最大 3 d、最大 7 d 洪量重现期分析

秦淮河流域洪水外排主要是通过秦淮新河闸及武定门闸向长江排水，秦淮新河闸 1982 年有排水流量资料，而武定门闸是 1962 年有实测排水流量资料，将两闸逐年日平均流量进行合并，并统计 1962—2016 年逐年最大 3 d、最大 7 d 洪量，并统计其特征值，结果见表 4.4-2。

表 4.4-2 秦淮河流域最大 1 d、最大 3 d 洪量特征值统计成果表

项目	最大 3 d 洪量(亿 m^3)	出现日期(年-月-日)	最大 7 d 洪量(亿 m^3)	出现日期(年-月-日)
多年平均	1.12	/	1.94	/
历史最大	3.41	2016-7-3	7.58	2016-7-2
历史最小	0.04	1968-11-27	0.08	1968-11-25

由表 4.4-2 可知，秦淮河流域 2016 年最大 3 d 洪量、最大量 7 d 洪量分别为 3.41 亿 m^3 和 7.58 亿 m^3，均为历史最大值。根据频率计算分析，最大 3 d 洪量重现期 37 年一遇，最大 7 d 洪量重现期 56 年一遇。

4.4.1.2 固城石臼湖

固城石臼湖区是水阳江流域组成部分，总面积 10 385 km^2，在我省面积 1 299 km^2，根据我省区域的最大 1 d 至最大 7 d 面雨量分析，2016 年最大 1 d 面雨量 157 mm，重现期接近 30 年一遇，最大 3 d 面雨量 328.7 mm，重现期 100 年一遇，最大 7 d 面雨量 443.4 mm，重现期超百年一遇(见表 4.4-3)。

表 4.4-3 2016 年固城石臼湖最大 1 d、3 d、7 d 面雨量及重现期成果表

项目	2016 年				历史最大值		
	面雨量(mm)	出现日期(月-日)	历史排位	重现期(年)	面雨量(mm)	出现日期(年-月-日)	重现期(年)
最大 1 d	157.0	9-29	2	29	170.2	1969-7-14	54
最大 3 d	328.7	7-1	1	104	292.5	1951-7-11	48
最大 7 d	443.4	6-27	1	123	330.1	1991-6-29	22

4.4.2 太湖水系

2016 年太湖流域最大 30 d 降雨量 430 mm，重现期达到 15 年一遇；太湖水位高达 4.87 m，位列历史第二位，重现期达到 55 年一遇；符合流域特大洪水标准，对各分区历史面雨量系列进行频率分析，2016 年太湖水系各分区最大 3 d、7 d、15 d 面雨量、历史排位及暴雨重现期及与历史比较成果见表 4.4-4。

表 4.4-4 2016 年太湖水系分区时段面雨量重现期与历史比较成果表

分区	最大 3 d				历史最大值		
	面雨量(mm)	出现日期(月-日)	历史排位	重现期(年)	面雨量(mm)	出现日期(年-月-日)	重现期(年)
太湖湖西区	246.2	7-1	1	58	231.7	1957-7-1	39
武澄锡虞区	185.2	7-1	7	8	266.7	1962-9-5	52
阳澄淀泖区	119.1	7-1	22	3	284.3	1962-9-4	120

续表

分区	最大 7 d				历史最大值		
	面雨量(mm)	出现日期(月-日)	历史排位	重现期(年)	面雨量(mm)	出现日期(年-月-日)	重现期(年)
太湖湖西区	337.6	6-27	1	65	304.3	1991-6-29	33
武澄锡虞区	292.7	6-27	4	19	355.7	1991-6-29	60
阳澄淀泖区	197.6	6-26	12	5	334.0	1999-6-24	71
分区	最大 15 d				历史最大值		
	面雨量(mm)	出现日期(月-日)	历史排位	重现期(年)	面雨量(mm)	出现日期(年-月-日)	重现期(年)
太湖湖西区	524.5	6-20	1	120	414.4	1991-6-29	25
武澄锡虞区	461.8	6-20	2	35	452.6	1991-6-29	31
阳澄淀泖区	308.0	6-19	9	9	394.2	1999-6-16	31

由表 4.4-4 可知，2016 年太湖湖西区最大 3 d、最大 7 d、最大 15 d 面雨量分别为 246.2 mm、337.6 mm、524.5 mm 均排历史第一位，重现期为 58、65、120 年；武澄锡虞区最大 3 d、最大 7 d、最大 15 d 面雨量分别为 185.2 mm、292.7 mm、461.8 mm，重现期为 8 年、19 年、35 年；阳澄淀泖区最大 3 d、最大 7 d、最大 15 d 面雨量分别为 119.1 mm、197.6 mm、308.0 mm，相对较小，重现期 3～9 年。

4.5 高水位成因分析

2016 年我省苏南地区普遍出现高水位，其主要原因有以下几点：

1. 降雨总量大，范围广

2016 年苏南地区梅雨量为 546.7 mm，是多年平均梅雨量的 1.36 倍，较 2015 年梅雨量 262.1 mm 偏多 87%。从年最大 15 d、30 d 降雨量比较看，2016 年最大 15 d 面降雨量 438.1 mm(6 月 20 日—7 月 4 日)排历史第一，重现期超过 60 年一遇，超过 1991 年 420.8 mm(6 月 29 日—7 月 13 日)和 2015 年 400.6 mm(6 月 15—30 日)；苏南地区最大 30 d 面雨量 546.4 mm，排历史第二，超过 2015 年 517.9 mm(6 月 1—30 日)，仅小于 1991 年 673.0 mm(6 月 11 日—7 月 10 日)。

2. 前期底水丰沛，洪水过程前后叠加

我省太湖地区汛前降雨明显偏多，河湖底水偏高；特别是 5 月份入汛以来累计降雨达 194 mm，较常年同期偏多 90%左右，6 月 3 日太湖平均水位 3.81 m，首次超警。长江来水较历史同期(近 30 年均值)也总体偏多，底水偏高。大通站来水偏多 3～4 成，月均水位创历史同期新高，6 月份较历史同期偏高 2 m 左右。据各水系分区降雨量统计，因强降雨持续时间长，如秦淮河流域和石臼湖固城湖区 7 d 面雨量均超历史，前期洪水还未完全退落，后期洪水紧跟其后，造成前后期洪水叠加现象，助长了洪水位的屡登新高并不断刷新记录。

3. 沿江干支流多水系片区洪水同期遭遇

6 月 30 日—7 月 6 日，强雨带维持在我省沿江苏南地区。秦淮河、水阳江、滁河等支流均发生较大洪水，同时长江中游、下游干流区间来水快速增加，导致中游洪水与下游洪水严重遭遇；与此同时，太湖水系各片区河湖水位也因强降雨急涨，多站超历史；期间长江下游还经历农历初三大潮过程。本地强降雨、长江洪水及天文大潮在多水系片区同期遭遇，实属罕见。

4. 江湖高水(潮)位顶托严重，洪水渲泄不畅

太湖水系与长江下游主要支流(秦淮河水系、滁河水系、青弋江和水阳江水系)自6月起逐步上涨，各支流主要控制站水位相继超警，并在7月上旬出现水位水量峰值，其中部分站点发生超保或超历史洪水。因各支流来水量级较大、历时长、洪水发生时间集中同步，在干流来水与其顶托作用双重影响下干流沿线各站水位落差较小，水面比降偏小，水位被迫抬升壅高，主干通道洪水渲泄不畅；高(潮)水位形势下区域排洪因此也同时受限，造成我省长江全线及沿岸江河湖水力通道集中短时拥堵。

5. 人类活动与城市化影响，洪水集中归槽

随着经济社会快速发展，特别是近三十年来，流域(区域)下垫面发生较大变化，径流系数和洪水归槽率提高。加之沿江、圩区、城市大包围等区域排涝能力逐年提高，增加了江河额外洪量，洪水快速集中归槽导致干流水位极速壅高。2015年苏南地区暴雨洪水和2016年沿江苏南暴雨洪水，与历史1991年和1999年洪水相比，暴雨强度并没有明显增大，但洪水位明显提高，中等量级降雨与洪水出现持续高洪水位可能成为一种新常态。

第五章

洪水运动分析

分析骨干河道洪水运动特点、总结其洪水运动规律，是对区域内部降雨径流特征的深层探索，更能为河道调度决策、进一步整治提供依据。

本章首先对我省苏南地区主要河道进行洪水运动分析，包括苏南运河一线、丹金溧漕河一线、武宜运河一线、南河、滆湖、长荡湖、望虞河、太浦河等；然后以秦淮河为代表，重点分析其行洪能力，并建立秦淮河最大行洪能力与东山水位和长江潮位组合的关系方程；最后对我省苏南地区梅雨期的区域水量平衡进行了分析，包括环太湖出入湖水量统计分析。

5.1 主要河道洪水运动分析

5.1.1 苏南运河

5.1.1.1 沿线代表站水位变化

苏南运河选取沿线谏壁闸、丹阳、九里、常州(三)、钟楼闸、洛社、无锡(大)、望亭(大)、苏州枫桥、瓜泾口、平望共11个水位代表站分析其水位变化过程，其中常州(三)水位代表钟楼闸的闸上游。

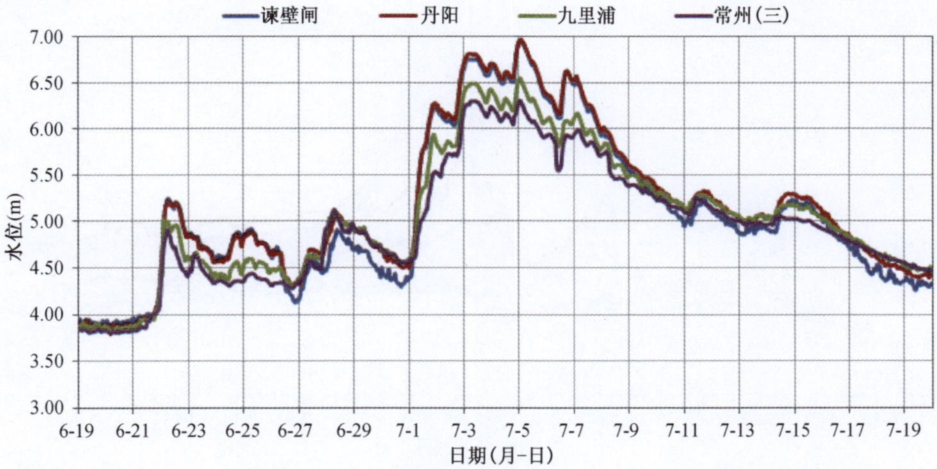

图5.1-1 2016年梅雨期谏壁闸—丹阳—九里—常州(三)水位过程线图

梅雨期苏南运河沿线代表站水位变化过程可以分两段进行分析，苏南运河上游段分为谏壁闸—丹阳—九里—常州(三)，其梅雨期水位变化过程基本一致，见图 5.1-1 所示。由图 5.1-1 可知，苏南运河上游段最高水位介于 6.30～7.00 m 之间，其中丹阳—谏壁闸区间水位最高，为 7.00 m 左右，常州段九里铺站和常州(三)站水位介于 6.30～6.50 m 之间。

钟楼闸通常是敞开的，一般上下游水位是一致的。2016 年梅雨期，其上下游水位在 7 月 2 日至 7 月 9 日关闸和开闸调度期间出现明显不一致现象，见图 5.1-2，上下游最大水位差出现在 7 月 4 日 22 时，为 1.13 m，两个代表站水位分别为 6.16 m 和 5.03 m。

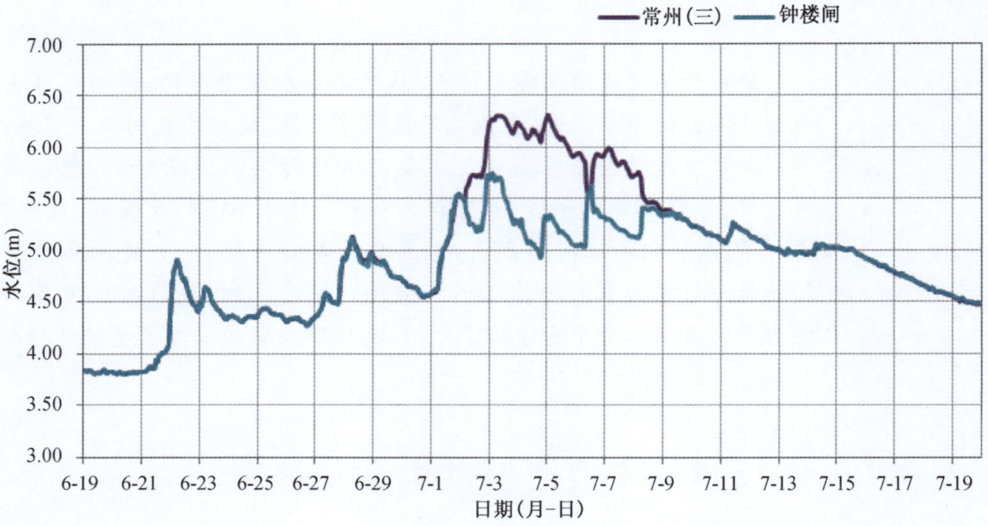

图 5.1-2　2016 年梅雨期钟楼闸上下游水位过程线图

苏南运河下游无锡水位变化过程如图 5.1-3 所示，可知无锡的洛社至苏州段水位变化过程基本一致，苏州段梅雨期最高水位介于 4.80～5.30 m 之间，而瓜泾口至平望段水位变化基本一致，最高水位仅在 4.00～4.20 m 之间。

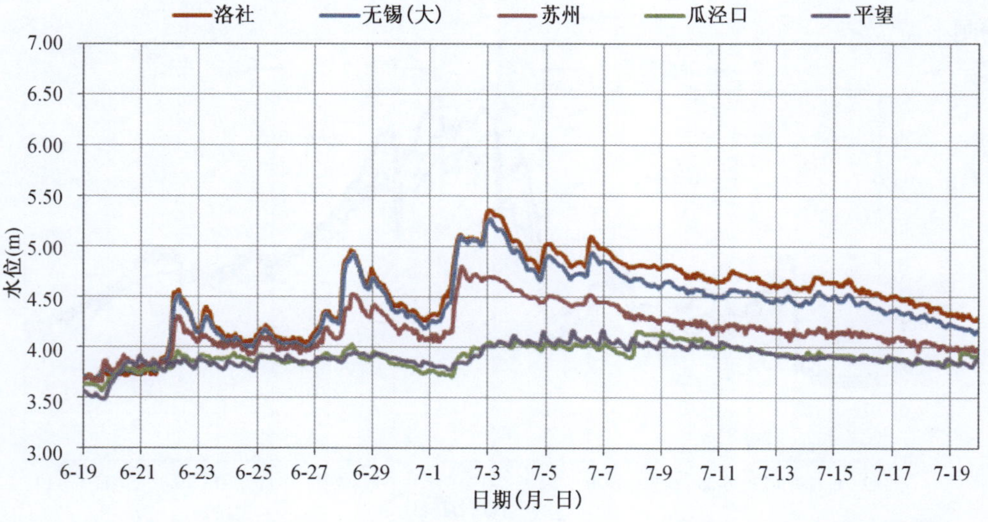

图 5.1-3　2016 年洛社—无锡(大)—望亭(大)—苏州—瓜泾口—平望水位过程图

5.1.1.2 梅雨期洪水运动

由于苏南运河实测流量资料很少，个别断面监测流量，对苏南运河梅雨期洪水运动运移规律的分析，只能借助于代表站之间的水位变化来反映，因此选取梅雨期三场主要洪水过程，分析各代表站之间的水位变化，梅雨前水位起涨前选取 6 月 20 日 8 时水位，第一场洪水选取 6 月 22 日 14 时水位，第二场洪水选取 6 月 28 日 17 时水位，第三场洪水前段选取 7 月 2 日 6 时水位，第三场洪水最高水位期间选取 7 月 5 日 9 时水位，第三场洪水末段选取 7 月 7 日 7 时水位以及后期 7 月 15 日 18 时洪水。

统计各场次洪水期间苏南运河代表站之间的水位差，见表 5.1-1。统计各段不同时间的水面比降，见表 5.1-2。

表 5.1-1 苏南运河梅雨期各代表站同时刻水位差统计表 单位：m

时间(月-日 时)	6-20 8:00	6-22 14:00	6-28 17:00	7-2 6:00	7-5 9:00	7-7 7:00	7-15 18:00
谏壁闸—丹阳	0.06	0.03	−0.19	−0.02	0.00	−0.03	−0.01
丹阳—九里	0.01	0.22	0.06	0.33	0.41	0.44	0.04
九里—常州(三)	0.02	0.09	−0.02	0.42	0.24	0.17	0.08
钟楼闸—洛社	0.09	0.36	0.11	0.52	0.27	0.33	0.11
洛社—无锡(大)	0.01	0.04	0.01	0.08	0.13	0.14	0.09
无锡(大)—望亭(大)	−0.04	0.06	0.13	0.15	0.15	0.11	0.07
望亭(大)—苏州	0.00	0.14	0.26	0.22	0.25	0.29	0.12
苏州—瓜泾口	0.08	0.35	0.55	0.71	0.45	0.45	0.11
瓜泾口—平望	0.03	0.10	0.02	0.02	−0.02	−0.17	0.01

表 5.1-2 苏南运河梅雨期各代表站同时刻水面比降统计表 单位：m/10 km

时间(月-日 时)	6-20 8:00	6-22 14:00	6-28 17:00	7-2 6:00	7-5 9:00	7-7 7:00	7-15 18:00
谏壁闸—丹阳	0.03	0.02	−0.10	−0.01	0.00	−0.02	−0.01
丹阳—九里	0.00	0.09	0.02	0.13	0.16	0.17	0.11
九里铺—常州(三)	0.01	0.05	−0.01	0.22	0.12	0.09	0.15
钟楼闸—洛社	0.03	0.12	0.04	0.17	0.09	0.11	0.35
洛社—无锡(大)	0.01	0.03	0.01	0.05	0.08	0.09	0.15
无锡(大)—望亭(大)	−0.02	0.03	0.06	0.07	0.07	0.05	0.14
望亭(大)—苏州	0.00	0.08	0.14	0.12	0.14	0.16	0.22
苏州—瓜泾口	0.04	0.17	0.27	0.35	0.22	0.22	0.23
瓜泾口—平望	0.01	0.04	0.01	0.01	−0.01	−0.07	0.02

由表 5.1-1 可知：谏壁闸—丹阳区段，6 月 22 日之前，谏壁闸水位高于丹阳水位，说明水流由北向南流动，与沿江引水入运河有关，第二场洪水至第三场洪水期间，丹阳水位高于谏壁闸水位，此时谏壁抽水站向长江排水，最大日均排水流量 172 m^3/s(7 月 4 日)，区段水流方向向北运移。

丹阳—九里区段，水位差介于0.01～0.44 m，洪水位越高，两代表站水位差越大，本区段水流向东南流入明显；九里断面来水量受降雨影响显著，出现2次明显涨落过程，最大流量382 m^3/s出现于7月3日。

九里—常州(三)区段，水位差介于−0.02～0.42 m，洪水期间，通常情况是九里铺水位高于常州段水位，只有6月28日水位差为−0.01，但数值较小，对水流方向影响不明显，7月2日至7月7日大洪水期间，九里至常州(三)水位差增大到0.17～0.42 m，说明水流总体是向东南运移明显。

钟楼闸—洛社区段，水位差介于0.03～0.17 m，可知洪水期间，钟楼闸至洛社间的水流方向总体向东南运移；横林大桥无锡断面最大流量220 m^3/s，出现在7月3日。

洛社—无锡(大)区段，水位差介于0.01～0.14 m，6月28日之前的2场小洪水期间，水位差不明显，7月2日之后水位差变化明显，水流总体向东运移。

无锡(大)—望亭(大)区段，水位差介于−0.04～0.15 m，6月20日梅雨初期出现负比降，之后一直为正比降，说明水流总体向东南运移。

望亭(大)—苏州区段，水位差介于0.00～0.29 m，6月20日梅雨初期，水位差为0，水流不定，之后水位差逐步增大，说明主要洪水期间水流向东南运移为主；苏州枫桥7月2日出现超历史最高水位，最大流量229 m^3/s。

苏州—瓜泾口区段，水位差介于0.08～0.71 m，7月2日出现最大水位差0.71 m，水位差较其他区段明显增大，水流向南运移特点明显；尹山大桥断面7月2日最大流量212 m^3/s。

瓜泾口—平望区段，水位差介于−0.07～0.10 m，7月5—7日期间，比降为负，出现倒流，此时水流向北流入瓜泾口。

由表5.1-2各段各期间水面比降可知，苏南运动的谏壁闸—丹阳段和瓜泾口—平望段主要洪水期间，出现负比降，水流向北运移；其他区间总体上水流向东南方向运移，特别是7月2日至7月15日大洪水期间，丹阳至洛社以及望亭至瓜泾口段水面比降超过0.10 m/10 km，水流总体呈现向东南运移明显的特点。

5.1.1.3 水量运移统计分析

根据洪水期间苏南运河段巡测资料统计分析可知，苏南运河各段水量运移统计见图5.1-4。整个梅雨期苏南运河水量运移如下：

镇江运河段：由镇江谏壁抽水站将运河水排入长江，总量为3.33亿 m^3。

由九里铺向常州方向运移的水量为3.629亿 m^3；由新孟河、德胜河分别向长江排水0.417亿 m^3、1.087亿 m^3。

通过钟楼大桥(钟楼闸)向东运移水量2.747亿 m^3。

常州大包围进入运河改线段和运河下游水量分别为0.123亿 m^3、0.164亿 m^3。

常州运河段向南进入武宜运河、采菱港、武进港水量分别为1.189亿 m^3、0.264亿 m^3、0.087亿 m^3。

常州段老运河和三山港进入运河水量分别是0.102亿 m^3、0.105亿 m^3。

横林大桥往无锡方向运移水量2.77亿 m^3，由锡澄运河向长江排水1.77亿 m^3，锡溧运河、梁溪河进入运河水量分别是1.38亿 m^3、0.225亿 m^3，无锡(大)包围入运河水量0.476亿 m^3。

苏州五七大桥向东南运移水量3.44亿 m^3，通过蠡河排出水量0.13亿 m^3；通过苏州枫桥向南运移水量3.31亿 m^3，苏州大包围进入运河水量0.593亿 m^3，通过斜港排出运河

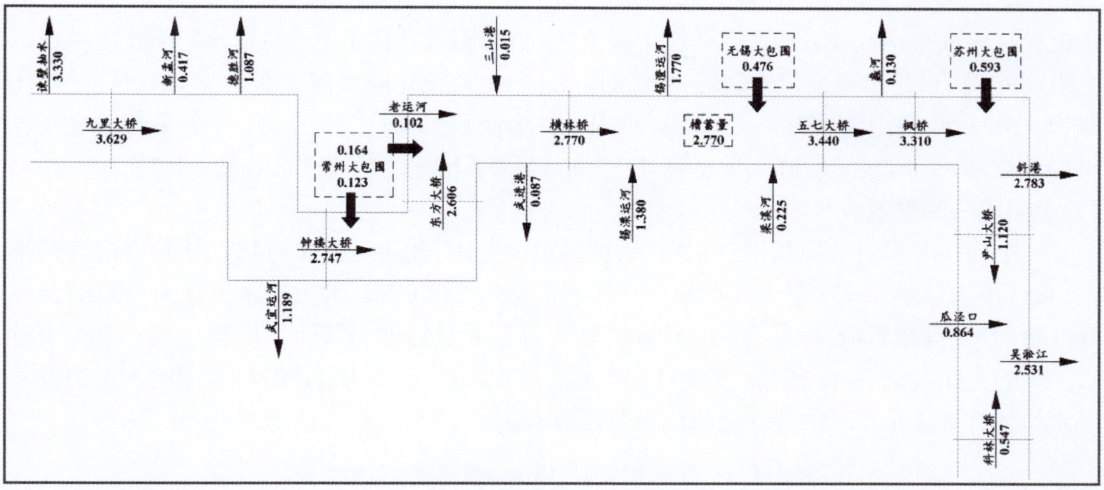

图 5.1-4 2016 年梅雨期苏南运河主要节点水量运动示意图

2.783 亿 m^3;通过尹山大桥向南运移水量 1.12 亿 m^3,瓜泾口向运河运移水量 0.864 亿 m^3,瓜泾口往吴淞江运移水量 2.531 亿 m^3,平望的科林大桥向北运移水量 0.547 亿 m^3。

经统计,苏南运河一线,各段水量运移总结如下:镇江段出运河水量 3.33 亿 m^3,常州段入运河水量 3.87 亿 m^3,出运河水量 3.55 亿 m^3;无锡段入运河水量 2.08 亿 m^3,出运河水量 1.77 亿 m^3;苏州段入运河水量 2.00 亿 m^3,出运河水量 5.31 亿 m^3。常州、无锡、苏州城市大包围进入运河水量 1.356 亿 m^3,占总进入运河水量 7.95 亿 m^3的 17%,说明城市大包围进入运河水量占总进入运河水量接近 2 成。

表 5.1-3 苏南运河各段实测进出水量汇总表

苏南运河分段	入运河水量(亿 m^3)	出运河水量(亿 m^3)
谏壁闸—丹阳—九里		3.33
九里铺—横林大桥	3.87	3.55
横林大桥—五七大桥	2.08	1.77
五七大桥—平望	2.00	5.31
合计	7.95	10.63

5.1.2 丹金溧漕河一线

丹金溧漕河北起镇江市丹阳七里桥与大运河相接,南至溧城镇凤凰桥处汇入南河,途经丹阳、金坛、溧阳三市,全长 68.3 km,常州市境内总长 49.82 km。丹金溧漕河是湖西区重要的引排通道。非洪涝期,镇江市谏壁闸、九曲河闸常引优质长江水入苏南运河,丹金溧漕河接大运河来水补充沿线水资源供给;洪涝期,丹金溧漕河可作为泄洪通道将区域洪水经南河、宜兴三氿入太,也可启用谏壁闸、九曲河闸机组北排长江。航道等级为Ⅲ级,河道等级为 3 级。主要交汇河道有丹金溧漕河城区段、庄城河、通济河、薛埠河等 52 条河道。

5.1.2.1 沿线代表站水位变化

受三轮强降水影响,丹金溧漕河沿线出现了明显的洪水涨落过程,水位呈阶梯状上涨趋势,直至年度最高(见表5.1-4)。其中,6月21—23日,丹金溧漕河全线段平均水位4.29 m,较该轮降水前上涨0.46 m,洪峰平均比降为0.08‱,最大比降为0.21‱(丹阳—丹金闸段)。6月26—30日,丹金溧漕河全线段平均水位4.89 m,较该轮降水前上涨0.60 m,洪峰平均比降为 −0.12‱,最大比降为−0.18‱(丹阳—丹金闸段)。7月1—6日,丹金溧漕河全线段平均水位6.19 m,较该轮降水前上涨1.31 m,洪峰平均比降为0.10‱,最大比降为0.16‱(丹金闸段—王母观段)。

6月21日—7月22日,沿江口门(京杭运河谏壁闸、九曲河九曲河闸,下同)口门连续排水,累计排水总量5.831亿 m^3,期间平均排水流量为213 m^3/s,最大排水流量为486 m^3/s(7月3日)。受排水影响,6月26日17:00至7月1日16:00、2日8:00至3日3:00、3日12:00至5日4:00、5日22:00至6日22:00、7日14:00至23日1:00,丹金溧漕河上游丹阳段水位累计343 h低于中游丹金闸段水位,平均偏低0.24 m,最大偏低0.51 m。

表5.1-4　丹金溧漕河三场降水期间的水位特性表

水位节点(第一轮)	最高水位(m)	最大涨幅(m)	平均涨率(m/h)	平均水位(m)	较该轮降水前上升(m)
丹阳	5.23(6月22日)	1.44	0.050	4.51	0.64
丹金闸	4.78(6月22日)	0.96	0.021	4.36	0.50
王母观	4.23(6月22日)	0.74	0.014	4.22	0.41
溧阳	4.26(6月22日)	0.061	0.010	4.14	0.32
第一轮降水期间	洪峰平均比降(‱)	0.08		最大比降(‱)	0.21
水位节点(第二轮)	**最高水位(m)**	**最大涨幅(m)**	**平均涨率(m/h)**	**平均水位(m)**	**较该轮降水前上升(m)**
丹阳	5.10(6月28日)	0.83	0.023	4.70	0.19
丹金闸	5.36(6月28日)	0.84	0.021	4.95	0.56
王母观	5.36(6月28日)	0.88	0.022	4.96	0.74
溧阳	5.55(6月28日)	1.07	0.023	4.98	0.84
第二轮降水期间	洪峰平均比降(‱)	−0.12		最大比降(‱)	−0.18
水位节点(第三轮)	**最高水位(m)**	**最大涨幅(m)**	**平均涨率(m/h)**	**平均水位(m)**	**较该轮降水前上升(m)**
丹阳	6.97(7月5日)	2.49	0.024	6.27	1.57
丹金闸	6.86(7月5日)	1.93	0.020	6.33	1.38
王母观	6.54(7月5日)	1.53	0.015	6.17	1.21
溧阳	6.29(7月5日)	1.32	0.015	5.96	0.98
第三轮降水期间	洪峰平均比降(‱)	0.10		最大比降(‱)	0.16

梅雨期间,丹金溧漕河沿线水位变化总体特点是(如图5.1-5所示):第一轮降水后,受暴雨径流影响,丹金溧漕河沿线水位上涨迅猛,丹阳段洪水特性尤其明显,洪水涨幅和涨率最大。第二轮降水后,受暴雨径流、沿江口门排水、区间汇流的多重影响,丹金溧漕河沿线水位继续攀升,但丹阳段水位涨幅和涨率小于上一轮,溧阳段水位涨幅和涨率高于上一轮。第三轮降水后,丹金溧漕河沿线水位均达到年度最大值,涨幅明显高于上两轮降水,但涨率明显低于上两轮降水。

此外,丹金溧漕河上下游河段水位变化比较相应。梅雨期间,丹金闸、王母观、溧阳等各段出现最高、最低水位的时间相同,均为7月5日、6月20日。丹金溧漕河自上而下水位变幅变小，下游水位变化相对平缓。

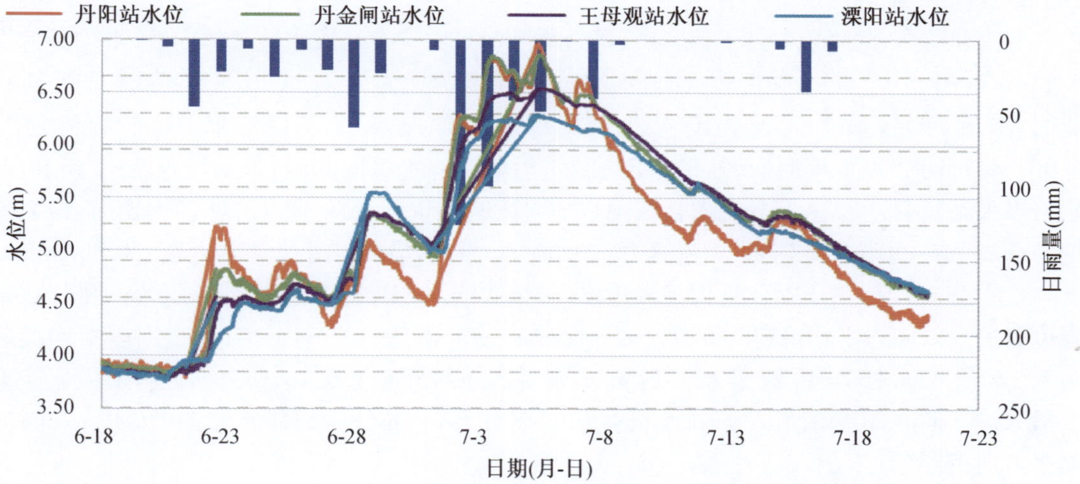

图 5.1-5　梅雨期间丹金溧漕河沿线水位-日雨量变化图

5.1.2.2　梅雨期洪水运动

如图 5.1-6 所示，第一轮强降水期间（6 月 21—23 日），丹金溧漕河水流总体向南。丹阳段（京杭运河入丹金溧漕河）平均流速为 0.29 m/s，最大流速为 0.54 m/s。丹金闸段平均流速为 0.11 m/s，最大流速为 0.30 m/s。别桥段（丹金溧漕河入溧阳市）平均流速为 0.076 m/s，最大流速为 0.25 m/s。期间，沿江口门平均排水流量为 21.7 m^3/s。

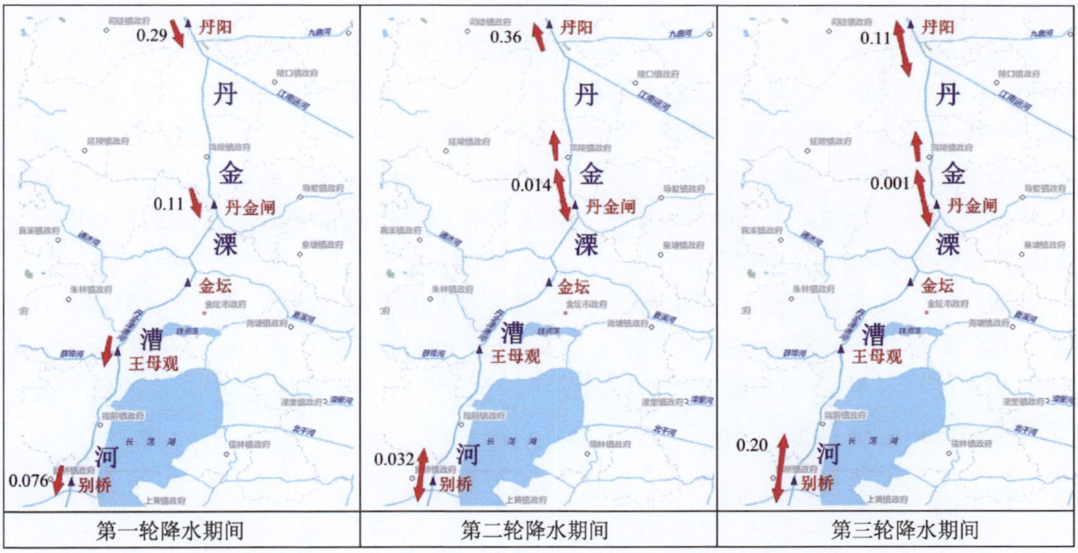

图 5.1-6　梅雨期间丹金溧漕河沿线总体流速示意图

第二轮强降水期间（6 月 26—30 日），丹金溧漕河丹阳—丹金闸段水流向北，平均流速为 0.36 m/s（向北），最大流速为 0.49 m/s。丹金闸段水流顺逆不定，平均流速为 0.014 m/s（向北），降水较强时水流向南，最大流速为 0.12 m/s；降水较弱时水流向北，最大流速为 0.14 m/s。别桥段和丹金闸段水流情况相似，平均流速为 0.032 m/s（向北）。水流向南时，最大流速为 0.21 m/s;水流向北时,最大流速为 0.29 m/s。期间,沿江口门平均排水流量为 209 m^3/s。

第三轮强降水期间(7 月 1—6 日),丹金溧漕河丹阳—金坛段水流总体向北,平均流速为 0.11 m/s(向北),但降水强度较大时,水流向南,最大流速为 0.31 m/s;降水强度变弱乃至停止时,水流向北,最大流速为 0.49 m/s。丹金闸段基本属于停滞状态,平均流速为 0.001 m/s(向北),水流向南时,最大流速为 0.16 m/s;水流向北时,最大流速为 0.15 m/s。别桥段水流基本向北(一部分流入长荡湖),平均流速为 0.20 m/s(向北),水流向南时,最大流速为 0.21 m/s;水流向北时,最大流速为 0.39 m/s。期间,沿江口门平均排水流量为 337 m^3/s。

7 月 7—22 日,由于沿江口门持续排水,丹金溧漕河全线基本向北,水流大小与排江水量强度有关。丹阳段平均流速为 0.33 m/s(向北),最大流速为 0.54 m/s;丹金闸段平均流速为 0.10 m/s(向北),最大流速为 0.19 m/s,别桥段平均流速为 0.13 m/s(向北),最大流速为 0.31 m/s。期间,沿江口门平均排水流量为 337 m^3/s,别桥—中河段水流向北,中河—南河段水流向南。

5.1.2.3 水量交换

6 月 21 日—7 月 22 日,丹金溧漕河丹金闸段向南进入金坛区水量为 0.13 亿 m^3,向北汇入京杭运河水量为 0.36 亿 m^3;别桥段向南进入溧阳市水量为 0.14 亿 m^3,向北排水 1.23 亿 m^3。

5.1.2.4 小结

由上分析可看出,丹金溧漕河在遭受三轮强降水时,表现出明显的洪水特性和感潮特性,水位逐步上涨,但洪水运动方向多变。水文情势变化主要取决于三个因素:一是降水的历时、强度、总量与空间分布;二是沿江口门排江水量的大小、历时;三是区间汇水分流的大小与空间分布。

就降水影响而言,丹金溧漕河全线段水文情势变化主要受强降水影响,当日降水量达到 50 mm 时,即出现明显的洪水涨落过程,且上游(丹阳—金坛段)洪水特性尤为明显;洪水上涨幅度取决于最大 1 d 降水量,洪峰持续时间取决于最大 3 d 降水量;上涨速率取决于最大 6 h 降水强度。此外,不同河段洪水上涨幅度和强度、洪峰持续时间也与降水的空间分布有关。本次梅雨期三轮强降水,相对而言,长荡湖—溧阳段降水总量和降水强度高于丹阳—金坛段,且受区域强降水的影响相对较强。

就沿江口门排水影响而言,由于连续排水,丹金溧漕河全线段洪水上涨幅度和涨率明显变小,且当降水减弱乃至停止时,水位明显下降。此外,丹金溧漕河南下水流减缓,丹阳—金坛段甚至出现倒流现象,倒流程度与沿江口门排水量关系较大。总体上,丹金溧漕河水位流量变化受沿江口门排水的影响沿程减弱。

5.1.3 武宜运河一线

武宜运河北起京杭运河,向南经常州市区,武进区牛塘镇、前黄镇,宜兴市和桥镇、屺亭街道、宜城街道,在宜兴市区汇入芜申运河改线段(南溪河),河道全长约 51.3 km,河宽 40~50 m,河底高程 0.50 m。武宜运河是江苏省太湖流域湖西区和武澄锡虞区重要的排洪通道,是沟通洮滆水系和南溪水系的重要水道,沿程穿越南运河、武南河、太滆运河、锡溧漕河、殷村港、烧香港以及湛渎港,主要承接京杭运河(长江)来水以及区间降水径流。洪涝期,武宜运河可作为泄洪通道,西承滆湖排水,通过武南河、太滆运河、漕桥河、殷村港、烧香港、湛渎港、新湛渎港向太湖排水。

5.1.3.1　沿线代表站水位变化

受三轮强降水影响，武宜运河沿线出现了明显的洪水涨落过程，水位呈缓慢上涨趋势，直至年度最高（见表5.1-5）。其中，6月21日10:00至23日11:00，武宜运河全线段平均水位4.18 m，较该轮降水前上涨0.34 m，洪峰平均比降为0.076‱，最大比降为0.18‱（厚恕桥—坊前段）。6月26日21:00至29日6:00，武宜运河全线段平均水位4.61 m，较该轮降水前上涨0.24 m，洪峰平均比降为0.043‱，最大比降为0.059‱（厚恕桥—坊前段）。7月1日4:00至7日8:00，武宜运河全线段平均水位5.64 m，较该轮降水前上涨0.88 m，洪峰平均比降为0.12‱，最大比降为0.18‱（厚恕桥—坊前段）。

表5.1-5　武宜运河三场降水期间的水位特性表

水位节点(第一轮)	最高水位(m)	最大涨幅(m)	平均涨率(m/h)	平均水位(m)	较该轮降水前上升(m)
厚恕桥	4.89(6月22日)	0.52	0.018	4.33	0.50
坊前	4.31(6月23日)	0.49	0.011	4.04	0.19
宜兴	4.24(6月23日)	0.35	0.007	3.98	0.15
第一轮降水期间	洪峰平均比降(‱)	0.076	最大比降(‱)		0.18
水位节点(第二轮)	**最高水位(m)**	**最大涨幅(m)**	**平均涨率(m/h)**	**平均水位(m)**	**较该轮降水前上升(m)**
厚恕桥	5.12(6月28日)	0.85	0.023	4.66	0.29
坊前	4.90(6月29日)	0.54	0.011	4.56	0.18
宜兴	4.81(6月29日)	0.56	0.012	4.47	0.22
第二轮降水期间	洪峰平均比降(‱)	0.043	最大比降(‱)		0.059
水位节点(第三轮)	**最高水位(m)**	**最大涨幅(m)**	**平均涨率(m/h)**	**平均水位(m)**	**较该轮降水前上升(m)**
厚恕桥	6.31(7月3日)	1.76	0.023	5.81	1.15
坊前	5.81(7月5日)	1.04	0.012	5.50	0.63
宜兴	5.37(7月5日)	0.96	0.009	5.24	0.56
第三轮降水期间	洪峰平均比降(‱)	0.12	最大比降(‱)		0.18

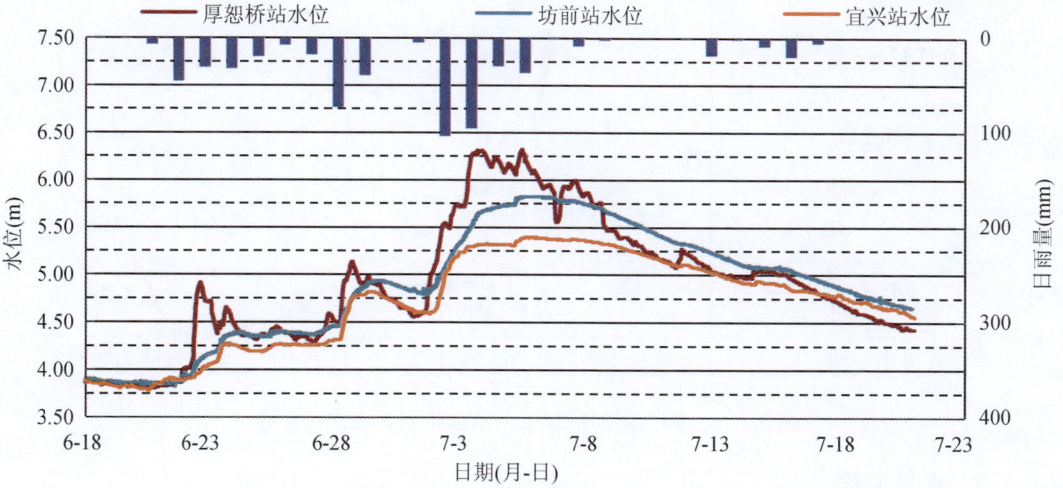

图5.1-7　梅雨期间武宜运河沿线水位-日雨量变化图

梅雨期间,武宜运河水位变化总体特点是(如图 5.1-7 所示):第一轮降水后,受暴雨径流影响,武宜运河沿线水位上涨迅猛,中上游厚恕桥—坊前段洪水特性尤其明显,洪水涨幅和涨率最大。第二轮降水后,受暴雨径流、区间汇流的共同影响,武宜运河沿线水位继续攀升,上中下游各段水位涨幅和涨率均大于上一轮。第三轮降水后,武宜运河沿线水位均达到年度最大值,涨幅明显高于上两轮降水,且中上游段涨率均高于上两轮降水。

此外,武宜运河上下游河段水位变化比较相应。梅雨期间,厚恕桥、坊前、宜兴等各段出现最高、最低水位的时间相同,均为 7 月 5 日、6 月 20 日。武宜运河自上而下水位变幅变小,下游水位变化相对平缓。

5.1.3.2 梅雨期洪水运动

如图 5.1-8 所示,第一轮强降水期间(6 月 21 日 10:00 至 23 日 11:00),武宜运河水流总体向南。上游厚恕桥段(京杭运河入武宜运河)平均流速为 0.47 m/s,最大流速为 0.66 m/s。下游钟溪大桥段(武宜运河与锡溧漕河交汇处)平均流速为 0.43 m/s,最大流速为 0.89 m/s。

第二轮强降水期间(6 月 26 日 21:00 至 29 日 6:00),武宜运河厚恕桥段水流顺逆不定,平均流速为 0.07 m/s(向南),降水较强时水流向南,最大流速为 0.31 m/s;降水较弱时水流向北,最大流速为 0.17 m/s。钟溪大桥段水流变化与上游厚恕桥段相似,平均流速接近于 0,降水较强时水流向南,最大流速为 0.42 m/s;降水较弱时水流向北,最大流速为 0.23 m/s。

第三轮强降水期间(7 月 1 日 4:00 至 7 日 8:00),武宜运河厚恕桥段水流向南,平均流速为 0.60 m/s,最大流速为 0.80 m/s。钟溪大桥段水流顺逆不定,平均流速为 0.12 m/s(向北),降水较强时水流向南,最大流速为 0.22 m/s;降水较弱时水流向北,最大流速为 0.32 m/s。

7 月 7—22 日,受 13—15 日降雨和常州运北片防洪包围圈开启的共同影响,武宜运河上游段呈先南后北的水流变化,下游段呈向北且逐渐变弱的水流变化。厚恕桥段平均流速为 0.14 m/s(向北),水流向南时,最大流速为 0.49 m/s;水流向北时,最大流速为 0.43 m/s。钟溪大桥段平均流速为 0.13 m/s(向北),最大流速为 0.29 m/s。

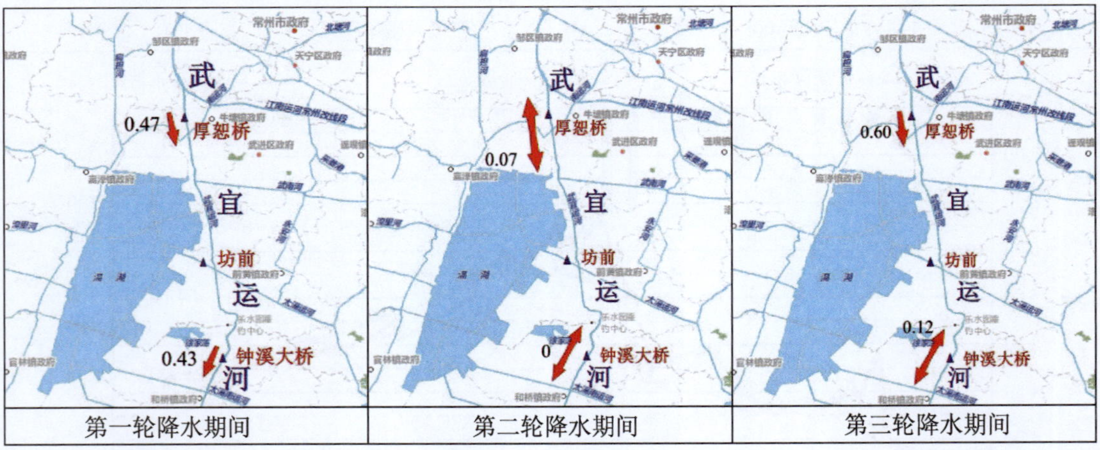

图 5.1-8 梅雨期间武宜运河沿线代表站流速示意图

5.1.3.3 水量变化

6 月 21 日—7 月 22 日,武宜运河厚恕桥段向南进入下游水量为 1.37 亿 m^3,向北汇入京杭运河水量为 0.57 亿 m^3；钟溪大桥段向南进入下游水量为 0.12 亿 m^3，向北排水 1.79 亿 m^3。

5.1.3.4　小结

由以上分析可看出，武宜运河在遭受三轮强降水时，表现出明显的洪水特性，水位逐步上涨，但洪水运动方向多变。水文情势变化主要取决于三个因素：一是降水的历时、强度、总量与空间分布；二是常州运北片防洪包围圈启闭的时间节点、历时；三是区间汇水分流的大小与空间分布。

就降水影响而言，武宜运河全线段水文情势变化主要受强降水影响，当日降水量达到 50 mm 时，上游（厚恕桥段）洪水即出现明显的洪水涨落过程。此外，不同河段洪水上涨幅度和强度、洪峰持续时间也与降水的空间分布有关。本次梅雨期三轮强降水，相对而言，上游（厚恕桥段）降水总量和降水强度高于中下游段（坊前—宜兴段），且受区域强降水的影响相对较强。

5.1.4　南河

南河西起南京市高淳县，东由宜兴市大浦口入太湖，全长 108.2 km，其中在溧阳市境内全长 45.4 km，是湖西区重要的引排通道，也是溧阳市排洪、引水、航运的主要干道。南河主要交汇河道有中河、丹金溧漕河、宜溧漕河等近百条大小河道。宜溧漕河位于南河下游，为南河下游主要支流之一，北起溧阳市城北凤凰桥，南至溧阳市和宜兴市交界处，全长约 6.7 km。洪涝期，宜溧漕河可作为泄洪通道将区域洪水经宜兴三氿入太。宜溧漕河主要交汇河道有南河、丹金溧漕河、竹箦河、溧戴河、赵村河等数十条河道。

南河受上游暴雨径流影响，在汛期易出现较高的洪水位，威胁下游城乡防洪安全。宜溧漕河受上游诸河（南河、中桥河、丹金溧漕河）来水的综合影响，在主汛期上游区域强降水后，易出现明显的洪水过程，对溧阳市、宜兴市的城区防洪排涝有一定影响。

5.1.4.1　沿线代表站水位变化

受三轮强降水影响，南河沿线出现了明显的洪水涨落过程，上游段（河口—南渡—溧阳段）水位呈阶梯状上涨趋势，下游段（宜兴—大浦口段）水位呈缓慢上涨趋势，直至年度最高（见表 5.1-6）。其中，6 月 19—22 日，南河全线段平均水位 3.97 m，较第一轮降水前上涨 0.10 m，洪峰平均比降为 0.09‱，最大比降为 0.20‱（溧阳—宜兴段）。6 月 26—28 日，南河全线段平均水位 4.85 m，较第一轮降水期间平均水位上涨 0.26 m，洪峰平均比降为 0.48‱，最大比降为 0.79‱（溧阳—宜兴段）。7 月 1—6 日，南河全线段平均水位 6.05 m，较第一轮降水期间平均水位上涨 0.77 m，洪峰平均比降为 0.48‱，最大比降为 0.93‱（溧阳—宜兴段）。

表 5.1-6　南河三场降水期间的水位特性表

水位节点（第一轮）	最高水位（m）	最大涨幅（m）	平均涨率（m/h）	平均水位（m）	较该轮降水前上升（m）
河口	4.52（6 月 22 日）	0.73	0.014	4.12	0.23
南渡	4.35（6 月 22 日）	0.60	0.011	3.95	0.11
溧阳	4.24（6 月 22 日）	0.49	0.009	3.91	0.05
宜兴	4.05（6 月 22 日）	0.27	0.005	3.87	0.02
大浦口	4.02（6 月 22 日）	0.24	0.004	3.88	0.01
第一轮降水期间	洪峰平均比降（‱）	0.09		最大比降（‱）	0.20

续表

水位节点(第二轮)	最高水位(m)	最大涨幅(m)	平均涨率(m/h)	平均水位(m)	较该轮降水前上升(m)
河口	7.15(6月28日)	2.17	0.052	5.46	0.45
南渡	6.22(6月28日)	1.58	0.037	5.03	0.30
溧阳	5.55(6月28日)	1.07	0.023	4.74	0.21
宜兴	4.78(6月28日)	0.53	0.008	4.38	0.14
大浦口	4.39(6月28日)	0.27	0.004	4.21	0.10
第二轮降水期间	洪峰平均比降(‰)	0.48		最大比降(‰)	0.79
水位节点(第三轮)	最高水位(m)	最大涨幅(m)	平均涨率(m/h)	平均水位(m)	较该轮降水前上升(m)
河口	7.74(7月3日)	2.16	0.043	7.04	1.03
南渡	7.03(7月3日)	1.77	0.032	6.54	0.99
溧阳	6.29(7月5日)	1.32	0.016	5.95	0.76
宜兴	5.39(7月5日)	0.81	0.009	5.16	0.47
大浦口	4.95(7月6日)	0.59	0.005	4.73	0.30
第三轮降水期间	洪峰平均比降(‰)	0.48		最大比降(‰)	0.93

梅雨期间,南河沿线水位变化总体特点是:第一轮降水后,受暴雨径流影响,南河沿线水位上涨迅猛,河口段洪水特性尤其明显,洪水涨幅和涨率最大。第二轮降水后,受暴雨径流、区间汇流的多重影响,南河沿线水位继续攀升,各段涨幅和涨率均明显大于上一轮降水。第三轮降水后,南河沿线水位均达到年度最大值,除河口段外,各段涨幅均大于上两轮降水;中上游(河口—溧阳段)段涨率明显低于上轮降水,下游段(溧阳—大浦口段)涨率明显高于上两轮降水。

此外,南河上下游河段水位变化比较相应。梅雨期间,河口、南渡、溧阳、宜兴、大浦口等各段,最大涨幅、平均涨率、期间平均水位及较降水前上升的高度均依次递减。河口、南渡、溧阳、宜兴、大浦口等各段出现最高水位的时间大致相应,上游段(河口—南渡段)、中游段(溧阳—宜兴段)、下游段(大浦口段)分别为7月3日、7月5日、7月6日;出现最低水位的时间相同,均为6月20日。南河自上而下水位变幅变小,下游水位变化相对平缓(见图5.1-9)。

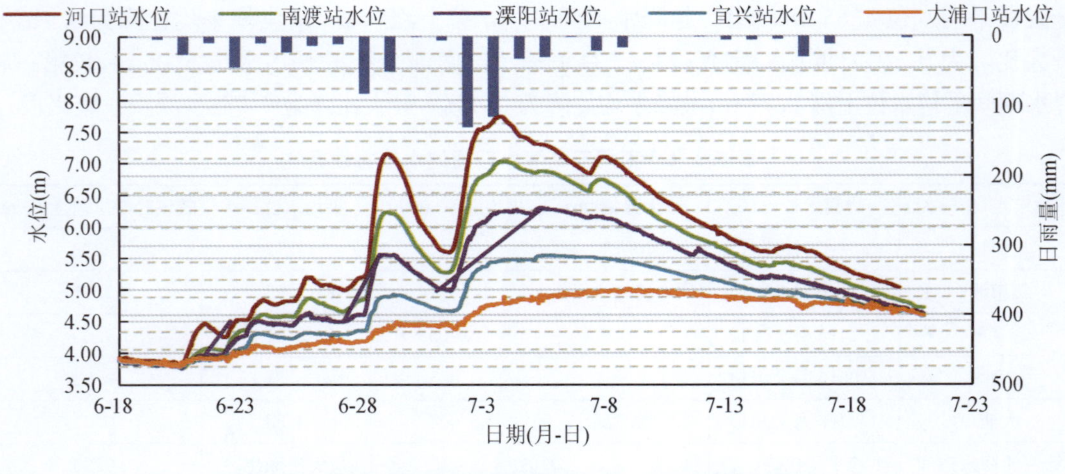

图5.1-9 梅雨期间南河沿线水位-日雨量变化图

5.1.4.2　梅雨期洪水运动

南河沿途接纳胥河、梅渚河、周城河、竹箦河、丹金溧漕河来水，并通过下游宜溧漕河由大浦口向太湖分流，通过中河、北河向长荡湖分流。正常情况下，在遭遇区域强降水时，南河上游河段水位流量变化表现出明显的洪水特性，下游河段水位流量变化则相对平缓。其中(如图 5.1-10 所示)：

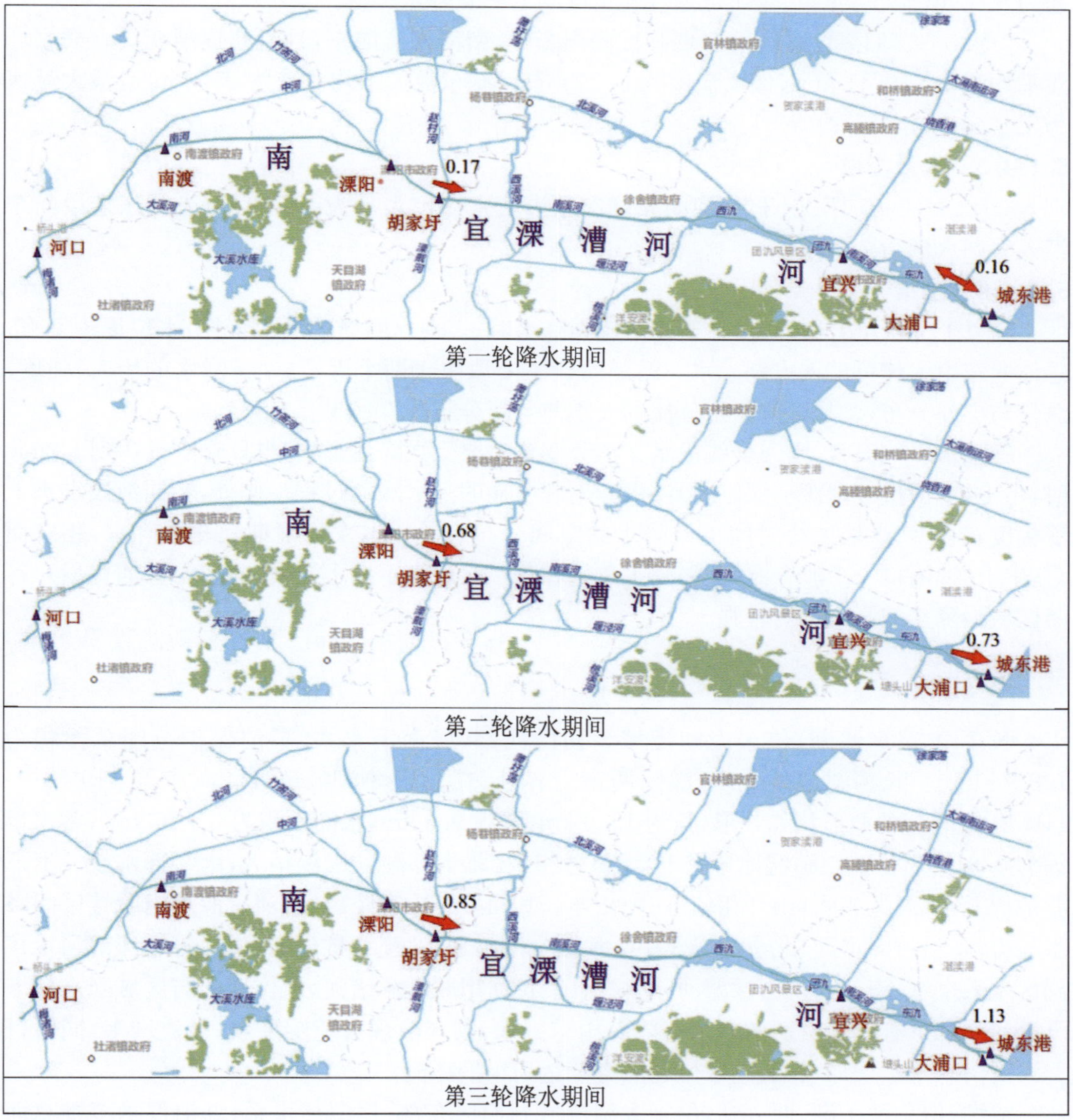

注：图中数字为流速，m/s

图 5.1-10　梅雨期间南河沿线代表站流速示意图

第一轮强降水期间(6 月 19—22 日)，南河水流总体向东。胡家圩段(宜溧漕河出溧阳入宜兴)水流向东，平均流速为 0.17 m/s，最大流速为 0.25 m/s。城东港段(南河入太湖)水流总体向东，平均流速为 0.16 m/s，最大流速为 0.34 m/s；有时水流向西缓慢流动或几近停滞，最大流速为−0.012 m/s。

第二轮强降水期间(6月26—28日),南河水流向东。胡家圩段平均流速为0.68 m/s,最大流速为0.80 m/s。城东港段平均流速为0.73 m/s,最大流速为1.10 m/s。可见下游段流速较上游段明显更大。

第三轮强降水期间(7月1—6日),南河水流向东,整体流速较上一轮降水时更大。胡家圩段平均流速为0.85 m/s,最大流速为1.09 m/s。城东港段平均流速为1.13 m/s,最大流速为1.30 m/s。可见上、下游流速变化情况与上一轮降水相似。

7月7—22日,受13—15日弱强度降雨影响,南河水流向东,且流速逐渐变缓。胡家圩段平均流速为0.41 m/s,最大流速为0.79 m/s。城东港段平均流速为0.58 m/s,最大流速为1.00 m/s。

5.1.4.3　水量交换

6月21日—7月22日,南河胡家圩向东进入宜兴市水量为3.54亿m^3;城东港段向东汇入太湖水量为7.29亿m^3。

5.1.4.4　小结

由以上分析可看出,南河在遭受三轮强降水时,表现出明显的洪水特性,水位逐步上涨;总体向东由大浦口汇入太湖。水文情势变化主要取决于两个因素:一是降水的历时、强度、总量与空间分布;二是区间汇水分流的大小与空间分布。

就降水影响而言,南河全线段水文情势变化主要受强降水影响,当日降水量达到50 mm时,中上游(河口—南渡—溧阳段)洪水即出现明显的洪水涨落过程。此外,不同河段洪水上涨幅度和强度、洪峰持续时间也与降水的空间分布有关。本次梅雨期三轮强降水,相对而言,中上游(河口—南渡—溧阳段)降水总量和降水强度高于中下游段(宜兴—大浦口段),且受区域强降水的影响相对较强。

5.1.5　长荡湖、滆湖、太湖一线

长荡湖,又名洮湖,位于太湖流域湖西区西部,属南溪水系,湖泊保护范围总面积为120.74 km^2。长荡湖地处金坛、溧阳两市交界处,在北纬31°30′～31°40′、东经119°30′～119°40′之间。湖面形状如梨形,长约13.6 km,宽约9.3 km,水面面积为81.86 km^2,蓄水量约为0.818 6亿m^3。湖盆地形平坦,无显著起伏,北半部湖盆水深稍大,南半部水浅。上下游地形复杂,高低相间,山圩相依,江湖相连。其西接茅山丘陵山区,通过薛埠河承接区间降水径流;东通过湟里河、北干河以及中干河与滆湖沟通;北连京杭运河,通过丹金溧漕河承接湖区水系来水,南通过丹金溧漕河、赵村河、上黄河串联南溪诸河,水位变化与区域降水和上下游河湖水位有较为密切的关系。随着雨季到来,湖区出现大范围降水,径流增多,同时丹金溧漕河来水量增加,长荡湖水位起涨直至达到年最高值。

滆湖,俗称沙子湖、西太湖,位于太湖流域湖西区东部,属南溪水系,湖泊保护范围总面积为193.75 km^2。滆湖地处常州市武进区西南部与无锡市宜兴市东北部间,在北纬31°29′～31°42′、东经119°44′～119°53′之间。湖面南北长25 km,东西平均宽6.6 km,水面面积为166 km^2,蓄水量约为1.78亿m^3。全湖大部分水面位于常州武进区境内(占总面积71.4%),少部分位于宜兴境内(占总面积的28.6%)。区域内地势平坦,河网纵横,沟塘密布。西通过夏溪河、湟里河、北干河以及中干河承接长荡湖来水和洮滆之间降水径流;东通过武南河、太滆运河、漕桥河、殷村港、烧香港和湛渎港与太湖沟通,北通过扁担河承接京杭

运河来水；南连三氿，水位变化与区域降水和上下游河湖水位有着较为密切的关系。每到汛期，随着降水径流的增多以及长荡湖和扁担河来水的增多，滆湖水位起涨直至达到年最高值。

5.1.5.1 湖区内代表站水位变化

受三轮强降水影响，长荡湖、滆湖、太湖湖区均出现洪水上涨过程（长荡湖、滆湖湖区变化明显，太湖湖区变化最为平缓），水位呈阶梯状上涨趋势，直至年度最高（见表 5.1-7）。其中，6 月 21—23 日，长荡湖、滆湖、太湖湖区平均水位分别为 4.22 m、4.07 m、3.97 m，较第一轮降水前分别上涨 0.41 m、0.22 m、0.14 m。6 月 26—30 日，长荡湖、滆湖、太湖湖区平均水位分别为 4.96 m、4.65 m、4.30 m，较第一轮降水期间平均水位分别上涨 0.74 m、0.58 m、0.33 m。7 月 1—6 日，长荡湖、滆湖、太湖湖区平均水位分别为 6.17 m、5.47 m、4.73 m，较第一轮降水前分别上涨 1.21 m、0.82 m、0.43 m。

表 5.1-7 长荡湖、滆湖、太湖三场降水期间的水位特性表

场次	河湖名称	最高水位(m)	最大涨幅(m)	平均涨率(m/h)	平均水位(m)	较该轮降水前上升(m)
第一场	长荡湖	4.56(6 月 23 日)	0.74	0.014	4.22	0.41
	滆湖	4.39(6 月 23 日)	0.57	0.010	4.07	0.22
	太湖	4.12(6 月 23 日)	0.26	0.009	3.97	0.14
第二场	长荡湖	5.36(6 月 28 日)	0.88	0.022	4.96	0.74
	滆湖	4.93(6 月 29 日)	0.57	0.009	4.65	0.58
	太湖	4.48(6 月 29 日)	0.36	0.004	4.30	0.33
第三场	长荡湖	6.54(7 月 5 日)	1.53	0.015	6.17	1.21
	滆湖	5.82(7 月 5 日)	1.04	0.011	5.47	0.82
	太湖	4.95(7 月 6 日)	0.59	0.006	4.73	0.43

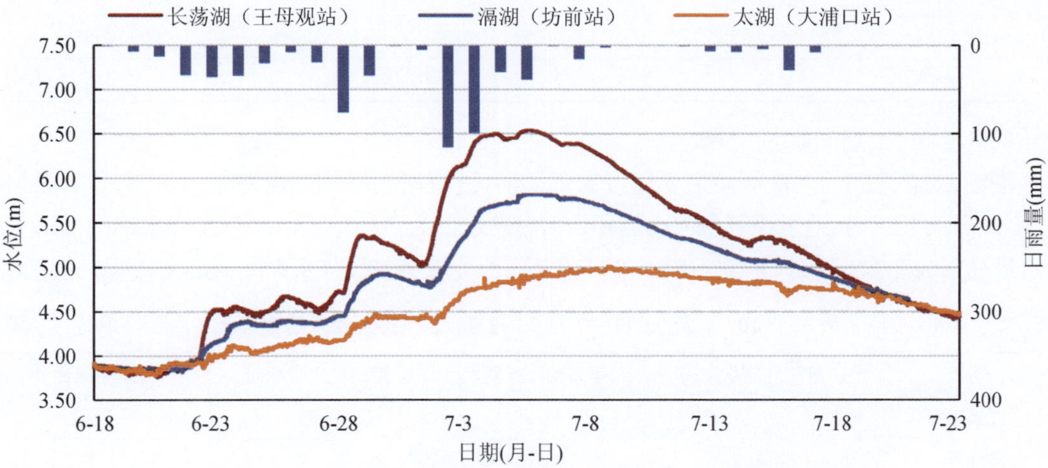

图 5.1-11 梅雨期间滆湖、长荡湖、大浦口水位-日雨量过程图

梅雨期间，长荡湖、滆湖、太湖湖区水位变化情况相似，总体特点是(如图 5.1-11 所示)：第一轮降水后，受暴雨径流影响，湖区水位上涨。第二轮降水后，受暴雨径流、区间汇流的多重影响，湖区水位继续攀升，其中长荡湖水位涨幅、涨率均大于上一轮降水，滆湖水位涨幅、

涨率与上一轮降水时相当。第三轮降水后，湖区水位均达到年度最大值，涨幅明显高于上两轮降水，其中长荡湖涨率与第一轮降水时相当，滆湖涨率与上两轮降水时相当。太湖水位总体变化最为平缓，水位涨幅、涨率明显小于长荡湖和滆湖，其中水位涨幅以第三场降水为最，涨率在三场降水中较为接近。长荡湖湖区雨量大于滆湖湖区雨量，其水位变化幅度更大。三者水位变化起伏的时间节点基本一致，并在降水前后略有差异。

5.1.5.2　水量交换

(1) 长荡湖、滆湖蓄水变量

6 月 21 日—7 月 22 日，长荡湖、滆湖时段蓄水变量分别为 5 144 万 m^3、9 445 万 m^3，尤以第三场降水期间为最大(见表 5.1-8)。

表 5.1-8　6 月 21—7 月 22 日期间长荡湖、滆湖降水前后蓄水变量表　　单位：亿 m^3

河湖名称	第一轮降水期间	第二轮降水期间	第三轮降水期间	梅雨期间合计
长荡湖	0.51	0.40	1.05	0.51
滆湖	0.74	0.73	1.31	0.94

(2) 长荡湖、滆湖间水量交换

长荡湖、滆湖之间的水量交换主要通过夏溪河、湟里河、北干河、中干河等四条河，6 月 21 日—7 月 22 日，通过该四条河由长荡湖入滆湖总水量为 35 286 万 m^3，三场降水期间的入滆总水量分别为 1 435 万 m^3、4 978 万 m^3、14 269 万 m^3，尤以第三场降水期间为最大(见表 5.1-9)。

表 5.1-9　6 月 21 日—7 月 22 日期间长荡湖、滆湖水量交换表　　单位：亿 m^3

河流	第一轮降水期间	第二轮降水期间	第三轮降水期间	梅雨期间合计
夏溪河	0.05	0.10	0.12	0.43
湟里河	0.05	0.17	0.58	1.32
北干河	0.02	0.14	0.47	1.12
中干河	0.02	0.09	0.26	0.66
合计	0.14	0.50	1.43	3.53

(3) 滆湖、太湖间水量交换

滆湖、太湖之间的水量交换主要通过太滆运河、漕桥河、殷村港、烧香港、湛渎港等五条河，6 月 21 日—7 月 22 日，通过该五条河由滆湖入太湖总水量为 58 735 万 m^3，三场降水期间的入太湖总水量分别为 3 792 万 m^3、9 192 万 m^3、23 108 万 m^3，尤以第三场降水期间为最大(见表 5.1-10)。

表 5.1-10　6 月 21 日—7 月 22 日期间滆湖、太湖水量交换表　　单位：亿 m^3

河流	第一轮降水期间	第二轮降水期间	第三轮降水期间	梅雨期间合计
太滆运河	0.11	0.29	0.64	1.35
漕桥河	0.02	0.21	0.37	0.92
殷村港	0.06	0.14	0.46	1.27
烧香港	0.14	0.20	0.62	1.78
湛渎港	0.05	0.08	0.23	0.55
合计	0.38	0.92	2.31	5.87

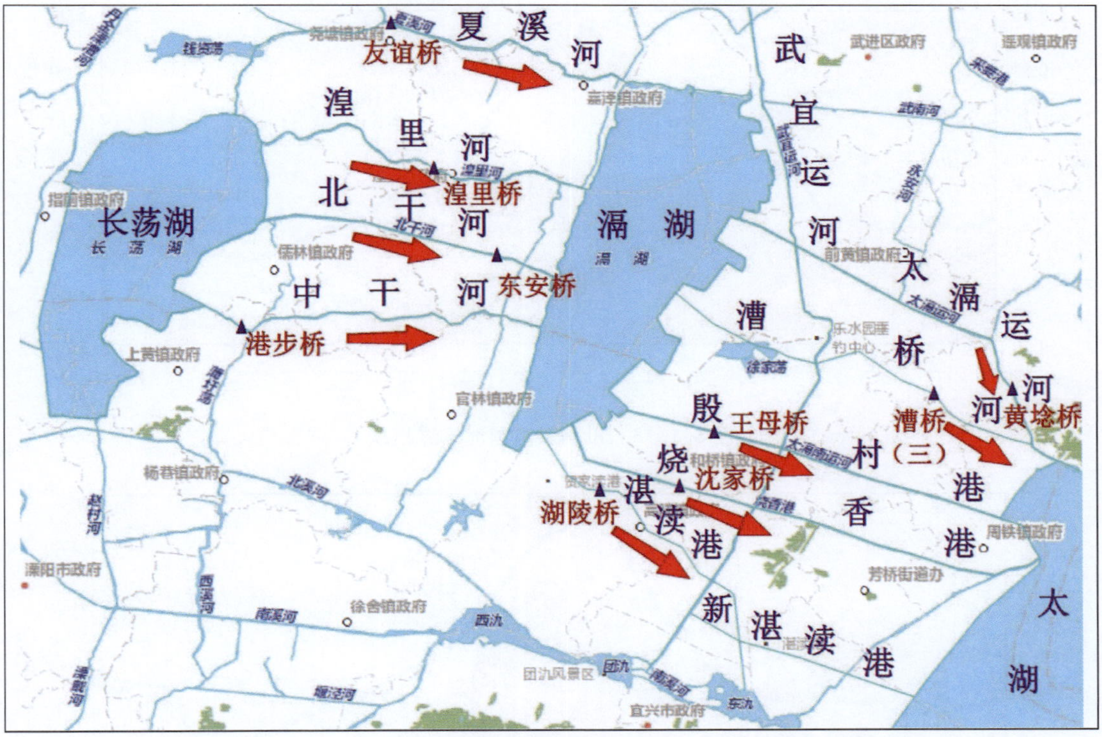

图 5.1-12 梅雨期间滆湖、长荡湖、太湖间水量交换示意图

梅雨期间滆湖、长荡湖、太湖间水量交换示意如图 5.1-12 所示。

5.1.6 望虞河

1. 泄水量

梅雨期、汛期，望虞河排泄太湖洪水总量分别为 11.30 亿 m^3、30.60 亿 m^3，平均每天泄水分别为 0.365 亿 m^3、0.200 亿 m^3，详情见表 5.1-10，图 5.1-13～图 5.1-14。

表 5.1-10 望虞河泄量统计表 单位：亿 m^3

河名	计算时段	泄水量	日均泄水量	最大日泄水量	出现时间(月-日)
望虞闸	梅雨期	11.30	0.365	0.537	7-3
	汛期	30.60	0.200	0.537	7-3
望亭	梅雨期	8.478	0.273	0.391	7-11
	汛期	21.61	0.141	0.391	7-11

2. 沿线进出水量分析

望虞河干流自长江口至太湖沿程水量监测依次有常熟水利枢纽闸内、张桥、望亭立交闸下 3 个控制断面。望虞河自长江口至太湖沿程西岸支流水量及水质监测断面主要有张家港(大义桥断面)、锡北运河(新师桥断面)、九里河(鸟嘴渡断面)、伯渎港(大坊桥断面)。分流情况，望虞河自长江口至太湖沿程东岸口门监测断面主要有西塘河(新琳桥)、寺泾港(寺泾港闸)、冶长泾港(冶长泾闸)、灵岩港(灵岩闸)、永昌泾港(永昌泾闸)，见图 5.1-15。

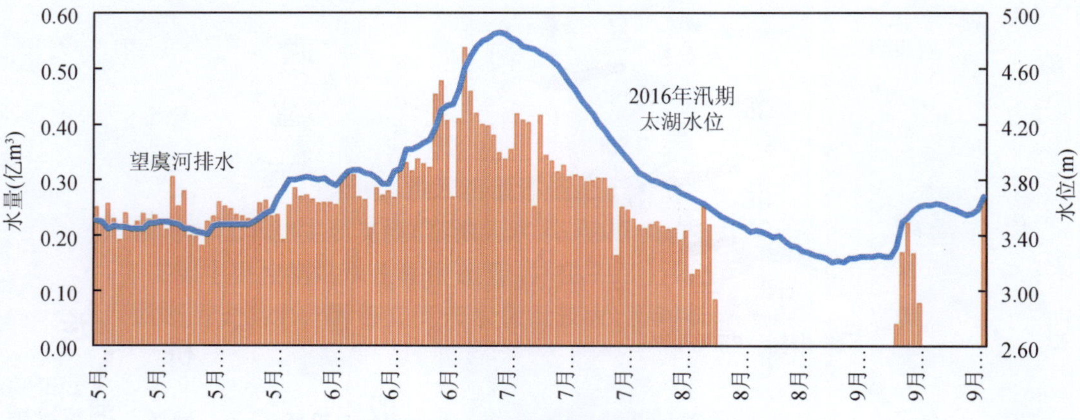

图 5.1-13　汛期望虞闸泄水过程线

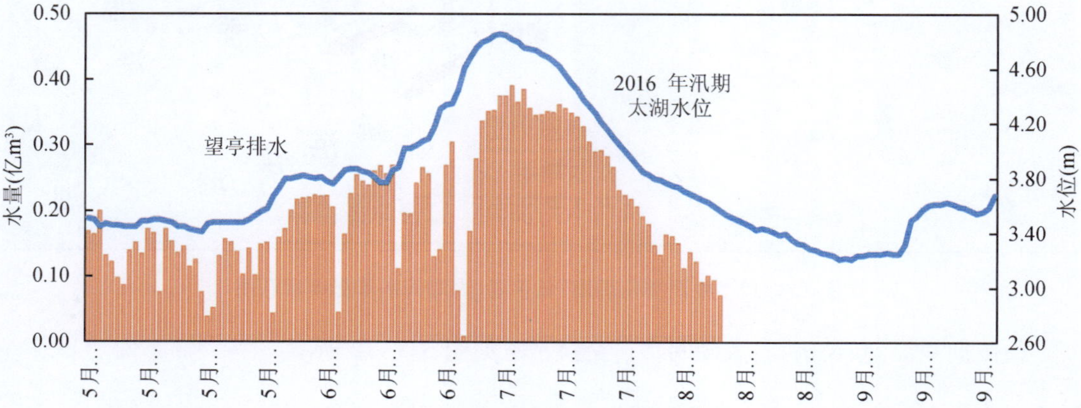

图 5.1-14　汛期望亭水利枢纽泄水过程线

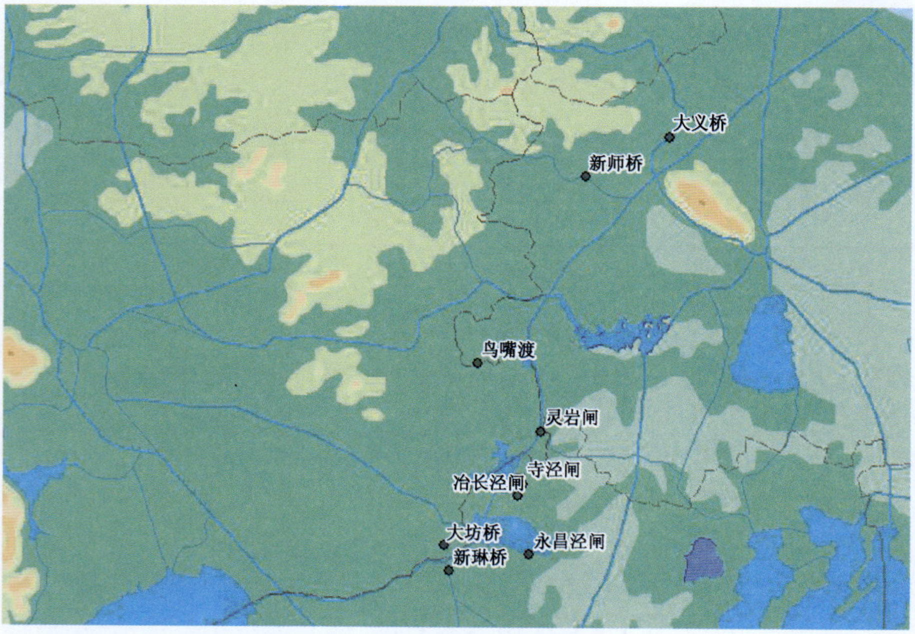

图 5.1-15　望虞河两岸监测断面位置图

望虞河泄洪流程见图5.1-16,沿程泄量统计见表5.1-11。

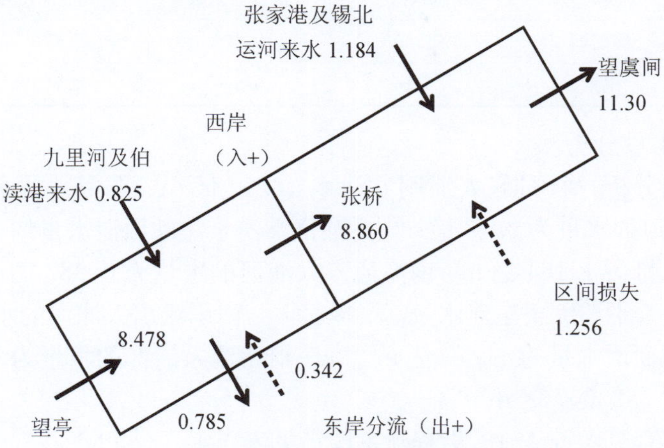

图5.1-16　望虞河泄洪流程图(单位:亿 m^3)

表5.1-11　望虞河沿程泄量统计表　　单位:亿 m^3

计算时段	望亭	九里河及伯渎港来水	东岸分流	张桥	区间损失	张家港及锡北	望虞闸	区间损失
梅雨期	8.478	0.825	0.785	8.860	−0.342	1.184	11.30	1.256

5.1.7　太浦河

太浦河除京杭运河南、北岸及南岸芦墟以西尚有9个口门未实施控制外,其北岸支流口门(除京杭运河)、南岸芦墟以东支流口门已全部控制。

1. 泄水量

梅雨期、汛期,太浦河排泄太湖洪水总量分别为16.30亿 m^3、39.16亿 m^3,平均每天泄水分别为0.526亿 m^3、0.256亿 m^3,详见图5.1-17,表5.1-12。

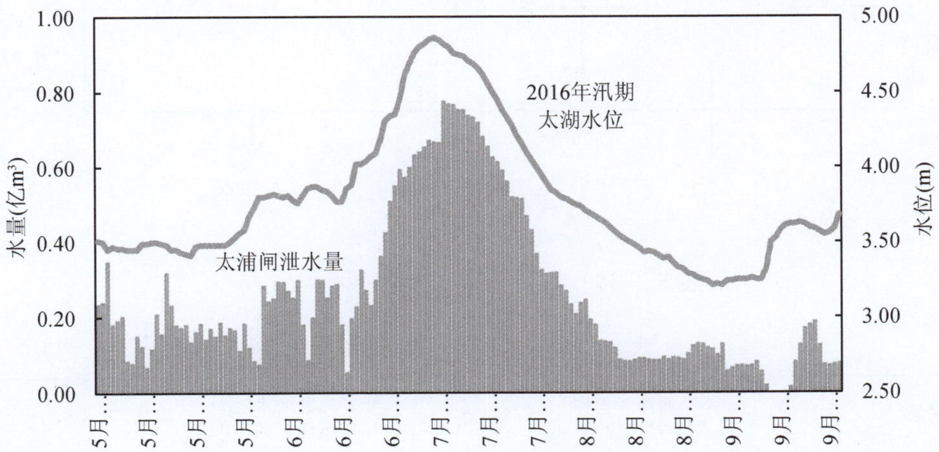

图5.1-17　汛期太浦河泄水过程线

表 5.1-12　太浦河泄量统计表　　单位：亿 m^3

河名	计算时段	泄水量	日均泄水量	最大日泄水量	出现时间(月-日)
太浦河	梅雨期	16.30	0.526	0.776	7-11
	汛期	39.16	0.256	0.776	7-11

2. 沿线进出水量分析

根据实测资料分析，梅雨期，太浦闸共泄水 16.30 亿 m^3，平望大桥东泄水量 12.86 亿 m^3，南岸流出太浦河的水量为 3.43 亿 m^3；太浦河下游金泽断面泄水量约 12.69 亿 m^3，陶庄枢纽流入浙江的水量为 1.164 亿 m^3，南岸流入太浦河的水量为 0.987 亿 m^3。汛期，太浦闸共泄水 39.16 亿 m^3，平望大桥东泄水量 37.05 亿 m^3，南岸流出太浦河的水量为 2.11 亿 m^3；太浦河下游金泽断面泄水量约 41.77 亿 m^3，陶庄枢纽流入浙江的水量为 3.286 亿 m^3，南岸流入太浦河的水量为 8.007 亿 m^3。

太浦河泄洪流程见图 5.1-18，沿程泄量统计见表 5.1-13。

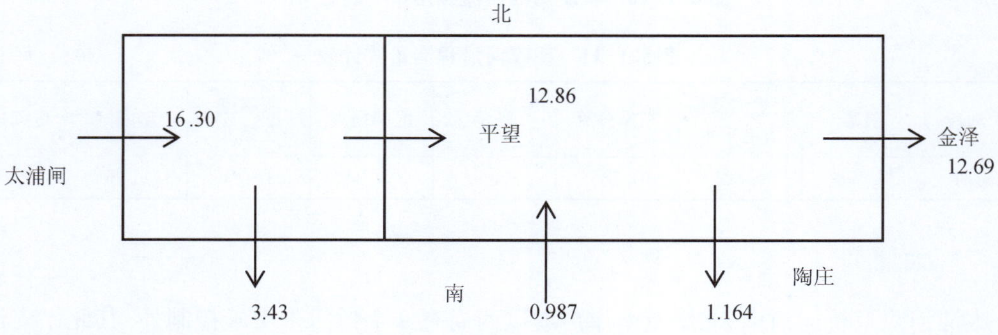

(a) 梅雨期

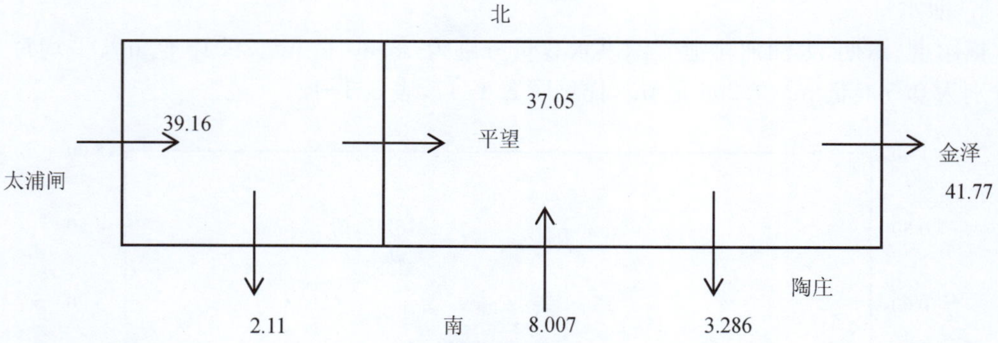

(b) 汛期

图 5.1-18　太浦河泄洪流程图(单位：亿 m^3)

表 5.1-13　太浦河沿程泄量统计表　　单位：亿 m^3

计算时段	太浦闸	太浦闸至平望段两岸地区流出	平望	平望至金泽段陶庄枢纽汇入	陶庄	金泽
梅雨期	16.30	3.43	12.86	0.987	1.164	12.69
汛期	39.16	2.11	37.05	8.007	3.286	41.77

5.2 河道行洪能力分析

5.2.1 秦淮河

5.2.1.1 行洪能力分析方法

秦淮河流域上游有溧水河、句容河两源，汇合处设有前埠村水文站，上游源短流急，调蓄能力小，洪水上涨快，洪峰次数多；中游设有东山水位站；下游为南京市及江宁区，洪水分别通过秦淮新闸和武定门闸控制排入长江，秦淮新闸是泄洪的主要口门。根据水文站布设及水文资料的关系，对秦淮河行洪能力分析。本次主要分析秦淮河上游主要支流句容河的行洪能力，代表站为前埠村(句)水文站；秦淮河干流行洪能力，代表站为前埠村(秦)水文站；下游分别分析秦淮河下游秦淮新河段和武定门闸下游段行洪能力及其组合。

上游及干流主要收集水文站的历史典型年实测水文资料，采用水位流量关系进行对比，分析其能力的变化。下游秦淮新闸和武定门闸的下泄流量因受长江潮位影响十分明显，一方面收集两闸历史典型年实测大断面资料，分析秦淮新河段以及武定门闸以下段区间的河道断面的变化，从而分析其行洪能力的变化；另一方面，依据秦淮河历史典型年最大下泄流量资料以及相应的东山站水位、长江高潮位进行统计，采用多元回归，建立秦淮河最大行洪流量与东山水位和长江潮位关系式，得到现阶段秦淮河的行洪能力。

5.2.1.2 主要河段行洪能力变化分析

句容河段：本次分析选取了1983年、1991年、1996年、1998年、1999年、2003年、2007年、2015年和2016年实测水位流量资料。由表5.2-1可知，2000年前，不同水位级的行洪流量差别不是很大，1991年略大一些，如前埠村(句)水位为10.50～11.00 m时，1991年行洪流量为460～470 m^3/s，而1998—1999年的行洪流量在300～470 m^3/s之间。2000年以来，2003年流量明显高于1991年，为历年最大，前埠村(句)水位在10.50～11.00 m时，其行洪流量在1 000～1 170 m^3/s之间；2007年后行洪流量逐步减小，2016年与2015年比，行洪流量明显小于2015年。从水位流量关系看，2000年以来，句容河同级水位下，流量逐步变小，行洪能力似乎有减小的趋势。实际上，受下游潮位顶托影响，相同水位下，流量的大小与行洪能力不成正相关，河道行洪能力主要受河道断面形态约束，根据相关资料，句容河河道断面变化并不明显，因此秦淮河上游段行洪能力变化并不明显。

表5.2-1 前埠村(句)典型年水位流量关系对比表 单位：m^3/s

水位(m)	10	10.24	10.5	11	11.6	12	12.5
1983年	147	207					
1991年	300～400	450	460	470	563		
1996年	150	485					
1998年	150	200	300				
1999年	150～200	300	380	470			
2003年	800	900	1 000	1 170			

续表

水位(m)	10	10.24	10.5	11	11.6	12	12.5
2007年	400	700	780	922			
2015年	460	535	670	800	980	985	985
2016年	336	364	388	500	600	532	

秦淮河干流段:本次分析选取了1991年、1999年、2002年、2003年、2007年、2015年和2016年实测水位流量资料。由表5.2-2可知,各典型年不同水位级的行洪流量差别不大,当前埠村(秦)水位为11.00 m时,各典型年的行洪流量介于750~900 m^3/s,变化不是很大。当前埠村(秦)水位在11.20 m以下时,其流量有减小的趋势,当水位为11.20 m以上时,其流量有增大的趋势。

表5.2-2 前埠村(秦)典型年水位流量关系对比表 单位:m^3/s

水位(m)	10	10.2	11	11.2	11.4	11.5	12
1991年	650	700	900	760	800	880	
1999年	560	650					
2002年	620	650					
2003年	500	550	830		960		
2007年	500	500	750	865			
2015年	650	675	900	930			900
2016年	420	500	800	900	950	1 000	930

秦淮新河段:秦淮新河行洪能力分析选取秦淮新河闸下367 m河段,14个大断面测量资料,选择2005年、2010年、2015年三个典型年,进行断面面积冲淤对比分析,分析结果见表5.2-3,可知2005年、2010年、2015年断面面积和相应的河床容积均比标准断面面积及相应河床容积减少。从河床容积比较看,2005年减少5%,2010年减少10.8%,2015年减少5.3%,说明秦淮新河闸下段现状断面与标准断面比,均存在不同程度的淤积,现状河段行洪能力有所下降,幅度不大,总体下降5%。

外秦淮河段:武定门闸下游段也是南京市的外秦淮河段,分析选取武定门闸下352 m河段,11个大断面测量资料,同样选择2005年、2010年、2015年三个典型年,进行断面面积冲淤对比分析,分析结果见表5.2-4,可知2005年、2010年、2015年断面面积和相应的河床容积均比标准断面面积及相应河床容积减少。从河床容积比较看,2005年减少27.4%,2010年减少33.2%,2015年减少25.2%,说明武定门闸下段现状断面与标准断面比,均存在不同程度的淤积,现状河段行洪能力下降较为明显,总体下降25%。

由以上分析可知,虽然秦淮河上游句容河前埠村(句)断面2003年以来,同级水位下的流量有减小的趋势,但由于其行洪能力主要受河道断面影响,由于河道断面没有明显变化,因此认为其行洪能力变化不明显。

秦淮河干流前埠村(秦)断面,中低水位下,其行洪能力有减小的趋势,高水位下其行洪能力有增加的趋势,总体变化不明显。

秦淮新河闸下游段河床容积减少5%,行洪能力有所减少,减少幅度不大。

表 5.2-3 秦淮新河闸闸下断面 2005 年、2010 年、2015 年比较表

计算水位：8.50 m

断面编号	计算水位断面宽（m）				断面积（m^2）				断面间距（m）	河床容积（10^3 m^3）			
	标准断面	2005 年	2010 年	2015 年	标准断面	2005 年	2010 年	2015 年		标准断面	2005 年	2010 年	2015 年
C.S.1 下	190.0	191.4	190.9	191.1	1 272	1 254	1 144	1 202					
C.S.2 下	190.0	191.2	191.7	191.0	1 308	1 235	1 130	1 155	16	20.640	19.912	18.192	18.856
C.S.3 下	190.0	191.1	191.5	191.2	1 264	1 229	1 128	1 142	15	19.290	18.480	16.935	17.228
C.S.4 下	190.0	191.1	191.4	191.5	1 273	1 233	1 118	1 137	5	6.342	6.155	5.615	5.698
C.S.5 下	190.0	191.1	191.3	191.2	1 286	1 271	1 137	1 174	5	6.398	6.260	5.638	5.778
C.S.6 下	188.0	191.1	192.0	191.4	1 258	1 244	1 117	1140	15	19.080	18.862	16.905	17.355
C.S.7 下	192.0	189.3	189.8	189.8	1 246	1 193	1 084	1 087	20	25.040	24.370	22.010	22.270
C.S.8 下	190.0	188.0	189.2	188.7	1 246	1 154	1 054	1 077	20	24.920	23.470	21.380	21.640
C.S.9 下	188.0	187.3	156.9	187.3	1 227	1 102	705	1 114	20	24.730	22.560	17.590	21.910
C.S.10 下	186.0	186.4	185.7	186.3	1 141	1 088	1 111	1 145	20	23.680	21.900	18.160	22.590
C.S.11 下	170.0	169.3	168.5	166.5	1 037	962	965	938	50	54.450	51.250	51.900	52.075
C.S.12 下	147.0	151.5	151.5	151.4	844	810	778	915	50	47.025	44.300	43.575	46.325
C.S.13 下	147.0	150.1	150.1	150.0	784	762	767	789	50	40.700	39.300	38.625	42.600
C.S.14 下	144.0	149.8	149.5	149.8	821	752	742	787	50	40.125	37.850	37.725	39.400
										352.42	334.669（−5%）	314.25（−10.8%）	333.7（−5.3%）

表 5.2-4　武定门闸闸下断面 2005 年、2010 年、2015 年比较表

计算水位:8.00 m

断面编号	计算水位断面宽(m)				断面积(m^2)				断面间距(m)	河床容积(10^3 m^3)			
	标准断面	2005 年	2010 年	2015 年	标准断面	2005 年	2010 年	2015 年		标准断面	2005 年	2010 年	2015 年
C.S.1 下	64.0	64.0	64.0	64.0	511	505	513	511					
									12	6.816	6.546	6.714	6.570
C.S.2 下	78.4	78.4	78.4	78.4	625	586	606	584					
									18	11.097	10.323	10.107	10.521
C.S.3 下	102.0	102.6	102.7	102.7	608	561	517	585					
									20	12.320	12.070	10.620	12.030
C.S.4 下	102.0	102.5	102.5	102.8	624	646	545	618					
									20	12.130	12.410	10.440	11.880
C.S.5 下	102.0	102.5	102.4	102.6	589	595	499	570					
									30	17.340	16.230	14.490	16.470
C.S.6 下	102.0	102.4	102.4	102.7	567	487	467	528					
									50	28.350	21.725	20.350	23.150
C.S.7 下	102.0	102.0	102.3	102.5	567	382	347	398					
									50	28.350	18.250	16.250	18.850
C.S.8 下	102.0	102.1	102.3	102.5	567	348	303	356					
									50	28.350	16.900	14.525	17.075
C.S.9 下	102.0	102.1	102.2	102.2	567	328	278	327					
									40	22.680	12.920	11.080	12.920
C.S.10 下	102.0	102.1	102.2	102.2	567	318	276	319					
									40	22.680	10.580	12.480	12.720
C.S.11 下	102.0	102.1	102.1	102.2	567	306	253	317					
										190.113	137.954 (−27.4%)	127.056 (−33.2%)	142.186 (−25.2%)

备注:C.S.9 下断面向下是城东干道跨秦淮河大桥,桥墩众多且河床淤积较大。

武定门闸下游外秦淮河段河床容积变化比较明显，河床容积减少 25%以上，行洪能力有较大的减小趋势。

5.2.1.3 秦淮河行洪能力分析

秦淮河行洪由秦淮新河闸与武定门闸行洪组成（两闸合计简称秦淮河（总），以下同），根据秦淮河流域下泄特点，秦淮河流域洪水一般由最大 1 d 至最大 3 d 暴雨形成，洪水一般在 1 d 至 7 d 排完。统计历年秦淮河（总）最大 1 d、3 d、7 d 平均流量，然后再统计相应的秦淮新河闸和武定门闸相应日期最大 1 d、3 d、7 d 平均流量，再统计分析相应日期最大 1 d、最大 3 d、最大 7 d 东山站平均水位、南京站平均高潮位。选取两闸最大 1 d 排水流量 800 m^3/s 以上数据为依据，秦淮河流域典型年典型时段最大日均流量及相应东山站平均水位、南京下关站平均高潮统计见表 5.2-5～表 5.2-7。

表 5.2-5 秦淮河最大 1 d 平均流量、东山站水位、南京高潮关系表

年份	秦淮新河闸 (m^3/s)	武定门闸 (m^3/s)	秦淮河（总）(m^3/s)	出现日期（月-日）	东山平均水位 (m)	南京高潮平均 (m)
1987	557	281	838	7-5	8.46	7.15
1991	884	396	1 280	6-14	9.59	7.49
1991	817	341	1 158	7-4	9.47	7.77
1996	606	278	884	7-6	9.30	7.19
1999	652	226	878	6-28	9.53	8.30
2002	600	206	806	6-22	9.04	7.78
2003	713	377	1 090	7-11	10.21	8.88
2004	597	201	798	6-25	9.05	7.23
2007	860	354	1 214	7-9	10.01	7.26
2008	624	223	847	8-2	9.11	7.50
2009	600	206	806	7-23	8.90	7.10
2015	978	478	1 456	6-28	10.95	8.77
2016	865	477	1 342	7-5	11.31	9.89

由表 5.2-5 可知，秦淮河历年最大 1 d 排水流量发生在 2015 年，为 1 456 m^3/s，其次是 2016 年为 1 342 m^3/s，尽管 2016 年东山站 7 月 5 日平均水位 11.31 m 远超过 2015 年 6 月 28 日的 10.95 m，但 2016 年南京高潮 9.89 m，远高于 2015 年的 8.77 m，说明 2016 年高潮顶托的影响比 2015 年大，因此出现 2016 年排水流量大于 2015 年。直接表现在秦淮新河闸排水流量上，武定门闸主要受城区河段行洪能力的影响，2016 年和 2015 年最大排水流量相当。

表 5.2-6 秦淮河最大 3 d 平均流量、东山站水位、南京高潮关系表

年份	秦淮新河闸 (m^3/s)	武定门闸 (m^3/s)	秦淮河（总）(m^3/s)	出现日期（月-日）	东山平均水位 (m)	南京平均高潮 (m)
1987	498	260	758	7-5	8.45	7.41
1991	811	349	1 160	6-14	9.40	7.69

续表

年份	秦淮新河闸 (m^3/s)	武定门闸 (m^3/s)	秦淮河(总) (m^3/s)	出现日期 (月-日)	东山平均水位 (m)	南京平均高潮 (m)
1991	771	327	366	7-2	9.29	7.58
1996	509	243	752	7-4	9.12	8.38
1999	536	212	749	6-28	9.49	8.58
2002	528	188	715	6-22	8.90	7.59
2003	658	348	1 006	7-10	10.05	8.87
2004	482	167	650	6-25	8.69	7.34
2007	751	305	1 056	7-8	9.60	7.22
2008	363	163	526	8-2	8.86	7.60
2009	517	192	709	7-22	8.72	7.05
2015	881	420	1 301	6-27	10.61	8.71
2016	853	463	1 316	7-3	11.08	9.61

由表5.2-6可知,秦淮河最大3 d排水流量2016年和2015年相当,均达到1 300 m^3/s,尽管2016年东山站相应日平均水位11.08 m超过2015年的10.61 m,但2016年南京高潮9.61 m,高于2015年的8.71 m,说明2016年高潮顶托的影响比2015年大,两者因素相互影响,形成2016年和2015年最大3 d排水流量相当。

由表5.2-7可知,秦淮河最大7 d平均流量超过1 000 m^3/s有1991年、2003年、2007年、2015年、2016年,其排水流量同样受东山站水位与长江潮位相互制约的影响。

表5.2-7 秦淮河最大7 d平均流量、东山站水位、南京高潮关系表

年份	秦淮新河闸 (m^3/s)	武定门闸 (m^3/s)	秦淮河(总) (m^3/s)	出现日期 (月-日)	东山平均水位 (m)	南京平均高潮 (m)
1987	402	212	615	7-3	8.15	7.16
1991	645	277	922	6-13	8.92	7.60
1991	708	307	1 015	7-2	9.36	7.95
1996	325	180	505	7-3	8.81	8.13
1999	293	184	477	6-27	9.24	8.63
2002	409	158	567	6-21	8.69	7.95
2003	575	309	884	7-6	9.73	8.56
2004	301	78	379	6-22	8.05	6.99
2007	554	252	806	7-5	9.00	7.04
2008	166	102	268	8-1	8.77	7.30
2009	304	158	462	7-22	8.71	6.81
2015	678	336	1 014	6-27	9.95	8.59
2016	806	447	1 253	7-2	11.00	9.60

最大 1 d 至最大 3 d 排水平均流量与东山水位及南京潮位关系最为密切，根据表 5.2-5～表 5.2-7 数据，采用多元回归分析，分别建立秦淮新河闸最大 1 d 平均流量与东山站水位和南京高潮位关系方程、秦淮河(总)最大 1 d 总排水流量与东山站水位和南京高潮关系方程；秦淮新河闸最大 3 d 平均流量与东山站水位与南京高潮位关系方程、秦淮河(总)最大 3 d 平均排水流量与东山站水位、南京高潮关系方程。

秦淮新河闸最大 1 d 排水流量与东山水位和南京高潮关系方程式如下：

$$Q_{秦淮新河闸}=238.14Z_{东山}-110.13Z_{南京}-702.37(回归相关系数\ 0.77)$$

$$Q_{秦淮河(总)}=368.08Z_{东山}-137.56Z_{南京}-1\,424.07(回归相关系数\ 0.80)$$

式中：$Q_{秦淮新河闸}$ 表示秦淮新闸流量，m^3/s；$Z_{东山}$ 表示东山水位，m；$Z_{南京}$ 表示南京站高潮位平均水位，m(下同)。

秦淮新河闸最大 3 d 排水流量与东山水位和南京高潮关系方程式如下：

$$Q_{秦淮新河闸}=217.12Z_{东山}-74.84Z_{南京}-854.74(回归相关系数\ 0.72)$$

$$Q_{秦淮河(总)}=323.67Z_{东山}-79.36Z_{南京}-1\,576.81(回归相关系数\ 0.81)$$

由上面回归方程得到的相关系数可知，秦淮新河闸最大 1 d、相关系数 0.77 稍大于最大 3 d 相关系数 0.72；秦淮河(总)最大 1 d 和最大 3 d 相关系数 0.80 和 0.81，两者接近，相关系数均好于秦淮新河闸。说明秦淮河(总)的最大 1 d 和最大 3 d 行洪能力的关系方程均优于秦淮新河闸的方程。

由以上关系方程可以推求东山站不同水位与长江不同潮位组合下秦淮新河闸和秦淮河(总)的最大行洪流量，成果见表 5.2-8 和表 5.2-9。

表 5.2-8 秦淮新河闸最大排水流量与东山水位和南京潮位关系成果表

秦淮新闸排水(m^3/s)		南京高潮平均(m)						
		7.00	7.50	8.00	8.50	9.00	9.50	10.00
东山水位平均(m)	8.50	551	496	441	386	331	276	221
	8.80	622	567	512	457	402	347	292
	9.00	670	615	560	505	450	395	340
	9.30	741	686	631	576	521	466	411
	9.50	789	734	679	624	569	514	459
	9.80	861	805	750	695	640	585	530
	10.00	908	853	798	743	688	633	578
	10.20	956	901	846	791	736	680	625
	10.50	1 027	972	917	862	807	752	697
	10.80	1 099	1 044	989	933	878	823	768
	11.00	1 146	1 091	1 036	981	926	871	816
	11.30	1 218	1 163	1 108	1 053	997	942	887

表 5.2-9　秦淮河总排水流量与东山水位和南京潮位关系成果表

秦淮河总排水(m^3/s)		南京高潮平均(m)						
		7.00	7.50	8.00	8.50	9.00	9.50	10.00
东山水位平均(m)	8.50	742	673	604	535	467	398	329
	8.80	852	783	715	646	577	508	439
	9.00	926	857	788	719	651	582	513
	9.30	1 036	967	899	830	761	692	623
	9.50	1 110	1 041	972	903	835	766	697
	9.80	1 220	1 151	1 083	1 014	945	876	807
	10.00	1 294	1 225	1 156	1 087	1 019	950	881
	10.20	1 367	1 299	1 230	1 161	1 092	1 023	955
	10.50	1 478	1 409	1 340	1 271	1 203	1 134	1 065
	10.80	1 588	1 519	1 451	1 382	1 313	1 244	1 176
	11.00	1 662	1 593	1 524	1 456	1 387	1 318	1 249
	11.30	1 772	1 703	1 635	1 566	1 497	1 428	1 360

本次仅选取历史上秦淮河最大行洪实测流量资料(1987—2016 年)和相应东山水位及长江潮位来进行分析,没有考虑工情变化带来的影响,样本的一致性还需在后续的研究工作中进一步深入分析,因此本次得到的行洪能力关系方程还需进一步的研究,使之更加科学合理,真正为秦淮河流域防洪调度提供优化提供决策。

5.2.2　望虞河

2015 年和 2016 年,苏南地区连续发生高水位,望虞河行洪能力主要依据最近 2 年实测资料进行分析。

河道行洪能力以张桥实测报汛流量为依据。张桥处在望虞河中段,其水位有一定代表性,望虞闸总排水流量反映整个河道最终排入长江的排水能力,期间,如果望虞河抽水站抽排入江水量也包含其中,望虞抽水站实测最大排水流量为 200 m^3/s 左右。

望虞河排水流量既受到望虞河上游水位和来水量影响,也受下游潮位高低的影响,现选取分析 2015—2016 年典型洪水期代表站张桥站和望虞河闸逐日平均水位、张桥站日平均流量、望虞河闸日平均排水流量。2015 年分析选取 2015 年 6 月 28 日—30 日,2016 年分析选取 2016 年 6 月 28 日—7 月 4 日资料,通过分析计算得到各代表站水位和流量,见望虞河 2015—2016 年典型洪水期计算水位和流量成果对比表(表 5.2-10)。

由表 5.2-10 可知:

从河道实测最大行洪流量看,2015—2016 年,望虞河张桥站最大行洪日均流量为 357 m^3/s,发生在 2016 年 6 月 30 日,当日河道平均水位 3.97 m,并不最高,相应望虞闸总排水流量为 471 m^3/s。

从望虞河闸最大实测排水流量看,2015—2016 年,望虞河闸最大日均排水流量为

688 m^3/s,发生在2015年6月29日,当日河道平均水位4.47 m,水位很高,但河道行洪流量仅为201 m^3/s。

表5.2-10 望虞河2015—2016年典型洪水期计算水位和流量成果对比表

日期(年-月-日)	张桥站		望虞河闸	
	日平均水位(m)	平均流量(m^3/s)	日平均水位(m)	总排水流量(m^3/s)
2015-6-28	4.47	247	3.67	578
2015-6-29	4.47	201	3.70	**688**
2015-6-30	4.32	231	3.53	583
2016-6-28	4.08	264	3.35	525
2016-6-29	4.10	328	3.25	553
2016-6-30	3.97	**357**	3.28	471
2016-7-2	4.31	333	3.70	475
2016-7-3	**4.55**	285	3.76	622
2016-7-4	4.47	299	3.74	531

从河道发生最高水位看,最高水位发生2016年7月3日,为4.55 m,当时河道行洪流量仅为285 m^3/s,但望虞河闸排水流量为622 m^3/s,仅次于最大排水流量。

由以上分析可知,望虞河行洪能力受到多种因素影响,既受上游水位来水量影响,又受下游潮位顶托的影响,如何客观反映上游水位和下游潮位不同组合与河道行洪的关系,需要更多的数据处理和分析资料,包括采用新方法,为下一步深入研究提供很好的基础。本次仅分析了典型年河道实测最大行洪流量及排水流量,为望虞河调度起到一定参考作用。

5.3 区域水量平衡分析

5.3.1 区域水量平衡分析方法

水量平衡要素主要有入境水量、本地产水量(降雨形成的径流量)、出境水量、河湖库槽蓄变量。区域水量平衡量计算公式为:

$$W = W_{入境水量} + W_{本地产水量} - W_{出境水量} - W_{河湖库蓄变量}$$

式中:W为水量不平衡量,$W_{入境水量}$为区域入境水量,其他类推。

水量平衡分析计算时段为梅雨期6月19日—7月20日,各平衡要素计算依据为:

出、入境水量根据一些主要河段巡测水量和常规实测水量资料进行统计;

河湖库蓄变量是根据河湖库面积及水位变化来进行统计分析;

本地产水量是将区域分为水面、水田、旱地、建设用地四种类型分别进行计算。四种类型下垫面数据主要采用江苏省降水产流下垫面调查统计成果(江苏水利工程规划办公室,2016年2月)。各种类型计算方法如下:

(1) 水面产水量计算

$$W_{水面}=(P-K\times E601)\times F\times 10^{-5}$$

式中:$W_{水面}$为水面产水量,亿 m³;P 为区内面平均雨量,mm;K 为自然水体与 E601 蒸发皿蒸发量的折算系数;F 为区内水面积,km²。K 可从《江苏省水文手册》查得。采用 20 m² 水体代表标准水体,其折算系数采用宜兴站试验资料,如下:6 月 $K=0.94$;7 月 $K=0.94$;8 月 $K=0.98$;9 月 $K=1.06$。

(2) 旱地产水量计算

首先采用《江苏省暴雨洪水图集》中的次降雨径流相关公式计算旱地径流深:

$$R_{旱地}=[(P+P_a-C_P)^3+C_i^{\,3}]^{1/3}-C_i$$

式中:$R_{旱地}$为旱地径流深,mm;C_P、C_i为公式的计算参数,可根据《江苏省暴雨洪水图集》查得;P_a为土壤前期影响雨量,mm,其中

$$P_a(t)=K\times(P_a(t-1)+P(t-1))$$

式中:$P_a(t)$为第 t 天土壤前期影响雨量;$P_a(t-1)$和 $P(t-1)$分别表示第 $t-1$ 天土壤前期影响雨量和面平均降雨量;K 为系数,对于平原区取值 0.93,山丘区取值为 0.90。

连续计算 P_a时,从第一次洪水日期上推 20 d 以上起算,起算日期取 $P_a=0$ 或是取某日降雨的 1/2 作为第二天土壤前期影响雨量。当 P_a大于流域最大初损 I_{max}时,取 P_a等于 I_{max},平原区 $I_{max}=95$ mm,山丘区 $I_{max}=75$ mm。

径流计算做如下处理:如果当日降雨量小于 5 mm 时,则不产生径流;如果计算出的径流深大于当日面平均降雨量时,则取径流深等于当日降雨量。

当计算一场连续超过 2 d 以上降雨后(以日降雨量大于 5 mm 作为起止时段)第 2 天的径流时,应将第 1 天和第 2 天降雨加在一起,作为一次降雨进行径流计算,再减去第 1 天径流,得出第 2 天径流;计算第 3 天径流时,应将第 1 天至第 3 天降雨加在一起,作为一次降雨进行径流计算,再减去第 1 天和第 2 天径流,得出第 3 天径流,依此类推。

然后计算各分区产水量,采用下式:

$$W_{旱地}=R_{旱地}\times F\times 10^{-5}$$

式中:$W_{旱地}$为旱地产水量,亿 m³;F 为区内旱地面积,km²。计算过程中,旱地有平原旱地和山丘区旱地,分别进行计算。

(3) 不透水面产水量计算

根据试验成果,每场雨扣除 3 mm 初损,其余均产流。

$$W_{不透水面}=P\times F\times 10^{-5}$$

式中:$W_{不透水面}$为不透水面产水量,10^8 m³;P 为面平均降雨量,mm;F 为不透水面面积,km²。

(4) 水稻田产水量计算

水稻生长期按 6 月 1 日—9 月 30 日计:

水田产水量,可采用公式

$$W_{水田}=(P-\alpha_2\cdot E601)\times F\times 10^{-5}$$

式中:α_2为水稻田蒸发蒸腾量与 E601 型蒸发皿蒸发量的折算系数。水稻试验成果,水稻田

蒸发折算系数采用表 5.3-1。

表 5.3-1 水稻田蒸发折算系数

月	6月			7月			8月			9月		
旬	上	中	下	上	中	下	上	中	下	上	中	下
α_2	1.0	1.0	1.1	1.1	1.2	1.4	1.5	1.5	1.4	1.2	0.9	0.9

5.3.2 行政分区

本次行政分区水量平衡主要有镇江、常州、无锡和苏州 4 个地市，各市水量平衡分析结果如下。

1. 镇江

镇江入境水量为长江引水，出境水量主要是通过沿江巡测线、湖西巡测线和秦淮河巡测线排出。据 2016 年梅雨期水文巡测资料统计，镇江总入境水量 0 亿 m^3，降雨径流量 18.78 亿 m^3、出境水量 17.21 亿 m^3、河湖槽蓄变量 0.5 亿 m^3、不平衡水量为 1.07 亿 m^3，占总产水量的 5.70%。镇江市梅雨期水量平衡统计见表 5.3-2。

表 5.3-2 2016 年镇江市梅雨期水量平衡计算表 单位:亿 m^3

行政分区	入境水量	本地产水量	出境水量	河湖库槽蓄变量	不平衡水量	不平衡量/总进入水量
镇江	0	18.78	17.21	0.50	1.07	5.70%

2. 常州

常州市入境水量主要来自常州市行政边界巡测线和湖西西线巡测线，出境水量主要通过环太湖巡测线、沿江巡测线、常州市行政边界巡测线和宜兴西线巡测线排出。据 2016 年梅雨期水文巡测资料统计，常州市总入境水量 7.283 6 亿 m^3，降雨径流量 24.24 亿 m^3、出境水量 23.87 亿 m^3、河湖库槽蓄变量 5.652 亿 m^3、不平衡水量为 2.002 亿 m^3，占总进水量的 6.35%。常州市梅雨期水量平衡统计见表 5.3-3。

表 5.3-3 2016 年常州市梅雨期水量平衡计算表 单位:亿 m^3

行政分区	入境水量	本地产水量	出境水量	河湖库槽蓄变量	不平衡水量	不平衡量/总进入水量
常州	7.284	24.24	23.87	5.652	2.002	6.35%

3. 无锡

无锡市入境水量主要来自宜兴西线和锡澄西线，出境水量主要通过环太湖巡测线、沿江巡测线和锡澄东线排出。据 2016 年梅雨期水文巡测资料统计，无锡市总入境水量 21.67 亿 m^3，降雨径流量 18.93 亿 m^3、出境水量 40.59 亿 m^3、河湖槽蓄变量 2.94 亿 m^3、不平衡水量为 −2.93 亿 m^3，占总进水量的 7.2%。无锡市梅雨期水量平衡统计见表 5.3-4。

表 5.3-4 2016 年无锡市梅雨期水量平衡计算表 单位:亿 m^3

行政分区	入境水量	本地产水量	出境水量	河湖库槽蓄变量	不平衡水量	不平衡量/总进入水量
无锡	21.67	18.93	40.59	2.94	−2.93	7.2%

4. 苏州

苏州市入境水量主要通过环太湖巡测线和锡澄东线控制，出境水量主要通过苏沪巡测线、沿江巡测线和浦南巡测线控制。据2016年梅雨期水文巡测资料统计，苏州市总入境水量46.20亿m^3，降雨径流量14.05亿m^3、出境水量49.59亿m^3、河湖槽蓄变量0.46亿m^3、不平衡水量为10.20亿m^3，占总进水量的16.93%。苏州市梅雨期水量平衡统计见表5.3-5。

表5.3-5　2016年苏州市梅雨期水量平衡计算表　　单位：亿m^3

行政分区	入境水量	本地产水量	出境水量	河湖库槽蓄变量	不平衡水量	不平衡量/总进入水量
苏州	46.20	14.05	49.59	0.46	10.20	16.93%

5.3.3　水利分区

水利分区主要有秦淮河流域和太湖流域中的太湖湖西区、武澄锡虞区、阳澄淀泖区。

1. 秦淮河流域

秦淮河流域面积2 648 km^2，为相对封闭流域，出境水量主要通过秦淮新河闸和武定门闸排入长江，入境水量主要是通过天生桥闸进入流域。根据2016年梅雨期资料统计，通过天生桥闸入境水量为0.20亿m^3、流域内降雨径流量为13.76亿m^3、出境水量13.35亿m^3、河湖槽蓄变量0.3亿m^3、不平衡水量为0.31亿m^3，占总产水量的2.22%。

2. 太湖湖西区

太湖湖西区入境水量较小(为0.11亿m^3)，本地产水量大(达41.68亿m^3)，出境水量31.635亿m^3，河湖库蓄变量7.594亿m^3，不平衡量占总进入水量的6.1%，具体统计见表5.3-6。

表5.3-6　2016年梅雨期苏南主要分区水量平衡计算表　　单位：亿m^3

水资源分区	面积(km^2)	入境水量	本地产水量	出境水量	河湖库槽蓄变量	不平衡水量	不平衡量/总进入水量
秦淮河流域	2 684.0	0.20	13.76	13.35	0.30	0.31	2.22%
太湖湖西区	7 408.3	0.11	41.68	31.635	7.594	2.561	6.1%
武澄锡虞区	4 029.5	3.605	18.487	18.276	1.386	2.43	11.0%
阳澄淀泖区	4 160.5	39.38	14.48	46.61	0.096	7.16	13.29%

3. 武澄锡虞区

武澄锡虞区入境水量3.605亿m^3，本地产水量18.487亿m^3，出境水量18.276亿m^3，河湖库蓄变量1.386亿m^3，不平衡量占总进入水量的11.0%，具体统计见表5.3-6。

4. 阳澄淀泖区

阳澄淀泖区总入境水量39.38亿m^3，降雨径流量14.48亿m^3、出境水量46.61亿m^3、河湖槽蓄变量0.096亿m^3、不平衡水量为7.16亿m^3，占总进入水量的13.29%，具体统计见表5.3-6。

2016年江苏省太湖地区分区进出水量运动示意见图5.3-1。

5.3.4　环太湖出入湖水量

5.3.4.1　全年及各月出入湖水量

2016年环太湖入湖总水量159.9亿m^3，比2015年增加40.8亿m^3，比多年平均入湖量

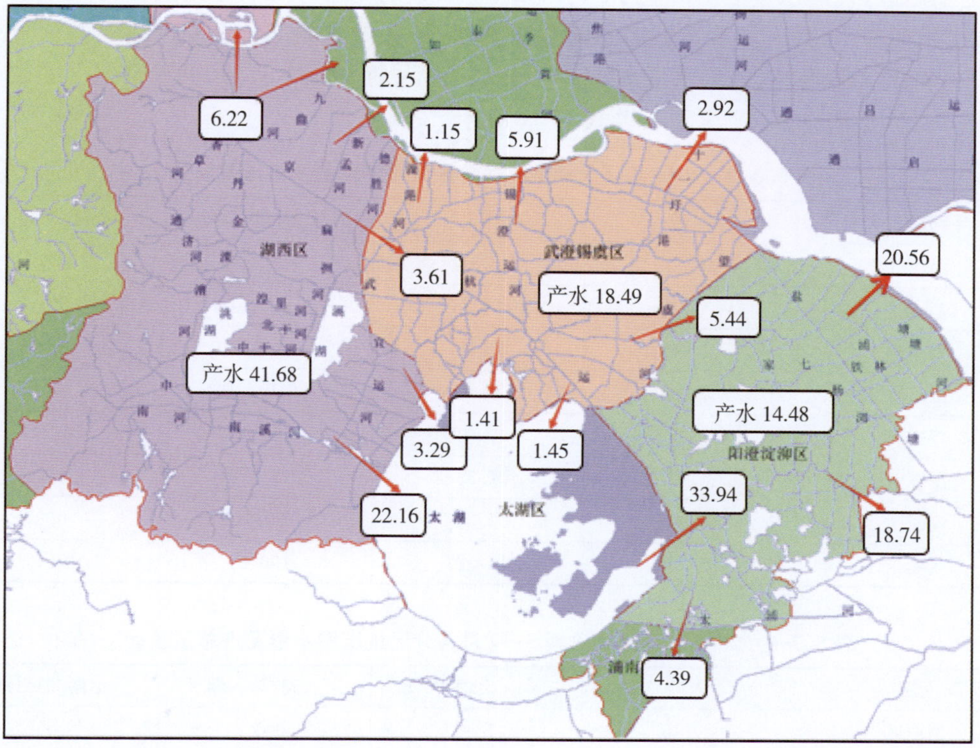

图 5.3-1　江苏省太湖地区分区进出水量运动示意图(单位:亿 m³)

(88.37 亿 m³)偏多 8 成,其中汛期(5—9 月)87.53 亿 m³,占年入湖水量的 54.7%。6 月、7 月和 10 月为入湖水量最多的月份,分别为 26.69 亿 m³、26.66 亿 m³和 22.68 亿 m³,各占年入湖水量的 16.6%。7 月 3 日为入湖水量最大的一天,日平均入湖流量达 3 059.4 m³/s。

2016 年环太湖出湖总水量 167.3 亿 m³,比 2015 年增加 48.8 亿 m³,比多年平均出湖水量(92.14 亿 m³)也偏多 8 成,其中汛期(5—9 月)92.04 亿 m³,占年出湖水量的 55%。其中 7 月份出湖水量最多,达 36.67 亿 m³,占年出湖水量的 21.9%。7 月 10 日为出湖水量最大的一天,日平均出湖流量达 1 654.66 m³/s。环太湖各月进出水量统计见表 5.3-7。

表 5.3-7　2016 年环太湖各月进出水量统计表　　单位:亿 m³

月份	1	2	3	4	5	6	7	8	9	10	11	12	全年
进湖	6.35	5.09	6.82	14.61	13.50	26.69	26.66	7.17	13.51	22.68	9.15	7.62	159.9
多年平均	4.87	4.96	7.59	5.98	6.52	11.09	12.83	9.94	8.25	6.14	5.29	4.90	88.37
出湖	8.80	8.63	7.35	8.04	14.26	19.61	36.67	14.55	6.95	14.79	19.1	8.50	167.3
多年平均	6.48	5.65	6.47	6.81	6.60	6.53	11.22	10.43	9.35	8.29	7.11	7.20	92.14

5.3.4.2　分区出入湖水量

1. 分区入湖水量分析

2016 年入湖水量最多的为湖西区,年入湖水量 102.19 亿 m³,占总入湖水量的 64%,其次为浙西区,年入湖水量 44.87 亿 m³,占总入湖水量的 28%,两个分区共占总入湖水量的 92%;汛期 5—9 月入湖水量最多的为湖西区,入湖水量 50.85 亿 m³,占总入湖水量的 58%,

其次为浙西区，入湖水量 30.15 亿 m³，占总入湖水量的 34%，两个分区共占总入湖水量的 92%；主汛期 6—8 月入湖水量最多的同样为湖西区，入湖水量 34.62 亿 m³，占总入湖水量的 57%，其次为浙西区，入湖水量 22.48 亿 m³，占总入湖水量的 37%，两个分区共占总入湖水量的 94%（见表 5.3-8、表 5.3-9、表 5.3-10）。

表 5.3-8　2016 年环太湖全年各分区进出湖水量及占总量统计　　单位:亿 m³

分区	入湖	出湖	入湖/总入湖	出湖/总出湖
浙西区	44.87	8.16	28%	5%
杭嘉湖区	4.34	13.86	3%	8%
太浦河	0.00	68.03	0%	41%
阳澄淀泖区	2.83	34.91	2%	21%
望虞河	1.45	34.47	1%	21%
武澄锡虞区	4.17	7.33	3%	4%
湖西区	102.19	0.51	64%	0%
环太湖合计	159.85	167.27	100%	100%

表 5.3-9　2016 年环太湖汛期 5—9 月各分区进出湖水量及占总量统计　　单位:亿 m³

分区	入湖	出湖	入湖/总入湖	出湖/总出湖
浙西区	30.15	4.36	34%	5%
杭嘉湖区	2.16	5.22	2%	6%
太浦河	0.00	41.11	0%	45%
阳澄淀泖区	1.34	15.13	2%	16%
望虞河	0.47	22.22	1%	24%
武澄锡虞区	2.57	3.68	3%	4%
湖西区	50.85	0.32	58%	0%
环太湖合计	87.53	92.04	100%	100%

表 5.3-10　2016 年环太湖汛期 6—8 月各分区进出湖水量及占总量统计　　单位:亿 m³

分区	入湖	出湖	入湖/总入湖	出湖/总出湖
浙西区	22.48	3.53	37%	5%
杭嘉湖区	0.71	3.62	1%	5%
太浦河	0.00	32.94	0%	47%
阳澄淀泖区	0.52	10.46	1%	15%
望虞河	0.00	17.83	0%	25%
武澄锡虞区	2.20	2.17	4%	3%
湖西区	34.62	0.28	57%	0%
环太湖合计	60.53	70.83	100%	100%

2. 分区出湖水量分析

2016 年出湖水量最多的为太浦河，年出湖水量 68.03 亿 m³，占总入湖水量的 41%，其次为阳澄淀泖区和望虞河，年出湖水量分别为 34.91 亿 m^3 和 34.47 亿 m^3，均占总入湖水量的 21%，两河(太浦河和望虞河，下同)占总入湖水量的 62%；汛期 5—9 月出湖水量最多的同样为太浦河，入湖水量 41.11 亿 m^3，占总入湖水量的 45%，其次是望虞河，入湖水量 22.22 亿 m^3，占总入湖水量的 44%，两河共占总入湖水量的 69%；主汛期 6—8 月出湖水量最多的同样为太浦河，入湖水量 32.94 亿 m^3，占总入湖水量的 47%，其次是望虞河，入湖水量 17.83 亿 m^3，占总入湖水量的 25%，两河共占总入湖水量的 72%。

由以上分析可知，2016 年环太湖入湖水量主体是湖西区，其次是浙西区，两区入湖水量占总入湖水量比例超过 90%，占绝对比重；出湖水量以两河为主体，阳澄淀泖区占一定比重，达 15%～21%，两河占比 62%～72%，且有主汛期占比大于汛期占比、汛期占比大于全年占比的特点。

第六章

水利工程运用分析

我省地处江、淮两大流域下游，上有近 200 万 km^2 的来水过境入海，而内部地势低平，80%以上的地区处于设计洪水位以下，是流域洪水“走廊”；下有江海潮顶托，本地暴雨与台风、天文大潮遭遇机率较大，易造成沿河沿湖洼地“关门淹”，因洪致涝矛盾突出。区域内部地形也有高差，突发性、极端性暴雨多，洪涝问题交织。新中国成立后，大规模的防洪治涝工程建设形成了较为完善的流域防洪工程体系及海堤挡潮工程体系，流域防洪（潮）基本达到 50 年一遇及以上标准，解决了洪水漫流问题；在流域治理格局下，高低分开，洪涝渍兼治，构建了较为完整的分区防洪治涝工程体系，解决了一般洪涝的威胁；近年来，全省加快了城市防洪治涝工程建设，基本形成了流域、区域、城市三个层次有机结合、互相协调的防洪治涝工程格局。同时，强化了防汛指挥系统和决策支持系统建设，防汛管理水平大幅度提升，成功处置了新中国成立以来历次流域、区域性洪涝威胁，保障和促进了经济社会快速发展。

本章针对 2016 年我省沿江苏南地区的暴雨洪水，分析流域骨干工程、区域防洪工程、城市防洪排涝工程等主要防洪工程所发挥的作用。

6.1 流域防洪工程

6.1.1 长江干流骨干工程

6.1.1.1 工程现状与背景

2016 年洪水期间，干流洪水与支流洪水恶劣遭遇，长江中下游干流主要站河道壅水严重，起涨水位不断抬高，加之下游支流洪水顶托，洪水宣泄不畅，导致高水时水位偏高。在水位流量关系上呈现同水位下过流流量偏小，同流量下水位偏高的现象。据流域机构分析，由于天然河湖调蓄洪水能力的减弱，加之水库下泄引起的底水偏高和沿岸泵站抽排入江造峰等因素的影响，一旦降雨集中，暴雨洪水组合遭遇恶劣时，出现持续的高洪水位将成新常态。

根据长江流域综合治理规划，长江流域逐步形成了以堤防为基础，三峡工程为骨干，干支流水库、蓄滞洪区、河道整治相配合的综合防洪体系。我省地处长江下游，采取“固堤防，守节点，稳河势，止崩坍”的防洪策略，形成了较为完善的堤防挡洪和河势控制工程体系，基本可以防御 1954 年型洪水(约 50 年一遇)，长江河势得到初步控制，总体较为稳定。目前长江堤防存在的主要问题有：局部堤段堤身断面及迎水坡护坡标准不足，堤身、堤基存在安全隐患，部分穿堤建筑物未按标准加固或拆建，长江岸线、洲滩高强度开发利用对江堤带来不利影响，长江水沙条件的变化影响局部堤段岸线稳定。规划推进江堤防洪能力提升工程建设，进一步巩固长江干支堤防，满足防御 1954 年型洪水的要求，河口段、重点城市和开发区段堤防按防御 100 年一遇洪潮水位加固；继续加强重点险工、主要节点、分汊河道和洲滩治理，保障岸线稳定。

6.1.1.2 2016 年镇扬河段世业洲左右汊水文测验

1. 河势与分流比

以镇扬河段世业洲汊道为例，该河段地处长江中下游冲积平原，河道冲淤变化大，为长江下游河床演变强烈河段之一。世业洲汊道属微弯双分汊河型，右汊为主汊，平面形态呈一个大弯道，左汊为支汊，河道顺直，世业洲东西全长 13 km，南北最宽 3.9 km(0 m 线)。近百年来，世业洲右汊一直保持主汊地位，河势基本稳定，但自 1975 年后，汊道的形势发生了缓慢的变化，滩槽冲淤变化相对较大，并有左兴右衰的发展趋势。左汊入流条件不断改善，口门冲刷扩大，而右汊入流条件相对缓慢衰退，口门在淤浅缩小。1983—2013 年期间，长江镇扬河段先后实施了一期、二期整治工程和 2004—2013 年应急护岸工程，使得急剧变化的河势以及和畅洲左汊分流比急剧扩大的趋势得到初步控制，然而近年来，在世业洲洲头附近水域采砂作业使世业洲左汊过水面积有所加大，对其左汊分流比的增大有一定的影响，人为因素亦不容忽视。

根据 2004—2016 年《长江镇扬河段世业洲左右汊分流比水文测验分析报告》分析显示：

(1) 世业洲分流点南北两侧冲刷均较剧烈，由于冲刷影响，分流比测验断面处，左汊断面面积增加较快；右汊断面面积变化不大。2016 年实施的长江镇扬河段三期整治工程，左侧世业洲洲头附近深槽已被填平，同时对世业洲北侧和南侧航道都进行了深挖疏浚工程，左右汊断面面积趋于稳定。长江世业洲断面历年变化见图 6.1-1。

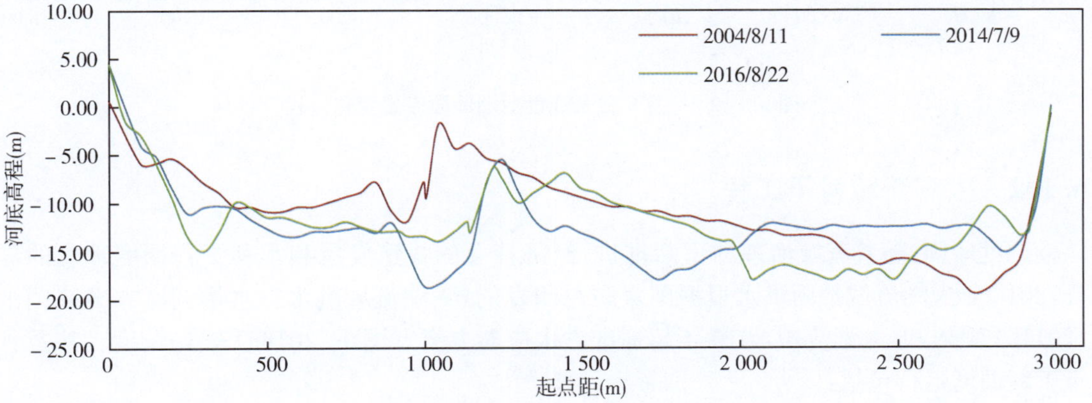

图 6.1-1 长江世业洲断面历年变化

(2) 2004 年 5 月 20 日—2016 年 8 月 22 日期间，世业洲左汊分流比的平均值从 32.4% 递增至 40.2%，呈一路上行之势，平均增大速率每年约为 0.65%。但近 3 年来世业洲左汊分流比的平均值为:2014 年 7 月 29 日 40%;2015 年 7 月 17 日 40.4%;2016 年 8 月 22 日 40.2%,基本趋于稳定。

(3) 在大通流量达到 60 000 m^3/s 流量级时,世业洲左右汊流量比值达到历年最小值 1∶1.40,左汊分流比达到历年最大值 41.7%。

实测资料表明,整治工程实施之前,由于世业洲洲头附近采砂作业的影响,世业洲左汊进口断面面积、分流比不断增大,不利于左汊河道及岸坡的稳定。整治工程实施之后,尚需继续监测世业洲左右汊分流比,尤其应注重大流量时的监测,并定期测绘该区域水下地形,以便进一步分析。

2. 水文监测成果

世业洲长江潮位特征以十二圩潮位来描述。2016 年 7 月 8 日(农历六月初五),十二圩站潮位最大涨潮潮差大于最大落潮潮差。涨潮历时约 3.5 h,落潮历时约 9.5 h。世业洲河段左汊断面平均流速(1.52 m/s)大于右汊断面平均流速(1.15 m/s),约为 1.33∶1。左汊断面平均最大流速(1.65 m/s),发生在低潮前 2 h。左汊断面平均最小流速(1.30 m/s),发生在高潮期。实测全断面最大流量为 70 400 m^3/s,最小流量 62 300 m^3/s,平均流量 66 400 m^3/s;左汊断面最大流量 30 800 m^3/s,最小流量 24 900 m^3/s,平均流量 27 700 m^3/s;右汊断面最大流量 39 900 m^3/s,最小流量 36 700 m^3/s,平均流量 38 700 m^3/s。左右汊断面平均流量之比为 1∶1.40。2016 年世业洲 7 月 8 日水文监测成果见图 6.1-2、图 6.1-3。

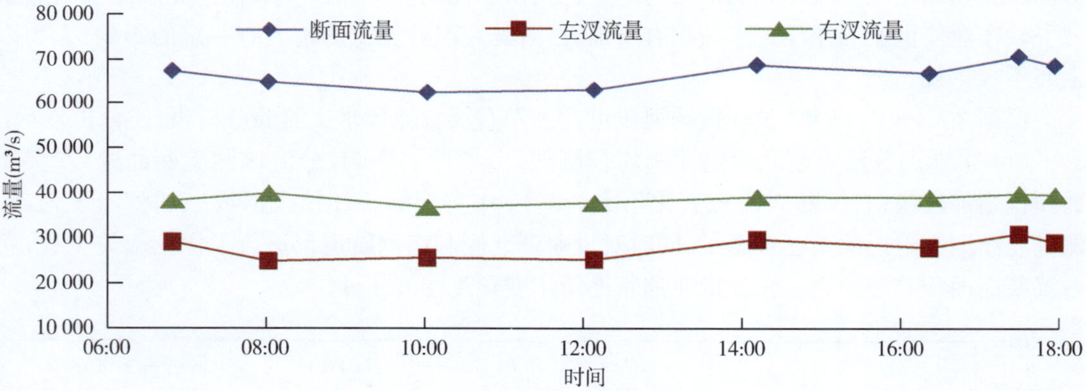

图 6.1-2　7 月 8 日长江世业洲断面流量变化过程

6.1.2　太湖流域骨干工程

调度原则:随着流域治理的不断推进,经济社会的快速发展和水利工程调度理念的提升,2016 年太湖流域暴雨洪水根据国家防总印发的《太湖流域洪水与水量调度方案》(国汛〔2011〕17 号)和《太湖流域 2016 年超标准洪水应对方案》(国汛〔2016〕13 号)调度。涉及骨干工程调度运行包括:

1. 太湖洪水调度水位

根据《太湖流域洪水与水量调度方案》(国汛〔2011〕17 号),太湖防洪调度控制水位如下:① 4 月 1 日至 6 月 15 日,防洪控制水位 3.10 m;② 6 月 16 日至 7 月 20 日,防洪控制水位按 3.10 m 至 3.50 m 直线递增;③ 7 月 21 日至次年 3 月 15 日,防洪控制水位 3.50 m;

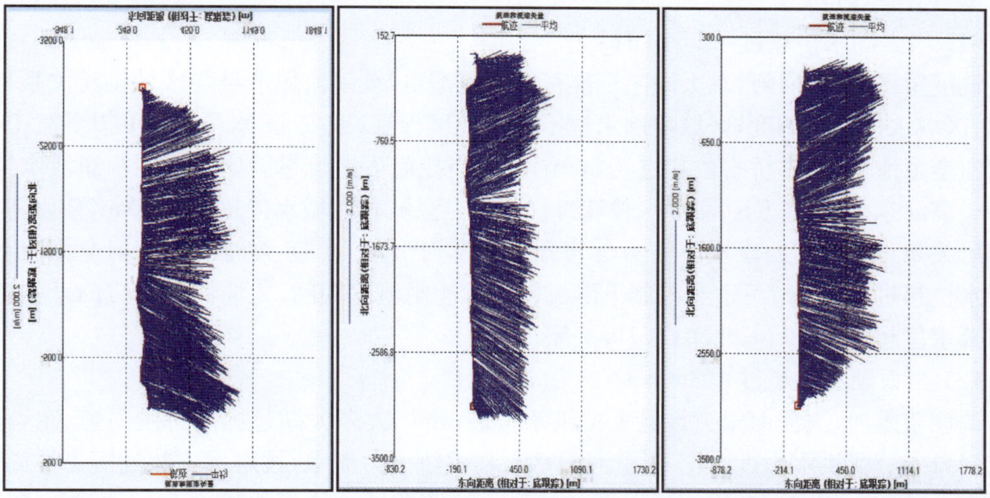

图 6.1-3　7 月 8 日长江世业洲实测航迹流速分布图

④ 3 月16 日至 3 月 31 日，防洪控制水位按 3.50 m 至 3.10 m 直线递减。

2. 标准内洪水调度方案

当太湖水位高于防洪控制水位且低于 4.65 m 时，按下列情形执行：

(1) 太浦河工程

当太湖水位不超过 3.50 m 时，太浦闸泄水按平望水位不超过 3.30 m 控制；当太湖水位不超过 3.80 m 时，太浦闸泄水按平望水位不超过 3.45 m 控制；当太湖水位不超过 4.20 m 时，太浦闸泄水按平望水位不超过 3.60 m 控制；当太湖水位不超过 4.40 m 时，太浦闸泄水按平望水位不超过 3.75 m 控制；当太湖水位不超过 4.65 m 时，太浦闸泄水按平望水位不超过 3.90 m 控制。当预报太浦闸下游地区遭受地区性大暴雨袭击或预报米市渡水位超过 3.70 m(佘山吴淞基面)时，太浦闸可提前适当减少泄量。

(2) 望虞河工程

① 望亭水利枢纽

当太湖水位不超过 4.20 m 时，望亭水利枢纽泄水按琳桥水位不超过 4.15 m 控制；当太湖水位不超过 4.40 m 时，望亭水利枢纽泄水按琳桥水位不超过 4.30 m 控制；当太湖水位不超过 4.65 m 时，望亭水利枢纽泄水按琳桥水位不超过 4.40 m 控制。当预报望虞河下游地区遭受风暴潮或地区性大暴雨袭击时，望亭水利枢纽提前适当减少泄量。

② 常熟水利枢纽

当太湖水位高于防洪控制水位时，望虞河常熟水利枢纽泄水；当太湖水位超过 3.80 m 并预测流域有持续强降雨时开泵排水。

③ 望虞河两岸水利工程

望亭水利枢纽泄水期间，当湘城水位不超过 3.70 m 时，望虞河东岸口门保持行水通畅；当湘城水位超过 3.70 m 时，望虞河东岸口门可以控制运用。蠡河、伯渎港、九里河和裴家圩枢纽在望亭水利枢纽泄水期间不得向望虞河排水。

3. 超标准洪水调度

2016 年 7 月 7 日，国家防总批复同意太湖防总上报的《太湖流域 2016 年超标准洪水应

对方案》,方案规定:

(1) 当太湖水位超过 4.65 m 时

调度望虞河、太浦河、东太湖超标准行洪通道泄洪,统筹流域泄洪与区域排涝关系,采用太湖、区域水位分级调度,区域控制水位不超过地区保证(或安全)水位。(1) 望虞河望亭水利枢纽全力泄水,若琳桥水位超过 4.50 m,可适当控制下泄流量。望亭水利枢纽泄水期间,保持望虞河东岸谢桥以下(谢桥—长江)口门行水通畅,若湘城水位超过 4.00 m,望虞河东岸口门可关闭。望虞河西岸福山船闸参与分泄望虞河洪水。(2) 太浦河太浦闸全力泄水,若平望水位超过 4.10 m,可适当控制下泄流量。太浦闸泄水期间,太浦河两岸口门开闸泄水,若陈墓水位超过 4.00 m,北岸口门可关闭。

(2) 当太湖水位超过 4.80 m 时

调度望虞河、太浦河全力排泄太湖洪水;进一步加大东太湖超标准行洪通道、东苕溪导流东岸口门分泄洪水力度。① 望虞河望亭水利枢纽全力泄水,按琳桥不超过历史最高水位(4.68 m)控制。望虞河东岸谢桥以下口门泄水按照湘城水位不超过 4.10 m 控制。望虞河西岸福山船闸继续参与分泄望虞河洪水。② 太浦闸全力泄水,按平望不超过历史最高水位(4.33 m)控制。太浦闸泄水期间,太浦河两岸口门开闸泄水仍按照陈墓、嘉兴水位不超过 4.00 m 控制。

(3) 太湖水位超过 5.00 m 时

水位超过 5.00 m 时,另行提出调度措施。

6.1.2.1 望虞河

1. 工程运行情况

4 月 1 日—7 月 8 日期间,望虞河承泄太湖洪水比例仅占常熟枢纽总排水量的 57.8%。苏南运河水位超历史期间,运河洪水三次通过蠡河船闸经望虞河外排。区域涝水与流域洪水争抢出路,导致望虞河作为太湖洪水外排主要通道的功能受到一定影响。

4 月 26 日,太湖水位涨至 3.53 m,位列 1954 年以来同期第 1 位,太湖防总调度启用望虞河常熟水利枢纽泵站全力排水,较调度方案规定的条件提前 38 d(调度方案规定常熟水利枢纽泵站开泵条件为太湖水位达到 3.80 m)。受 7 月 1 日武澄锡虞区强降雨影响,琳桥水位 1 天内上升 0.31 m,水位超过"方案"控制水位,望亭水利枢纽闸下水位持续上涨,达到或超过闸上水位,望亭水利枢纽排涝能力受限。

出梅后太湖水位下降较快,至 8 月 4 日降至警戒水位 3.80 m,常熟水利枢纽关泵,调整为节制闸全力排水,望亭水利枢纽流量逐步压减,8 月 15 日关闸。汛后期,受台风暴雨的影响,10 月 2 日太湖水位再次超警,为降低太湖水位上涨速度,排泄流域洪水,10 月 3 日起启用望亭水利枢纽排水,流量控制在 200 m^3/s 左右,10 月 13 日太湖水位降到警戒水位以下,望亭调减流量,按 50 m^3/s 控制排水;据气象部门预测,受台风"海马"外围和北方冷空气共同影响,10 月 20 日起流域会有持续降雨过程,考虑到太湖水位在 3.70 m 左右,仍然处于较高水平,望亭水利枢纽加大泄量预降水位,按 150 m^3/s 控制,常熟水利枢纽节制闸全力排水。虽两河都在排水,但太湖水位仍持续走高,至 10 月 25 日达到 3.89 m,接近 4.00 m,望亭加大流量 300 m^3/s,同时 10 月 26 日开启常熟水利枢纽泵站排水,至 11 月 12 日,太湖水位降至 3.80 m 以下,常熟节制闸改为全力排水,11 月 15 日起逐步压减望亭流量,至 12 月 5 日太湖水位降至 3.50 m,望亭关闸。

琳桥控制水位与望亭流量对照分析见图 6.1-4。

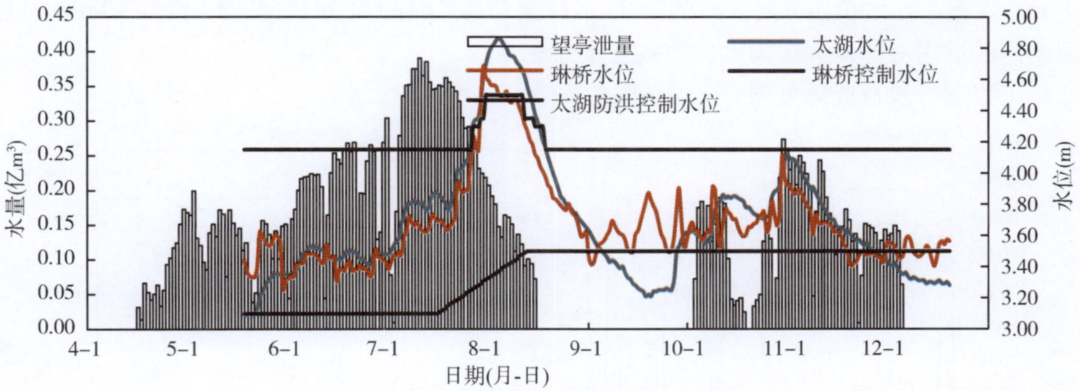

图 6.1-4 琳桥控制水位与望亭流量对应图

2. 工程运行效益

汛前，太湖防总逐步调度加大太浦闸排水力度至全力排水。5 月 1 日—6 月 30 日，太浦闸和望亭水利枢纽均在全力排水，太浦闸平均流量（241 m^3/s）仅为设计流量（784 m^3/s）的 31%，望亭水利枢纽平均流量（193 m^3/s）仅为设计流量（400 m^3/s）的 48%。

汛期，望虞河共排泄洪涝水 30.60 亿 m^3，其中排太湖洪水 21.61 亿 m^3，占望虞河总排水量的 71%，相当于降低太湖水位 0.92 m；排武澄锡虞区涝水 8.99 亿 m^3，占望虞河排水总量的 29%，相当于平均降低澄锡虞区水位 3 cm/d（圩外水面积 190.1 km^2）。

梅雨期（6 月 19 日—7 月 19 日），望虞河共排泄洪涝水 11.30 亿 m^3，其中排太湖洪水 8.48 亿 m^3，占望虞河总排水量的 75%，相当于降低太湖水位 0.36 m；排武澄锡虞区涝水 2.82 亿 m^3，占望虞河排水总量的 25%，相当于平均降低澄锡虞区水位 5 cm/d。

超标准洪水期间（7 月 3 日—7 月 18 日），望虞河共排泄洪涝水 6.21 亿 m^3，其中排太湖洪水 5.14 亿 m^3，占望虞河总排水量的 83%，相当于降低太湖水位 0.22 m，望虞河西岸福山船闸及东岸谢桥以下口门分流 0.57 亿 m^3，为望亭水利枢纽持续大流量排泄太湖洪水创造条件。期间，排武澄锡虞区涝水 1.07 亿 m^3，占望虞河排水总量的 17%，相当于平均降低澄锡虞区水位 4 cm/d。

主要退水期（7 月 8 日—8 月 18 日，8 月 19 日降到 3.50 以下），望虞河共排泄洪涝水 10.65 亿 m^3，其中排太湖洪水 9.91 亿 m^3，占望虞河总排水量的 93%，相当于降低太湖水位 0.42 m。

汛后主要台风期间（10 月 19 日—12 月 2 日），望虞河共排泄洪涝水 11.58 亿 m^3，其中排太湖洪水 6.48 亿 m^3，占望虞河总排水量的 56%，相当于降低太湖水位 0.28 m；排武澄锡虞区涝水 5.10 亿 m^3，占望虞河排水总量的 44%，相当于平均降低澄锡虞区水位 6 cm/d。

望虞河两岸口门的运用对降低地区河网水位效益十分显著。6 月 22 日，无锡（大）水位迅速上涨并接近保证水位（4.53 m），江苏省开启蠡河船闸，通过望虞河分泄苏南运河涝水，其中 6 月 22 日入望虞河流量 24.6 m^3/s，无锡（大）水位由 6 月 22 日 15 时 4.52 m 迅速下降至 6 月 23 日 6 时 4.15 m 并稳定到 9 时。6 月 28 日，无锡（大）水位再次超过保证水位，江苏省开启蠡河船闸通过望虞河分泄苏南运河涝水，6 月 28 日入望虞河水量 0.03 亿 m^3，无锡（大）水位由 28 日 16 时的 4.93 m 下降至 29 日 8 时 4.69 m，后期持续下降。7 月 1 日，江苏省第三次开启蠡河船闸分泄苏南运河洪水，7月3—4日，通过蠡河船闸入望虞河水量0.16亿m^3，无锡(大)水位由3日8时的5.25 m降至5日8时的4.88 m，平均下降0.19 m/d。蠡河船闸的运用对降低大运河水位的效益十分显著。

工程运行效益成果见图6.1-5～图6.1-9。

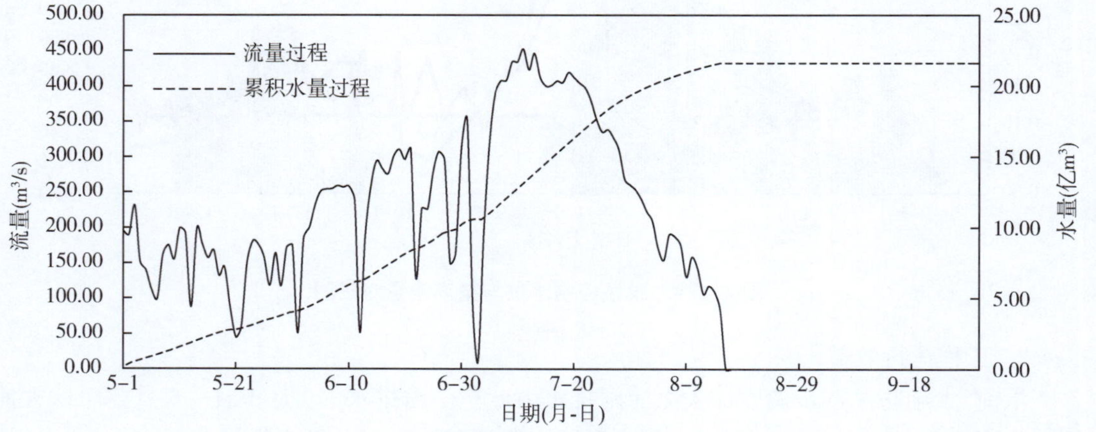

图6.1-5　汛期望亭流量过程及累计水量过程线

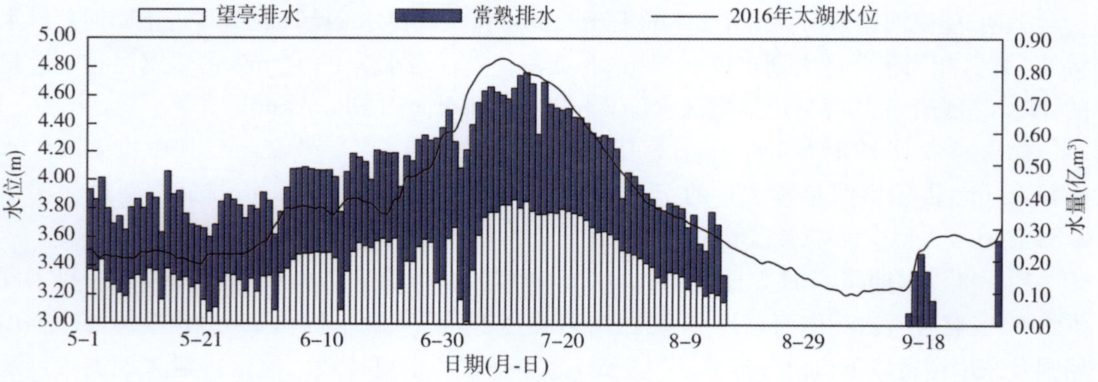

图6.1-6　汛期太湖水位过程线与望虞河水量对应关系

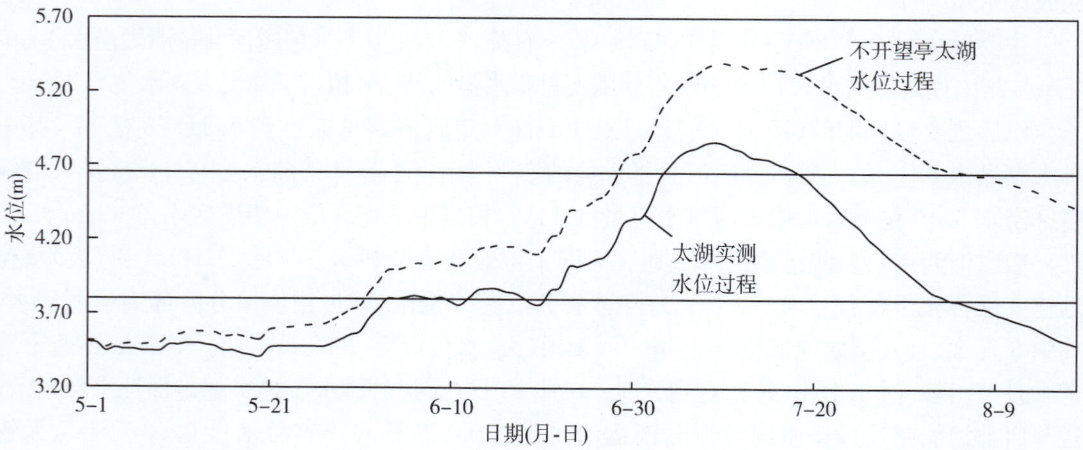

图6.1-7　太湖水位过程比较图

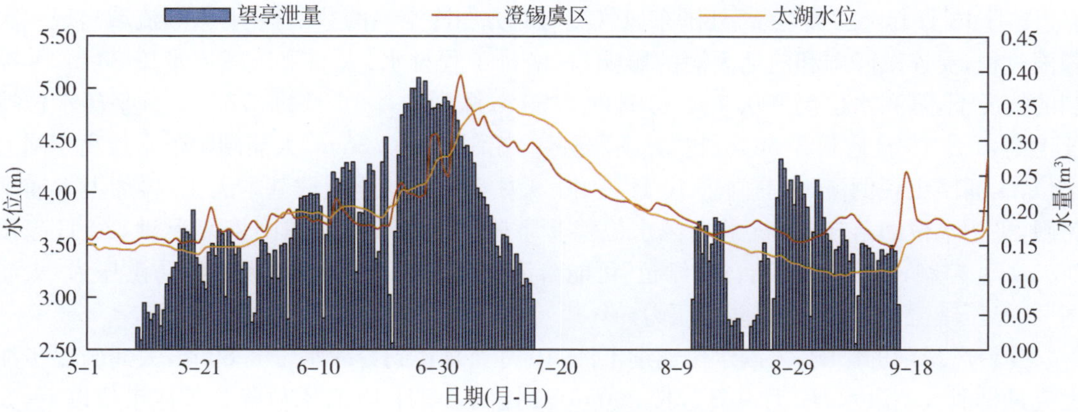

图 6.1-8　汛期武澄锡虞区水面线

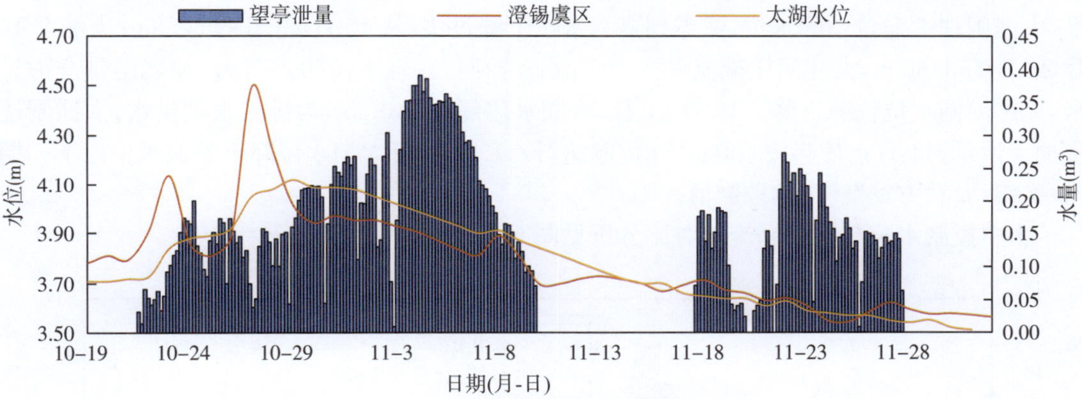

图 6.1-9　汛后期武澄锡虞区水面线

6.1.2.2　太浦河

1. 工程运行情况

4 月起，太湖流域降雨持续偏多。受持续降雨影响，太湖水位快速上涨，由 4 月 1 日的 3.09 m 涨至 5 月 1 日的 3.51 m，为加快太湖水位下降速度，自 5 月 1 日起，太浦闸全力排水，5 月 2—28 日太湖水位基本控制在防洪控制线以下，期间太浦闸超常规运行，有 21 d 高于控制水位。

入梅后受持续降雨影响，太湖水位持续走高，7 月 3 日达到 4.65 m，太湖流域发生超标准洪水，7 月 6 日，太湖水位涨至 4.80 m，太湖发生流域性特大洪水，为尽快排泄太湖洪水，减缓太湖水位上涨，太浦闸持续大流量泄洪，7 月 1 日至 26 日，日均排水流量不低于 600 m^3/s，平均排水流量达 758 m^3/s，7 月 11 日至 19 日，超设计流量运行，最大日均排水流量达 898 m^3/s，超过 1999 年最大日平均流量 746 m^3/s。

出梅后，太湖水位下降较快，平均每天降低 0.05 m，至 8 月 2 日太湖水位已降至 3.85 m，受 8 月 2 日起降雨影响，下游杭嘉湖区水位持续走高，杭嘉湖地区多站点超警，平望水位 8 月 4 日达 3.67 m，超“方案”规定的控制水位 0.22 m，加之受黄浦江大潮汛的影响，平望潮位不断抬高，考虑到太湖水位下降速度平稳，太浦闸逐步压减流量，8 月 16 日至 29 日太浦闸流量基本控制在 100 m^3/s 左右，为排泄区域涝水提供了有力条件。

9月13日起，受“莫兰蒂”外围东风气流与北方弱冷空气的共同影响，太湖流域出现一次降雨过程，受连续降雨和前期大潮的影响，在南排工程排水、太浦闸压减流量按80 m^3/s 控制的情况下，嘉兴水位仍然从9月13日的2.99 m涨到9月16日的3.83 m，且平望水位持续走高，9月16日达到3.66 m，超“方案”规定的控制水位0.36 m，太浦闸闸下水位高于闸上水位，太浦闸出现倒流，太浦闸于16日关闸。9月17日起，全流域基本无雨，再加上太浦闸关闸，平望水位回落较快，杭嘉湖区水位稳步下降，9月20日太浦闸恢复泄洪，22日起按200 m^3/s 控制，而后考虑到台风“鲶鱼”可能给流域带来风雨影响，加大下游防洪压力，太浦闸26号压减流量，减小地区防洪压力。

受台风暴雨的影响，太湖水位连续上涨，10月2日达到警戒水位3.80 m，太浦闸逐步加大流量排泄太湖洪水，10月9日起按200 m^3/s 控制，10月13日水位降到警戒水位以下，太浦闸流量压减至80 m^3/s 左右。据气象部门预测，受台风“海马”外围和北方冷空气共同影响，10月20日起流域会有持续降雨过程，考虑到太湖水位在3.70 m左右，仍然处于较高水平，太浦闸加大泄量预降水位，考虑到嘉兴水位上涨过快，从10月20日的3.39 m上涨至10月23日的3.86 m，太浦闸压减流量按100 m^3/s 控制，减轻下游防洪压力，加之南排全力排水，地区河网水位快速下降。10月27日，太湖水位超过4.00 m，为排除太湖洪水，太浦闸逐步加大泄量，11月4日起按400 m^3/s 控制运行，11月12日太湖水位降至警戒水位以下。期间，平望均超“方案”规定的控制值。

平望控制水位与太浦闸流量对比分析见图6.1-10。

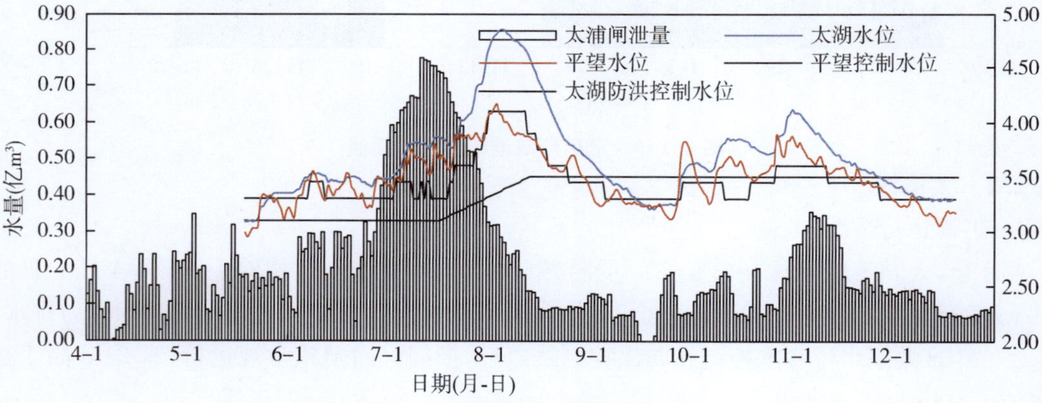

图6.1-10　平望控制水位与太浦闸流量对应图

2. 工程运行效益

4月1日—9月30日，太浦闸累计泄水42.83亿 m^3，相当于降低太湖水位1.83 m。

汛期，太浦闸累计泄水39.16亿 m^3，相当于降低太湖水位1.67 m。其中，梅雨期(6月19日—7月19日)，太浦闸共累计泄水16.30亿 m^3，相当于降低太湖水位0.70 m，远大于1999年梅雨期排水量(7.25亿 m^3)。

5月1日—7月8日，太湖发生最高水位，太浦闸共排泄太湖洪水17.69亿 m^3，远超过1999年同期太浦闸排水量(3.27亿 m^3)，相当于降低太湖水位0.76 m，平均1.1 cm/d。运行69 d中超常规调度(平望水位在控制线以上)运行57 d，为减缓太湖水位上涨起到了重要的作用。

7月3—18日，太湖发生超标准洪水期间，太浦闸共排泄太湖洪水11.11亿m^3，相当于降低太湖水位0.48 m，平均3 cm/d，太浦河南岸浙江段口门分流1.13亿m^3，相当于降低太湖水位5 cm。

7月11—19日，太浦闸超设计流量运行，最大日均排水流量达898 m^3/s，超过1999年最大日平均流量(746 m^3/s)。7月1—26日，太浦闸大流量泄洪，日均排水流量均不低于600 m^3/s，平均排水流量达758 m^3/s，相当于降低太湖水位2.8 cm/d，对减缓太湖水位上涨和缩短太湖高水位持续时间起了重要作用。

主要退水期(7月9日—8月18日，8月19日降到3.50 m以下)，太浦闸累计泄水18.39亿m^3，相当于降低太湖水位0.79 m，平均2 cm/d。

汛后(10月19日—12月2日)，太浦闸累计泄水8.80亿m^3，相当于降低太湖水位0.38 m。

汛情紧张期间，受运河高水位、下游潮位顶托等的影响平望水位持续居高不下，为兼顾区域防洪安全，太浦闸多次调减泄水流量甚至关闭，并承接地区涝水，为下游涝水外排创造条件，对降低杭嘉湖区和淀泖区水位效果明显。6月19日—8月4日，太浦河南岸各闸累积净入太浦河0.53亿m^3，相当于降低杭嘉湖区水位2.5 cm/d。

工程运行效益见图6.1-11～图6.1-18。

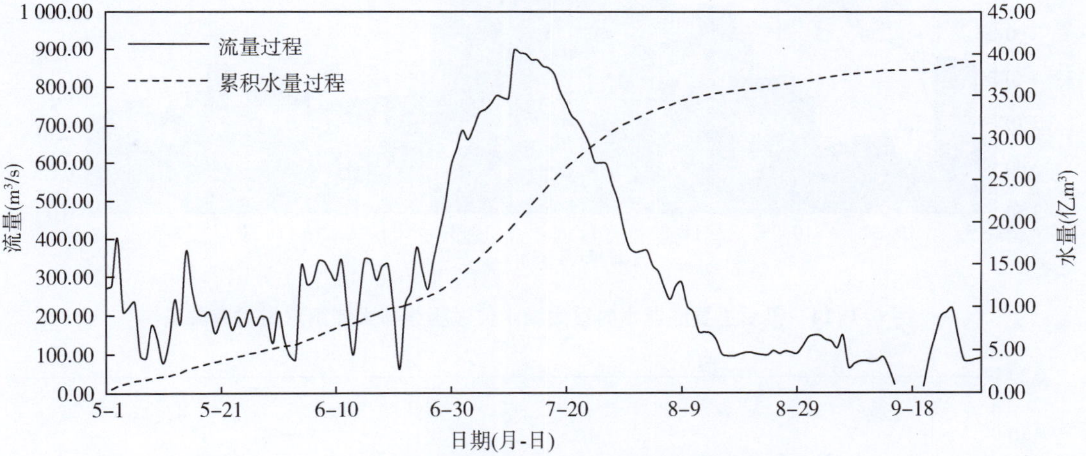

图6.1-11 汛期太浦闸流量过程及累积水量过程线

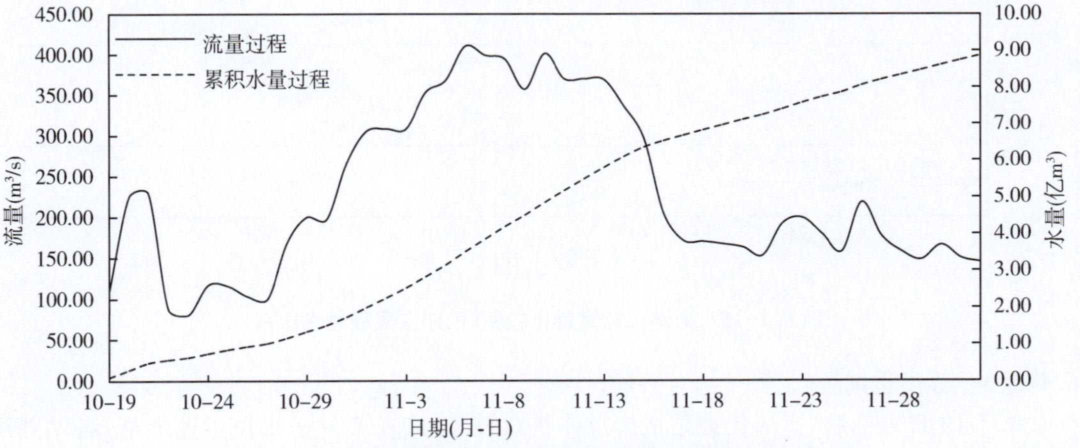

图6.1-12 汛后主要涨退水太浦闸流量过程及累积水量过程线

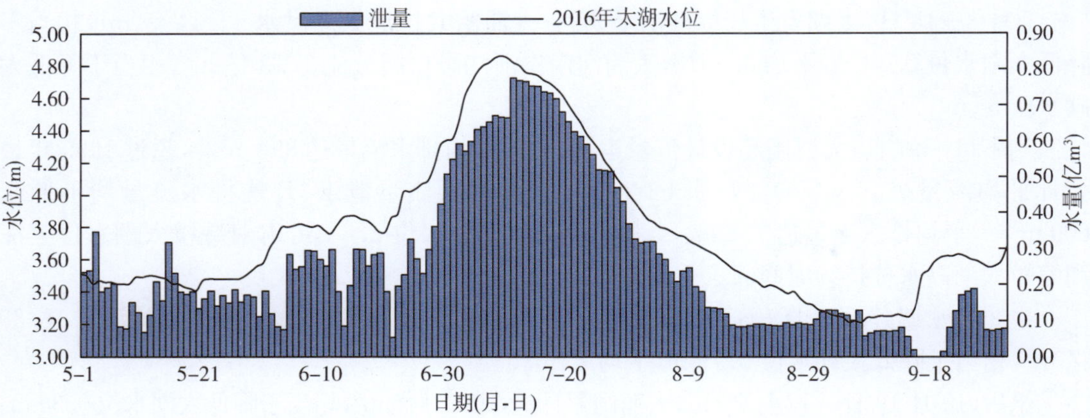

图 6.1-13　汛期太湖水位过程线与太浦闸水量对应关系

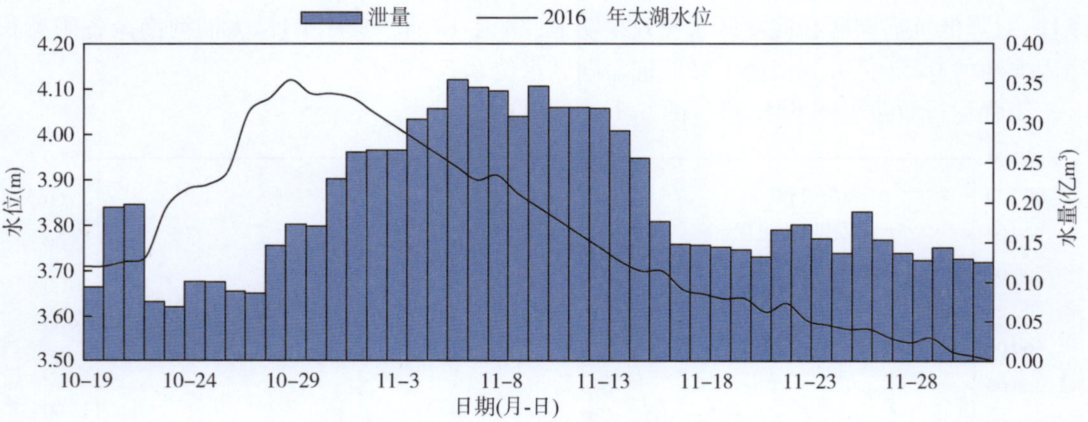

图 6.1-14　汛后主要涨退水时段太湖水位过程线与太浦闸水量对应关系

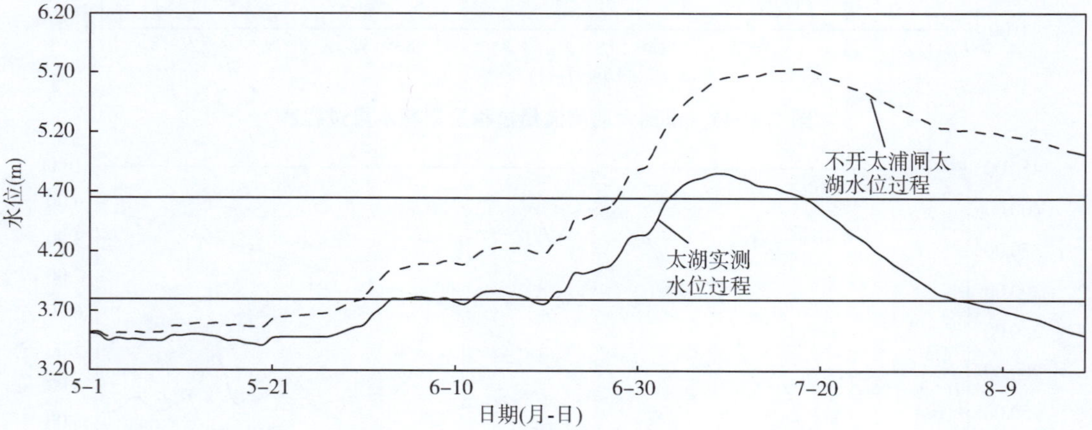

图 6.1-15　太湖水位过程比较图(汛期主要涨退水过程)

6.1.2.3　苏南运河

6 月 19 日入梅后，运河代表站水位总体相对较高，进入 7 月份水位迅速上涨，各站陆续开始出现最高水位，其中钟楼闸下至苏州段出现时间最早(7 月 2—3 日)，上游则受钟楼闸控

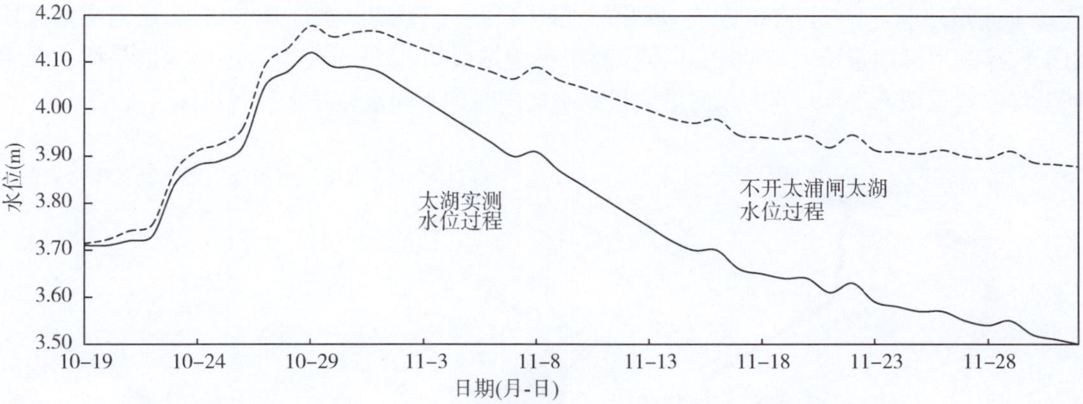

图 6.1-16　太湖水位过程比较图(汛后期主要涨退水过程)

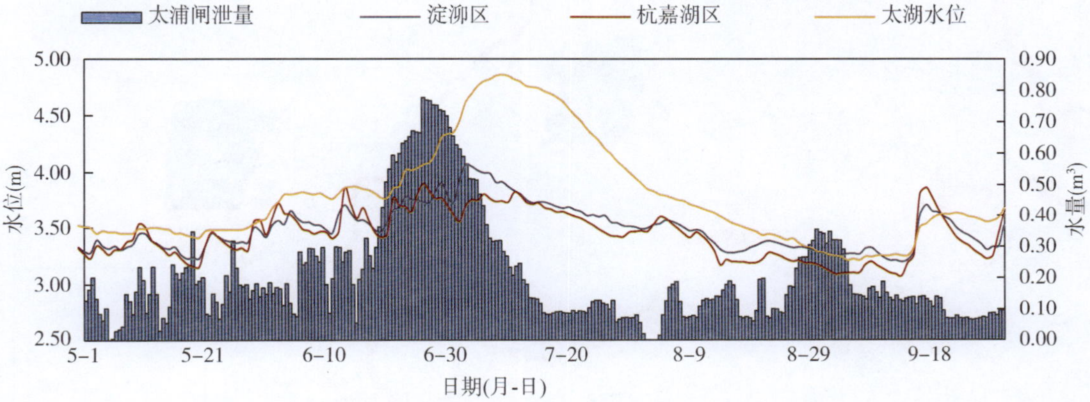

图 6.1-17　各区水位过程线(汛期)

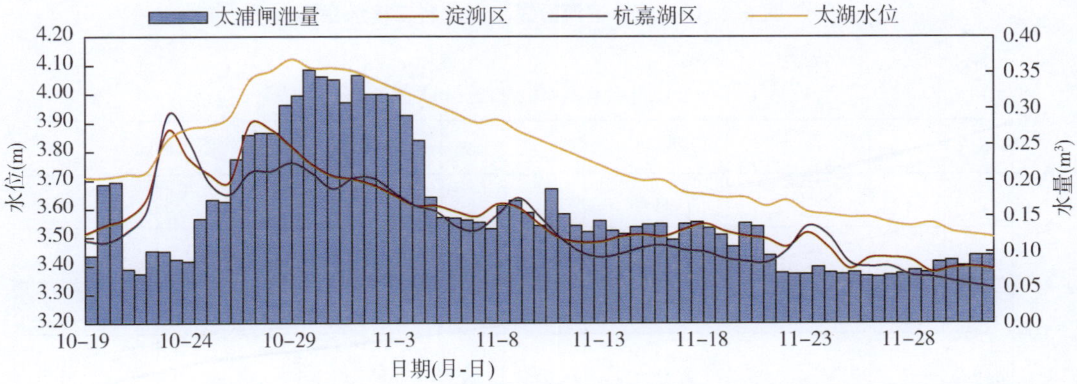

图 6.1-18　各区水位过程线(汛后期)

制影响最高水位出现在 7 月 5 日;铜罗和平望站最高水位出现在 7 月 6 日;瓜泾口站最高水位受太湖分洪影响出现时间相对略晚。洪水期间,谏壁闸与丹阳站最高水位基本相当,丹阳与常州站最高水位相差 0.64 m,由于钟楼闸启用时间相对 2015 年汛期要早,关闸后闸上闸下形成的最高水位相差 0.56 m,钟楼闸下与洛社站水位相差约 0.30～0.40 m;洛社与无锡站洪水位相差 0.10 m,无锡与望亭、望亭与枫桥站洪水位相差均在 0.20 m 左右,枫桥站洪水位高于苏州站 0.50～0.60 m 左右，苏州站、瓜泾口站、平望站洪水位基本相当；运河浦南区段由于杭嘉湖地区雨量不大，铜罗站洪水位高于平望站仅约 0.10 m 左右。苏南运河沿线主要水利工程位置见图 6.1-19，苏南运河沿线最高水位同时刻不同水位站水位线见图 6.1-20。

图 6.1-19　苏南运河沿线主要水利工程示意图

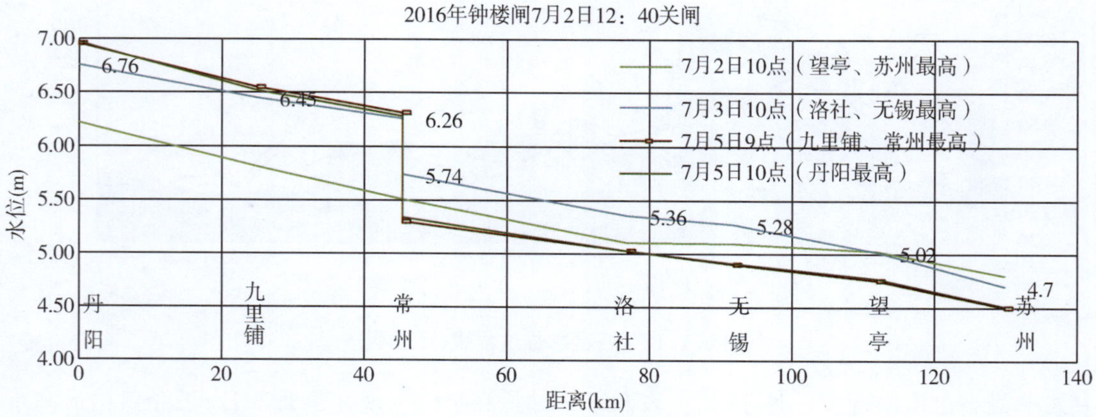

图 6.1-20　苏南运河沿线最高水位同时刻不同水位站水位线

根据钟楼闸上下游水位变化，分析钟楼闸对减轻苏南运河下游防洪压力所做贡献。入梅后，受强降雨影响，大运河常州站水位出现 3 次明显上涨过程。6 月 21 日 22 时起，常州站水位自 3.93 m 起涨,最大涨速 0.23 m/h,22 日 7:55 开始超警戒水位,22 日 14:00 达本次上涨过程的最高点 4.91 m(超警戒水位 0.61 m),最大涨幅 0.98 m。6 月 28 日 3:30 起,常州站水位自 4.49 m 再次快速上涨,最大涨速 0.16 m/h,14:30 达本次上涨过程的最高点 5.13 m(超警戒水位 0.83 m),最大涨幅 0.64 m。7 月 1 日 12 时起,受降雨影响,常州站水位自 4.60 m 开始起涨,最大涨速 0.17 m/h,5 日 9:10 达该站今年最高水位 6.32 m(超警戒水位 2.02 m),5 日后,水位缓慢下降。20 日 8 时,该站水位 4.47 m(超警戒水位 0.17 m),水位已连续超警戒水位 29 d,平均退水速率 0.12 m/d。钟楼闸于 7 月 2 日 11:30 开始关闸,12:30 闸门全关,在此过程中闸上游水位继续上涨,闸下游水位则开始回落;7 月 5 日 8:50 起,闸门逐渐开启,至 7 月 6 日 16:45 闸门全开,闸上游水位直线下跌约 0.3 m,闸下游水位则上升至与闸上游水位相当;7 月 6 日 20:30 闸门开始关闭,至 21:45 呈全关闭状态,钟楼闸上下游又开始出现水位差;7 月 7 日 12:40 起,闸门逐渐开启,至 7 月 9 日 15:10 闸门全开,闸上下游水位逐渐趋同。钟楼闸关闸后,大运河钟楼闸上游常州站最高水位 6.32 m,下游最高水位 5.76 m。大运河常州站及钟楼闸下游水位过程见图 6.1-21。

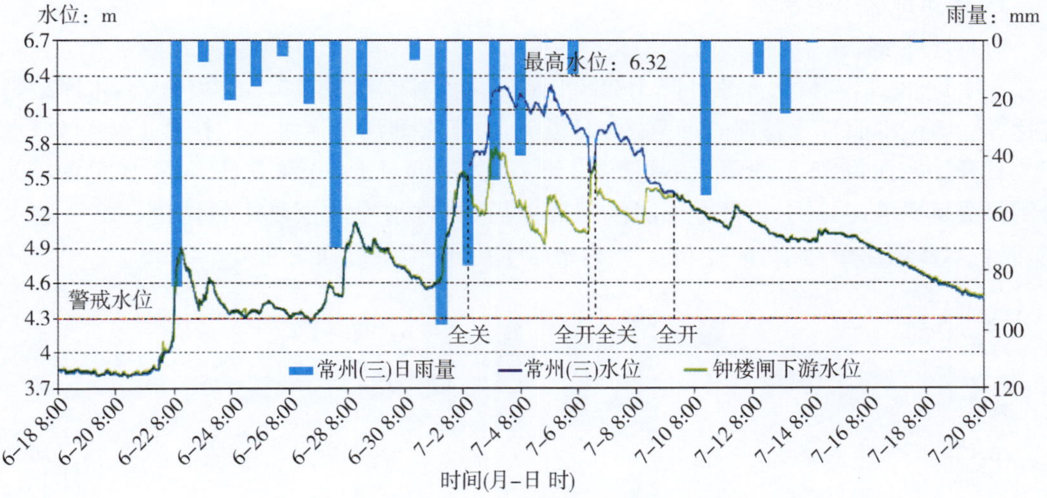

图 6.1-21 大运河常州站及钟楼闸下游水位过程线图

经统计,钟楼闸闸门控制期间(7 月 2 日至 7 月 9 日),大运河上游九里断面总来水量为 1.994 亿 m^3,沿江各口门总排水量为 1.822 亿 m^3,各口门总入太湖水量为 1.618 亿 m^3。

6.2 区域防洪工程

6.2.1 秦淮河区

调度原则:秦淮河流域发生洪水,应充分利用长江潮位变化自流抢排,降低内河水位,长江潮位上涨失去自排条件时,可利用秦淮新河及武定门泵站抽排。洪水调度方案具体如下:

(1) 武定门、秦淮新河按照敞泄、挡潮理想方式运行,即当闸下水位高于闸上时关闸挡洪(潮),当闸下水位低于闸上时,开闸敞泄洪水。

(2) 东山预报水位可能接近或达到 10.48～10.90 m，而水库库区的雨情、水情对水库安全还没有造成很大威胁的情况下，控制水库泄量，达到错峰、滞洪目的。

(3) 在水库出现校核洪水情况下，都要确保大坝安全。

(4) 水库和赤山湖在汛前应尽量腾空库容，滞纳洪水，赤山湖汛前控制湖内水位不超过 9.00 m。

(5) 当闸下陈家边水位达 12.50 m 时，若赤山闸上水位低于闸下，则开闸进洪，滞纳句容河洪水；若闸上水位高于闸下，则关闸错峰，滞蓄上游来水。

(6) 当赤山湖水位达到并超过 13.00 m 时，开闸泄洪，控制赤山闸泄量不超过 300 m^3/s。

(7) 当陈家边水位超过 13.00 m，或西北村水位超过 12.10 m 时，则关闭赤山闸，必要时破圩滞洪。破圩滞洪的原则是：首先破新中国成立后新圈的圩子；其次破能起作用的圩子；再次破经济损失小的圩子。在采取上游破圩滞洪、控制水库错峰的特殊措施时，都应报请省防指批准后电告有关单位执行。

6.2.1.1 水库工程

1. 南京地区中型水库

(1) 赵村水库

7 月 1—3 日，赵村水库累计降雨 288.5 mm，水库控制泄量在 7.5～30 m^3/s，水库最高水位达 32.95 m，3 日库水位略有回落。4 日以后，由于秦淮河干流洪水位持续上涨，赵村水库于 4 日开始控泄，水库下泄流量不超过 10 m^3/s，其中 5 日 8:40 和 7 日 5:24 水库更是关闸滞洪以缓解秦淮河压力，8 日秦淮河洪水回落后，赵村水库才恢复正常调度。整个洪水期间，赵村水库滞洪量达 18.9 万 m^3。赵村水库水位-降雨量过程线见图 6.2-1。

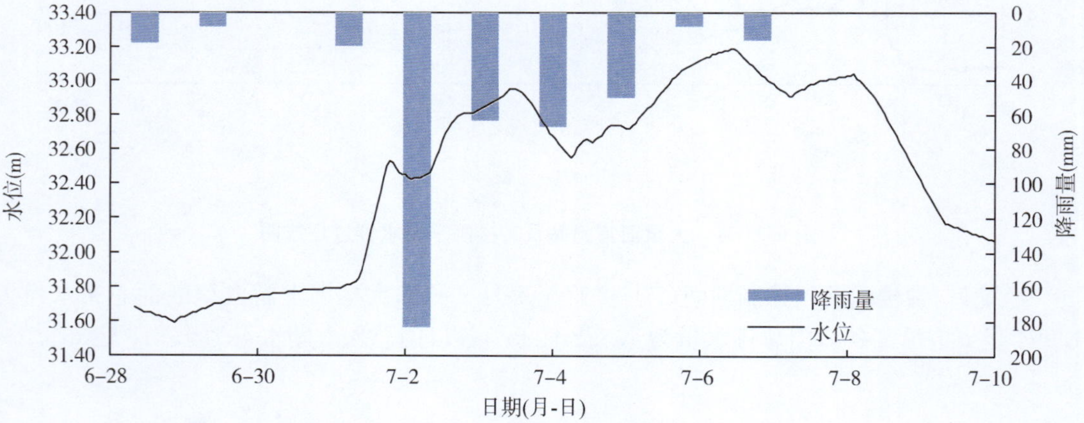

图 6.2-1 赵村水库水位-降雨量过程线图

(2) 中山水库

7 月 1 日—7 月 2 日 4:30，中山水库控泄 9 m^3/s，随着流域持续降雨，中山水库库水位持续上涨，7 月 2 日 4:30—7 月 3 日 7:30 中山水库加大泄量，从 16 m^3/s 至 25 m^3/s，随着秦淮河干流洪水位持续上涨，7 月 4 日 11:40 起中山水库关闸滞洪，直至 7 月 6 日 10 时才开闸泄洪，水库共滞洪 46 h，期间最高库水位达 26.44 m，共滞洪 261 万 m^3。中山水库水位-降雨量过程线见图 6.2-2。

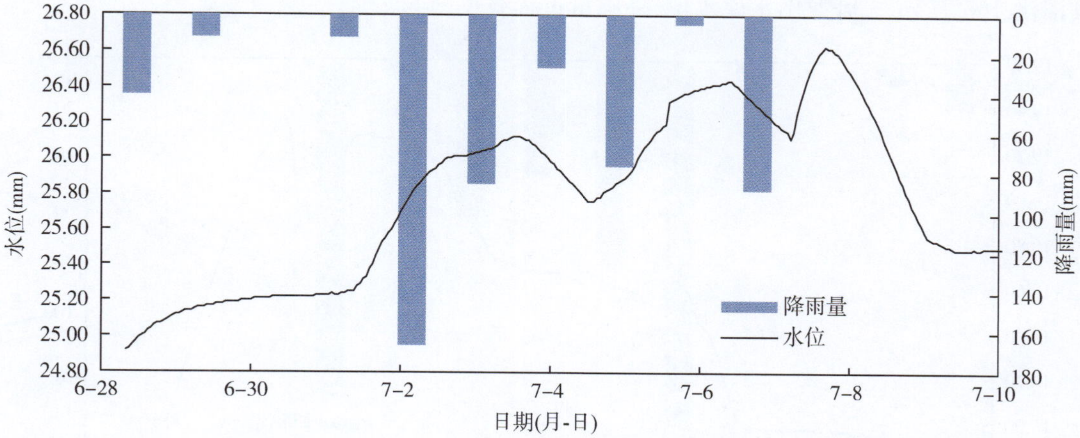

图 6.2-2　中山水库水位-降雨量过程线图

(3) 方便水库

7 月初洪水期间,方便水库于 7 月 1 日 12 时开闸泄洪,泄洪流量为 16 m^3/s,随着库水位升高,水库下泄流量逐渐增大,7 月 2 日 0 时,泄洪流量增至 60 m^3/s。7 月 4 日 12 时,由于秦淮河流域洪水位不断升高,方便水库关闸滞洪,库水位不断提高,7 月 5 日 0 时水库水位达 26.88 m,为了水库自身安全遂开闸泄洪。7 月 7 日 6:30,由于秦淮河流域短时强降雨的影响,秦淮河干流水位陡涨,方便水库关闸滞洪,7 日 14:40 开闸泄洪。整个洪水期间方便水库共滞洪 211 万 m^3。方便水库水位-降雨量过程线见图 6.2-3。

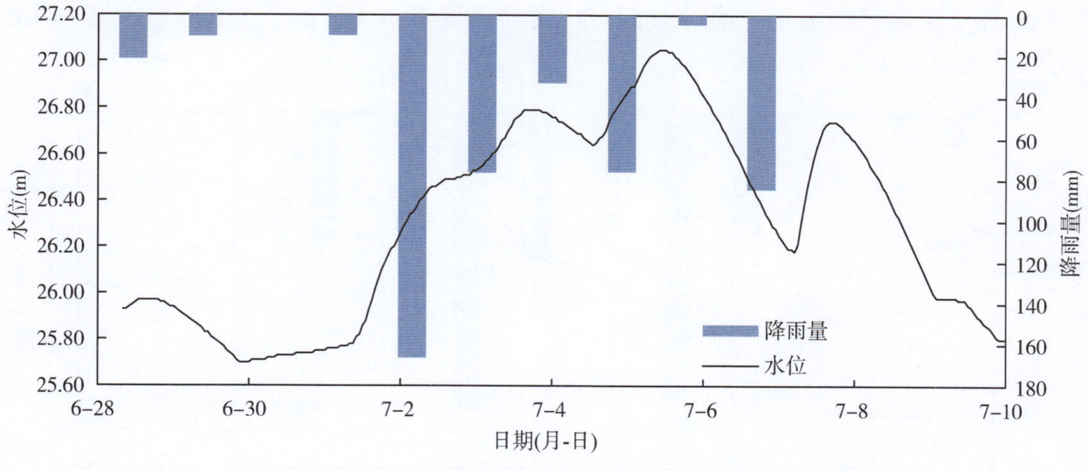

图 6.2-3　方便水库水位-降雨量过程线图

(4) 卧龙水库

卧龙山水库于 7 月 1 日 12 时开闸泄洪,控制流量 5 m^3/s,随着库水位上涨,水库下泄流量不断增大至 20 m^3/s,7 月 4 日随着秦淮河干流洪水位持续上涨,卧龙水库逐渐减小闸门开度,控制下泄流量 5 m^3/s,7 月 4 日 12:40,卧龙水库泄洪闸完全关闭滞洪,滞洪持续到 7 月 6 日 10 时,期间水库最高水位达 19.26 m。7 月 7 日 5:30,由于流域短时强降雨影响,造成秦淮河干流洪水位陡涨,卧龙水库关闸滞洪,至上午 8:25,开闸泄洪。整个洪水期间,卧龙水库共滞洪 165 万 m^3。卧龙山水库水位-降雨量过程线见图 6.2-4。

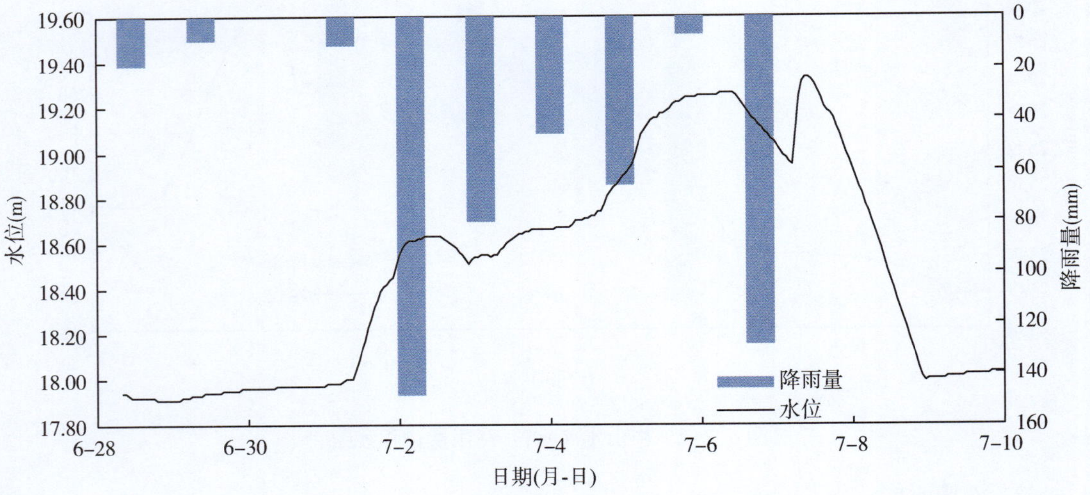

图 6.2-4　卧龙山水库水位-降雨量过程线图

2. 镇江地区中型水库

(1) 北山水库

7 月 1—2 日降雨期间，控制下泄流量 23.5 m^3/s，7 月 2 日 21:40，关闸拦洪；7 月 4 日 9 时，库水位 52.55 m，经市防指同意，三孔开 0.5 m，11 时改开 1.0 m；7 月 5 日 13 时，再次关闸滞洪。7 月 6 日，库水位上涨至 53.23 m，8 时下泄流量 42 m^3/s，到 7 月 8 日 8:20，要求三孔齐关，库水位 52.13 m。整个洪水期间，北山水库共滞洪 106 万 m^3。北山水库水位～降雨量过程线见图 6.2-5。

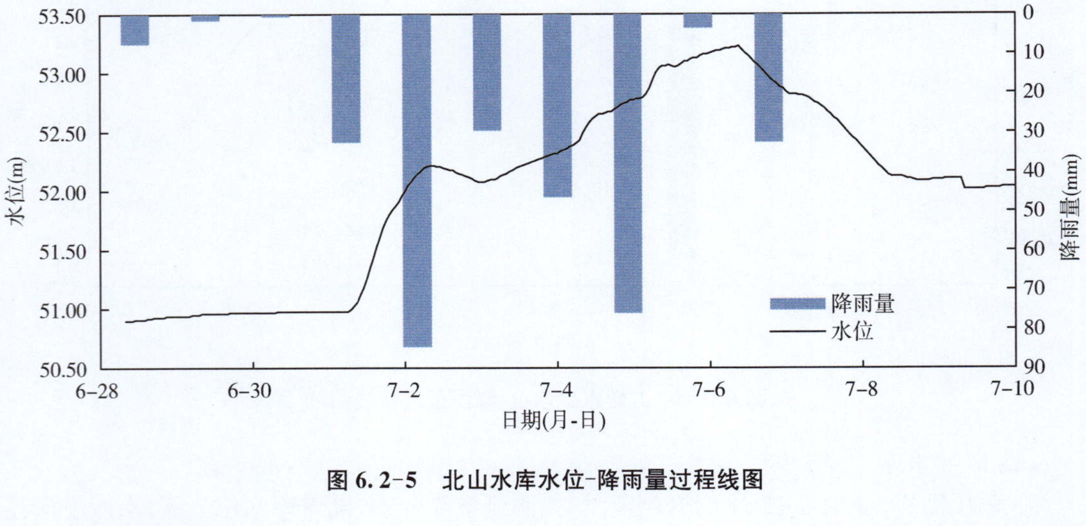

图 6.2-5　北山水库水位-降雨量过程线图

(2) 句容水库

7 月 1 日下泄流量控制在 7 m^3/s，2 日控制下泄流量为 25 m^3/s，3 日控制下泄流量为 14 m^3/s，4 日控制下泄流量为 17 m^3/s，5 日 13:20 溢洪闸三孔全关滞洪，关闸时库水位 27.10 m，6 日库水位上涨到 27.31 m，6:20 溢洪闸三孔全开，下泄流量为 40 m^3/s，7 月 8 日

8:10 库水位 26.50 m 溢洪闸全关。整个洪水期间，句容水库共滞洪 17 h，106 万 m^3。句容水库水位-降雨量过程线见图 6.2-6。

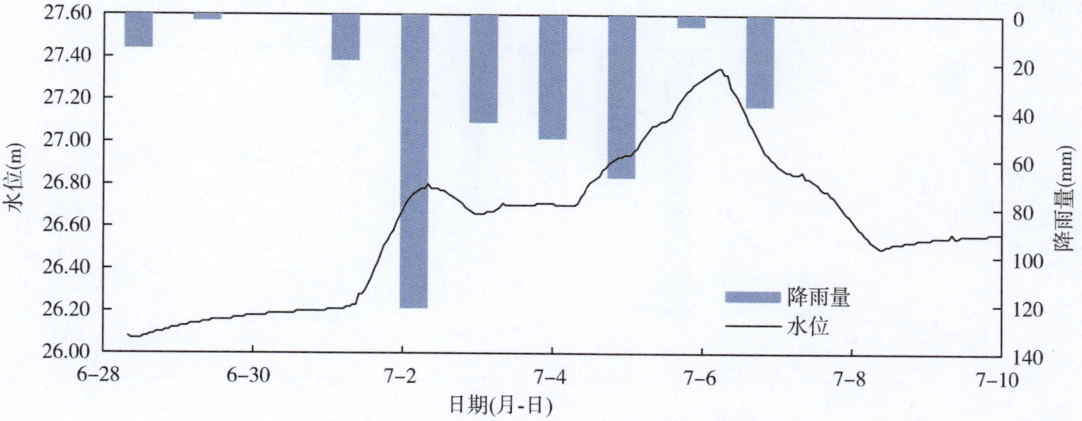

图 6.2-6　句容水库水位-降雨量过程线图

（3）二圣桥水库

7 月 4 日水库关闸滞洪，滞洪时水位 16.47 m，此后水位迅速上涨至最高点 17.48 m，超汛限水位 2.48 m，7 月 7 日水库开闸泄洪。整个洪水期间，二圣桥水库共关闸滞洪 72 h，滞洪约 2 616 万 m^3。二圣桥水库水位-降雨量过程线见图 6.2-7。

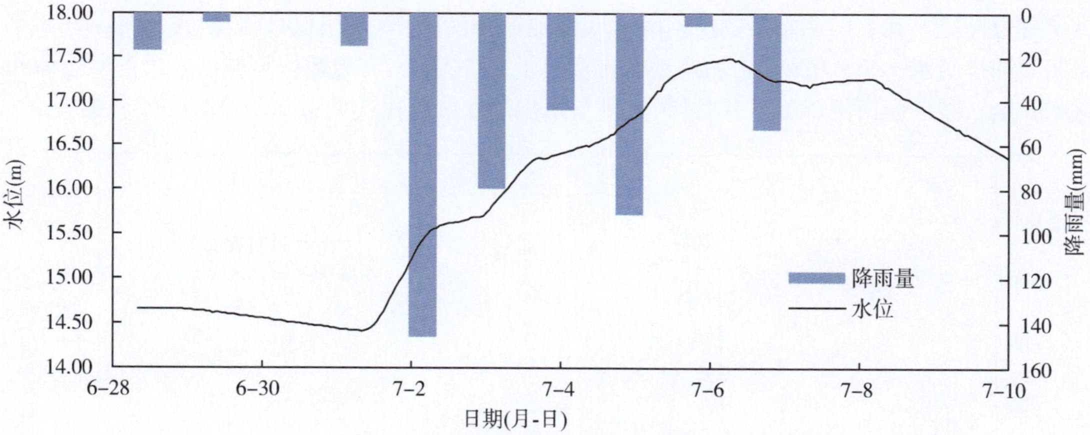

图 6.2-7　二圣桥水库水位-降雨量过程线图

（4）茅山水库

6 月 30 日—7 月 8 日强降雨中，茅山水库水位由 28.00 m 涨至 29.63 m，超汛限 1.63 m。整个洪水期间，茅山水库共关闸滞洪约 1 235 万 m^3。

6 月 22 日开始，赤山湖上游二圣桥水库、茅山水库及赤山新闸均开闸放水腾空库容；7 月 1 日强降雨发生后，赤山新闸 5 孔向句容河泄洪(最大流量 351 m^3/s)。为减轻秦淮河防洪压力，2 日 15:30，赤山闸闸门调整为开 4 孔高度 4 m，调整后排水流量减小到 167 m^3/s，3 日 8:00 调整为 5 孔 4 m(流量 296 m^3/s)，4 日 9:00，闸门全部关闭，开启东、西分洪闸向赤山湖内湖放水滞洪，内湖蓄滞洪水量约 1 660 万 m^3。自关闸后，赤山湖水位上涨 0.55 m 达到

13.97 m，超历史最高 13.88 m(2015 年 6 月 27 日)，重现期达 60 年一遇。茅山水库水位-降雨量过程线见图 6.2-8。省防指在此次暴雨洪水期间调度赤山闸错峰运行，有效减轻了秦淮河防洪压力。

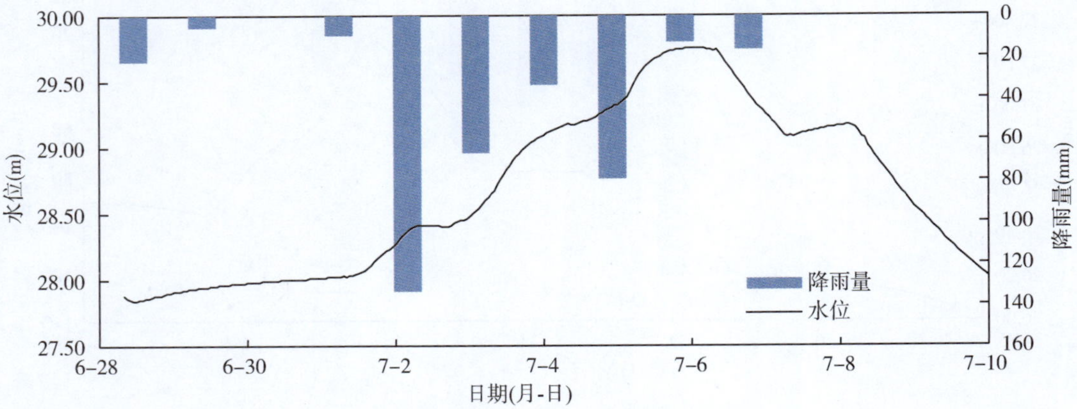

图 6.2-8　茅山水库水位-降雨量过程线图

6.2.1.2　沿江工程

秦淮河流域沿江水利工程主要是秦淮新河闸和武定门闸，秦淮新河闸设计流量 800 m^3/s，武定门闸设计流量 450 m^3/s，为秦淮流域洪水 2 条主要泄洪通道秦淮新河和秦淮河上重要的控制性工程，汛期两闸泄洪总量 21.3 亿 m^3，承担全流域洪水下泄进入长江，为流域防洪保安提供了有力支撑。武定门泵站主要承担南京城南地区排涝工作，泵站设计流量 46 m^3/s，2016 年汛期共抽排涝水 1 425 万 m^3，占城南地区排涝总量 40%以上，有力地保障城区人民群众生命和财产安全。秦淮新河闸、武定门闸过闸流量与累积排水量过程线见图 6.2-9、图 6.2-10。

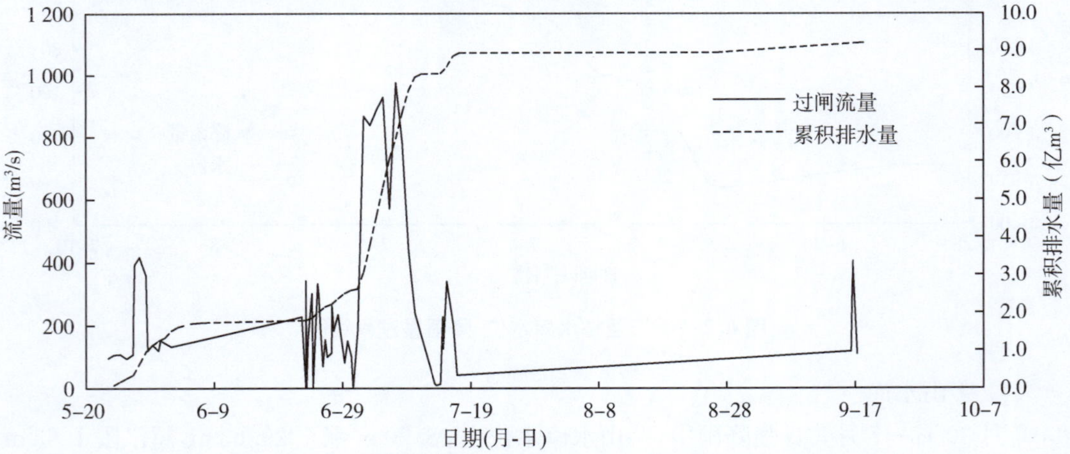

图 6.2-9　秦淮新河闸过闸流量与累积排水量过程线图

根据降雨预报，6 月 25 日武定门闸闸门全部提出水面预降秦淮河水位；秦淮新河闸前期充分利用长江潮位变化，低排高挡，避免长江高水位倒灌影响，最大限度降低秦淮河水位，随着降雨来临和东山水位不断上涨，7 月 1 日 10 时起，秦淮新河闸闸门全部提出水面敞开行洪；2016 年汛期，秦淮新河闸开启排涝 44 d，泄洪逾 9 亿 m^3；武定门闸开启 153 d，泄洪 12.3 亿 m^3；武定门泵站运行 792.3 台时，排涝 1 425 万 m^3。

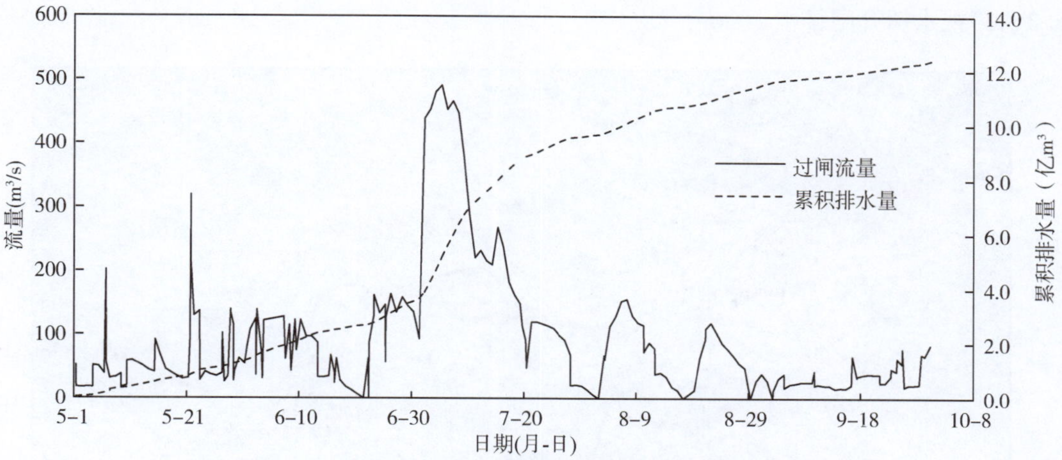

图 6.2-10　武定门闸过闸流量与累积排水量过程线图

6.2.2　太湖区

调度原则：对于沿长江水利工程：① 要根据太湖及地区水情适时引排，保持合理的河网水位；② 在太浦闸和望亭水利枢纽泄洪期间要全力泄水，并服从流域性防洪调度。对于其他工程：太湖流域泄水口门应保证泄水通畅，当航运和泄水发生矛盾时，航运应服从泄水。

超标准洪水调度：2016 年 7 月 7 日，国家防总批复同意太湖防总上报的《太湖流域 2016 年超标准洪水应对方案》，方案规定：

(1) 当太湖水位超过 4.65 m 时

调度望虞河、太浦河、东太湖超标准行洪通道泄洪，东苕溪导流东岸口门分泄太湖洪水，统筹流域泄洪与区域排涝关系，采用太湖、区域水位分级调度，区域控制水位不超过地区保证(或安全)水位，流域内农业圩区限排、城镇圩区减排等措施。

① 沿长江(含常熟水利枢纽)，各船闸(套闸)在确保工程安全的条件下全力泄洪。

② 农业圩区限制排涝，城镇圩区减排。

③ 开启瓜泾口水利枢纽泄洪，若陈墓水位超过 4.00 m，可适当控制下泄流量。

④ 江苏丹金闸向北开闸排水，否则关闸，尽量减少湖西区入湖水量。加大阳澄淀泖区外排力度，江苏昆山千灯浦闸全力排水。

(2) 当太湖水位超过 4.80 m 时

调度望虞河、太浦河全力排泄太湖洪水；进一步加大东太湖超标准行洪通道、东苕溪导流东岸口门分泄洪水力度。

① 沿长江、杭州湾口门：与太湖水位 4.65～4.80 m 措施一致。

② 圩区限排和减排措施：与太湖水位 4.65～4.80 m 措施一致。

③ 开启瓜泾口水利枢纽泄洪，控制站陈墓水位抬高至 4.10 m。

④ 江苏丹金闸运用与太湖水位 4.65～4.80 m 措施一致。

3. 太湖水位超过 5.00 m 时另行提出调度措施。

6.2.2.1　沿江工程

1. 工程运行情况

入汛后，太湖流域遭遇多场降雨，但流域北部以小到中雨为主，沿江各闸(分布见图

6.2-11)视水情开闸排水。

图 6.2-11　江苏省沿长江主要水闸分布图

5月20日,流域北部普降大雨,地区水位普遍暴涨,丹阳站一天涨幅达0.55 m,为降低河网水位,江苏省沿江各主要闸门陆续开闸排水,其中阳澄淀泖区除杨林闸外均开闸,日排水量达2 000万 m^3。6月12日,太湖水位年内第二次超警,流域北部武澄锡虞区和阳澄淀泖区平均水位单日涨幅在0.20 m,江苏省沿江涵闸加大排水流量,抢排太湖洪水及内河涝水,武澄锡虞区和阳澄淀泖区日排水量分别达1 200万 m^3 和4 000万 m^3。

入梅后,太湖流域进入降雨多发期,由于降雨主要集中在流域西北部地区,太湖及湖西区水位迅速上涨,太湖水位单日涨幅达0.14 m,湖西区平均水位单日涨幅在0.3 m以上,6月22日开始,湖西区沿江涵闸除谏壁闸外全部打开,武澄锡虞区日排水量加大至2 000万 m^3,江苏沿江主要口门排水量基本在5 000万 m^3 以上。受连续降雨影响,流域水位仍持续上涨,6月26日,湖西区启用泵站抽水。28日,苏州市杨林闸改造后首次开闸排水,阳澄淀泖区其他涵闸也加大排水力度,日排水量达4 000万 m^3,江苏沿江主要口门日排水量达9 551万 m^3。随着梅雨期降雨的持续,太湖及流域北部河网水位以近年来罕见的速度快速而稳定上涨,尤其处于降雨中心的湖西区和武澄锡虞区,多站出现历史最高水位。7月3日,太湖水位超过太湖设计洪水位,6日,太湖水位达到4.80 m,太湖防总下发《关于做好超标准洪水调度工作的紧急通知》,督促江苏沿江闸泵全力排水,并要求在确保工程安全的前提下,开启沿江船闸、套闸参与排水。梅雨期,沿江主要口门日均排水量约7 500万 m^3。太湖发生超标准洪水期间(7月3—18日),沿江主要口门日排水量基本在6 000万 m^3 以上,日均排水量约8 000万 m^3,最大日排水量达1.69亿 m^3。

出梅后,随着降雨减少,太湖及周边河网水位逐渐回落至正常范围内,江苏省逐步减小沿江排水力度,至8月中旬开始,沿江以引水为主。9月中旬,受台风"莫兰蒂"影响,流域北部遭遇短历时强降雨,河网水位暴涨,武澄锡虞区平均水位单日涨幅达0.56 m,9月14日,沿江再次开闸排水;9月下旬,受台风"鲇鱼"影响,河网水位再次暴涨,王母观、坊前、溧阳、丹阳等站单日涨幅均超过1 m,为此,9月28日,江苏沿江各闸再次调整为以排水为主;10月下旬，台风“海马”影响太湖流域，湖西区平均水位单日涨幅达 0.44 m，太湖水位罕见地涨至 4.12 m，为降低流域北部河网水位，为排泄太湖洪水创造有利条件，10 月 20 日开始，沿江各闸开闸排水，随着太湖及北部河网水位逐渐下降，沿江排水力度逐步减小。

2. 工程运行效益

(1) 湖西区

湖西区沿江主要口门包括：谏壁闸、谏壁抽水站、九曲河闸、九曲河闸抽水站、小河新闸、魏村闸和魏村抽水站。湖西区汛情主要集中在梅雨期，入梅后湖西区 6 月 22 日开始全力排水，工程运行效益主要体现在全力排水之后。梅雨期，沿江各口门累积排水 8.11 亿 m^3，可平均降低湖西区水位 7 cm/d；最大日排水量达 7 705 万 m^3（7 月 3 日），可降低湖西区平均水位 18 cm。梅雨期湖西区河网水位与沿江排水对比见图 6.2-12。

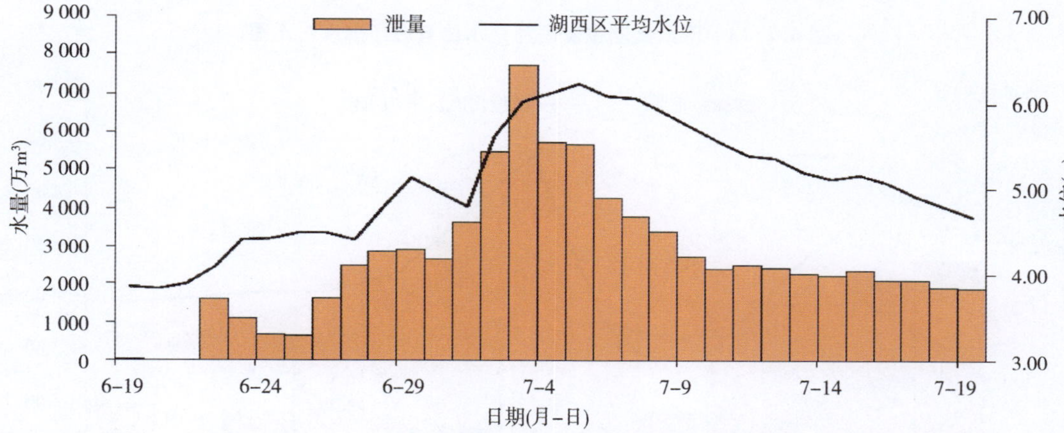

图 6.2-12　梅雨期湖西区河网水位与沿江排水对比图

(2) 武澄锡虞区

武澄锡虞区沿江主要口门包括：澡港闸、定波闸、白屈港、张家港和十一圩港闸。汛期武澄锡虞区沿江排水主要集中在 5 月 21 日—8 月 12 日，期间沿江排水总量 9.59 亿 m^3，可平均降低武澄锡虞区水位 6 cm/d；梅雨期沿江排水总量 6.25 亿 m^3，可平均降低武澄锡虞区水位 11 cm/d；台风“莫兰蒂”和“鲇鱼”影响期间，沿江排水总量 1.26 亿 m^3，可平均降低武澄锡虞区水位 9 cm/d；汛后期台风“海马”影响期间（10 月 21 日—11 月 2 日），沿江排水总量 1.21 亿 m^3，可平均降低武澄锡虞区水位 5 cm/d。武澄锡虞区最大日排水量 3 892 万 m^3（7 月 3 日），可降低武澄锡虞区平均水位 20 cm。汛期、汛后期武澄锡虞区河网水位与沿江排水对比见图 6.2-13、图 6.2-14。

(3) 阳澄淀泖区

阳澄淀泖区沿江大闸包括：浒浦闸、白茆闸、七浦闸、杨林闸和浏河闸。汛期阳澄淀泖区沿江排水主要集中在 5 月 21 日—8 月 5 日，期间沿江排水总量 15.97 亿 m^3，可平均降低阳澄淀泖区水位 3 cm/d；梅雨期沿江排水总量 8.67 亿 m^3，可平均降低武澄锡虞区水位 5 cm/d；台风“莫兰蒂”和“鲇鱼”影响期间，沿江排水总量 1.61 亿 m^3，可平均降低武澄锡虞区水位 4 cm/d；汛后台风“海马”影响期间（10 月 20 日—11 月 2 日），沿江排水总量 4.43 亿 m^3，可平均降低武澄锡虞区水位 5 cm/d。阳澄淀泖区最大日排水量 6 003 万 m^3（10 月 27 日），可降低阳澄淀泖区平均

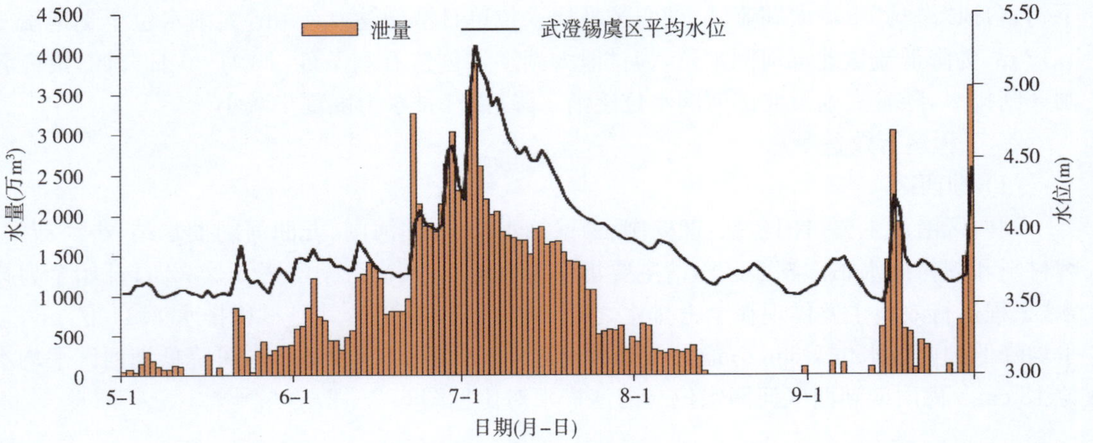

图 6.2-13　汛期武澄锡虞区河网水位与沿江排水对比图

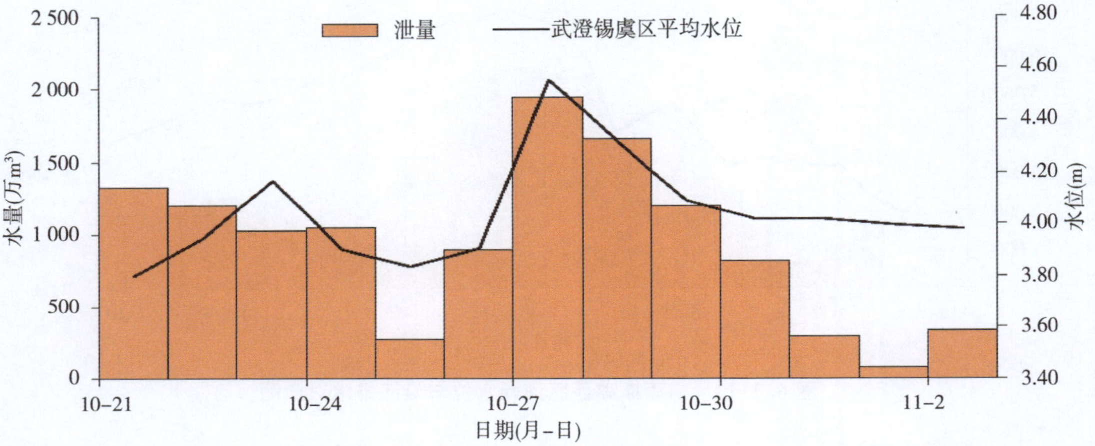

图 6.2-14　汛后期武澄锡虞区河网水位与沿江排水对比图

水位 9 cm；梅雨期最大日排水量 5 315 万 m^3(7 月 3 日)，可降低阳澄淀泖区平均水位 10 cm。汛期、汛后期阳澄淀泖区河网水位与沿江排水对比见图 6.2-15、图 6.2-16。

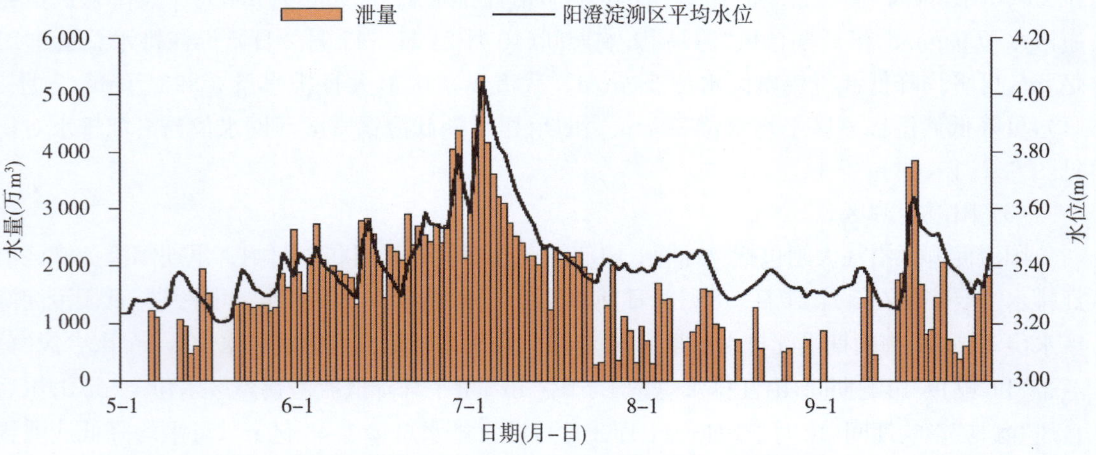

图 6.2-15　汛期阳澄淀泖区河网水位与沿江排水对比图

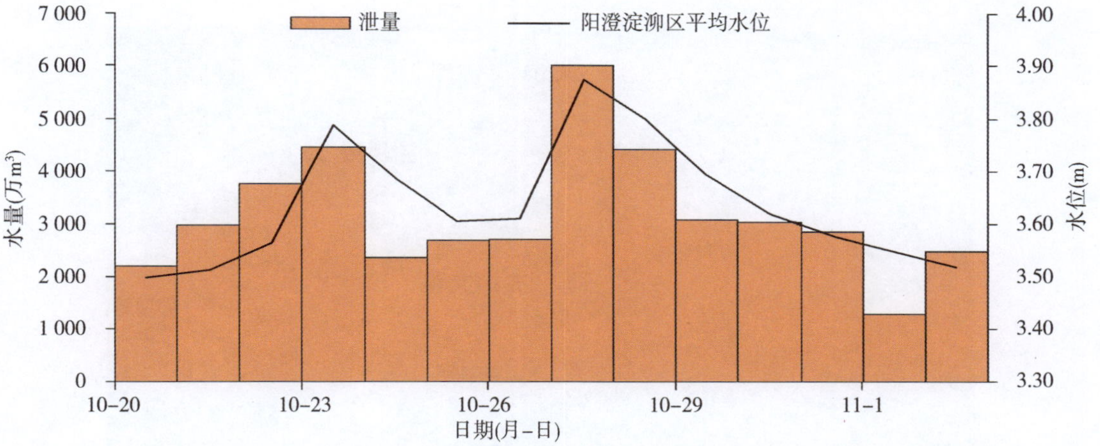

图 6.2-16　汛后期阳澄淀泖区河网水位与沿江排水对比图

6.2.2.2　典型圩区工程

1. 常州市红旗圩

(1) 圩区基本情况

红旗圩位于常州市金坛区朱林镇，属太湖流域湖西洮滆湖平原圩区的一部分，由三千圩、八百亩圩、塘大圩、陆家圩、肖家圩、吴家尖、北李家圩及田舍圩等组成，统称“红旗圩”。区域内地势低洼，地面高程在 5～6 m 之间；河网纵横，并为薛埠北河、西岗河及圩桥河所环绕，是一个相对封闭的低洼圩区。土壤类型主要为水稻土，黏性重；植被类型主要为农作物（水稻、小麦）及少量经济作物（油菜）。

根据南京大学遥感影像分析资料，红旗圩南北长约 3.8 km，东西宽约 4.0 km，现有堤防总长 12.6 km，堤顶高程 6.80～7.80 m，堤顶宽 2.5～4.0 m；区域总面积为 12.15 km^2，其中，建设用地面积约 1.26 km^2，耕地面积约 5.64 km^2，林草地面积约 1.09 km^2，水产养殖面积约 2.77 km^2，河道面积约 1.12 km^2，其他（公路等）面积约 0.27 km^2。圩区内主要水利设施有南部永丰闸、老虎坝排涝站（2016 年 5 月重建，设计流量 6.0 m^3/s）、北部红旗圩北闸（含排涝站，2016 年 12 月重建，设计流量 2.0 m^3/s）和东部东坵河排涝站（2016 年 9 月新建，设计流量 3.0 m^3/s）。正常情况下，当缺水时，圩区通过永丰闸从圩桥河引水；当涝水较多时，永丰闸关闭，圩区通过老虎坝排涝站、红旗圩北闸和东坵河排涝站向外翻水。

红旗圩现状见图 6.2-17，土地利用情况见表 6.2-1。

表 6.2-1　红旗圩土地利用情况统计表　　单位：km^2

建设用地	耕地	林草地	水产坑塘	骨干河道	其他	合计
1.26	5.64	1.09	2.77	1.12	0.27	12.15

(2) 工程效益分析

2016 年梅雨期间，红旗圩最大产流量约为 18.3 m^3/s，实际最大外排流量约为 8.89 m^3/s，拦蓄洪峰流量约 9.41 m^3/s。另外，圩内河塘拦蓄最大水量约 186.6 万 m^3。

2. 江阴南闸圩区

(1) 圩区基本情况

南闸圩区位于江阴市南闸街道锦家圩、跃进圩、雪家塘圩三联圩，圩区东以锡澄运河为

图 6.2-17　红旗圩现状图

界，南以黄昌河为界，西以新夏港河为界，北以跃进河为界，四周有圩堤围护，整体呈东西宽、南北窄的较规则长方形，总面积为 6.93 km^2。圩区在区域河网中的位置及相对关系如图 6.2-18 所示。

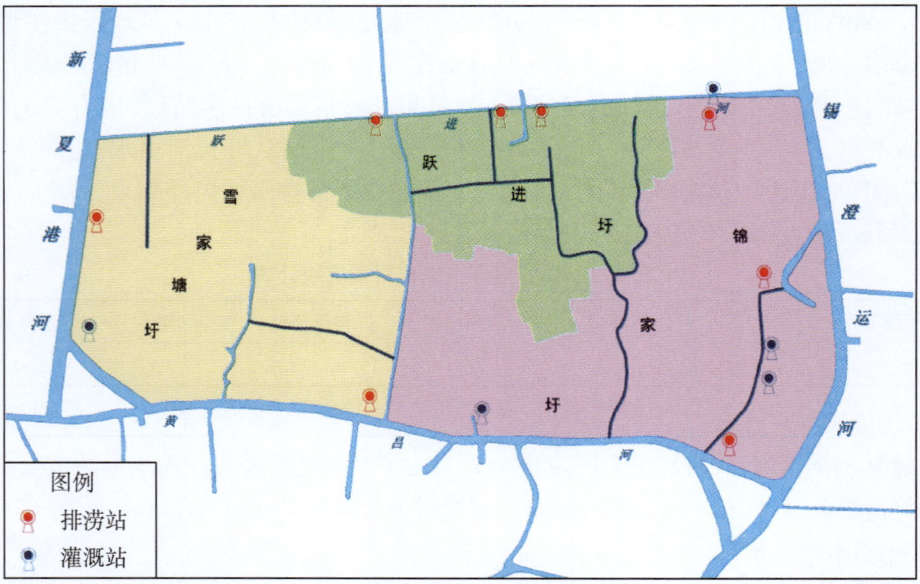

图 6.2-18　南闸圩区平面位置示意图

圩内地势平坦低洼，西部略高于东部，平均高程约 3.8 m，涝水难以自排，主要依靠泵站、涵闸等水利工程措施。沿圩堤主干河道出口处，均有闸控制，并设排涝站 8 座，总排涝能力 7.78 m^3/s。另外，圩内还建有灌溉站 5 座，以满足农业生产需求。南闸圩泵站排涝流量统计见表 6.2-2。

表 6.2-2　南闸圩泵站排涝流量统计表

名称	排涝流量(m^3/s)	名称	排涝流量(m^3/s)
唐家村站	2	观东站	1.5
蔬菜基地	0.28	璜庄上	0.5
跃进南站	1	璜庄上闸	0.5
耿家村站	1.5	璜村园区	0.5

南闸圩区下垫面主要分为建成区、林地、水塘、河流、水田、旱地。土地利用情况见表 6.2-3，各下垫面面积分布见图 6.2-19。

表 6.2-3　南闸圩土地利用类型面积统计　　单位：m^2

类型	建成区	水田	旱地	林地	河流	水塘
面积	1 835 647	155 367	4 249 646	158 925	202 048	332 912

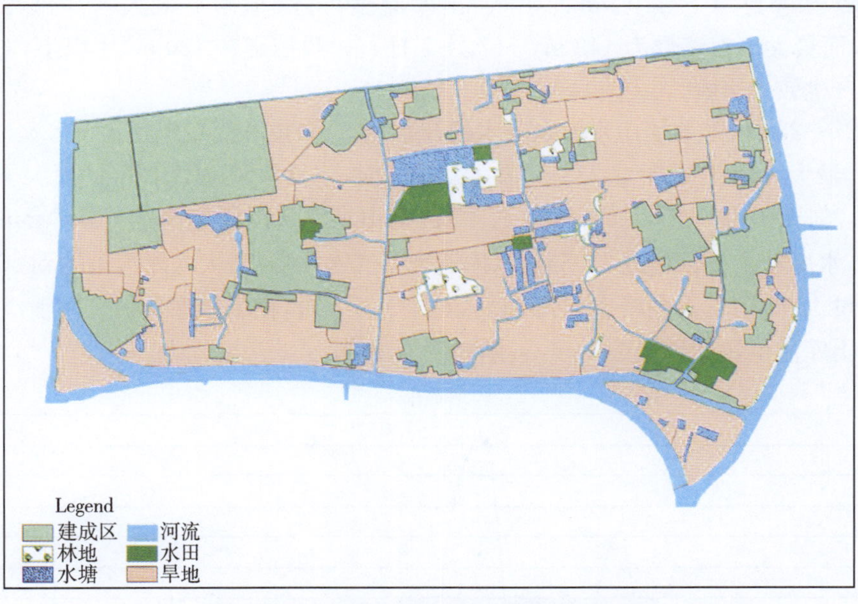

图 6.2-19　南闸圩区各下垫面面积分区图

(2) 工程效益分析

2016 年梅雨期间，南闸圩区圩外最高水位达 5.34 m，最大涨幅 1.72 m，在圩区排涝工程运行下，圩内最高水位为 4.21 m，最大涨幅仅 0.58 m，圩区安全度汛，圩内未出现险情灾情。

梅雨期间，圩区降水量 638.8 mm，降雨产流 420.8 万 m^3，圩内河渠水塘拦蓄 12.3 万 m^3，圩区泵站外排水量 398.0 万 m^3，通过泵站运行基本将降雨产生的水量排至圩外，有效降低了圩内河渠水位，防洪除涝效果显著。南闸圩区梅雨期水位过程见图 6.2-20。

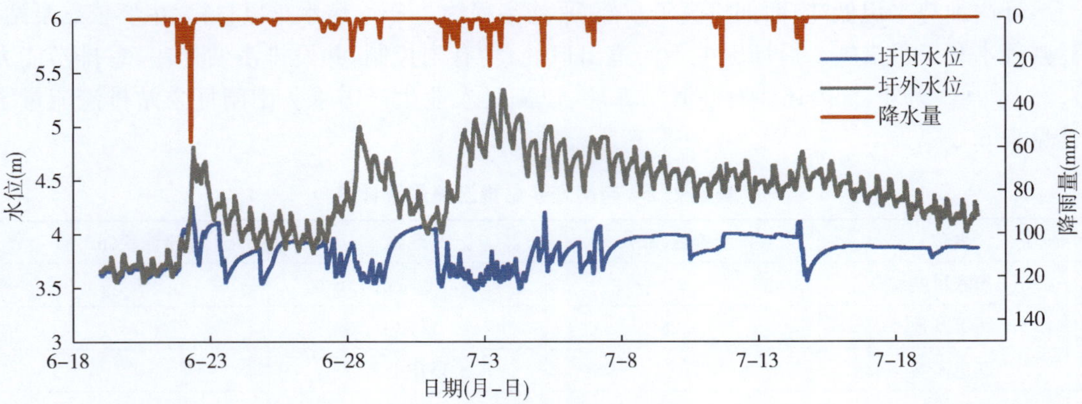

图 6.2-20　南闸圩区梅雨期水位过程线

6.2.2.3　水库工程

1. 横山水库

根据2016年梅雨期(6月19日—7月20日)的降雨(见图6.2-21)、流量(见图6.2-22)数据,分析水库泄洪对下游城镇防洪的影响,综合评价水库拦蓄和调蓄洪水的作用(见表6.2-4)。2016年梅雨期,横山水库降雨主要集中在6月27—28日、7月1—3日和7月10—12日,日降雨量为50～110 mm。由入、出库流量可知,梅雨期最大入库洪峰流量超过260 m^3/s,而最大出库流量为143 m^3/s(7月3日),一般控制在130 m^3/s以下,对下游防护对象并未产生较大影响。

6月27—28日,随着横山水库强降水的开始,水库水位和流量迅速上涨,28日开始超过警戒水位,最大入库洪峰流量233 m^3/s,27日9时,水库开闸泄洪,28日最大下泄流量为50.6 m^3/s,削峰率为78%。2016年7月1日,横山水库日降雨量高达110.2 mm,7月2日再降暴雨,水库坝上水位超过35.5 m,水库迎来第二次洪峰,最大入库流量达到266 m^3/s,最大出库流量130 m^3/s,其削峰率达到51%,7月2日6时,横山水库开始开闸泄洪,到7月3日12时,出库流量达到最大143 m^3/s,削峰率为14%。

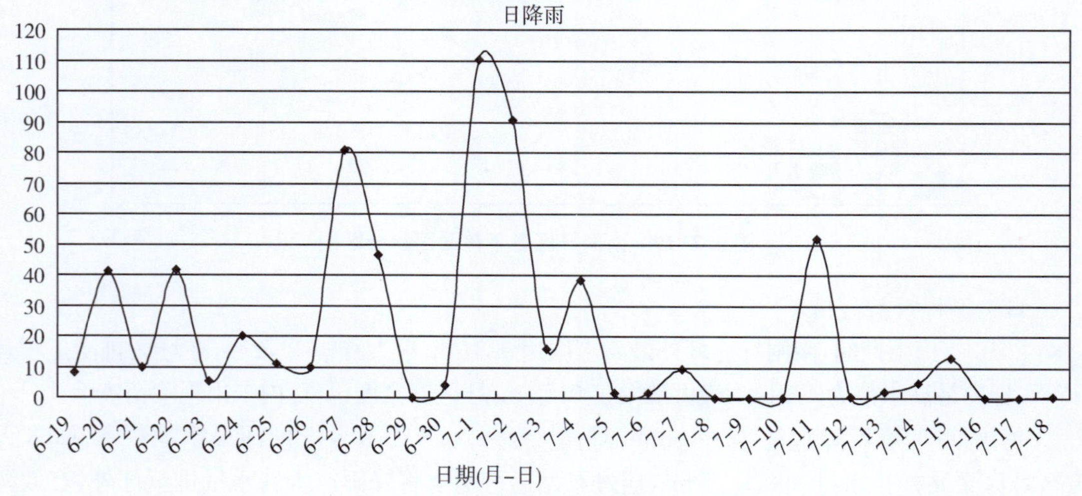

图 6.2-21　横山水库2016年梅雨期逐日降雨变化曲线(单位:mm)

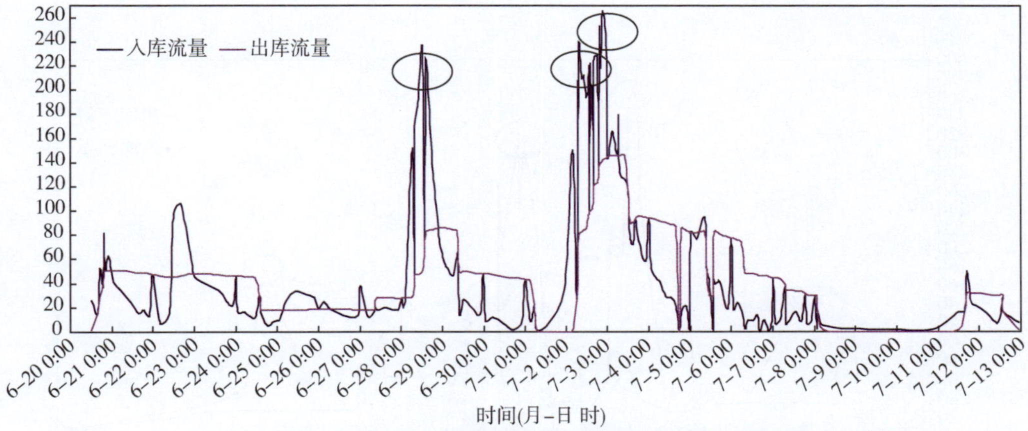

图 6.2-22　横山水库 2016 年梅雨期出、入库流量变化曲线(单位：m^3/s)

表 6.2-4　横山水库 2016 年梅雨期削峰效果统计

年份	出现日期(月-日)	最大入库流量(m^3/s)	最大出库流量(m^3/s)	削峰率(%)
2016	06-22	106	46.6	56
	06-28	233	50.6	78
	07-02	266	130	51
	07-03	166	143	14

总体来看，6 月 19 日—7 月 20 日横山水库连续遭遇超历史暴雨洪水，但由于调度合理，提前利用泄洪闸泄洪，整个梅雨期水库最大下泄流量基本控制在 130 m^3/s 以下，削峰率高达 70%以上，为下游河道错峰、削峰起到了很好的作用，减轻了下游城镇的防洪压力。

2. 沙河水库

根据 2016 年梅雨期(6 月 19 日—7 月 20 日)的降雨(见图 6.2-23)、流量(见图 6.2-24)数据，分析水库泄洪对下游城镇防洪的影响，综合评价水库拦蓄和调蓄洪水的作用(见表 6.2-5)。2016 年梅雨期，沙河水库降雨主要集中在 6 月 22 日、6 月 27—28 日、7 月 1—4 日以及 7 月 11 日，日降雨量为 25.5～142.5 mm。

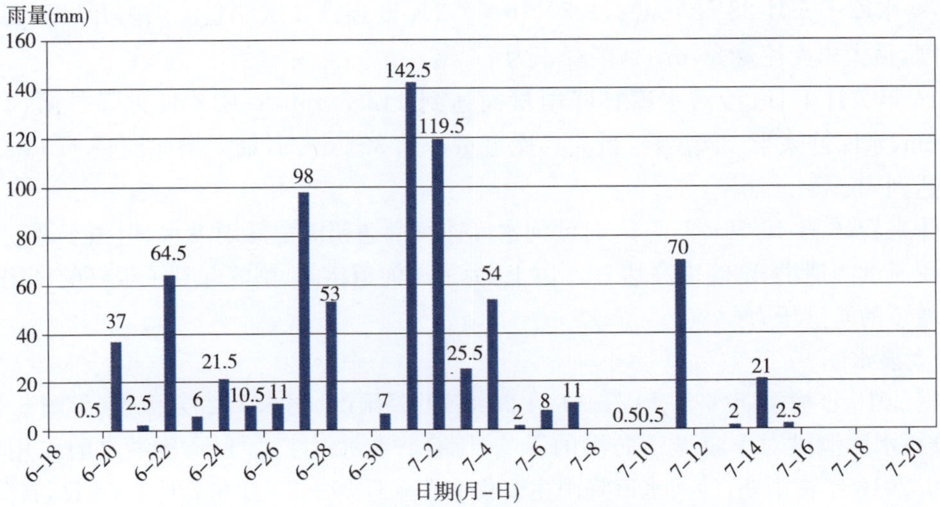

图 6.2-23　沙河水库 2016 年梅雨期日雨量柱状图

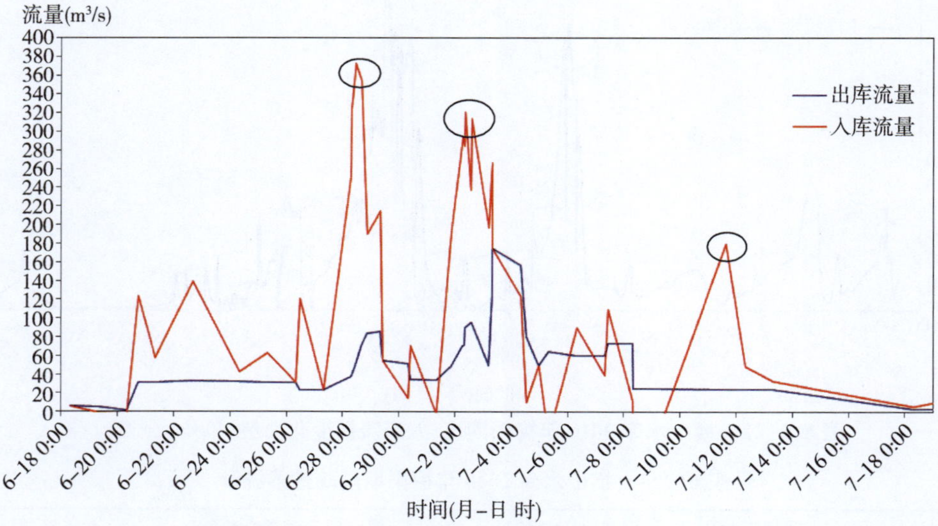

图 6.2-24　沙河水库 2016 年梅雨期出、入库流量变化曲线

表 6.2-5　沙河水库 2016 年梅雨期削峰效果统计

年份	出现日期(月-日)	最大入库流量(m^3/s)	最大出库流量(m^3/s)	削峰率(%)
2016	06-22	138	32.9	76
	06-28	372	86.0	77
	07-02	321	175	45
	07-11	180	24.7	86

由于沙河水库前期维持高水位运行，入梅后，6 月 22 日沙河水库迎来首场强降水过程，水库水位和入库流量迅速上涨，22 日 13:00 开始超警戒水位，最大入库洪峰流量 138 m^3/s，22 日 16:30 开始，水库开闸泄洪，22 日最大下泄流量为 32.9 m^3/s，削峰率为 76%。

6 月 27—28 日，沙河水库迎来新一轮强降水，27 日日雨量达 98 mm，最大入库洪峰流量 372 m^3/s，水库于 6 月 28 日 7:00、11:30、16:00、20:40 连续 4 次调整溢洪闸开启高度，加大泄洪力度，最大出库流量 86 m^3/s，削峰率为 77%。

2016 年 7 月 1 日，沙河水库日降雨量高达到 142.5 mm，7 月 2 日再降暴雨，日雨量 119.5 mm，水库迎来第二次洪峰，最大入库流量达到 321 m^3/s，最大出库流量 175 m^3/s，其削峰率达到 45%。

总体来看，6 月 18 日—7 月 19 日沙河水库连续遭遇超历史暴雨洪水，但由于调度合理，提前利用泄洪闸泄洪，削峰率高达 70%以上，为下游河道错峰、削峰起到了很好的作用，减轻了下游城镇的防洪压力。

3. 大溪水库

根据 2016 年梅雨期(6 月 19 日—7 月 20 日)的降雨(见图 6.2-25)、流量(见图 6.2-26)数据，分析水库泄洪对下游城镇防洪的影响，综合评价水库拦蓄和调蓄洪水的作用(见表 6.2-6)。2016 年梅雨期，沙河水库降雨主要集中在 6 月 27—28 日和 7 月 1—4 日，日降雨量为 41.5～140.5 mm。

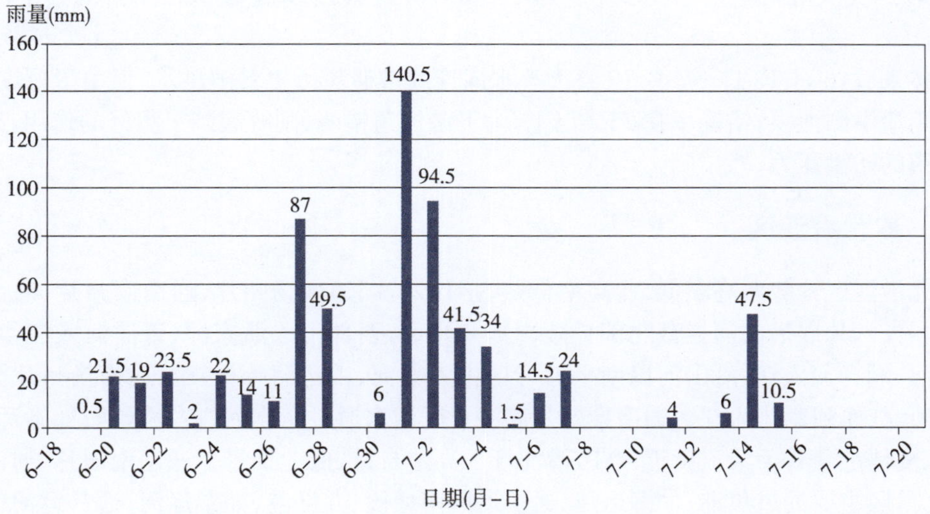

图 6.2-25 大溪水库 2016 年梅雨期日雨量柱状图

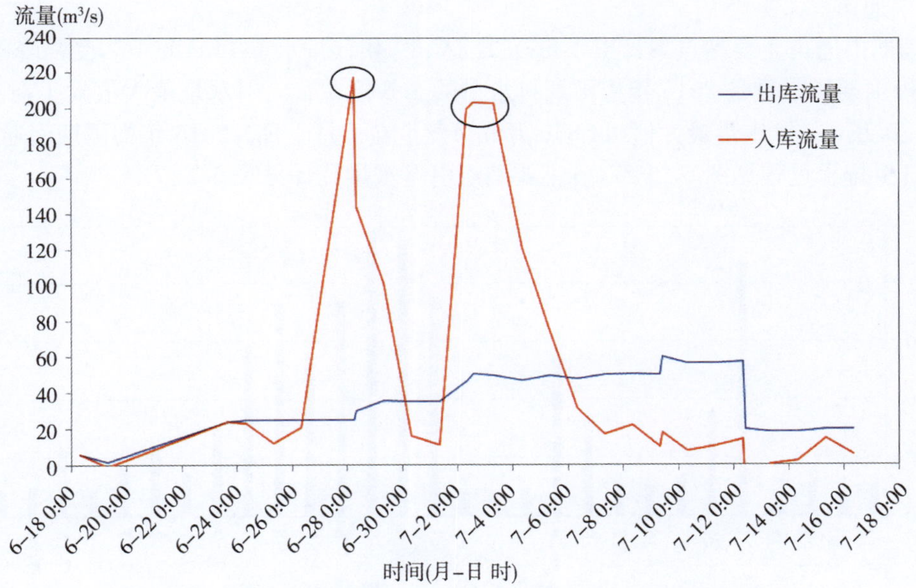

图 6.2-26 大溪水库 2016 年梅雨期出、入库流量变化曲线

表 6.2-6 大溪水库 2016 年梅雨期削峰效果统计

年份	出现日期(月-日)	最大入库流量(m^3/s)	最大出库流量(m^3/s)	削峰率(%)
2016	06-28	217	35.5	84
	07-02	203	50.6	75

6 月 27—28 日，大溪水库迎来入梅后的第一轮强降水，27 日日雨量 87 mm，入库洪峰流量 217 m^3/s，水库于 6 月 28 日 6:00 开始泄洪，最大出库流量 35.5 m^3/s，削峰率为 84%。

7 月 1 日，大溪水库日降雨量高达到 140.5 mm，7 月 2 日再降暴雨，日雨量 94.5 mm，水库迎来第二次洪峰，最大入库流量达到 203 m^3/s，最大出库流量 50.6 m^3/s，其削峰率达到 75%。

总体来看，6 月 18 日—7 月 19 日大溪水库连续遭遇超历史暴雨洪水，但由于调度合理，提前利用泄洪闸泄洪，错峰率在 75%以上，为下游河道错峰、削峰起到了很好的作用，减轻了下游城镇的防洪压力。

6.2.3 苏北沿江区

苏北沿江区地势西高东低、北高南低，包括仪六片、通南扬州片、通南泰州片、通南南通片四片。仪六片以沿山河拦截北部丘陵岗地来水后，西部汇入潘家河、胥浦河入江，东部汇入仪扬河、润扬河入江，沿山河以南平原圩区由大寨河、古运河等排江。通南扬州片分别通过白塔河、红旗河南排入江。通南泰州片高沙土区涝水通过南官河、古马干河、如泰运河、靖泰界河、夏仕港等骨干河道就近入江，沿江圩区高地自排、低地抽排。通南南通片、通南高沙土区、九吕区主要通过焦港、如海运河、通扬运河南通段、九圩港、如泰运河、通吕运河等骨干河道就近南排长江、东排黄海；通启区主要通过通启运河、新江海河等骨干河道就近南排长江、东排黄海；沿江圩区自排为主、辅以抽排。

1. 南通市

梅雨期南通市主要站点累计引水量 0.71 亿 m^3，累计排水量 14.4 亿 m^3，受强降雨影响，2016 年梅雨期排水量是 2015 年梅雨期排水量的 2.6 倍左右。引水量最大值发生在 6 月 21 日为 2 439 万 m^3，排水量最大值(14 860 万 m^3)发生在 7 月 4 日。2016 年梅雨期南通市主要站点逐日引排水过程见图 6.2-27，各主要站点引排水量统计见表 6.2-7。

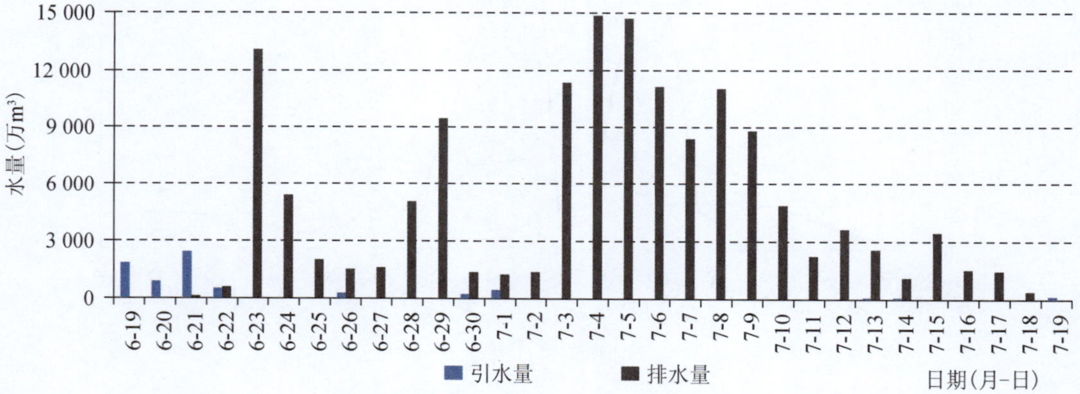

图 6.2-27　2016 年梅雨期南通市主要站点引排水量过程柱状图

表 6.2-7　2016 梅雨期南通市各主要站点引排水量表　　单位：万 m^3

项目闸名	2016 年梅雨期引水量	2016 年梅雨期排水量
九圩港闸	2 360	38 193
南通闸	1 411.9	15 551
营船港闸	100	4 286.49
新江海河闸	0	3 635
焦港闸	1 606	14 938

续表

项目闸名	2016 年梅雨期引水量	2016 年梅雨期排水量
碾砣港闸	1 575	22 797
小洋口闸	—	32 775
遥望港闸	—	12 180
合计	7 052.9	144 355.5

2. 泰州市

梅雨期初期，降水较少，沿江涵闸适度引水；受两轮强降水影响，内河水位快速上涨，全面超警，沿江涵闸抢排涝水。至 7 月 7 日，沿江主要口门合计引水量 4 093 万 m^3，沿江主要口门合计排涝 21 871 万 m^3。2016 年梅雨期泰州市沿江主要口门自流引排水量统计见表 6.2-8。

表 6.2-8 2016 年梅雨期泰州市沿江主要口门自流引排水量 单位：万 m^3

站名	高港节制闸	口岸	马甸	过船	夏仕	合计
引水量	1 813	1 380	409	131	360	4 093
排水量	—	764	2 220	2 260	16 627	21 871

3. 扬州市

泗源沟闸自 6 月 19 日开始降雨偏多，6 月 30 日—7 月 4 日连续遭遇暴雨，内河水位迅速上涨，受长江潮位顶托影响，自排能力有限，期间排水量仅有 330 万 m^3，内河水位居高不下，7 月 5 日 8:25 泗源沟闸上游水位高达 7.23 m，超该站历史最高水位。

瓜洲闸自 7 月 2 日起抢长江低潮排水，期间排水量为 1180 万 m^3，内河水位上涨迅速，瓜洲闸上游 7 月 5 日 9:55 水位达 6.50 m，超该站的历史最高水位。

6.2.4 里下河区

受强降水影响，里下河地区水位持续上涨，江都枢纽于 6 月 22 日开机抽排里下河地区涝水，高港枢纽于 7 月 1 日 16:15 开机 9 台抽排里下河地区涝水，宝应抽水站于 7 月 5 日开机抽排。7 月 3 日晚通南地区水位上涨至 4.30 m，高港枢纽于 7 月 3 日 23 时调整 3 台机通过送水河抽排通南地区涝水，6 台机继续抽排里下河地区涝水。7 月 12 日里下河各站水位跌至警戒水位之下，宝应抽水站和江都抽水站分别于 15 日和 20 日关机。7 月，江都抽水站开机抽里下河涝水 7.06 亿 m^3，宝应抽水站抽排涝水 1.14 亿 m^3。

截至 7 月 8 日 8 时，沿海四港合计排涝水量为 138 692 万 m^3，日排涝水量约 12 000 万 m^3。

6.2.5 入江水道

7 月上旬，蚌埠闸来量较大，三河闸开闸泄洪，最大流量为 4 470 m^3/s(7 月 1 日)，21 日关闸，22 日再次开闸小流量排水 6 d，本月合计泄洪量为 53.8 亿 m^3；万福闸开闸 26 d，最大流量为 4 030 m^3/s(7 月 12 日)，总排水量为 54.4 亿 m^3；金湾闸开闸 17 d，最大流量为 546 m^3/s(11 日)，总排水量为 6.86 亿 m^3。

由于三河闸开闸泄洪，高邮湖和邵伯湖水位较高，至 7 月中旬水位开始回落。2016 年 7 月淮河入江水道一线水位特征值统计见表 6.2-9。

表 6.2-9　2016 年 7 月淮河入江水道一线水位特征值一览表　　单位:m

站名	最高水位	出现日期(月-日)	最低水位	出现日期(月-日)	月平均水位
蒋坝	13.06	07-30	12.28	07-13	12.65
高邮(高)	7.18	07-07	6.17	07-25	6.70
六闸(三)	6.59	07-05	5.10	07-27	5.76

6.3　城市防洪排涝

6.3.1　南京

7 月 1 日开始,秦淮河流域内普降暴雨,流域内各区泵站基本都是满装机运行排涝。

江宁区范围排涝泵站累计排涝能力约 600 m^3/s。7 月 1 日开机排涝流量超过 500 m^3/s,平均开机时间接近 20 h;7 月 2—4 日之间排涝流量维持在 460～500 m^3/s 左右,平均开机时间接近 20 h;7 月 5 日,由于秦淮河干流水位持续升高,部分农业圩在上午 10 时后停机,至 7 月 6 日江宁区总排涝流量降至 230 m^3/s,7 日总排涝流量约为 300 m^3/s。

溧水区范围排涝泵站累计排涝能力约 120 m^3/s。7 月 1 日开始区内泵站基本满装机运行,日平均开机时间超过 20 h,7 月 11 日以后排涝流量逐渐减少。

雨花区范围排涝泵站累计排涝能力约 50 m^3/s。从 7 月 1 日开机,排涝流量达 40 m^3/s,平均开机时间接近 20 h;7 月 2—5 日之间排涝流量维持在 45 m^3/s 左右,平均开机时间接近 20 h;7 月 6 日排涝流量降至 30 m^3/s 左右,7 月 7 日由于秦淮河流域短时强降雨的影响,排涝泵站基本满装机运行,平均开机时间接近 15 个 h。

南京市主城四区范围内排涝泵站累计排涝能力约 350 m^3/s。7 月 1 日四城区开机排涝流量约 280 m^3/s,平均开机时间约 18 h;7 月 2—3 日开机排涝流量约 200 m^3/s,平均开机时间 10～15 h;7 月 4—7 日开机排涝流量 230～280 m^3/s,平均开机时间 15～18 h,7 月 7 日以后随着降雨过程的结束,排涝流量、开机时间均逐步减少。

6.3.2　常州

6.3.2.1　工程运行情况

2016 年,常州市运北片防洪大包围共应急联合调度运行 5 次,据统计,大包围沿线排涝工程排水量见表 6.3-1。

表 6.3-1　2016 年运北片防洪大包围沿线主要泵站工程排水量　　单位:万 m^3

泵站	第一次应急调度排水量	第二次应急调度排水量	第三次应急调度排水量	第四次应急调度排水量	第五次应急调度排水量	小计
澡港河南枢纽	4 678.49	343.33	542.77	154.01	676.65	6 395.25
横塘河北枢纽	918.18	70.20	138.24	46.58	122.87	1 296.07
北塘河枢纽	1 053.10	77.25	190.01	26.78	35.35	1 382.49
老澡港河枢纽	175.35	10.10	0	0	0	185.45

续表

泵站	第一次应急调度排水量	第二次应急调度排水量	第三次应急调度排水量	第四次应急调度排水量	第五次应急调度排水量	小计
永汇河枢纽	174.53	0	0	0	0	174.53
横峰沟枢纽	5.28	0	0	0	0	5.28
大运河东枢纽	409.71	72.80	208.17	49.68	153.81	894.17
采菱港枢纽	307.42	22.43	43.63	12.24	24.84	410.56
丁横河枢纽	144.18	23.07	40.56	11.55	10.92	230.28
串新河枢纽	343.38	74.88	82.19	16.67	41.47	558.59
南运河枢纽	584.41	35.39	105.01	16.20	59.69	800.70
柴支浜东站	56.16	10.80	19.44		8.64	95.04
雕庄站	106.34	14.98	57.82		72.43	251.57
横峰沟站	25.0	3.00	4.32		5.76	38.08
同心河站	120	15.0	64.80		34.56	234.36
通济河站	333.63	46.44	87.51		86.80	554.39
海石口泵站	179.06	36.46	62.26		49.81	327.59
龙游河南站	434.28	36.42	117.60		121.68	709.98
沈家浜站	12.96	1.44	5.76		2.16	22.32
串心浜站	11.34	0.97	3.24		2.59	18.14
施蒋村站	8.32	1.36	3.18		1.51	14.37
大钱村站	13.90	2.15	5.30		2.65	24.00
夏雷站	37.62	5.94	14.65		7.52	65.73
梅港排涝西站	110.16	5.04	17.28		13.68	146.16
总计	10 242.81	909.45	2 147.45		1 535.39	14 835.10

6.3.2.2 工程运行效果

运北片防洪大包围内产生的涝水有50%以上通过澡港河南枢纽、横塘河北枢纽及北塘河枢纽等骨干工程北排入江，一定程度上加大了骨干北排河道沿线的防洪压力；其余30%～40%的涝水南排入太湖或东排至运河下游。另外，大包围第二、三、四次运行中，尚有北排的潜力可以挖掘。沿线各骨干枢纽工程中，澡港河南枢纽承担了30%～50%的排涝任务，横塘河北枢纽和北塘河枢纽承担了10%～20%的排涝任务，串新河枢纽和南运河枢纽承担了约10%的排涝任务，大运河东枢纽在大包围后面4次运行中承担了约10%的排涝任务。

梅雨期，大运河常州(三)站(钟楼闸闸上游)最高水位达6.32 m，仅次于2015年最高水位(6.43 m)；9月份大运河常州(三)站最高水位5.25 m，列历史第一位；10月份大运河常州(三)站最高水位5.09 m，列历史第一位，但在运北片防洪包围圈的运行下，包围圈内老运河最高水位为4.84 m，基本达到了《常州市城市防洪规划修编报告》中将运北片内排涝最高水位控制在4.80 m的要求，运北片安全度汛，包围圈内未出现明显险情灾情，达到了运北片防洪大包围启用的预期效果。

5次防洪大包围运行期间，沿线泵站总计排水约1.48亿m^3，最大排涝流量250 m^3/s，通过泵站运行将降雨产流大部分排至包围圈外，有效降低了大包围内河网水位，防洪除涝效果显著。

包围圈外排水量主要去向为澡港河、澡港河东支及北塘河等骨干北排河道。包围圈内涝水大部分北排,但未对包围圈外的防洪除涝形势产生较大影响。

6.3.3 无锡

6.3.3.1 工程运行情况

6月21日,无锡市遭遇入梅后首场强降雨,6月21日—7月4日累计降雨量412.8 mm,占梅雨量的92.4%,降雨强度大并集中分布导致无锡市主要排洪河道水位猛涨。6月22日运东片防洪大包围各水利枢纽陆续开启泵站进行排水。梅雨期间,北兴塘水利枢纽共开机27台时,排除涝水145.8万m^3;伯渎港枢纽共开机178.8台时,排除涝水965.5万m^3;江尖枢纽共开机25.33台时,排除涝水182.4万m^3;九里河枢纽共开机80.61台时,排除涝水435.3万m^3;利民桥枢纽共开机131.3台时,排除涝水709.0万m^3;仙蠡桥枢纽共开机60.38台时,排除涝水326.0万m^3;严埭港枢纽共开机约396.96台时,排除涝水2 000.7万m^3。运东大包围主要水利枢纽累计开机900.38台时,排除涝水约4 764.7万m^3。各枢纽排水量占比如图6.3-1所示。

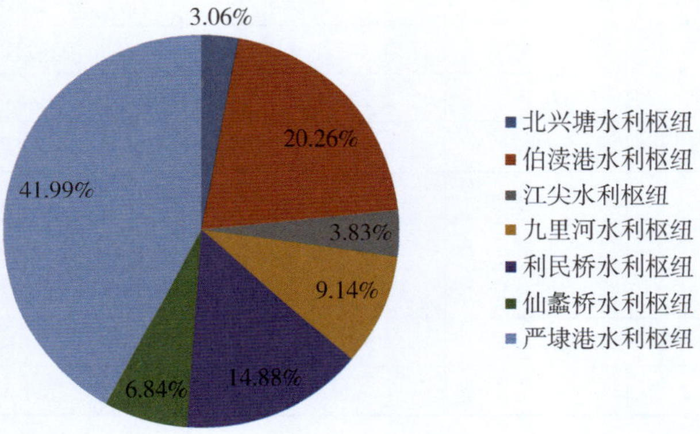

图6.3-1 无锡城市防洪工程各枢纽排水量占比

6.3.3.2 工程运行效果

6月22日—7月20日,无锡市启用运东片城市防洪大包围工程,将包围圈内古运河南门站最高水位控制在了3.90 m以下。运东片防洪包围圈内水位代表站为古运河南门站;运东片防洪包围圈外水位代表站大运河无锡(大)站。

(1) 对包围圈外大运河水位的影响

梅雨期内,受强降雨影响,大运河无锡(大)站水位出现3次明显上涨过程,受6月21—22日强降雨影响,锡澄地区河道水位涨幅迅猛,大运河无锡(大)站水位从21日22:10的3.79 m开始上涨,大包围工程于22日9时陆续开启后,水位快速上涨,22日15:45最高达到4.53 m,超过警戒水位0.63 m,比降雨前上涨0.74 m,最大涨速0.20 m/h(22日8—9时)。

受6月27—28日暴雨影响,锡澄地区河道水位快速上涨,大运河无锡(大)站水位从28日4时的4.24 m开始上涨,大包围工程于28日5时陆续开启后,水位快速上涨,15:10最高达到4.93 m,超过警戒水位1.03 m,比降雨前上涨0.69 m,最大涨速0.17 m/h(28日6—7时)。

受 7 月 1—3 日暴雨影响，锡澄地区河道水位快速上涨，大包围工程于 1 日 14 时陆续开启，1 日 15:40，大运河无锡(大)站水位 4.26 m，超过警戒水位 0.36 m，无锡站水位在 3 日上午 10 时出现最高水位为 5.28 m，超过警戒水位 1.38 m，比降雨前上涨 1.02 m，比历史最高水位 5.18 m(2016 年 6 月 17 日)高 0.10 m，最大涨速 0.14 m/h(2 日 3—4 时)。

7 月 3 日后，水位缓慢下降，平均退水速率 0.06 m/d。21 日 0 时，该站水位 4.16 m(超警戒水位 0.26 m)。梅雨期内，无锡站共超警戒水位 29 d。

(2) 对包围圈内河水位的影响

6 月 22 日 8 时起，大包围内古运河南门站水位自 3.35 m 起涨，最大涨速 0.20 m/h，22 日 11 时达到 3.62 m，最大涨幅 0.27 m。运东片防洪大包围工程于 22 日 9 时后陆续开启向外排水，水位在短暂的上升后即开始下降，之后，水位一直低于 3.50 m，大部分时间控制在 3.40 m 左右。

6 月 28 日 3 时起，大包围内古运河南门站水位自 3.31 m 起涨，最大涨速 0.15 m/h，22 日 7 时达到 3.64 m，最大涨幅 0.33 m。运东片防洪大包围工程于 28 日 5 时后陆续开启向外排水，水位在短暂的上升后即开始下降，之后，水位一直不高于 3.60 m；6 月 28 日 3 时起，大包围内古运河南门站水位自 3.31 m 起涨，最大涨速 0.15 m/h，22 日 7 时达到 3.64 m，最大涨幅 0.33 m。运东片防洪大包围工程于 28 日 5 时后陆续开启向外排水，水位在短暂的上升后即开始下降，之后，水位一直控制在 3.60 m 以下。

7 月 1 日 18 时起，大包围内古运河南门站水位自 3.30 m 起涨，最大涨速 0.14 m/h，3 日 7 时达到 3.78 m，最大涨幅 0.48 m。运东片防洪大包围工程于 1 日 14 时后陆续开启向外排水，水位在持续的上升后即开始下降，之后，水位一直不高于 3.60 m。

21 日 0 时，南门站水位 3.43 m，比警戒水位低 0.47 m。梅雨期内，南门站最高水位 3.78 m，比警戒水位低 0.12 m。水位得到了有效的控制，充分发挥了城市防洪大包围的作用。

(3) 对圈内圈外水位的影响分析对比

包围圈内、外水位代表站水情特点见表 6.3-2。包围圈内、外水位代表站水位雨量对照过程见图 6.3-2。

表 6.3-2　2016 年梅雨期包围圈内、外水位代表站水情特点表

站点	无锡(大)站	南门站
起涨水位(m)	3.79	3.35
最大涨速(m/h)	0.2	0.2
开始超警戒水位时间	2017-6-22　06:00	—
最高水位(m)	5.28(07-03　10:00)	3.78(07-03　7:00)
最大退水速率(m/h)	0.07	0.08
平均水位(m)	4.41	3.46
超警戒水位时长(h)	690	0
超 4.53 m 时长(h)	268	0
超 5.18 m 时长(h)	9	0
包围圈内外最大水头差(m)	1.65	

由表 6.3-2、图 6.3-2 可以看出，梅雨期内，在运东片防洪大包围的运行下，包围圈内运

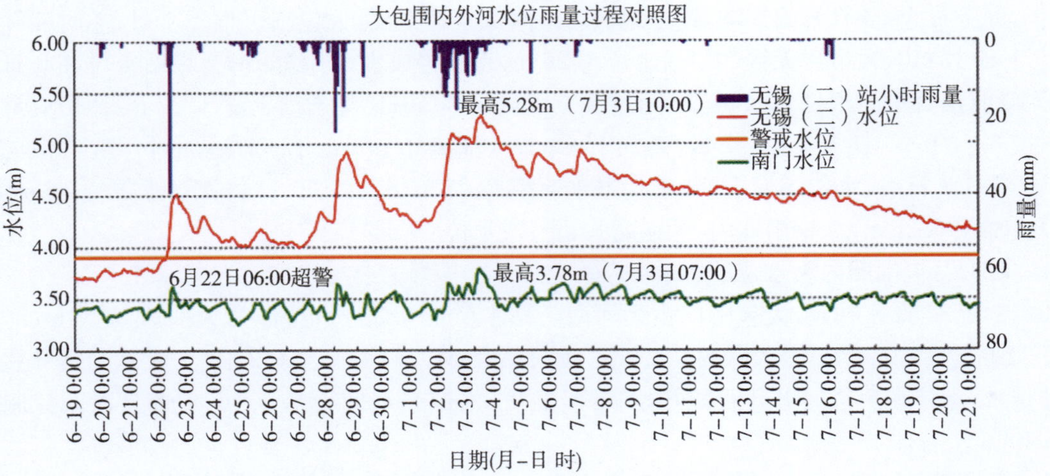

图 6.3-2　梅雨期大运河无锡(大)站、南门站水位过程线

河水位控制在 3.90 m 以下，平均水位 3.46 m，较包围圈外平均水位低 0.95 m；期间，包围圈外水位超警戒水位(3.90 m)及保证水位(4.53 m)的时长分别为 690 h、268 h，而包围圈内水位一直控制在 3.90 m 以下，达到了大包围启用的预期效果。

6.3.4　苏州

6.3.4.1　工程运行情况

6 月 19 日，苏州市遭遇入梅后首场强降雨，6 月 19 日—7 月 2 日累计降雨量 372.5 mm，占梅雨量的 85.7%，降雨强度大并集中分布导致苏州市主要排洪河道水位猛涨。6 月 20 日苏州市城市防洪大包围各水利枢纽陆续开启泵站进行排水：梅雨期间，澹台湖水利枢纽共开 99 台时，排除涝水 712.8 万 m^3；大龙港枢纽共开机 1 063.5 台时，排除涝水 1 914.3 万 m^3；南庄枢纽共开机 36 台时，排除涝水 64.8 万 m^3；仙人大港枢纽共开机 242.3 台时，排除涝水 436.14 万 m^3；元和塘枢纽共开机 353 台时，排除涝水 635.4 万 m^3；东风新水利枢纽共开 1 118 台时，排除涝水 2 012.4 万 m^3；娄江枢纽共开机 254.33 台时，排除涝水 457.8 万 m^3；青龙桥枢纽共开机 105.5 台时，排除涝水 188.9 万 m^3；外塘河枢纽共开机 64.33 台时，排除涝水 115.8 万 m^3；元和塘枢纽共开机 322 台时，排除涝水 579.6 万 m^3。梅雨期间各枢纽排水量占比见图 6.3-3。

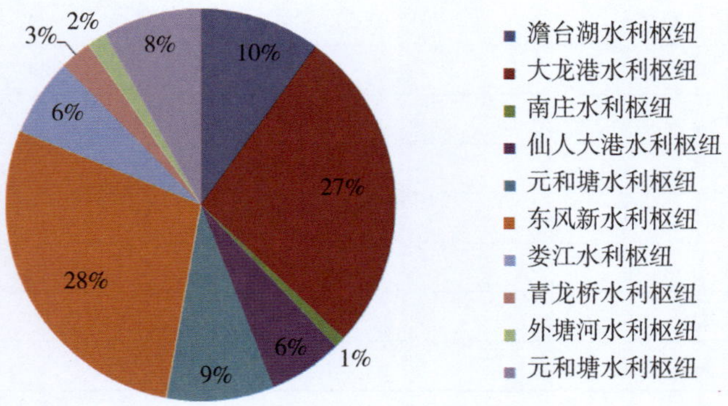

图 6.3-3　2016 年梅雨期苏州城市防洪工程各枢纽排水量占比图

6.3.4.2 工程运行效果

苏州城市防洪包围圈内水位代表站为古运河苏州(觅渡桥)站;防洪包围圈外水位代表站为大运河苏州(枫桥)站。

(1) 对包围圈外大运河水位的影响

梅雨期内,受强降雨影响,大运河苏州(枫桥)站水位出现 3 次明显上涨过程。

受 6 月 19—22 日强降雨影响,苏州地区河道水位涨幅迅猛,大运河苏州(枫桥)站水位从 19 日 23:00 的 3.66 m 开始上涨,22 日 14:05 最高达到 4.33 m,超过警戒水位 0.53 m,比降雨前上涨 0.67 m,最大涨速 0.13 m/h(22 日 11—12 时)。

受 6 月 27—28 日暴雨影响,苏州地区河道水位快速上涨,大运河苏州(枫桥)站水位从 28 日 05:30 时的 4.09 m 开始上涨,15:15 最高达到 4.54 m,超过警戒水位 0.74 m,比降雨前上涨 0.45 m,最大涨速 0.11 m/h(28 日 14—15 时)。

受 7 月 1—2 日暴雨影响,苏州地区河道水位快速上涨,1 日 19:10,大运河苏州(枫桥)站水位 4.09 m,超过警戒水位 0.29 m,苏州(枫桥)站水位在 2 日上午 10:20 时出现最高水位为 4.82 m,超过警戒水位 1.02 m,比降雨前上涨 0.73 m,比历史最高水位 4.60 m(1999 年 7 月 1 日)高 0.22 m,最大涨速 0.15 m/h(2 日 3—4 时)。

7 月 2 日后,水位缓慢下降,平均退水速率 0.05 m/d。21 日 0 时,该站水位 3.96 m(超警戒水位 0.16 m)。梅雨期内,苏州(枫桥)站共超警戒水位 31 d。

(2) 对包围圈内河水位的影响

6 月 21 日 5 时起,大包围内古运河苏州(觅渡桥)水位自 2.75 m 起涨,最大涨速 0.04 m/h,21 日 16 时达到 2.90 m,最大涨幅 0.15 m。21 日 9 时,大包围枢纽开始陆续向外排水,水位短暂上升至 2.90 m 后开始回落,之后一直保持在 2.77 m 左右。

7 月 2 日 0 时起,大包围内古运河苏州(觅渡桥)水位自 2.78 m 起涨,最大涨速 0.09 m/h,2 日 5 时达到 3.03 m,最大涨幅 0.25 m。大包围枢纽于 4:30 后开始陆续向外排水,水位在 5 时达到最高水位 3.03 m,随后开始回落,之后水位一直保持在 2.83 m 左右。

7 月 6 日 17 时起,大包围内古运河苏州(觅渡桥)水位自 2.83 m 起涨,最大涨速 0.09 m/h,6 日 19 时达到 3.00 m,最大涨幅 0.17 m。16 点 40 起,大包围枢纽开始陆续向外排水,水位短暂上涨后开始回落,之后水位一直保持在 2.85 m 左右。

梅雨期内,古运河苏州(觅渡桥)最高水位 3.03 m,大部分时间保持在 2.85 m 左右,水位得到了有效的控制,充分发挥了城市防洪大包围的作用。

(3) 对圈内圈外水位的影响分析对比

包围圈内、外水位代表站水情特点见表 6.3-3。包围圈内、外水位代表站水位雨量过程对照图见图 6.3-4。可以看出,梅雨期内,在城市防洪大包围的运行下,包围圈内运河水位控制在 3.00 m 以下,平均水位 2.79 m,较包围圈外平均水位低 1.38 m;期间,包围圈外水位超警戒水位(3.80 m)及保证水位(4.20 m)的时长分别为 744 h、304 h,而包围圈内水位一直控制在 3.00 m 以下,达到了大包围启用的预期效果。

表 6.3-3 2016 年梅雨期包围圈内、外水位代表站水情特点表

站点	苏州(枫桥)	苏州(觅渡桥)
起涨水位(m)	3.72	2.74

续表

站点	苏州(枫桥)	苏州(觅渡桥)
最大涨速(m/h)	0.15	0.09
开始超警戒水位时间	2017-06-20 0:00	—
最高水位(m)	4.82(07-02 10:20)	3.03(07-02 5:00)
最大退水速率(m/h)	0.07	0.08
平均水位(m)	4.17	2.79
超警戒水位时长(h)	744	0
超保证水位 4.20 m 时长(h)	304	0
超历史水位 4.60 m 时长(h)	45	0
包围圈内外最大水头差(m)	2.05	

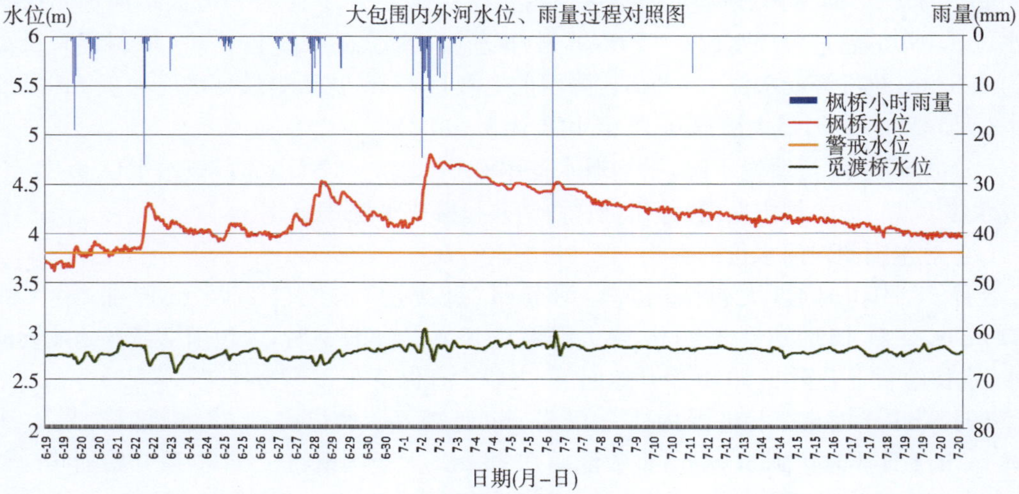

图 6.3-4 2016 年梅雨期大运河苏州(枫桥)站、苏州(觅渡桥)站水位过程线

6.3.5 镇江

降雨前,全市骨干河湖库底水足,长江水位高,外排困难。为迎战强降雨,6 月 26 日 16 时,市防指下达指令开启谏壁抽水站、九曲河枢纽泵站全力预降内河水位,金山湖水位预降到了 5.57 m,古运河水位预降到了 5.55 m。

降雨后,在丹徒南闸东排情况下,古运河水位仍快速上涨,7 月 1 日 10:00 涨至 6.0 m,防办立即下令开启京口闸向金山湖分洪。金山湖水位上涨后,根据汛情,2 日 10:00 开启引航道泵站、运粮河泵站向长江抽排金山湖涝水。城区东片 80 km^2 涝水就通过丹徒南闸向苏南运河、通过京口闸向金山湖分洪。期间,古运河水位 5 日 6:15 涨到最高 7.75 m,仅次于 2015 年 6 月 2 日的 7.79 m;金山湖 5 日 11:20 涨到最高 7.48 m。城区西片运粮河受降雨影响,水位一度达到 8.45 m,为确保沪宁铁路安全,市防指组织了专题会商,落实调控方案,4 日下午七摆渡下闸挡洪,并于 4 日 17:05 开启运粮河闸向金山湖控制分洪,维持运粮河水位在 8.0~8.2 m 之间,既可保证铁路安全,又减轻了主城区涝水向金山湖分洪的压力。谏壁抽水站、九曲河枢纽泵站一直开足马力,全力抽排涝水,截至 7 月 22 日 16 时停机,累计抽排涝水约 5.4 亿 m^3，相当于 21 个金山湖的正常蓄水量。降雨期间，引航道泵站 2 日上午 10:00 开启、10 日下午 3:00 停机，共抽排城区涝水 1 750 万 m^3。

6.4 分区工程调度综合效益

6.4.1 秦淮河水系

经多年治理，按照"上蓄、中滞、下泄"的原则，秦淮河流域已初步形成上游水库塘坝蓄水、中游干支流河堤防洪和赤山湖滞洪，下游泄洪入江，洼地建圩设站抽排的防洪除涝工程体系，现状流域防洪标准总体上达到 20 年一遇，洼地除涝标准 5 年一遇以上。近期防洪标准：秦淮河干流 50 年一遇，其中南京主城区段堤防及禄口国际机场防洪自保 100 年一遇，支流 20 年一遇；远期防洪标准：南京市主城区防洪 200 年一遇。近期排涝标准：20 年一遇。

应对 2016 年秦淮河流域暴雨洪水，水利工程效益重点体现在以下几个方面：

"中滞"工程力保下游安全。7 月 4 日秦淮河东山站水位首超历史最高水位，省防指调度赤山闸于 8 时压缩流量至 150 m^3/s，9 时全部关闭；7 日 7 时受突降大暴雨影响，东山站水位再破历史最高水位，省防指紧急调度秦淮河上游赤山闸于当日 6 时全部关闭。根据上游水位涨势，省防指调度于 9:30 启用赤山湖蓄滞洪，最多时滞洪 3 140 万 m^3。秦淮河上游水库调蓄加上赤山湖滞洪水量共计约 8 000 万 m^3，其中赤山湖内湖滞洪 1 800 万 m^3、白水荡 660 万 m^3、西万亩圩 680 万 m^3，二圣、茅山两座中型水库滞洪 3 100 万 m^3，其他中小水库和圩区同时滞洪 2 000 多万 m^3。此举有效减轻了下游及城市防洪压力。

沿江闸站全力北排入江。充分利用沿江闸站全力，超常规应用秦淮新河船闸排水。2016 年汛期，秦淮新河闸、武定门闸实测最大流量分别为 916 m^3/s、504 m^3/s，双双超历史，两闸累计排水量 19.21 亿 m^3。

城市防洪除涝压力较大。南京市主城四区范围内排涝泵站累计排涝能力约 350 m^3/s。期间，7 月 1 日四城区开机排涝流量约 280 m^3/s，平均开机时间约 18 h；7 月 2—3 日开机排涝流量约 200 m^3/s，平均开机时间 10～15 小时；7 月 4—7 日开机排涝流量 230～280 m^3/s，平均开机时间 15～18 小时，7 月 7 日以后随着降雨过程的结束，排涝流量、开机时间均逐步减少。

秦淮河流域水利工程调度综合效益见图 6.4-1。

6.4.2 太湖水系

1991 年太湖流域大水后，《太湖流域综合治理总体规划方案》确定的治太十大骨干工程陆续开工，经过十余年努力已基本完成，初步形成了洪水北排长江、东出黄浦江、南排杭州湾，充分利用太湖调蓄，"蓄泄兼筹、以泄为主"的流域防洪骨干工程框架，总体上能防御 1954 年型的 50 年一遇洪水，太湖最高水位将不超过 4.66 m。《太湖流域防洪规划》贯彻"全面规划、统筹兼顾、标本兼治、综合治理"的原则，统筹流域、区域、城市的防洪要求，提出近期流域防洪目标为防御不同降雨典型的 50 年一遇洪水，重点骨干工程建设与防御流域 100 年一遇洪水的标准相衔接；远期流域防洪标准达到 100 年一遇，遇 1999 年实况洪水能确保重点防

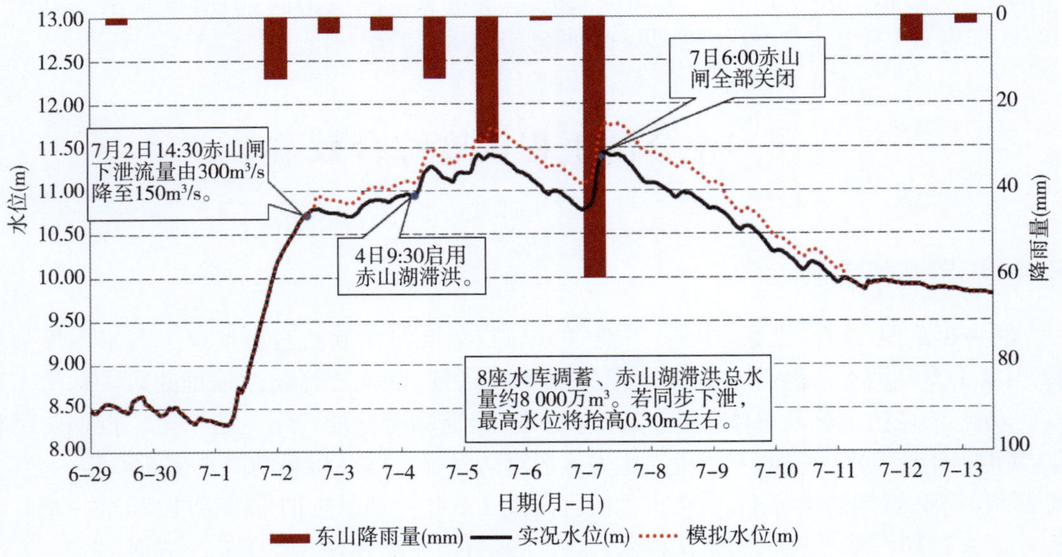

图 6.4-1　秦淮河流域水利工程调度综合效益图

洪对象安全。

应对 2016 年太湖流域暴雨洪水，水利工程效益重点体现在以下几个方面：

提前预降，全力排江。主要体现在：① 暴雨前，提前预排作用明显。入梅前，6 月 14 日提前启用武澄锡虞区白屈港、新夏港泵站排水，6 月 22 日起澡港、魏村枢纽泵站也都提前开泵排水，预降区域河网水位。两大出湖口门太浦闸、望亭立交全力排水，日均出湖流量维持在 600 m^3/s 以上，常熟枢纽累计排水 15.3 亿 m^3，望亭立交累计出湖 8.9 亿 m^3，太浦闸累计下泄 21.9 亿 m^3。② 入梅暴雨期间，多模式全力排水。沿江所有闸站口门全力开启，同时增开泵站，相机切换自排和抽排模式双模式并行排水，自排占总排水量的 70%左右。③ 水利工程超标准，超常规运行。启用新建水利工程及相关船闸投入运行，增加排水规模。包括部署在建工程新沟河闸施工围堰拆坝，投入排涝运行；对刚建成的苏州七浦塘工程，在保证安全前提下开机排涝；调度新建成的走马塘张家港枢纽与江边枢纽首次联合运行排水；超常规运用船闸泄洪，调度望虞河江边船闸暂停通航，投入排水运行等。据统计，汛期太湖地区沿江主要闸站排入长江流量最高达 2 400 m^3/s 左右，累计排水量 58.41 亿 m^3。太浦闸、望亭水利枢纽在确保工程安全的前提下持续突破设计流量泄洪，最大日均下泄流量分别达到 898 m^3/s、452 m^3/s(7 月 11 日)，均创历史新高。

错峰错时，统筹兼顾。主要体现在：① 流域与区域防洪的统筹兼顾。充分利用太湖调蓄库容。太湖作为太湖流域最重要的调蓄洪水湖泊，保证水位 4.66 m，环湖堤防防洪标准高，调蓄洪水能力大，每厘米水深对应的水量为 2 300 m^3/s 左右，相当于日流量 270 m^3/s 的水量。针对苏南运河无锡、苏州等段水位高、防汛压力大，而太湖水位相对较低的情况，省防指于 6 月 22 日、28 日，7 月 2 日三次启用蠡河枢纽排放苏南运河洪水，排泄太湖洪水的望亭立交相应减少流量乃至关闸，常熟枢纽全力排放苏南运河及望虞河以西涝水，对控制苏南运河水位上涨发挥了有效的作用。从第一次启用到关闭，大运河无锡站水位从 4.52 m 降低到 4.34 m，第二次从 4.94 m 降低到 4.45 m，第三次从 5.1 m 降低到 4.77 m。蠡河枢纽的三次启用，有效避免了运河水位的短时速涨，让洪水就近入江，实现了流域与区域防洪的统筹兼顾。② 区域与城市防洪的统筹兼顾。防指根据汛情发展态势，及时启用钟楼闸关闭挡洪，7月 2 日 11 点起关闭钟楼闸，闸下水位从关闸前的 5.42 m，两小时内降低到 5.19 m，减少湖西高水向东的流量，有效减轻下游常州城区、无锡段、苏州段防洪压力，适时启用丹金枢纽。针对金坛水位高、丹阳段防汛压力相对较轻的实际，为尽量减少丹金溧漕河进入金坛的水量，省防指紧急会商后调度丹金闸枢纽在 7 月 2 日 23 点关闭，减缓了金坛水位上涨速度，有效减轻当地防汛压力。

城市限排，超常应对。主要体现在：① 限制城市排涝，减缓骨干河道行洪压力。近年来，沿江苏南苏、锡、常 3 市主城区防洪排涝标准不断提升，各市城区泵站直接向运河排水的抽排能力在 200 m^3/s 左右，加上沿线圩区直接向运河排水的 400 m^3/s 的抽排能力，合计抽排能力高达 1 000 m^3/s。一旦同时大流量外排，会直接导致运河水位集中上涨。针对去年汛期暴露出的这一薄弱环节，今年省防指在调度过程中统筹考虑城市排涝和运河洪水出路的双重关系，要求苏南运河沿线城市防洪大包围严格按照《苏南运河区域洪涝联合调度方案（试行）》执行，在保证防汛安全的前提下，限制外排。紧要的时候，苏、锡、常城市外排流量压减到 20 m^3/s 上下，有效控制了苏南运河河道水位短时急剧上涨。② 贯彻落实超标准洪水应对方案。根据国家防总、太湖防总统一部署，在太湖逼近最高水位的紧急情况下，自 7 月 8 日实施，直至 7 月 18 日太湖水位退至保证水位以下，期间，江苏开启东太湖瓜泾口水利枢纽累计排泄太湖洪水 1.0 亿 m^3，相当于降低太湖水位 0.04 m。江苏开启望虞河西岸福山船闸及东岸谢桥以下口门参与分洪，浙江、上海开启太浦河两岸口门参与分洪，上海淀浦河西闸、蕴藻浜西闸开闸分洪，黄浦江两岸水闸开闸纳潮，为望虞河、太浦河加大下泄流量创造了有利条件，有效遏制了太湖及河网水位的进一步上涨，加速太湖水位回落至保证水位以下。

第七章

监测预报预警

扎实做好水文监测、预报预警工作，能为我省各级政府防汛指挥机构的正确决策、合理调度和抗洪抢险工作提供科学依据，具有巨大的社会和经济效益。经过多年不断探索，以信息化建设作为强力支撑，我省现已形成较为完善的监测预报预警体系。首先，落实水文监测任务，不仅是日常监测的切实到位，更是应急监测的精准出力，我省在暴雨洪水期间出色地完成了雨水情监测、环太湖以及沿江巡测等日常工作，同时更有针对性地高效应对了太湖地区应急监测、世业洲水文测验等应急任务。其次，根据已有信息、运用相关模型对雨水情进行精确预测，是监测预报预警体系中的核心，2016 年为了做好暴雨期间的水文预报工作，我省开展了太湖、苏南运河、沿江潮位等重要江河水文预报工作，为精准调度谱写战斗序曲。最后，及时发布预警信息、启动应急响应，能够让相关部门和社会大众及时超前做好防范工作，减少各类损失，2016 年我省太湖地区共发布洪水预警信息 22 期。同时，做好信息化建设，不仅是水文部门的“与时俱进”，更是“智慧水利”的内在要求，我省积极开发包括办公系统、预报调度系统在内的各类智能系统，极大提高了工作效率。

本章完整地介绍了我省监测预报预警体系，对 2016 年我省各项工作和效益进行了仔细梳理，并细致阐述了各种系统的原理和应用成果，对以后工作的开展具有一定借鉴意义。

水文监测是指通过一定监测手段对江、河、湖泊、水库、渠道和地下水等水文参数进行实时监测，监测内容包括：水位、流量、流速、降雨(雪)、蒸发、泥沙、冰凌、墒情、水质等；水文预报预警是指根据已知的信息对未来一定时期内的水文状态做出定性或定量的预测，并根据需要向相关部门或社会发布相应的预报结果。积极做好水文监测、预报预警工作能为各级政府防汛指挥机构的正确决策、合理调度和抗洪抢险工作提供科学依据，具有巨大的社会效益和经济效益。

7.1　水文监测

7.1.1　日常监测

7.1.1.1　雨水情监测

截至2010年底，全省共有基本水文测站590处，其中雨量站237处、水位站135处、流量站154处。各流域水文测站统计见表7.1-1。

表7.1-1　2010年江苏省各流域水文测站统计表

流域	雨量站	水位站	流量站
淮河流域	162	83	90
长江水系	43	21	26
太湖水系	32	31	38
合计	237	135	154

我省部分地市具体情况如下：

1. 苏州

苏州现有国家基本站30处、地方专用站1处、中小河流8处测量水位，全部实现遥测。经监测：受梅雨期降水影响，太湖水位上涨迅速，6月3日水位即达警戒水位3.80 m，随后一直在警戒水位上下徘徊，6月18日进入梅雨季节后一路上扬，7月3日20时达到4.66 m，首次超过保证水位(4.65 m)，7月9日最高(4.87 m，超保证0.22 m)，至7月18日降至保证水位下，历时16 d，随后缓慢回落，一直到8月4日降至3.80 m，累计超警戒水位62 d，到汛末9月30日太湖平均水位为3.68 m。

苏州现有国家基本站流量断面12处，其中8处使用水文缆道测流，4处使用流速仪桥上测流。经监测：2016年瓜泾口最大流量174 m^3/s(2016年1月24日大水期间上游关闸)，望亭立交最大流量465 m^3/s(2016年7月11日)，枫桥最大流量229 m^3/s(2016年7月2日)。

2. 无锡

无锡现有国家基本站13处、地方遥测站94处测量水位，全部实现遥测。2016年7月3日凌晨，受强降雨影响，无锡(大)运河水位持续上涨，出现超历史最高水位，无锡(二)水位站站房受淹，分局遥测维护人员火速赶往现场对遥测设备进行维修、更换，确保信息畅通，监测到了5.28 m的历史最高水位。2016年7月3日左右，西氿宜兴站、锡澄运河青阳站、大运河洛社站、横山水库站均出现了超历史最高水位，为防汛决策及时提供水情信息。

无锡现有国家基本站流量断面13处，其中2处使用水文缆道测流，8处使用流速仪桥上测流，2处使用流量计计量，1处筑坝断流。经监测：2016年7月2日，犊山闸站年实测最大入湖流量149 m^3/s，7月3日大运河洛社站出现实测最大流量198 m^3/s，均创历史新高；7月5日，宜兴(南)站出现年最大流量104 m^3/s；横山水库全年泄洪1.474亿 m^3，7月3日最大泄洪流量143 m^3/s，创历史新高。

3. 常州

常州现有国家基本雨量站28处，中小河流雨量站5处，地方专用站10处测量水位，全部实现遥测，其中小河新闸站、沙河水库站、丹金闸站采用自记雨量计进行同步观测。2016年暴雨洪水期间，常州多次成为暴雨中心，所有测站人员24小时坚守岗位做好人工雨量观测。南渡、丹金闸等站点人员通过提前将雨量筒架高，避免了雨量筒被上岸洪水淹没，有力保障上述站雨量数据的完整性。

常州现有国家基本站7处测量水位，全部实现遥测。2016年梅雨期，受强降雨影响，常州市境内主要骨干河流水位上涨迅猛，常州分局立即启动应急响应，专门通知测站提前做好站房内遥测设备的保护，必要时开启井盖并垫高设备，防止水位计工作不正常以及设备被水淹。同时，常州分局安排遥测巡测组加强对全市水位遥测站点的维护，确保水情数据传输无故障。受大洪水影响，南渡水文站受淹，其水位监测已不能满足监测要求。分局立即启用应急预案，测站职工坚守第一线，严密关注水情变化，提前设立临时水尺保证资料的连续性和完整性。为确保监测数据的正确性，测站职工淌着半米多深的水检查遥测设备的运行情况、人工观测对比数据，确保大洪水测得出、报得准，监测到了6.85 m的历史最高水位。此外，除大运河常州站外，常州站区所有站点水位均接近或超过了历史最高水位，遥测系统发挥了重要的作用，为防汛决策提供及时的水情信息。

常州现有国家基本站流量断面19处，其中8处断面流量测验采用水文缆道，其余采用桥测方式。此外，常州现有中小河流站水文站3处，地方流量巡测站点15处。经监测：2016年7月3日，南渡站年实测最大流量达649 m^3/s，沙河水库站出库最大流量达176 m^3/s，均创历史新高；沿江魏村闸站最大排水流量313 m^3/s(7月6日)，最大引水流量175 m^3/s(8月6日)。在暴雨洪水期间，分局共组成12个流量小组，对全市105个河道断面开展流量巡测，总人数达到40余人，总测次达到1 307次。其中武宜运河厚恕桥实测最大流量218 m^3/s(7月3日)，最小流量86.9 m^3/s(6月30日)。

4. 镇江

镇江现有国家基本站16处、地方站(含小水库)105处测量水位，全部实现遥测。经监测：2016年7月3日凌晨，受强降雨影响，全市主要河湖如大运河、香草河、赤山湖、句容河水位快速上涨并普遍超警，各河湖水位最大涨幅达2.46～5.48 m，超警历时达184～284 h，赤山湖水位7月5日达到13.97 m，超历史最高(13.88 m，2015年6月27日)0.09 m。受强降雨、上游来水持续增大、天文大潮等因素影响，长江镇江站7月2日开始超警戒(7.00 m)，高潮位在7月4日超过8.00 m，7月5—7日达到8.50 m以上。7月6日，长江镇江潮位达到8.58 m，排序历史第二(最高为1996年8月1日镇江站(北固山)8.59 m)，为2003年三峡下闸蓄水以来最高潮位。

镇江现有国家基本站流量断面6处，均采用水文缆道测流。经监测：2016年7月3日，谏壁抽水站实测最大排水流量178 m^3/s，创历史新高。

5. 南京

南京现有国家基本站15处、中小河流站13处、地方站(含小水库)326处测量水位，全部实现遥测。经监测：受强降雨影响，2016年7月1日开始，南京境内秦淮河、固城湖、石臼湖、滁河、水阳江、长江等水位快速上涨并全部超警，超警时间达12～56 d。秦淮河东山站，前埕村站，天生桥站闸上、闸下，固城湖高淳站，官溪河杨家湾闸站，石臼湖蛇山站，胥河茅东闸站闸上、闸下，滁河红山窑闸站闸上、闸下，划子口闸上以及二干河开太桥站等 13 个站点先后出现超历史洪水位。其中天生桥闸上 2016 年 7 月 5 日最高水位 12.32 m，超过历史最高水位(11.64 m，1991 年 7 月 11 日)达 0.68 m；秦淮河东山站 2016 年 7 月 7 日最高水位 11.44 m，超过历史最高水位(11.17 m，2015 年 6 月 27 日)0.27 m。长江南京站 2016 年 7 月 5 日最高潮位 9.96 m，仅次于 1954 年、1998 年和 1983 年，列历史第 4 位；滁河六合站 7 月 5 日最高水位 9.97 m，仅次于 1991 年和 2003 年，列历史第 3 位；水阳江水碧桥站 7 月 6 日最高水位 13.59 m，仅次于历史最高水位 13.80 m(1999 年 7 月 1 日)。

南京现有国家基本站流量断面 8 处，除滁河晓桥站采用走航式 ADCP 测流外，其余 7 处均采用水文缆道测流。经监测：2016 年 7 月 2 日，前埠村(秦)断面测流最大流量 1 200 m^3/s，创历史新高。

7.1.1.2 水文巡测

1. 环太湖巡测

环太湖河道进出水量测验采用"单站＋巡测线"方式：单站水量单独核算；"巡测线"方式即根据水系特点将沿湖分成若干段，在出入湖水量比较大的河流上设置流量测验断面(基点站)，利用各段中的基点站流量与该段巡测断面总流量建立关系，推求各段的进出湖水量。基点站与单站可控制 60%总入湖和 85%总出湖水量，环太湖"单站＋巡测线"方式可控制 95%以上出入湖总量。环太湖巡测涉及江苏 8 个巡测段，巡测断面共计 111 个，其中包括 8 个巡测段对应的基点站、12 个单站(除无锡沿湖小闸段 16 个单站)，部分单站或基点站已经实现 HADCP 测流；涉及浙江 2 个巡测段，巡测段面共 18 个，其中包括两个基点站和 3 个单站，流量测验方式基本为缆道或人工桥侧。2016 年环太湖进出水量计算结果见图 7.1-1。

图 7.1-1 2016 年环太湖巡测线及进出水量分布图

2. 沿江巡测

太湖流域沿长江段江堤长约 207 km，其中江堤 138 km，海塘 69 km。太湖流域沿长江江苏段 10 余条主要沟通流域腹地河网与长江的河道，承担着流域向长江的排洪和引水作用。

多年来，在太湖流域沿长江一线兴建了许多引排工程，以使流域大水时向长江排泄洪涝水，水少时则从长江引水。流域枯水时，通过合理地调度沿江闸门，引长江水入流域河网及太湖，抬高河网水位和增加太湖蓄水量以缓解流域供用水矛盾。太湖流域沿江口门所在行政区划分属江苏省和上海市，在太湖流域水资源四级区中属湖西区、武澄锡虞区、阳澄淀泖区及浦西区。据统计，太湖流域沿长江江苏段所属镇江市、常州市、无锡市、苏州市共有口门68个。经统计，2016年苏南地区沿江口门总引水量为18.29亿m^3，总排水量为99.95亿m^3。

7.1.2 应急监测

7.1.2.1 太湖地区应急监测

2016年6月下旬，太湖地区河湖水位偏高，部分站点超警戒水位；同时据气象部门预测，6月底苏南地区将有暴雨过程。为了尽量减轻洪涝灾害，省级水文部门组织部署了苏南运河沿线及太湖地区沿江沿湖等站点断面的水情应急监测工作，以了解苏南运河沿线水位流量、南北侧河道分流、沿江排水以及相关区域的水位流量情况及其与调度的关系等信息。此次应急监测共布设62个站点，基本涵盖镇江、常州、无锡、苏州四个市；时间为6月28日—7月8日；采用巡测方式，测验方法为ADCP走航式或船测流速仪法；监测频次为每天常规2次，具体视断面、水情趋势而定。此次应急监测对于降低洪涝风险具有非常重要的作用。

7.1.2.2 世业洲水文测验

世业洲左汊左侧江岸稳定与否关系到沿江开发和润扬大桥的安全，同时建立大通流量与世业洲洲头断面流量及左右汊分流比之间的关系，有利于我们更好地掌握过境水量情况。2016年扬州分局在长江镇扬河段世业洲左右汊开展水文测验，了解该水域附近流态，掌握世业洲左右汊分流比，以预测该段长江的河势变化。图7.1-2为世业洲分流比测断面及潮位站平面位置图。

1. 测验内容及方式

测验内容为：

(1) 世业洲洲头横断面ADCP施测流速、流向和流量。

(2) 确定世业洲左右汊的流量分配情况及其发展趋势。

测验方式为：

(1) 长江大通来量每一万流量级测验一次世业洲分流比，用半潮控制一个完整的涨落潮过程，频次为两小时监测一次。测流断面设在世业洲洲头(抛石护岸的顶端，4 m线)上游100 m处，断面走向为正南北。断面施测流量采用瑞江牌600 kHz ADCP，测半潮，同步GPS RTK精确导航定位。

(2) 流量测验期间按规范相应观测潮水位，设立3个潮位站(泗源沟、十二圩、瓜洲)，观测时间与ADCP测流同步。泗源沟、瓜洲为国家基本站，潮位均为自记；十二圩站采用人工守潮，整点观测。

2. 测验成果

本次水文测验分别在7月8日、8月5日、8月22日进行，获得一系列数据成果，包括潮位观测资料、流速流向测验资料和ADCP巡测断面与流量资料，并对资料成果进行了对比分析。

7月8日计算得左右汊断面平均流量之比为1∶1.40，8月5日为1∶1.45，8月22日为1∶1.48。结合历史资料分析可知，2004年5月20日—2016年8月22日期间，世业洲左汊

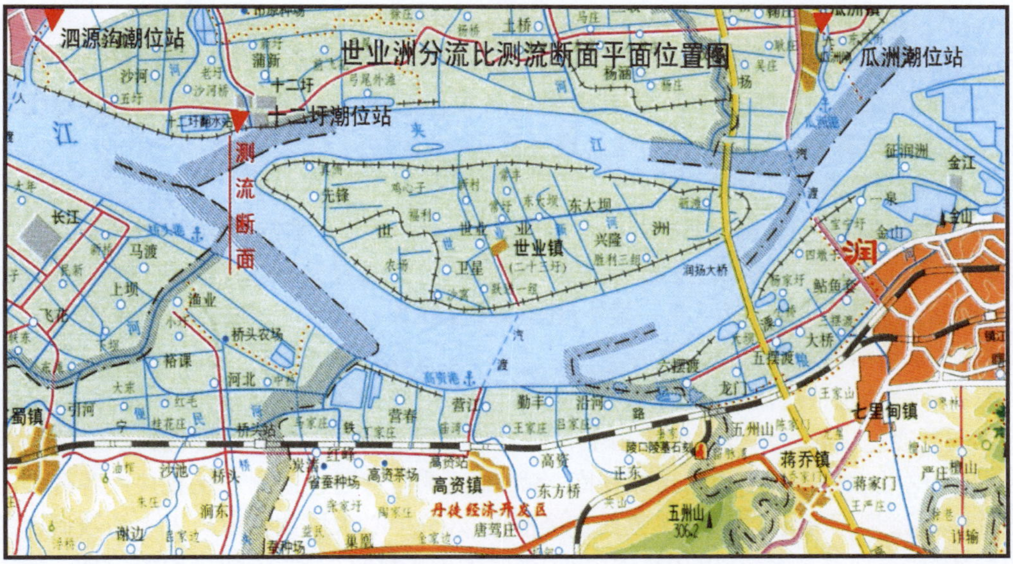

图 7.1-2　世业洲分流比测流断面及潮位站平面位置图

分流比的平均值从 32.4%递增至 40.2%，呈一路上行之势，平均增大速率每年约为 0.65%。但近 3 年来世业洲左汊分流比的平均值为：2014 年 7 月 29 日 40%；2015 年 7 月 17 日 40.4%；2016 年 8 月 22 日 40.2%，基本趋于稳定。说明整治工程实施之前，由于世业洲洲头附近采砂作业的影响，世业洲左汊进口断面面积、分流比不断增大，不利于左汊河道及岸坡的稳定；整治工程实施之后，尚需继续监测世业洲左右汊分流比，尤其注重大流量时的监测，并定期测绘该区域水下地形，以便进一步分析。

7.1.2.3　长江支流水系应急监测

2016 年 7 月上旬南京境内长江、秦淮河、滁河、石臼湖、固城湖全线超警，秦淮河、石臼湖、固城湖更是出现超历史洪水，南京分局对 12 个断面进行应急监测，7 月 2—10 日共监测 60 余次，均采用走航式 ADCP 进行流量应急测验。

7.1.3　水情信息报送共享

7.1.3.1　水情信息报汛沿革

我国水文情报工作起于 20 世纪 60 年代，水利电力部于 1964 年底颁发了《水文情报预报拍报办法》，在 50 多年的水情信息报送中发挥了重要作用，随着经济建设和通信、计算机、网络和数字信息技术的快速发展，信息的采集传输处理方式发生了根本变化，水情报汛站点及报汛内容不断增加，报汛要求不断提高，该办法不能满足业务发展的需要。为及时、准确、有效传输实时水情信息，2005 年水利部分别颁布了新的《水情信息编码标准》(SL 330—2005)，2011 年对该标准进行修订。

江苏的水情信息传输工作在 20 世纪 90 年代初以前，主要依据邮电部门的电报网传输，各测站通过电话将水情信息以 5 位码形式报送至邮电局，由邮电部门以电报方式传送至各防汛部门，防汛部门通过电传机下载。为了方便、可靠地传输处理水情信息，省水文局于 1995 年开发了实时水情信息传输处理系统，开始采用公众数据交换网(X.25)取代电报网传输水情信息。随着计算机技术的发展，2005 年《水情信息编码标准》(SL 330—2005)取代

《水文情报预报拍报办法》颁布执行，全国范围内取消采用5位码传输水情信息，直接采用标识符加数据的编码方式传输水情信息。我省在编码研究及关键技术研究的基础上，依托全省防汛骨干网络及全国防汛骨干网，建设集语音报汛系统、水文遥测系统、水情信息传输处理于一体的江苏省实时水情信息传输处理系统。

7.1.3.1 水情信息报汛方式

我省报汛站点目前采用自动报汛及人工报汛相结合的方式。水位、雨量、风浪等信息采用自动采集、报汛，1小时一报；蒸发、流量、引排水、墒情、地下水、泵站开启、闸门启闭等信息采用人工采集、报汛，除墒情和地下水为5天一报外，其余基本上1天一报，遇特殊雨水情，实时加报。

7.1.3.2 水情信息报送流程

我省水情信息报送流程是从测站经分中心到省中心，再由省中心转发。流程如下：各测站人工信息通过语音报汛电话或短信上报到各市水情分中心，分中心接收到水情编码信息后，进行译电处理并入分中心水情数据库；各测站遥测信息通过遥测系统直接入各分中心遥测数据库，遥测报汛软件读入遥测数据直接报汛，入分中心水情数据库。入水情数据库的报汛数据通过“水情交换系统”上传至省中心，同时省中心接收外省、流域机构的信息。省中心通过配发关系，将报汛数据转发给相关分局和外省、流域机构、部水文局。目前，省中心信息接收单位有26个，发送单位有28个。我省水情信息报汛现状流程见图7.1-3。

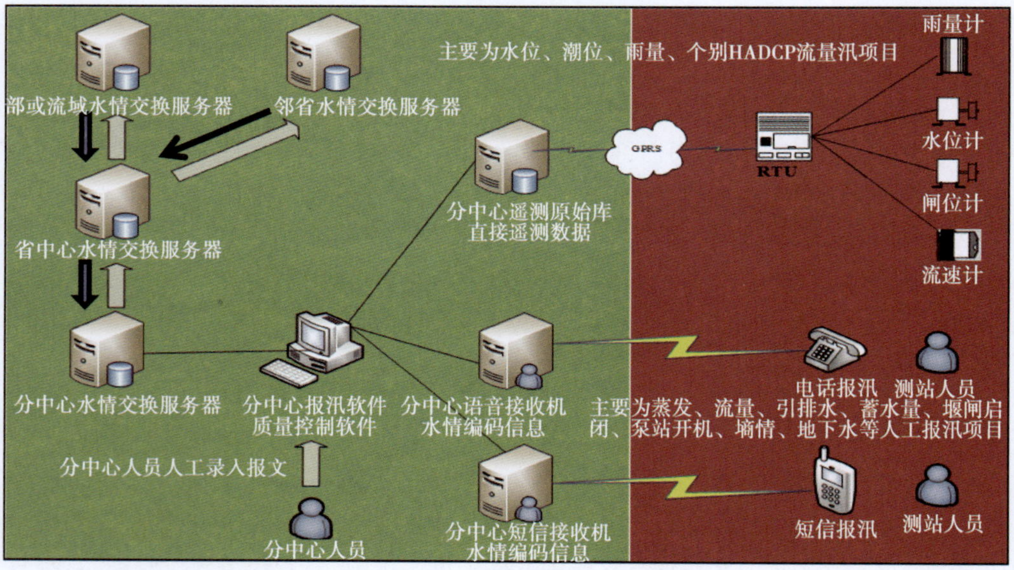

图7.1-3 江苏省水情信息报汛现状流程图

7.2 预报预警

7.2.1 水文预报

7.2.1.1 重要河湖水文预报

2016年梅雨期，苏南地区累计梅雨量543.0 mm，较历史常年梅雨量偏多129%，位居历史第 3 位，受强降雨影响，太湖流域多个水文站点水位超警戒，大运河无锡苏州站、漏胡长荡湖等河湖水位超历史，太湖水位最高达 4.87 m，排历史第二位。为了做好暴雨期间的水文预报工作，我省开展了太湖、苏南运河、沿江潮位等重要江河水文预报工作。

太湖水位的预报通过中国洪水预报系统利用经验公式法和太湖水动力模型两种方式进行预报，苏南运河根据水动力模型初步预报，南京潮位采用沿江潮位预报系统、镇江潮位采用多元回归模型、江阴潮位根据预报方案中的经验公式来预报，对各种方案的预报成果进行会商，结合人工经验研判，形成最终预报成果并编制水文预报专报分送厅领导和防办，汛期省局共制作了 25 期。

太湖水位预报共 112 d(6 月 3 日—9 月 22 日)，预报未来三天 8 时水位，经统计误差 0.05 m 范围内达 96%，0.02 m 范围内 71%；运河水位预报精度相对低，有待进一步提高。

长江南京站 6 月下旬至 9 月底共预报近 200 个潮次，预报合格率 94.0%，达到甲等预报精度，其中潮位预报误差小于 0.10 m 的占 57.8%，误差小于 0.05 m 的占 35.7%。7 月 5 日预报最高潮位为 10.00 m，与实际最高潮位 9.96 m 仅相差 0.04 m。

镇江站自 5 月 1 日起，在原先的 3 天一次预报的基础上，实行超警期间每日预报，至 10 月 1 日，共预报 300 多个潮次，经统计高低潮位预报合格率为 96.5%，达到甲等预报精度，其中潮位预报误差小于 0.10 m 的达 71.0%，误差小于 0.05 m 的达 45.1%。“7·1”暴雨期间历史第二高潮位 8.58 m(7 月 6 日)的预报值为 8.65 m，误差仅为 0.07 m。

6 月 12 日—9 月 30 日，江阴站潮位共进行了 216 次高潮预报，平均相对误差 3.5%，最大 20.5%。误差小于 3%的为 113 次，占比 52.3%；误差小于 5%的为 166 次，占比 76.9%；误差小于 10%的为 206 次，占比 94.0%。2016 年江阴站最高潮位 6.52 m(7 月 6 日)的预报值为 6.54 m，误差仅为 0.02 m。

秦淮河、滁河、固城湖、石臼湖、水阳江，从 7 月 2—10 日每天对最高水位进行滚动预报。其中秦淮河东山站 7 月 4 日预报水位 11.40 m，与实测最高水位 11.44 m 仅相差 0.04 m；滁河晓桥站 7 月 5 日预报水位 11.70 m，与实测最高水位 11.53 m 相差 0.17 m；固城湖高淳站 7 月 5 日预报水位 13.20 m，与实测最高水位 13.21 m 仅相差 0.01 m；石臼湖蛇山站 7 月 5 日预报水位 13.00 m，与实测最高水位 13.02 仅相差 0.02 m；水阳江水碧桥站 7 月 5 日预报水位 13.65 m，与实测最高水位 13.59 m 仅相差 0.06 m。

7.2.1.2 日常化水文预报

从 2016 年主汛期开始，在全省范围内开展日常化水文预报工作。具体方式为：明确预报站点、制定有关规定，将预报任务分解到各单位，要求各单位主汛期 6—8 月每周一、周四为固定预报日，当水位超过警戒水位或防洪控制水位时，每日预报，并明确要求通过水情信息交换系统报送预报信息。全省日常化预报站点由 2 个增加到 15 个(其中 9 个水位流量站、6 个潮位站)，共发布 7 087 条预报。

7.2.2 水情预警

在 2016 年的暴雨洪水期间，省级水文部门组织相关分局利用中国水文信息网先后发布洪水蓝色、黄色预警，提醒有关单位和社会公众加强防范、及时避险。全省共发布水情洪水预警信息 20 期，其中蓝色 7 期、黄色 10 期、橙色 3 期；发布洪泽湖枯水预警信息 1 期。

7.3 信息化建设

7.3.1 情报分析系统

7.3.1.1 水情信息交换系统

目前，部水文局开发的水情信息交换系统在全国范围内统一使用，并替代了我省原有水情信息传输处理系统。该水情信息交换系统采用 oracle 数据库平台，通过库到库的数据交换，淘汰了译电环节，解决了以往人员投入大、占用时间多、解决问题慢，错报、漏报、迟报现象大量发生，以及无法实时报送测站基本信息、预报信息、统计信息等问题。新的水情信息交换系统基于.Net Framework 技术框架，采用 Web Service 技术，实现“实时雨水情数据库表结构与标识符标准”(2011 版)中基本类、实时类、预报类、统计类等四类信息的实时交换功能。它同时具备以下几项优点：采用触发器及轮询的混合机制，在发送数据库平台内采用触发器机制将发生变动的信息(插入、修改及删除等)写入到待交换数据表中；采用轮询机制方式监控待交换的数据表，实现信息的交换，不影响原有业务系统的正常运行，不要求各节点之间的数据库平台完全统一；采用信息文件的模式利于人员掌握，且能够借鉴和采用现有的有关成果；发送节点可以灵活设置轮询的时间间隔，在保证数据迅速传输的情况下，尽量减少系统的开销。

为了提供友好的操作界面，利用 Ajax 技术，实现良好的界面交互效果。通过该界面可以直观地捕捉信息接收、发送情况，并可以便捷地进行水情信息交换配置、系统配置、信息补送及信息质量统计等工作。水情信息交换系统框架和界面分别见图 7.3-1、图 7.3-2。

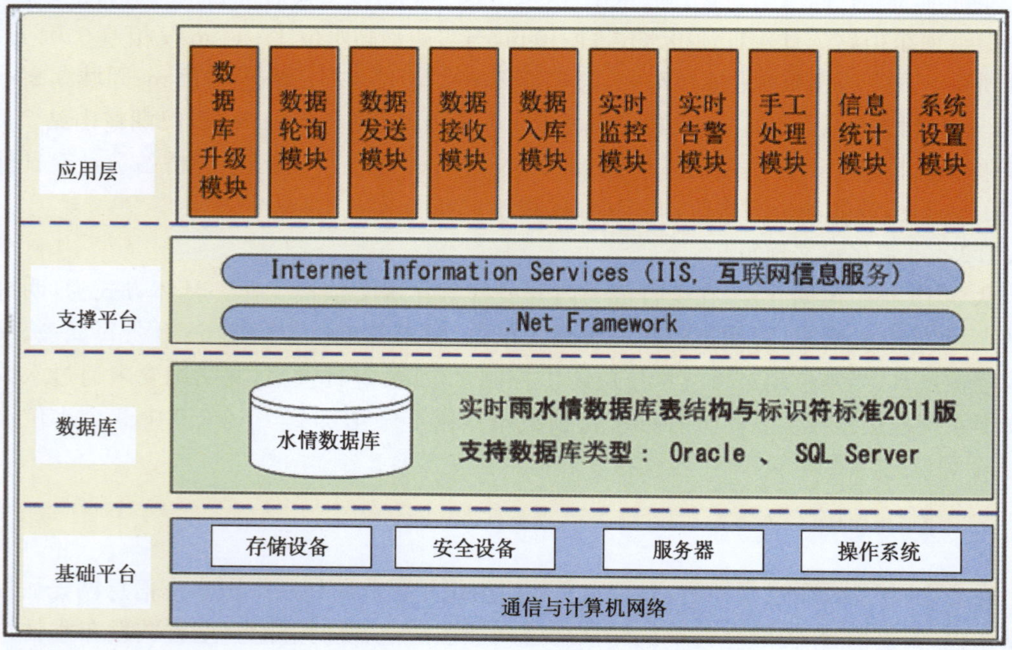

图 7.3-1 水情信息交换系统框架图

图 7.3-2 水情信息交换系统界面图

经统计，2016 年江苏省水文水资源勘测局共向部水文局发送全部报汛站水情信息 1 368 万份，其中汛期共发送水情信息 574 万份。

7.3.1.2 实时雨水情分析评价系统

实时雨水情分析评价系统是采用目前行业主流的 Java 框架，同时基于江苏水利地理信息服务平台开发的面向多用户分级管理和应用的系统，现已实现实时雨水情分析评估等多项功能。

具体功能如下：通过 GIS 界面，完成实时雨情、水情分析评估，实时雨情分析评价包括代表站短历时（最大 1 h，3 h，6 h，12 h，24 h）、长历时（最大 1 d，3 d，7 d，15 d，30 d）的暴雨分析评估，全省各分区（行政分区，流域分区，地理分区，水资源分区）长历时暴雨分析评估，评估内容包括：当前最大雨量，历史排位，重现期等；实时水情分析评估主要是针对当前代表站水位进行评估，评估内容有：当前最高水位、历史排位、重现期等。系统还提供各种实时雨水情分析统计报表生成等功能。具体功能界面见图 7.3-3、图 7.3-4、图 7.3-5。

7.3.1.3 遥测报汛系统

2015 年前报汛数据质量控制主要依靠人工来把关，随着水文站网不断完善，水文遥测手段日渐普及，报汛数据量剧增，人工无法快速判别迟报、缺报、漏报、错报的发生，影响了水情报汛质量。面对海量的报汛数据，开发了一套水情报汛质量监控系统，在信息交换前进行数据质量控制。该系统针对不同类型、不同要素的水情报汛数据，构建了质量预警方法与模型，提出了格式检查、完整性检查、时效性检查、值域检查、工程约束关系检查、内部逻辑检查、特征值检查、时间连续性检查、空间一致性检查、预报值检查等十大类报汛质量控制方法，对各要素的奇异区域、警示范围、警示类型、警示阀值等进行了优化处理。该系统于 2015 年 3 月底开始在全省 19 个水情分中心安装使用，经过 1 年多的试运行和不断完善，该系统目前通过对缺报漏报的告警提示和值域控制，提高了报汛信息的完整性和准确性。遥测报汛系统界面见图 7.3-6。

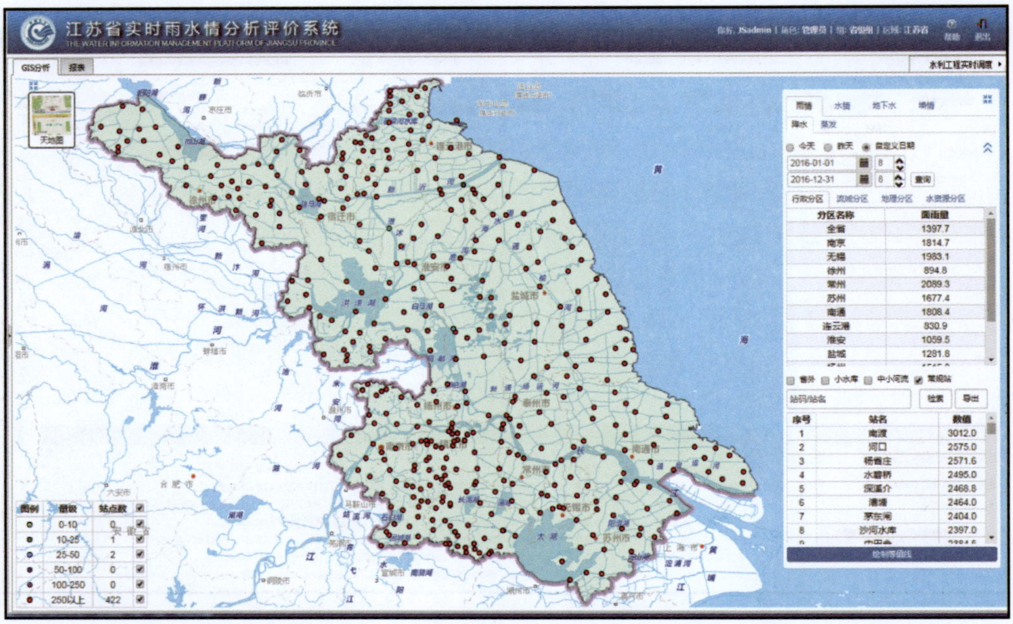

图 7.3-3 江苏省实时雨水情分析评价系统雨情分析评估界面图

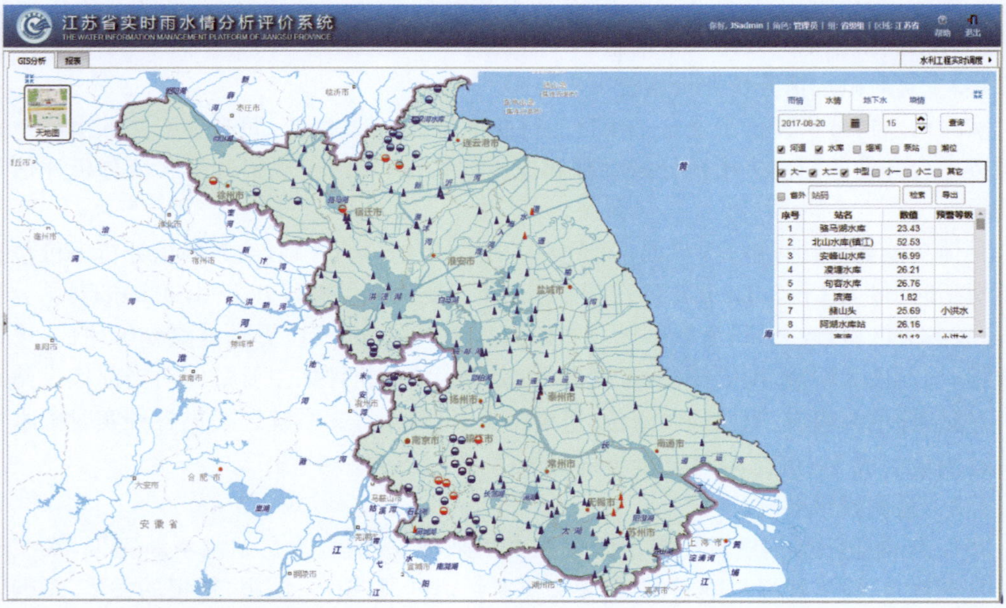

图 7.3-4 江苏省实时雨水情分析评价系统水情分析评估界面图

7.3.2 预报调度系统

我省先后建立了多种水文预报系统，目前投入应用的主要有太湖洪水预报系统、骆马湖预报系统、江苏沿海沿江潮位预报系统、秦淮河流域洪水多模型集合预报、中小河流预警预报系统等。针对2016年暴雨洪水特征，主要针对太湖洪水预报系统和江苏沿海沿江潮位预报系统进行详细介绍。

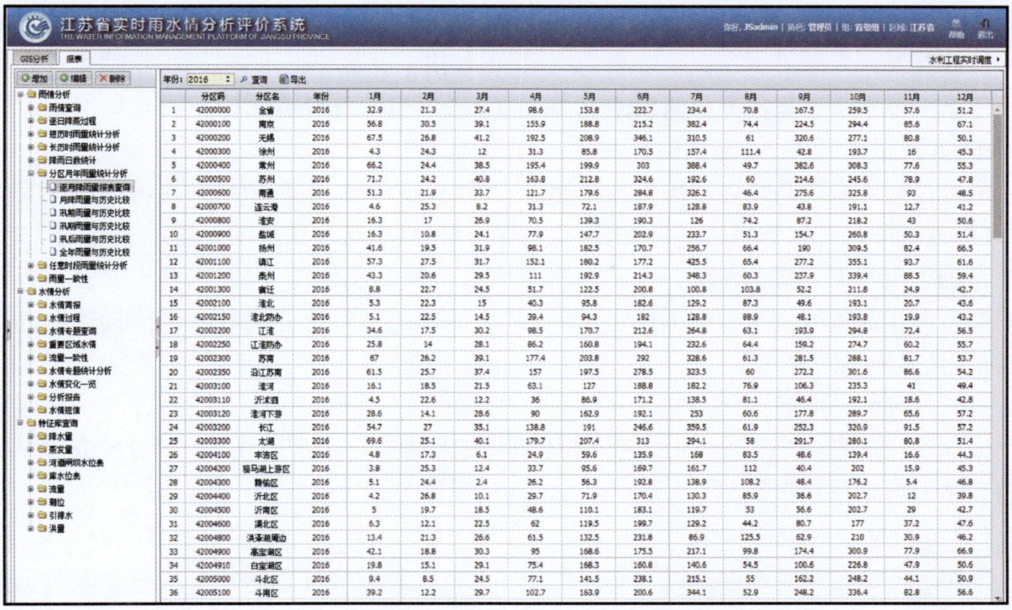

图 7.3-5 江苏省实时雨水情分析评价系统雨情分析统计报表界面图

图 7.3-6 遥测报汛系统界面图

7.3.2.1 太湖洪水预报系统

1. 太湖洪水预报系统简介

太湖洪水预报系统是江苏省太湖地区防洪调度系统的子系统，该系统主要建立洪水预报机制，完成对重要江河、防洪地区以及水库的具有不同预见期和不同预报精度的洪水预报和风暴潮预报，为防洪调度提供依据。

本系统的开发主要包括太湖水位预报模型、沿江口门潮位过程预报模型、山丘区产汇流预报模型、平原区产耗水量预报模型、重点防洪控制水位预报模型、实时洪水预报校正模型的建立，以及预报计算所依据的数据预处理模块、预报结果存储及发布模块和洪水预报子系统软件的开发。太湖洪水预报系统于2010年正式用于日常预报工作，其预报结果作为防汛决策依据。本系统连接江苏省实时水文数据库，将预报结果自动保存和发布到预报专用数据库中，并提供基于B—S结构的查询。

洪水预报子系统具体包括预报模型选择、实时预报计算、实时预报结果输出和保存等功能，既可进行一日洪水预报，也可通过连续演算，给出洪水未来发展的定量结果或定性趋势。该子系统采用基于DEM的数字水文模型、新安江流域水文模型、河网水动力学模型等所构成的模型群作为流域洪水预报的模型，开发基于地理信息系统的实时洪水预报软件进行作业预报，具体预报内容如下：

(1) 太湖水位预报

太湖水位是指望亭(太)、西山、夹浦、小梅口、大浦口5站平均水位，太湖水位预报是指太湖5站平均水位预报。

(2) 重点防洪控制水位预报

采用产汇流模型及河网水动力学模型相结合的流域综合性预报模型进行重点防洪控制水位预报。主要预报节点为溧阳、宜兴、丹阳、金坛、王母观、访前、青阳、常州、常熟、昆山、湘城、苏州、瓜泾口、琳桥、陈墓、无锡南门、望亭(太)、甘露、平望。

为实现以上水位预报，系统为预报模型提供了三种边界条件的预报，分别是沿江沿海口门潮位过程预报、山丘区产汇流预报、平原区产耗水量预报。沿江沿海口门潮位过程预报，主要利用前期实测资料预报沿江口门镇江、江阴、天生港、徐六泾、浏河、吴淞等站和其他站次日和数日逐时潮位过程；山丘区产汇流预报，主要预报山丘区各子流域或计算分区的降雨径流过程，为平原河网水动力学预报模型提供流量边界条件；平原区产耗水量预报，主要预报平原区各计算分区的产耗水量过程，为平原河网水动力学预报模型提供旁侧流量边界条件。

太湖洪水预报系统界面见图7.3-7。

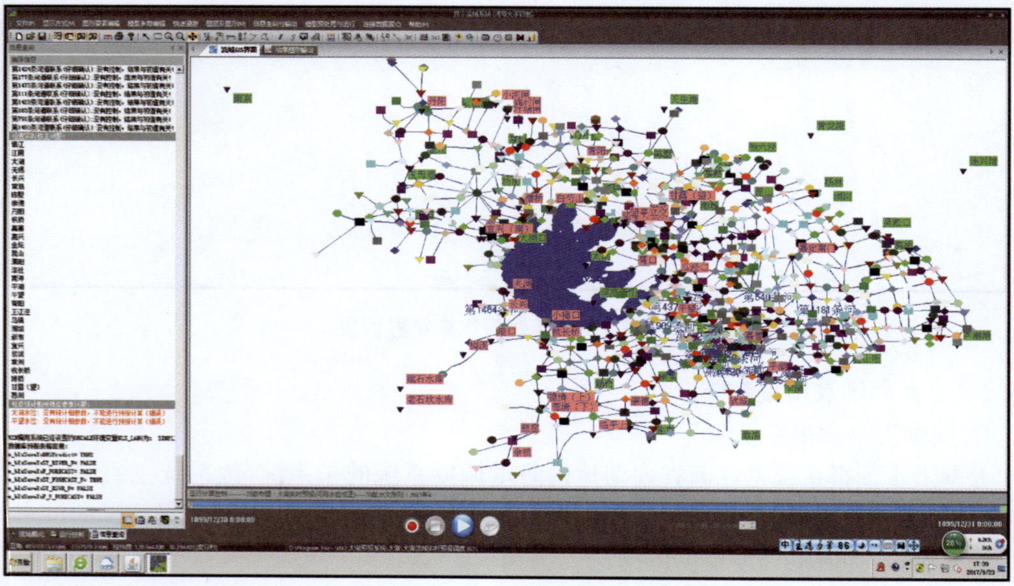

图7.3-7 太湖洪水预报系统界面图

2. 2016 年应用成果

截取 2016 年太湖水位首次超警过程(5 月 31 日—8 月 7 日)及相应 24 h 预报过程(见图 7.3-8),按照《水文情报预报规范》(GB/T 22482—2008)中预报精度计算方法,经统计,误差 0.01 m 范围内(合格率)达 96%,为甲级精度。计算结果表明太湖洪水预报系统对于太湖水位的短时预报具有较高的精度,为应对太湖洪水做出较大贡献,实际应用价值很高。

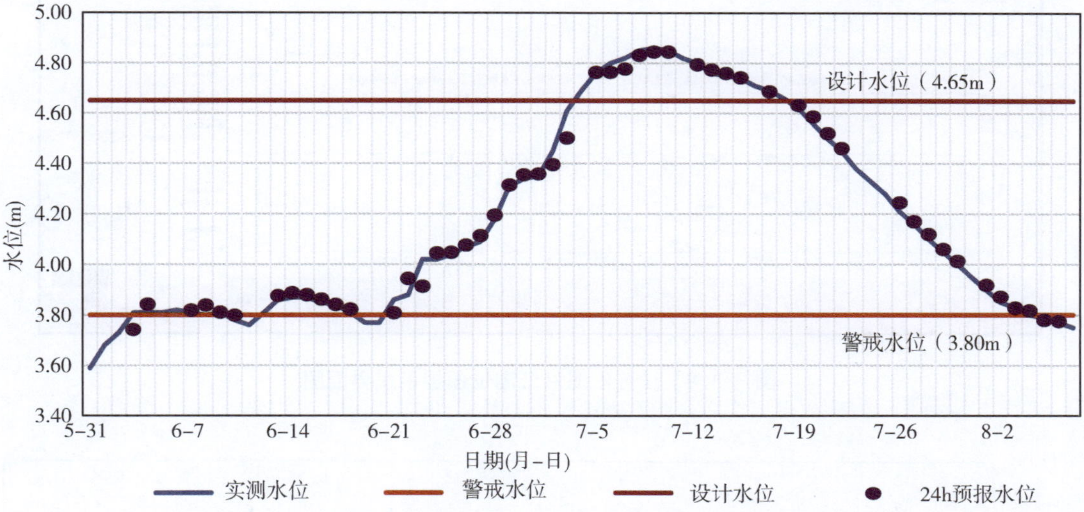

图 7.3-8　2016 年 5 月 31 日—8 月 7 日太湖水位实测预报对比图

7.3.2.2　江苏沿海沿江潮位预报系统

1. 江苏沿海沿江潮位预报系统简介

江苏沿海沿江潮位预报系统是采用自动分潮优化和分析预报方法,在江苏首次建立的江苏沿海闸下水位站的天文潮预报系统。系统根据逐时观测资料,按最小二乘法求得各分潮调和常数后,即可用于推算任意日期的潮位。系统采用"自动分潮优化和分析及预报"模式,自动分潮优化方法是从大量分潮中,挑选出振幅大、对该站潮位有较大影响的分潮,组成对推算点潮位影响显著的分潮系列进行预报。实际检验表明,按分潮优化方法进行的潮汐推算,比固定分潮预报模式的精度高。利用此方法在江苏首次建立了沿海闸下水位站的天文潮预报系统,该系统已成功地应用于连云港、燕尾港等站天文潮预报,经验证,其预报精度不仅达到了水利部颁布的《水文情报预报规范》规定的精度要求,也高于海洋局出版的《潮汐表》预报精度,表明采用自动分潮优化和分析预报方法可以解决江苏沿海闸下潮位预报以及沿江受潮汐影响明显的河段潮位预报。江苏沿海沿江潮位预报系统界面见图 7.3-9。

2. 2016 年应用成果

截取 2016 年长江南京站首次超警过程(6 月 16 日—8 月 13 日)及相应 24 h 预报过程(见图 7.3-10),按照《水文情报预报规范》(GB/T 22482—2008)中预报精度计算方法,经统计,误差 0.3 m 范围内(合格率)达 94%,为甲级精度。计算结果表明江苏沿海沿江潮位预报系统对于沿江潮位的短时预报具有较高的精度,为应对长江洪水做出较大贡献,实际应用价值很高。

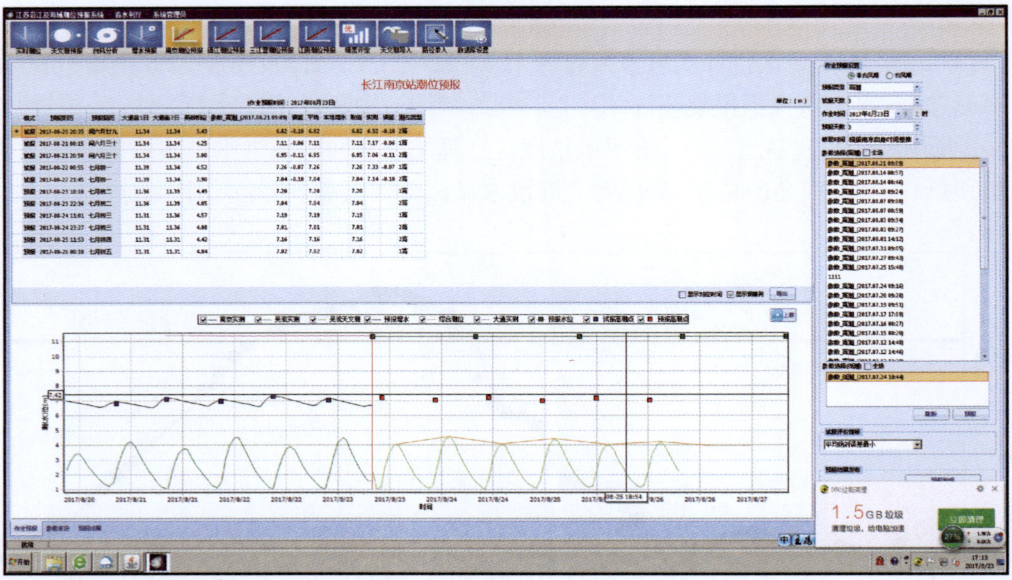

图 7.3-9　江苏沿海沿江潮位预报系统界面图

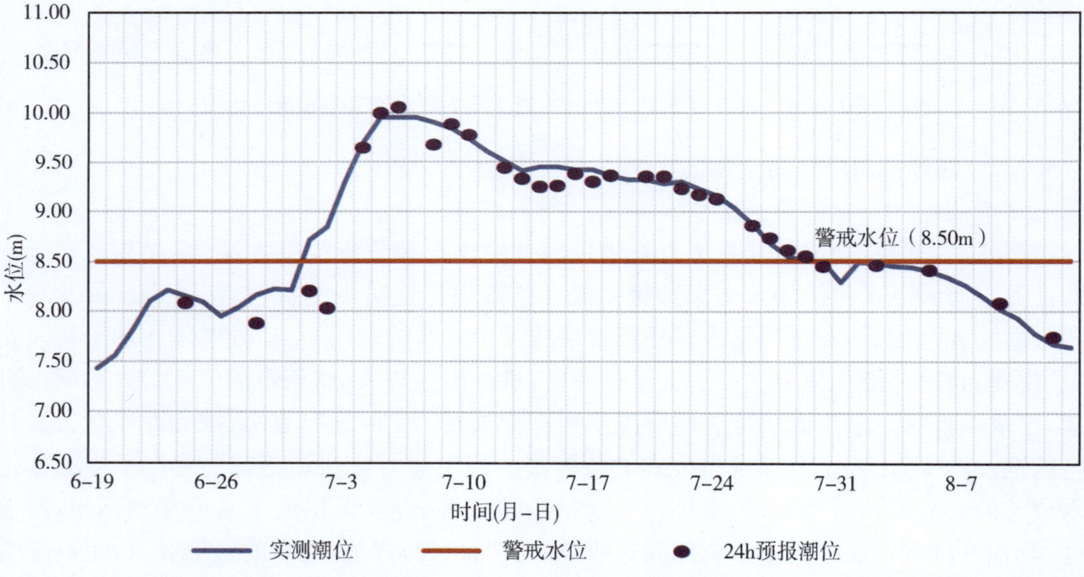

图 7.3-10　2016 年 6 月 19 日—8 月 13 日长江南京站潮位实测对比图

7.3.2.3　骆马湖预报系统

骆马湖预报系统是基于河网水动力学预报模型,可通过人工交互进行作业预报的系统。系统连接江苏省水文数据库,将骆马湖水位预报结果自动保存和发布到预报专用数据库中。

该系统包括沂河的临沂到港上以及港上到苗圩站的预报方案、中运河运河站水文预报方案、骆马湖区间预报方案、刘集闸水文预报方案,将 4 个预报方案进行集成,形成一个耦合的整体预报方案。根据预报边界的不同,系统整合组成不同预报方案专题。港上预报包括临沂—港上河段演算,港上—苗圩河道演算;运河预报包括韩庄—台儿庄河段演算,运河区间产流，运河区间汇流；骆马湖区间主要为区间产汇流预报。系统于 2013 年 6 月正式上线运行。

骆马湖预报系统界面见图 7.3-11。

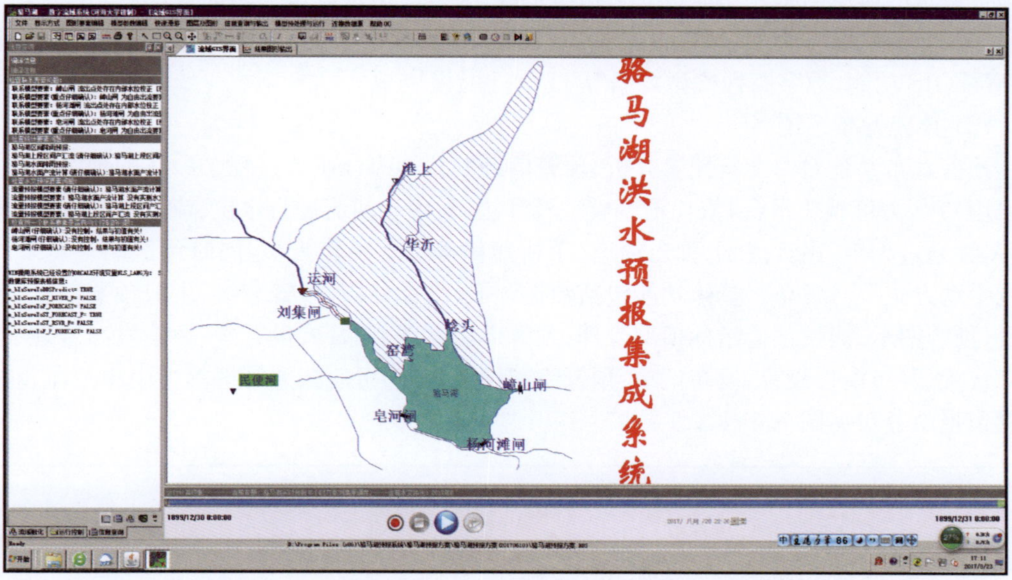

图 7.3-11　骆马湖预报系统界面图

7.3.2.4　秦淮河流域洪水多模型集合预报

秦淮河流域洪水多模型的集合预报技术与应用研究采用基于混合线性回归模型的统计相关方法建立东山站水位统计相关预报模型，进行逐日水位预报；根据秦淮河流域丘陵及平原河流特征，建立基于遥感及地理信息系统的新安江分布式水文预报模型，根据秦淮河流域的地形、水系及产汇流特点，建立基于考虑降水分布不均性和下垫面条件非均匀一致性的基础上的 HEC—HMS 半分布式次降雨径流模型。根据三套预报模型的特点，研究各模型在秦淮河流域的适用性，构建了秦淮河流域水文预报模型库。运用贝叶斯模型平均(BMA)方法，研制了基于统计相关模型及新安江模型的集合预报系统，充分利用不同模型的各自优势进行集合预报，最大限度降低单个水文预报模型的不确定性，保证洪水预报具备较高的预报精度，提供预报洪峰流量(水位)的置信区间或出现概率。秦淮河流域预报模型 2013 年完成研发，并投入了实际应用。

7.3.2.5　中小河流预警预报系统

中小河流预警预报系统建设的总体目标是以实时水雨情、气象产品等数据的采集、存储和管理为基础，运用先进信息技术，以中小河流预警预报业务为核心，建立服务于洪水预报、预警分析发布、测站管理的信息化作业平台和决策会商支撑环境，确保中小河流发生洪水时能及时预警，提高洪水预报精度和延长预见期，提升水文服务能力和服务水平，为江苏省中小河流防洪减灾、水资源开发利用与保护中小水库的安全运行提供决策依据。

我省中小河流预警预报系统主要包括洪水预报系统和预警发布系统两个部分。系统将我省分为沂沭泗、淮河、里下河、长江—通南沿江、长江—滁河、长江—秦淮河、长江干流及太湖 8 个大预报区域，预报方案采用 API 模型、新安江模型、潮汐模型、平原河网模型等。

(1) 洪水预报系统

洪水预报系统基于 C/S+B/S 的模式，以 GIS 为平台，利用实时水雨情数据库、遥测数据库、历史水文数据库等数据库为数据基础，在系统专用数据库和模型库的支持下，构成洪水预报系统的体系结构。功能主要包括历史数据管理、水位流量关系曲线、分布式水文模型预报、自动预报、模型管理、预报方案管理、方案构造、参数率定、预报功能、气象预报成果应用、WebGIS 功能、数字高程模型数据等 11 大功能模块。

(2) 预警发布系统

预警发布系统是一套集预警分析、预警信息发布等综合业务过程于一体的预警系统，系统采用 GIS 为可视化平台，依托预警模型及算法，对中小河流进行水位、流量、雨量进行地图预警，并通过闪烁、声音提示、弹出窗口、手机短信等提示工作人员，同时预警结果可采用自动或手动方式及时发布。具体功能包括数据读取、指标分析、预警分级、生成预警信息、预警列表、预警图示、测站预警指标模型管理、预警部门管理、预警人员管理、短信发布管理、手动发布设置、发布模板设置、发布记录、预警终端设备管理、短信队列管理等。中小河流及相关控制预报站分布见图 7.3-12。

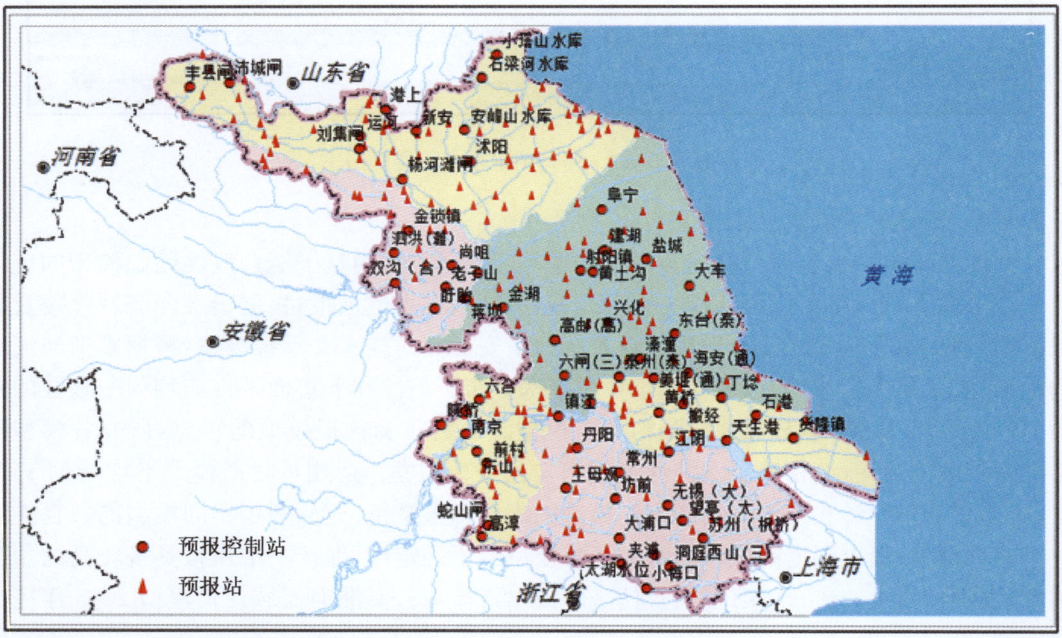

图 7.3-12　中小河流及相关控制预报站分布图

第八章

总　结

受 2016 年超强厄尔尼诺事件影响，江苏省继 2015 年后再遇暴力雨季，历时长，绵延汛后。境内多水系多区域出现超级洪水：太湖流域发生流域性特大洪水，秦淮河流域出现超历史记录洪水，水阳江流域出现超保证水位洪水。全省 36 个水文断面，包括 17 条河流、6 个湖泊、5 座大中型水库水位均超历史。

面对多次明显洪水过程，我省各级水文部门积极应对、全力以赴，结合水情、精准调度，发挥出水利工程应有的效益。现将 2016 年暴雨洪水特征总结如下：

(1) 2016 年我省降雨量偏多，历时长、绵延汛后，时空分布不均、强降雨影响范围广。全年降雨量较常年偏多 40%，位列历史第 2 位；梅雨期(6 月 19 日—7 月 20 日)降雨量较常年同期偏多 81%；汛后降雨量较常年同期偏多 214%。我省各月降雨中，4 月、5 月、6 月、9 月、10 月分别较常年同期偏多 44%、87%、54%、77%、436%。5—10 月，共出现 7 场明显降雨过程，分别是 5 月 26—28 日、6 月 19—28 日、6 月 30 日—7 月 7 日、7 月 11—15 日、9 月 14—16 日、9 月 27—10 月 2 日、10 月 19—28 日，累计雨量占全年降雨量的 56%。

(2) 受汛期最强暴雨影响，长江流域发生中下游区域性洪水。长江大通站水位从 6 月 18 日开始明显上涨，水位从 12.17 m 上涨到最高 15.66 m，流量从 48 100 m^3/s 增加至 70 700 m^3/s，之后受上游来水量减少等因素的影响逐步回落。长江南京段水位从入梅以后，受到上游来水及天文大潮的影响，出现明显上涨，南京站最高高潮水位从 6 月 18 日的 7.33 m 上涨至 7 月 5 日的 9.96 m(位列历史第 4 位)，超过警戒水位 1.46 m，之后受上游来水量减少等因素影响缓慢回落，7 月 20 日 8:00 南京站水位回落至 9.15 m，仍超过警戒水位 0.65 m，据统计，南京高高潮超 8.50 m 警戒水位以上天数 28 d。区域河湖洪量大，秦淮河上游前垾村站 7 月 5 日出现超历史最高水位 12.17 m，下游东山站 7 月 7 日出现超历史最高水位 11.44 m，固城湖 7 月 6 日出现超历史最高水位 13.21 m，石臼湖蛇山站 7 月 6 日出现超历史最高水位 13.02 m。

(3) 太湖流域发生流域性大洪水。6 月 3 日，太湖水位 3.80 m，超过警戒水位，为 1954 年以来同期第 2 高水位；受 6 月 30 日至 7 月 2 日强降雨过程影响，太湖水位上涨迅猛，最大日涨幅达 16 cm(7 月 2 日)，7 月 8 日太湖水位涨至年最高水位 4.87 m，超过保证水位(4.65 m)0.22 m，仅低于 1999 年历史最高水位(4.97 m)0.10 m，为 1954 年以来第二高水位；太湖水位自 6 月 3 日年内首次超警，至 8 月 4 日退至警戒水位以下，超警历时长达 60 d，为 1999 年以来超警历时最长的一年。太湖区域河网水位持续超警戒水位，苏南运河常州至苏州沿线一度全线超保证水位，多站点水位创历史新高。

(4) 在 2016 年暴雨洪水期间，我省水利工程发挥出巨大防洪减灾效用。针对 2016 年我省沿江苏南地区的暴雨洪水，秦淮河流域初步形成上游水库塘坝蓄水、中游干支流河堤防洪和赤山湖滞洪，下游泄洪入江，洼地建圩设站抽排的防洪除涝工程体系；根据东山站水位形势，多次关闭赤山闸，秦淮河上游水库调蓄加上赤山湖滞洪水量共计约 8 000 万 m^3，通过“中滞”工程力保下游防洪安全；同时充分利用沿江闸站全力排水入江，汛期秦淮新河闸、武定门闸累计排水量 19.21 亿 m^3。太湖流域防洪骨干工程框架主体为“洪水北排长江、东出黄浦江、南排杭州湾”，充分利用太湖调蓄，形成蓄泄兼筹、以泄为主的格局；暴雨前，提前进行预排工作，常熟枢纽累计排水 15.3 亿 m^3，望亭立交累计出湖 8.9 亿 m^3，太浦闸累计下泄 21.9 亿 m^3；入梅暴雨期间，沿江所有闸站口门全力开启、增开泵站，相机切换自排和抽排模式双模式并行排水，自排占总排水量的 70%左右，同时启用新建水利工程及相关船闸，增加排水规模，汛期太湖地区沿江主要闸站累计排水量 58.41 亿 m^3；充分利用太湖调蓄库容，及时启用钟楼闸关闭挡洪；贯彻落实超标准洪水应对方案，自 7 月 8 日太湖逼近最高水位的紧急情况至 7 月 18 日太湖水位退至保证水位以下，江苏开启东太湖瓜泾口水利枢纽累计排泄太湖洪水 1.0 亿 m^3，相当于降低太湖水位 0.04 m。

(5) 2016 年我省扎实做好水文监测、预报预警工作。开展太湖、苏南运河、沿江潮位等重要江河水文预报工作，太湖水位预报共 112 d(6 月 3 日—9 月 22 日)，经统计误差 0.05 m 范围内达 96%；镇江站共预报 300 多个潮次，经统计高低潮位预报合格率为 96.5%，达到甲等预报精度；江阴站共进行 216 次高潮预报，平均相对误差 3.5%。全省共发布水情洪水预警信息 20 期，其中蓝色 7 期、黄色 10 期、橙色 3 期；发布洪泽湖枯水预警信息 1 期。